普通高等学校创新机械工程教育系列规划教材

制造装备及其自动化技术

张冬泉　鄂明成　主编

科 学 出 版 社

北 京

内 容 简 介

本书在分析了解制造技术、制造装备、机械化、自动化等基本概念及发展历史与现状的基础上，重点从现代机械制造装备和机械制造自动化两个方面分别系统地论述了它们的分类、原理、关键技术及工程应用。本书旨在使机械工程类的高年级本科生在掌握传统机床、工艺装备及传统机械制造技术的基础上，学习掌握现代先进的制造装备及机械制造自动化的基本知识，了解并掌握当今最新的机械工程自动化技术，培养学生对机械工程的自动化设计能力。

本书共七章：第 1 章为制造装备及其自动化技术概述；第 2 章和第 3 章为现代制造装备，包括加工自动化设备和工业机器人；第 4 章和第 5 章为机械制造自动化技术，包括物料储运自动化技术和装配自动化技术；第 6 章为自动化集成技术，内容包括 PLC 技术及现场总线技术；第 7 章为制造自动化系统，内容包括成组技术、柔性制造单元、柔性制造系统和计算机集成制造系统。

本书不仅适用于机械工程类专业高年级本科生，也可供相关工程技术人员参考。

图书在版编目(CIP)数据

制造装备及其自动化技术/张冬泉，鄂明成主编. —北京：科学出版社，2017.1
普通高等学校创新机械工程教育系列规划教材
ISBN 978-7-03-051008-2

Ⅰ. ①制… Ⅱ. ①张… ②鄂… Ⅲ. ①机械制造-工艺装备-高等学校-教材
Ⅳ. ①TH16

中国版本图书馆 CIP 数据核字(2016)第 301606 号

责任编辑：毛　莹　张丽花 / 责任校对：桂伟利
责任印制：张　伟 / 封面设计：迷底书装

科 学 出 版 社 出版
北京东黄城根北街 16 号
邮政编码：100717
http://www.sciencep.com
北京京华虎彩印刷有限公司 印刷
科学出版社发行　各地新华书店经销
*
2017 年 1 月第　一　版　开本：787×1092　1/16
2018 年 1 月第二次印刷　印张：18 3/4
字数：445 000
定价：58.00 元
(如有印装质量问题，我社负责调换)

前　言

制造业是国民经济的支柱产业和经济增长的发动机，是国家创造力、竞争力和综合国力的重要体现，是国家安全的重要保障。制造业不仅为现代工业社会提供物质基础，而且为信息和知识社会提供先进装备和技术平台。装备制造业是国家的战略产业，而制造装备是制造机器的机器，为整个制造业及其装备制造业提供最基本的手段和工具。在尽可能提高制造装备自身的加工过程自动化技术与水平的同时，以制造装备为核心，组成自动化程度更高的集成化的自动化制造系统，是提高制造业劳动生产率、加强制造企业竞争能力、推动制造业快速向前发展的必然途径和关键。

本书以机械工程类专业(机械设计制造及自动化专业、机械工程及自动化专业、机械电子专业、机电一体化专业等)的高年级本科生为对象，试图让高年级本科生在已经学习了传统机械制造装备及制造技术的基础上，进一步学习和掌握现代制造装备及机械制造自动化的基本知识及自动化制造系统的核心技术，在传统机械制造与自动化制造之间建立起一个桥梁，进一步扩展学生的知识面，了解并掌握当今最新的机械工程自动化技术，培养学生对机械工程的自动化设计能力和驾驭自动化制造系统的能力。

本书以单机自动化设备(制造装备)和多机自动化系统(机械制造自动化)为主线，按照现代制造装备、制造自动化技术、制造自动化系统组织章节内容。本书共分为七章：第 1 章为制造装备及其自动化技术概述；第 2 章和第 3 章为现代制造装备，包括加工自动化设备和工业机器人；第 4 章和第 5 章为机械制造自动化技术，包括物料储运自动化技术和装配自动化技术；第 6 章为自动化集成技术，其内容包括 PLC 技术及现场总线技术；第 7 章为制造自动化系统，内容包括成组技术、柔性制造单元、柔性制造系统和计算机集成制造系统。

本书是在作者连续多年从事本科生“先进制造技术”、“先进制造系统”课程和研究生“现场总线控制网络”课程教学和实验的基础上，参考了多本国内外相关教材编写而成的。本书考虑到国内机械类专业逐步将开设“先进制造系统”课程过渡到开设“制造自动化”课程的特点，将“先进制造系统”课程的相关内容融入本书。本书充分借鉴现有教材的优点，补充完善现有教材中缺少和不足的部分。尤其是考虑到可编程逻辑控制器及现场总线是现代自动化制造系统中必不可少的组成部分，且很多学校将“可编程控制器”列为机械工程专业本科生选修课，而基本不为机械工程专业本科生开设“现场总线”课程的现状，因此将“可编程逻辑控制器”及“现场总线控制网络”融入到本书的第 6 章，称为自动化集成，体现了可编程逻辑控制器及现场总线技术在自动化制造系统中的集成作用。

本书参考并借鉴了许多相关教材，力图在满足本校“制造装备及其自动化”课程教学的同时，满足全国同类专业相关课程需要及从事机械制造自动化工作的科技人员参考的需要，力求内容丰富且与时俱进、理论联系实际、层次条理清晰。

本书参考了国内外许多相关教材和资料，在此对这些文献的作者表示诚挚的感谢。同时，本书的编写受到北京交通大学教学改革项目资助和北京交通大学机电学院的大力支持，在此也表示深深的谢意。

由于作者水平所限，书中难免存在不足之处，恳请读者批评指正。

作　者

2016 年 8 月

目　录

第 1 章　制造装备及其自动化技术概述

本章知识要点

(1) 掌握制造、制造业、制造技术、制造系统的基本概念。

(2) 掌握机械化与自动化的区别与联系。

(3) 掌握自动化制造系统的原理与组成。

(4) 掌握制造业及制造技术发展的四个阶段及其重要标志。

(5) 了解制造业及装备制造业在国民经济中的地位。

(6) 了解制造自动化技术的发展。

探索思考

目前，互联网技术与制造技术高度融合，催生了“工业 4.0”与“云制造”等制造业新概念，那么“工业 4.0”与“云制造”的基本概念是什么？其具有怎样的深刻内涵？

预备知识

(1) 查阅《国民经济行业分类(GB/T 4754—2011)》国家标准，详细了解我国国民经济的行业分类。

(2) 查阅资料，分析和了解我国近两年数控机床、工业机器人的发展规模(具体数字)及发展趋势。

1.1　基 本 概 念

1.1.1　制造

制造是人类经济活动的基石，制造(Manufacturing)一词最早出现在 1567 年，其来源于拉丁语词根 Manus(Hand)和 Factus(Make)，所以制造的最初含义就是手工制作(Made by Hand)。当时，产品都相对比较简单，人们在小作坊里通过手工劳动就可以制作完成。但是，随着时间的推移，产品越来越复杂，工厂的规模不断扩大，劳动分工更加精细，工人的专业化水平不断提高，手工劳动已经逐步被机器生产所代替，且产品制造的自动化水平越来越高，因此制造的概念也已经发生了质的变化。目前对制造比较完整的理解是：制造是人们按照市场需求，运用主观掌握的知识和技能，借助于手工或可以利用的客观物质工具，采用有效的工艺方法和必要的能源，将原材料物化为最终物质产品并投放市场的全过程。通常制造又有狭义和广义之分，狭义的制造是指生产车间内与物流有关的加工和装配过程，也就是将原材料转变为产品的工艺过程，而广义的制造不仅包括将原材料转变为产品的工艺过程，还包括市场分析、产品设计、质量保证、生产过程管理、市场营销、售前售后服务，以及产品报废后的回收处理等在内的整个产品生命周期的一系列相互关联的活动。

至今，制造的确切含义在国际上都没有一个权威的定义，不同机构从不同的角度出发按照自己的理解给出了不同的定义。国际生产工程研究会(International Institution for Production Engineering Research, CIRP) 1990 年对制造的定义是：制造是企业中涉及产品设计、物料选择、生产计划、生产过程、质量保证、经营管理、市场销售和服务的一系列相关活动和作业的总称。1999 年麻省理工学院(Massachusetts Institute of Technology，MIT) 定义现代制造包括产品的设计与开发、产品规划、销售和服务，以及实现这些功能所应用的技术、流程/过程、人与技术结合的途径等。2002 年美国生产与库存控制学会(American Production and Inventory Control Society, APICS) 将制造定义为：包括设计、物料选择、规划、生产、质量保证、管理和对离散顾客与耐用货物营销的一系列相互关联的活动和运作/作业。尽管人们的出发点不同，理解也有所差异，但从这些定义可以看出，广义制造的概念已经普遍为人们所接受。

1.1.2　制造业

制造业是利用制造技术，将制造资源(物料、能源、设备、工具、资金、信息、人力等)，通过制造过程，转化为供人们使用或利用的工业品或生活消费品的行业。制造业是所有与制造企业有关的企业群体的总称。制造业一方面创造价值、生产物质财富和新的知识；另一方面为国民经济各个部门包括国防和科学技术的进步与发展提供先进的手段和装备。

制造业涉及国民经济的许多部门，包括机械、食品、纺织、医疗、家用电器、通信、航空航天、国防、农业、冶金、化工、建筑、交通、环保、出版印刷、网络媒体、文化娱乐等各个领域，是国民经济的支柱产业，直接体现一个国家的生产力水平，是国民经济收入的主要来源，是区别发展中国家和发达国家的重要因素。

1.1.3　制造技术

制造技术是按照人们所需的目的，运用知识和技能，利用客观物资工具，将原材料物化为人类所需产品的工程技术。也就是，制造技术是使原材料成为产品而使用的一系列技术的总称。制造技术是人们应用自己掌握的科学技术知识和专业技能，操作可以利用的物质工具，采取各种有效的策略、方法和手段，对自然资源进行采集、加工、改造，将其经济合理地转化为可直接使用的具有高附加值的产品，以满足人类生存和发展需要。

小思考 1-1

什么是科学？什么是技术？科学与技术的区别与联系是什么？

制造技术与制造业是相辅相成、密不可分的：一方面，制造技术的发展与进步源源不断地为制造业的蓬勃发展提供动力；另一方面，制造业也为制造技术提出新的需求与挑战，从而不断推动制造技术和制造业发展到更高的阶段。

1.1.4　制造系统

小思考 1–2

什么是系统？系统的基本要素是什么？系统的基本功能是什么？系统的基本输入和输出是什么？

制造系统(Manufacturing Systems)是按一定制造模式将制造过程所涉及的各种相互关联、相互依赖、相互作用的有关要素组成的具有将制造资源转变为有用产品这一特定功能的有机整体。组成制造系统的要素不仅包括人员、生产设备及用于生产制造的过程等“硬件”，还包括与市场、产品设计、制造过程规划、制造过程控制等有关的“软件”。其中，“硬件”是指制造系统的“制造装备(Facilities)”，而“软件”是指制造系统的“制造支持系统(Manufacturing Support Systems)”。

具体来说，制造装备不仅包括机床、刀具、物料储运设备、质量检测设备以及控制制造过程的计算机系统，还包括这些设备的组织使用方式。按照设备的组织使用方式，制造系统大致可以分为三类：①手动制造系统；②人-机器制造系统；③自动化制造系统。

手动制造系统是指产品的制造过程都是由工人使用手工工具来完成的，工人和手工工具是制造系统的主要组成要素。人-机器制造系统，是指产品的制造过程是由工人操作由动力驱动的机床来完成的，工人和动力驱动机床构成了制造系统的主要组成要素。而自动化制造系统是指产品的制造过程是在没有工人直接参与的情况下，由计算机控制系统通过执行程序指令来驱动相应的制造装备来自动完成的，而工人只是完成一些周期性的监视等辅助工作。

作为一个系统，制造系统具有一般系统所具有的一切特征。图 1-1 用黑箱模型表示了制造系统及其与外部环境的关系。其中，信息、原材料、能量和资金作为系统的输入，成品作为系统的主动输出，废料以及其他排放物(包括对环境的污染)作为系统的被动输出。

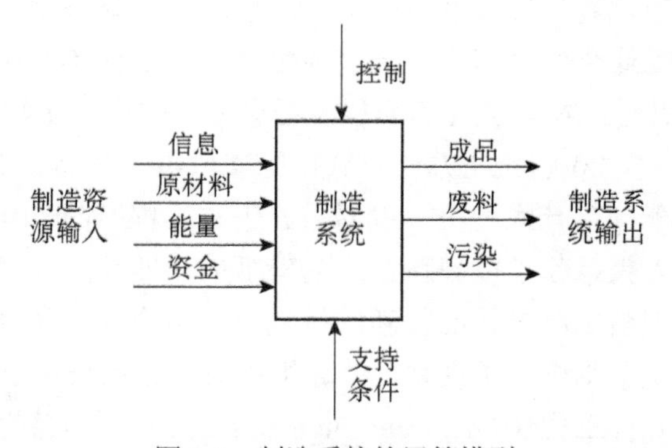

图 1-1　制造系统的黑箱模型

在研究制造系统时，除了要搞清楚系统与外部环境的关系外，我们更感兴趣的是它的内部组织和结构。在系统内部包括很多与制造活动有关的要素：人员、设备、组织机构、管理方式、技术系统、资金等，简单地将这些因素相加，无法取得整体最佳的效果，也不称其为系统。只有从系统的观点出发，运用系统工程的原理和技术去统筹规划各个要素，才能实现各要素之间的有机集成，使系统运行在最佳状态，以最经济有效的方式达到制造活动的目的。

1.2 制造业、装备制造业及其发展

1.2.1 制造业及制造技术的发展历程

人类最早的制造活动可以追溯到新石器时代，人们利用石器作为劳动工具，制造生活和生产用品，制造处于一种萌芽阶段；到了青铜器和铁器时代，为了满足以农业为主的自然经济的需要，出现了纺织、冶金和锻造等较为原始的制造活动。直到18世纪中叶，随着蒸汽机的发明，掀起了人类历史上的第一次产业革命(蒸汽革命)，制造业的发展也发生了历史性的转折，出现了以动力驱动为特征的制造方式。

19世纪70年代，随着发电机和电动机的发明，以电力的大规模应用为代表、以电灯的发明为标志的第二次产业革命(电气化革命)随之到来，电作为新的动力源大大改变了机器的结构和生产效率。20世纪初，制造业进入了以汽车制造为代表的批量生产时代，出现了流水生产线和自动机床，同时在制造管理思想方面，泰勒(Taylor)提出了以劳动分工和计件工资为基础的科学管理思想，福特(Ford)率先推出了零件可互换的标准化技术，并于1931年建立了划时代意义的世界上第一条汽车装配生产线，实现了以刚性自动化为特征的大批量生产方式。

20世纪40年代，受第二次世界大战的推动，出现了以原子能、电子计算机、晶体管、集成电路和微电子技术为代表的人类历史上的第三次产业革命(电子、原子革命)，这是继蒸汽技术革命和电气化技术革命之后科技领域里的又一次重大飞跃。第三次产业革命，大力加速了航空、船舶和电子制造业的迅猛发展，使以大规模生产方式为主要特征的制造技术，在50年代逐渐进入鼎盛时期，制造业可以降低生产成本和提高生产效率，形成了“规模效益”的工业化生产理念。大规模生产作为现代工业生产的一个重要特征，对人类社会的经济发展、社会结构、文化教育以及社会方式等产生了深刻的影响。

20世纪七八十年代，随着微电子产品、电脑、新一代通信产品、新一代汽车、磁悬浮列车、新一代飞机、机器人、生物工程产品、新一代药物、绿色食品、转基因产品等的出现，人类掀起了以高新技术为特征的第四次产业革命(高新技术革命)，市场的竞争随之加剧，大规模生产方式面临新的挑战，制造企业的生产方式开始向多品种、小批量生产方式转变，出现了制造资源规划、计算机集成制造系统(Computer Integrated Manufacturing System, CIMS)、并行工程(Concurrent Engineering, CE)、精益生产(Lean Production, LP)、敏捷制造、虚拟制造、智能制造及绿色制造等许多先进制造模式和理念，出现了计算机辅助设计、计算机辅助制造、计算机辅助工程、计算机数控机床、柔性制造系统、工业机器人等先进的设计制造技术手段与装备。

20世纪90年代以来，以Internet为代表的信息技术革命给世界带来了巨大的变化，经济全球化进程也打破了传统的地域经济模式，制造业开始向全球化、网络化、虚拟化、集成化、清洁化、柔性化、智能化、精密化的方向发展。21世纪开始的十年，制造技术已经呈现出多学科融合发展的趋势，制造业在适应经济全球化需要、适应高新技术发展需求、适应激烈市场竞争需要方面发挥着越来越重要的作用。

1.2.2　制造业在国民经济中的地位

世界各国通常将国民经济产业结构划分为三大类：第一产业、第二产业和第三产业。第一产业是指提供生产资料的产业，包括种植业、林业、畜牧业、水产养殖业等直接以自然物为对象的生产部门。第二产业是指加工产业，利用基本的生产资料进行加工并出售。第三产业是指第一、第二产业以外的其他行业。根据我国国民经济行业分类方法，将第一产业统称为农业，第二产业统称为工业，第三产业统称为服务业，其具体划分如表 1-1 所示。

表 1-1　我国国民经济三大产业划分

类别	门类	大类	类别名称
第一产业	A	01～05	农、林、牧、渔业
第二产业	B	06～12	采矿业
	C	13～43	制造业
	D	44～46	电力、燃气及水的生产和供应业
	E	47～50	建筑业
第三产业	F	51～59	交通运输、仓储和邮政业
	G	60～62	信息传输、计算机服务和软件业
	H	63～65	批发和零售业
	I	66～67	住宿和餐饮业
	J	68～71	金融业
	K	72	房地产业
	L	73～74	租赁和商业服务业
	M	75～78	科学研究、技术服务和地质勘查业
	N	79～81	水利、环境和公共设施管理业
	O	82～83	居民服务和其他服务业
	P	84	教育
	Q	85～87	卫生、社会保障和社会福利业
	R	88～92	文化、体育和娱乐业
	S	93～97	公共管理和社会组织
	T	98	国际组织

从表 1-1 可以看出，我国将三大产业划分为 A～T 的 20 个门类，其中每个门类又包含若干个大类。制造业作为第二产业的 C 门类，包括 13～43 的 31 个大类，在国民经济产业结构中占有非常重要的位置。典型的制造业大类包括：食品、烟草、纺织、木材、印刷、文体用品、石油、化工、医药、橡胶、设备制造、交通、通信、仪器仪表等与产品制造相关的行业。

2010 年我国三大产业所占的比重分别为 10.17%、46.87%和 42.96%。其中，我国装备制造业增加值占规模以上工业增加值的 29.6%，占全部规模以上工业企业出口交货值的 64.5%。制造业在国民经济结构中占有非常重要的地位，其发展对国家经济、社会、文化等各方面都具有巨大而深远的意义，制造业在国民经济中的地位和作用具体表现如下。

(1) 制造业是国民经济的支柱产业和经济增长的发动机，是国家创造力、竞争力和综合国力的重要体现。在发达国家中，制造业创造了约 60%的社会财富、约 45%的国民经济收入。

据麦肯锡(McKinsey)2010年统计数据，在全球范围内，制造业产值占GDP的比重平均值为17%，英、美等发达国家由于制造业向发展中国家转移，其制造业产值占GDP的比重低于平均值，而发展中国家则高于此平均值。具体而言，各国制造业占其GDP的比重从英国和法国的10%、美国的12%，到日本的20%和韩国的28%，而中国作为全世界的“制造中心”达到33%。中国制造业产值不仅达到了国民生产总值的1/3，而且占到整个工业生产的4/5，同时为国家财政提供1/3以上的收入，贡献出口总额的90%，就业人口达到近一亿。近十年来，中国国际地位的快速提升，是中国国家创造力、竞争力的增强和综合国力的提升综合作用的结果，其中“中国制造”功不可没。2012年，中国制造业产值占全球制造业总值的比重已经达到19.9%，超过美国成为全球第一制造业大国。

(2)制造业不仅为现代工业社会提供物质基础，而且为信息和知识社会提供先进装备和技术平台。人类的一切物质财富不仅是人类“创造”出来的，更是人类“制造”出来的，一个国家人民物质消费水平的提高，在很大程度上依赖于国家制造业和制造技术的发展水平。制造业不仅为国民经济的各个部门提供先进的装备和技术手段，而且，也加速了这些行业生产力的转化，促进高新技术产品的不断问世，同时将制造业推向更高的发展水平，因此制造业也是一个国家实现可持续发展的动力源泉，决定全社会的长远利益和经济的持续增长。

(3)制造业是加快农业劳动力转移和就业的重要途径。在工业化国家中，约有1/4的人口从事各种形式的制造活动，在非制造业领域，约有半数的人的工作性质与制造业密切相关。在我国，目前制造业人口约有9000万，占全部就业人口的10%以上，占全部非农就业人口的近20%。国家统计局2009年农民工监测调查报告显示，在14533万名外出农民工中，有39.1%（约5682万）的农民工就职于制造业，占到中国全部制造业就业总人数的2/3还多。

(4)制造业是影响对外国际贸易的关键。根据世界贸易组织关于世界贸易的最新报告，中国已成为世界第一出口大国，出口量占全球出口总量份额为10.4%，其中，制成品出口占出口额的89%。中国制造作为中国经济走向世界的“排头兵”，在使中国融入世界经济一体化的进程中发挥着特殊的无可替代的作用。同样，一些发展中国家，如阿根廷、巴西、哥伦比亚、埃及、印度尼西亚、越南等，其制造业出口也分别达到了其出口总额的30%～55%。在当前贸易自由化和市场经济改革的大背景下，制造业在拉动国际贸易和全球一体化经济方面起到了非常重要的作用。

(5)制造业是加强农业基础地位、促进工业现代化、加快服务业更快发展的基础前提和重要保障，极大促进科学技术和教育事业的快速发展。在国民经济的三大产业结构中，处于第二产业的制造业与处于第一产业的农业和处于第三产业的服务业有着密切的协作联系，促进了三大产业协调平衡发展，保持国民经济的和谐稳定发展。制造业不仅为科学技术的发展和教育事业发展提供经费支持，还为研究开发提供许多重要的研究方向、课题及先进的试验装备。

(6)制造业是国家安全的重要保障。装备制造业是为国民经济和国防建设提供生产技术装备的制造业，是制造业的核心组成部分，建立起强大的装备制造业，是提高我国综合国力、实现军事现代化和保障国家安全的基本条件。在当前国际形势日益复杂、国家安全面临诸多挑战和高科技战争的大背景下，各国都在大力发展和加强自己的国防工业，高精尖端的武器装备制造再次成为制造业的优先发展目标，装备制造业水平已经成为一个国家国防科学技术发展水平的标志。不同国家之间军事的力量对比在很大程度上是其武器装备水平的对比，其本质上也是制造水平的对比。从这个意义上来说，就很容易理解为什么作为装备制造业工作母机的精密机床，一直以来都是西方国家对华禁运的重点。

1.2.3　装备制造业与制造装备

制造业的内容包罗万象，十分广泛，人们衣、食、住、行、用的各种产品、各行各业的生产设备、军事装备等都是制造业生产出来的。虽然说，制造业属于第二产业，但它却与三大产业的几乎每个行业都有着必然的联系，所有这些行业的设备都是生产制造出来的，即在很大程度上，制造业就是为各个行业或者说是为国民经济各个部门提供装备的行业。通常认为，制造业包括装备制造业和最终消费品制造业。装备制造业是为国民经济进行简单再生产和扩大再生产提供生产技术装备的工业的总称，即“生产机器的机器制造业”。也就是说制造业的核心是装备制造业，发展制造业的关键是装备制造业。

什么是装备制造业，认识不尽相同，一般来说装备制造业又称装备工业，主要是指资本品制造业，是为满足国民经济各部门发展和国家安全需要而制造各种技术装备的产业总称。按照我国国民经济行业分类，其产品范围包括机械、电子和兵器工业中的投资类制成品，分属于金属制品业、通用装备制造业、专用设备制造业、交通运输设备制造业、电器装备及器材制造业、电子及通信设备制造业、仪器仪表及文化办公用装备制造业 7 个大类。装备制造业涵盖了国民经济行业分类中生产投资类产品的全部企业。按装备功能和重要性，装备制造业主要包含以下三方面。

一是重大的先进的基础机械，即制造装备的装备——工作“母机”，主要包括数控机床(Numerical Control, NC)、柔性制造单元(Flexible Manufacturing Cell, FMC)、柔性制造系统(Flexible Manufacturing System, FMS)、计算机集成制造系统、工业机器人、大规模集成电路及电子制造设备等。

二是重要的机械、电子基础件，主要是先进的液压、气动、轴承、密封、模具、刀具、低压电器、微电子和电力电子器件、仪器仪表及自动化控制系统等。

三是国民经济各部门(包括农业、能源、交通、原材料、医疗卫生、环保等)科学技术、军工生产所需的重大成套技术装备，如矿产资源的井采及露天开采设备，大型火电、水电、核电成套设备，超高压交、直流输变电成套设备，石油化工、煤化工、盐化工成套设备，黑色和有色金属冶炼轧制成套设备，民用飞机、高速铁路、地铁及城市轨道车辆、汽车、船舶等先进交通运输设备，污水、垃圾及大型烟道气净化处理等大型环保设备，大江大河治理、隧道挖掘和盾构、大型输水输气等大型工程所需重要成套设备，先进适用的农业机械及现代设施农业成套设备，大型科学仪器和医疗设备，先进大型的军事装备，通信、航

我国高端与智能制造装备发展现状与趋势

管及航空航天装备，先进的印刷设备等。

制造装备通常是指制造装备的装备，即工作“母机”，主要指上述装备制造业三个方面的第一个方面。制造装备的先进程度直接决定装备制造业其他两个方面的制造水平，即直接决定整个装备制造业的制造水平，进而直接决定整个制造业的生产能力和制造水平，影响制造业的产品质量和劳动生产率。换言之，一个国家的制造装备的水平在很大程度上代表着这个国家的工业生产能力和科学技术水平。

从上面装备制造业的分类可以看出，制造装备整体上大致可以分为两类：机械制造装备和电子制造装备。机械制造装备包括数控机床、加工中心、柔性制造单元、柔性制造系统、计算机集成制造系统、工业机器人以及与其配套的工艺装备(刀具、磨具、量具等)、物料储运装备及辅助设备等。而电子制造装备主要是指以微细加工、特种加工为核心的集成电路、大规模、超大规模集成电路制造装备。本书将以机械制造装备为核心，重点讨论机械制造装备及其自动化制造技术。

1.3 制造自动化技术与自动化制造系统

1.3.1 机械化与自动化

人类在日常生活和社会生产中的劳动，主要分为体力劳动和脑力劳动。劳动是人的脑、肌肉、神经、手等的生产耗费，即脑力和体力的生产耗费，二者总是结合在一起的。但劳动因二者所占比重和工作方式有差别而区别为体力劳动和脑力劳动。一般地说，当劳动者运用生产资料，进行直接劳动操作以生产物质产品，其劳动耗费以体力为主时，他从事的是体力劳动；而脑力劳动则以脑力耗费为主，其特征在于劳动者在生产中运用的是智力、科学文化知识和生产技能，故又称智力劳动。

当原来由人的体力所承担的体力劳动由机械及其驱动的能源(如各种机械能、水力、电力、热能等)来代替的过程，称为机械化。例如，皮带输送机代替人工搬运工件，称为工件输送自动化；用气动夹具代替手工操作夹具夹紧工件，称为工件夹紧自动化。机械化生产时，人和机器构成了人机生产系统，还需工人操作看管机器，整个生产在很大程度上还受操作者的影响。由于工人精神紧张、劳动强度大，因此机械化生产还不是理想的生产方式。

在机器代替人完成基本劳动的同时，人对机器的操纵看管、对工件的装卸、检验等辅助劳动也由机器代替，并由自动控制系统或计算机代替人的部分脑力劳动的过程，称为自动化。基本劳动机械化加上辅助劳动机械化，再加上自动控制系统所构成的有机集合体，就是一个自动化生产系统。自动化生产方式是人类追求理想的方式，自动化生产中人不受机器的束缚，而机器的生产速度和产品质量的提高也不受人的精力、体力的限制。

1.3.2　制造自动化技术

制造自动化(Manufacturing Automation)又称为机械制造自动化，是指在“广义制造”的概念下，在产品整个生命周期中，采用自动化技术，实现产品设计自动化、加工过程自动化、物料储运自动化、质量控制自动化、装配自动化以及生产管理自动化等产品制造全过程以及各个环节综合集成自动化，以使产品制造过程高效、优质、低耗、清洁，最终实现缩短产品上市时间(Time)、提高产品质量(Quality)、降低产品成本(Cost)、提高服务质量(Service)和保护资源环境(Environment)的目标。

制造自动化促使制造业逐渐由劳动密集型产业向技术密集型和知识密集型产业转变。制造自动化技术是制造业发展的重要标志，代表先进制造技术的发展水平，也体现了一个国家科技水平的高低。

机械制造自动化经历了由低级到高级、由简单到复杂、由不完善到完善的发展过程。随着自动化程度的提高，以体力劳动为主的蓝领工人逐渐减少，而以脑力劳动为主的白领工人不断增多。目前，就制造自动化技术的发展水平和自动化制造系统的发展水平来看，生产制造过程中的设计、运输、加工、装配、检验、控制和管理，都可以由自动机器、机器人、仪器及计算机来自动完成，而人主要是操纵和监控计算机，以及做机器不能实现的复杂性工作，制造自动化已经发展到了一个很高的层次。

在机械制造过程中，制造自动化通常分为以下三个层次。

(1) 自动化机械。自动化机械又称自动机，是面向工序自动化的制造装备。自动化机械仅代替人完成一个工序或有限几个工序的加工及辅助工作，是一种典型的单机自动化。

(2) 自动化生产线。自动化生产线是面向产品全工艺过程的生产自动化，即产品工艺过程的每个加工、检验、清洗等工序以及工序之间的输送联系环节等都实现了自动化，生产制造过程连续而有节奏地按照工艺流程进行，工人只需要完成对生产线的启动、监控等工作。

(3) 自动化制造系统。自动化制造系统是制造自动化发展的高级阶段，是将生产制造过程中的设计、运输、加工、装配、检验、控制和管理，都由自动机器、机器人、仪器及计算机来自动完成，而人主要是操纵和监控计算机，以及做机器不能实现的复杂性工作。自动化制造系统是将人、技术与生产管理进行有效集成，并将生产制造过程中的物质流(机床、工件、刀具、仓库、运输装置等)、能量流(电能、气能、液压能等)和信息流(图纸、工艺规程、生产计划、标准规范等)进行有效有机集成的一种综合自动化制造系统。柔性制造系统、计算机集成制造系统是当今最典型的自动化制造系统。

制造自动化技术，就是综合应用机械技术、计算机技术、自动控制技术、生产管理技术等，来综合解决自动化机械、自动生产线及自动化制造系统的物质流自动化和信息流自动化及其优化的问题。

(1) 物质流自动化。采用各种自动化设备与控制装置，使与生产过程有关的采购供应、物料储运、加工制造、装配、质量检测等全过程的各个环节实现自动化。

(2) 信息流自动化。依托计算机硬件及相应的软件及各种自动控制装置，使与市场、产品和产品生产过程有关的信息能够可靠获取、存储、共享和管理，并在需要时按照流程进行有效传递、变换和使用。

1.3.3 自动化制造系统

1. 自动化制造系统的概念

广义地讲，自动化制造系统(Automatic Manufacturing System，AMS)是由一定范围的被加工对象、一定的制造柔性和一定的自动化水平的各种设备和高素质的人组成的一个有机整体，它接收外部信息、能源、资金、配套件和原材料等作为输入，在人和计算机控制系统的共同作用下，实现一定程度的柔性自动化制造，最后输出产品、文档资料、废料和对环境的污染。

自动化制造系统是制造自动化技术的物理表现，它集中体现了制造自动化技术的发展水平，只有将制造自动化技术转变为自动化制造系统，才能真正实现产品的自动化生产制造。现代自动化制造系统本质上都是人机一体化的制造系统，人在系统中处于非常重要的位置，人的智能和柔性是任何机器所不能取代的。无人化制造、无人化工厂虽然在技术上是可行的，但是是被实践证明所否定的，尤其是在现实生产过程中，人们必须衡量成本和效益之间的关系，具体来说，在自动化制造系统的设计过程当中，必须考虑自动化程度与实现此自动化程度所花费成本之间的关系。

图 1-2 所示为人机一体化自动化制造系统的概念模式。

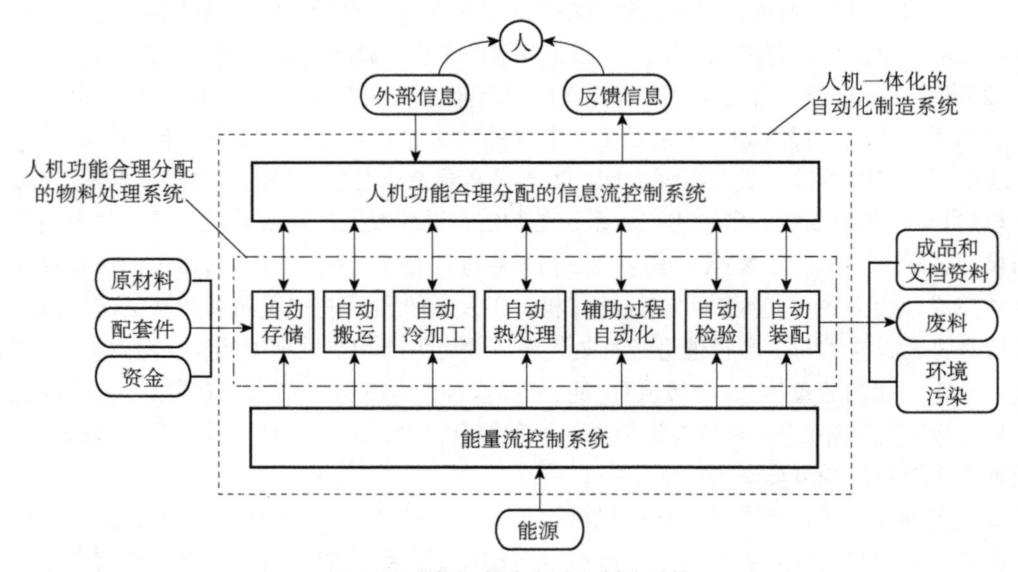

图 1-2　人机一体化自动化制造系统

可以看出，自动化制造系统具有以下五个典型要素。

(1)具有一定技术水平和决策能力的人。现代自动化制造系统是充分发挥人的作用的、人机一体化的柔性自动化制造系统。因此，系统的良好运行离不开人的参与。对于自动化程度较高的制造系统如柔性制造系统，人的作用主要体现在对物料的准备和对信息流的监视和控制上。对于物流自动化程度较低的制造系统如分布式数控系统(Distributed Numerical Control, DNC)，人的作用不仅体现在对信息流的监视和控制上，而且还体现在要更多地参与决策和物流过程。总之，自动化制造系统对人的要求不是降低了，而是提高了，它需要具有一定技术水平和决策能力的人。

(2) 一定范围的被加工对象。现代自动化制造系统能在一定的范围内适应被加工对象的变化，变化范围一般是在系统设计时就设定了的。现代自动化制造系统加工对象的划分一般是基于成组技术(Group Technology，GT)原理的。

(3) 信息流及其控制系统。自动化制造系统的信息流不仅控制着物流过程，也控制着成品的制造质量。系统的自动化程度、柔性程度和与其他系统的集成程度都与信息流控制系统关系很大，应特别注意提高它的控制水平。

(4) 能量流及其控制系统。能量流为物流过程提供能量，以维持系统的运行。在供给系统的能量中，一部分用来维持系统运行，做了有用功；另一部分能量则以摩擦和传送过程的损耗等形式消耗掉，往往会对系统产生各种危害。所以，在制造系统设计过程中，要格外注意能量流系统的设计，以优化利用能源。

(5) 物料流及物料处理系统。物料流及物料处理系统决定自动化制造系统的主要运作形式，它在人的帮助下或自动地将原材料转化成最终产品。一般来讲，物料流及物料处理系统包括各种自动化或非自动化的物料储运设备、工具储运设备、加工设备、检测设备、清洗设备、热处理设备、装配设备、控制装置和其他辅助设备等。各种物流设备的选择、布局及设计是自动化制造系统设计的主要内容。

2. 自动化制造系统的组成

图 1-3 所示为一个简单的教学型柔性制造系统实例，其展示了一个简单的自动化制造系统的组成。

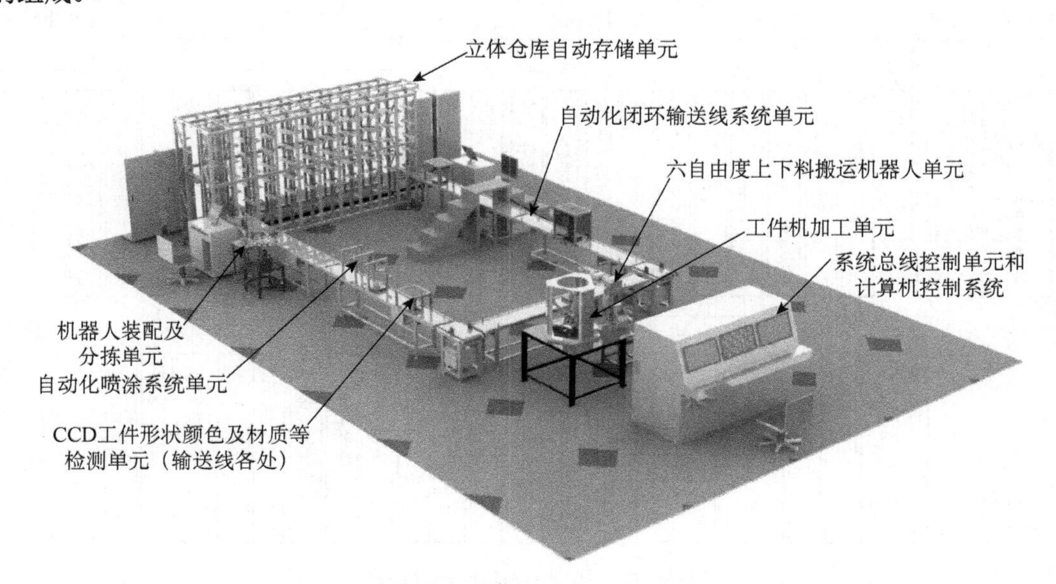

图 1-3　一个简单的自动化制造系统的组成

一个完整的自动化制造系统的组成可以用图 1-4 所示的结构图来表示。可以看出，一个典型的自动化制造系统主要由以下子系统组成：毛坯制备自动化子系统、机械加工自动化子系统、储运过程自动化子系统、装配过程自动化子系统、辅助过程自动化子系统、热处理过程自动化子系统、质量控制自动化子系统和系统控制自动化子系统。人作为自动化制造系统的基本要素，可以与任何自动化子系统相结合。另外，良好的组织管理对于设计及优化运行自动化制造系统是必不可少的。

由前述可知，在“广义制造”的概念下，制造自动化是包括产品设计自动化、加工过程自动化、物料储运自动化、质量控制自动化、装配自动化以及生产管理自动化等产品制造全过程的综合集成自动化，但值得注意的是，图 1-4 所示的自动化制造系统并没有包括产品设计自动化、生产管理自动化等。事实上，将产品设计自动化系统独立出来是符合常理的，它本质上是一个相对独立的信息流系统，而自动化制造系统是一个以物料流为主线的物质流、能量流和信息流集成统一的系统，因此，逻辑上，我们可以将产品设计自动化系统看成自动化制造系统的前处理系统，自动化制造系统所必需的产品信息、工艺信息等都来自于产品设计自动化系统，产品设计自动化系统与自动化制造系统通过通信端口或网络化通信端口连接在一起，通常通过数据库共享信息。就生产管理自动化而言，在图 1-4 中，它主要包含在“人机功能合理分配的信息流控制系统”之中，而图 1-4 是以物质流为主体的功能模块图，因此生产管理自动化系统作为以信息流为核心的功能子系统隐含其中。本书后面将主要以物质流(物料流)为主线来分析和讨论制造装备及制造自动化技术及制造自动化系统。

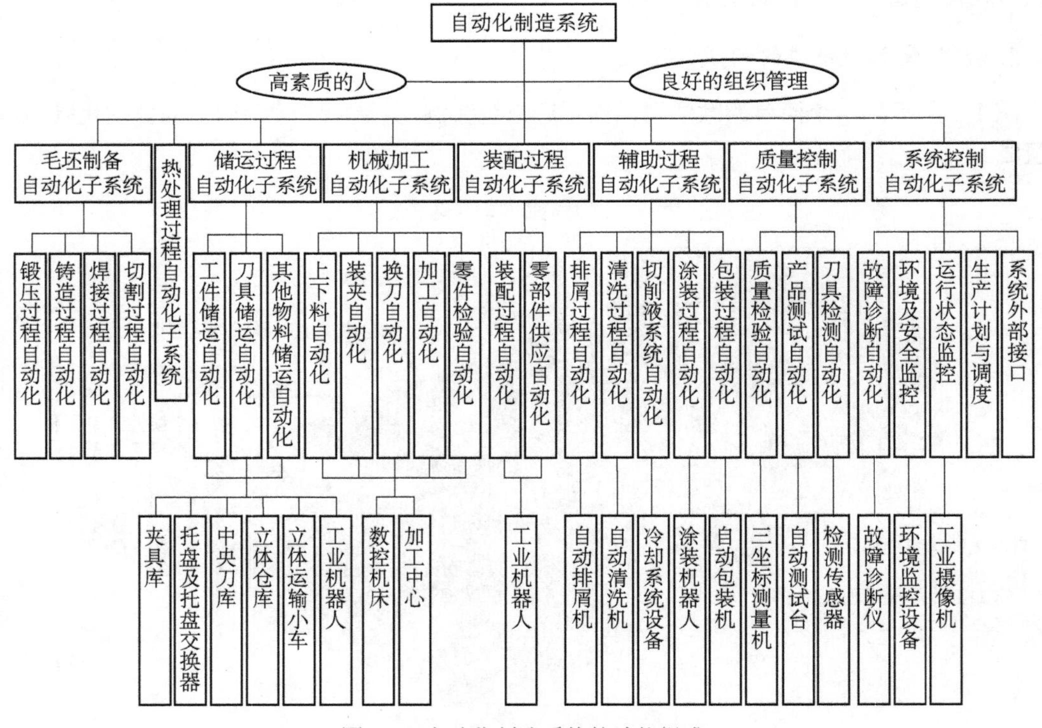

图 1-4　自动化制造系统的功能组成

3. 自动化制造系统的分类

从图 1-4 所示的自动化制造系统的功能组成可以看出，自动化制造系统分析、设计、建造和运行都分别是一个庞大的系统工程，因此，通常将自动化制造系统分为多种不同的类型，每种类型都有其特点和相对明确的应用范围，在实际应用中可根据产品结构、工艺特点、生产纲领、技术经济等条件选择与之相适应的自动化制造系统。根据系统自动化水平与规模，自动化制造系统可分为刚性自动化系统和柔性自动化系统，如图 1-5 所示。

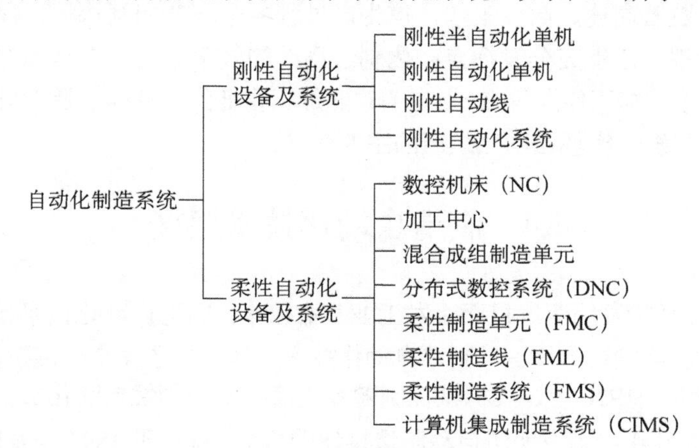

图 1-5　自动化制造系统的分类

1.3.4　实现制造自动化的条件

并不是所有的产品都适合于自动化制造，自动化制造也不是自动化程度越高越好，因此，制造自动化必须在综合衡量劳动生产率、产品质量、成本与效益、改善劳动强度与文明生产、生产柔性及技术发展等诸多因素的基础上，统筹兼顾，优化配置，以获取最佳的技术经济效果。实现制造自动化的基本条件包括以下方面。

(1) 要有适宜的产品和生产纲领。产品的结构、材料、质量、重量、性能、生产纲领(生产批量)的大小直接影响自动装置的结构和自动化方案的完善程度、性能和效果。因此在不同生产纲领和不同产品对象条件下，就必须采用不同形式和不同程度的自动化方案和装置。在生产纲领大、产品单一且结构稳定的情况下，宜采用自动化程度高、自动化装置结构完善的刚性自动化方案；在生产纲领小、品种多且结构不稳定的情况下，则宜采用自动化程度低、自动化装置结构简易和通用性广的自动化方案。

(2) 要有先进可靠的制造工艺。确定合理的工艺路线和采用先进可靠的加工方法，是保证实现自动化生产高生产率、高质量、高经济收益的重要基础。如果工艺不可靠，自动化生产将无法实现；如果工艺不先进，自动化生产也不能取得良好的技术经济效果。

(3) 少品种、大批量生产时需要采用流水作业的生产方式。流水作业生产与非流水作业生产是两种不同的生产形式，流水作业生产能保证生产的连续性，为采用高生产率的自动化设备和装置，实现生产过程的高度机械化和自动化创造了最好的条件。当实现了高度的机械化、自动化生产之后，又将进一步促进生产过程的连续性。

(4)多品种中小批量生产时需要采用成组技术的生产方式。成组技术是充分利用不同产品在结构、材料和工艺上的相似性，将许多具有相似信息的产品归并成组，并用大致相同的方法来解决这一组产品的设计和生产技术问题。应用成组技术就可以以大批量的生产方式来组织多品种、小批量产品的生产，这样就有易于实现自动化生产、发挥规模生产的优势，达到提高生产效率、降低生产成本的目的。

(5)要有生产过程的综合机械化和自动化。自动化是机械化的更高阶段。只有实现综合机械化，并使各制造装备高速、高效工作，使生产过程各个环节相互协调，保持节拍平衡，保证生产过程的连续性，才能充分发挥自动化制造系统的效率。由于在从原材料进厂到产品出厂的整个制造周期中，加工作业仅占5%左右，非加工作业约占95%，因此非加工作业机械化及自动化是建立流水线、实现自动化生产的主要前提。

1.4　制造自动化技术发展

自 18 世纪中叶瓦特发明蒸汽机而引发工业革命以来，制造自动化技术就伴随着机械化开始得到迅速发展。从其发展历程看，制造自动化技术大约经历了 4 个发展阶段。

第 1 阶段：1870～1950 年，纯机械控制随着电液控制的刚性自动化加工单机和系统得到长足发展。例如，1870 年美国发明了自动制造螺丝的机器，继而于 1895 年发明多轴自动车床，它们都属于典型的单机自动化系统，都是采用纯机械方式控制。1924 年，第一条采用流水作业的机械加工自动线在英国的 Morris 汽车公司出现；1935 年，苏联研制成功了第一条汽车发动机气缸体加工自动线。这两条自动线的出现使得制造自动化技术由单机自动化转向更高级形式的自动化系统。在第二次世界大战前后，位于美国底特律的福特汽车公司大量采用自动化生产线，使汽车生产的生产率成倍提高，汽车的成本大幅度降低，汽车的质量也得到明显改善。随后，西方其他工业化国家、苏联及日本都开始广泛采用制造自动化技术和系统，使这种形式的制造自动化系统得到迅速普及，其技术也日趋完善，它在生产实践中的应用也达到高峰。尽管这种形式的制造自动化系统仅适合于像汽车这样的大批量生产，但它对于人类社会的发展却起到了巨大的推动作用。值得注意的是，在此期间，苏联于 1946 年提出的成组生产工艺的思想，对制造自动化系统的发展具有极其重要的意义。直到目前，成组技术仍然是制造自动化系统赖以生存和发展的主要技术基础之一。

第 2 阶段：1952～1965 年，数字控制(Numerical Control，NC)技术和工业机器人技术，特别是单机数控得到飞速发展。数控技术的出现是制造自动化技术发展史上的一个里程碑。它对多品种、小批量生产的自动化意义重大，几乎是目前经济性实现小批量生产自动化的唯一实用技术。第一台数控机床于 1952 年在美国麻省理工学院研制成功，它一出现，立即得到人们的普遍重视，从 1956 年开始就逐渐在中、小批量生产中得到应用。1953 年，麻省理工学院又成功研制了著名的数控加工自动编程语言，为数控加工技术的发展奠定了基础。1958 年，第一台具有自动换刀装置和刀库的数控机床即加工中心(Machining Center，MC)在美国研制成功，进一步提高了数控机床的自动化程度。第一台工业机器人于 1959 年出现于美国。最早的工业机器人是极坐标式的，它的出现对制造自动化技术具有很大的意义。工业机器人不但是自动化制造系统中不可缺少的自动化设备，它本身也可单独工作，自动进行装配焊接、喷漆、热处理等工作。1960 年，美国成功研制了自适应控制机床，使机床具有了一定的智能色彩，可以有效提高加工质量。1961 年，在美国出现的计算机控制的碳电阻制造自动化系统，可以称为计算机辅助制造(Computer Aided Manufacturing, CAM)的雏形。1962 年和 1963 年又相继在美国出现了圆柱坐标式工业机器人和计算机辅助设计(Computer Aided Design, CAD)及绘图系统，后者为自动化设计以及设计与制造之间的集成奠定了基础。1965 年出现的计算机数控(Computer Numerical Control，CNC)机床具有很重要的意义，因为它的出现为实现更高级别的制造自动化系统扫清了技术障碍。

第 3 阶段：从 1967 年到 20 世纪 80 年代中期，是以数控机床和工业机器人组成的柔性制造自动化系统得到飞速发展的时期。1967 年，英国的 Molins 公司研制成功了计算机控制 6 台数控机床的可变制造系统，这个系统称为最早的柔性制造系统，它的出现成功地解决了多品种、小批量复杂零件生产的自动化及降低成本和提高效率的问题。同年，美国的 Sundstand 公司和日本国铁大宫工厂也相继成功研制了计算机控制的数控系统。1969 年，日本研制出按成组加工原则的 IKEGAI 可变加工系统，同年美国又研制出工业机器人操作的焊接自动线。随着工业机器人技术和数控技术的发展和成熟，20 世纪 70 年代初出现了小型制造自动化系统，即柔性制造单元。柔性制造单元和柔性制造系统到目前仍是制造自动化的最高级形式，即自动化程度最高并且实用的系统。1980 年，日本建成面向多品种、小批量生产的无人化机械制造厂——富士工厂，从原材料到外购件入库、搬运、加工、成品入库等，除装配以外的其他工序均完全实现自动化。20 世纪 80 年代初期日本还建成了一个由机器人进行装配的全自动化电机制造厂和一个规模庞大的利用激光加工的综合柔性制造系统。需要指出的是，这种无人自动化工厂的努力却是不成功的，原因并不在于技术，而主要在于它的经济性太差，并忽略了人在制造系统中的核心作用。

第 4 阶段：从 20 世纪 80 年代中期至今，制造自动化系统的主要发展是计算机集成制造系统(CIMS)，并被认为是 21 世纪制造业的新模式。CIMS 是由美国人约瑟夫•哈林顿博士于 1973 年首次提出的概念，其基本思想是借助于计算机技术、现代系统管理技术、现代制造技术、信息技术、自动化技术和系统工程技术，将制造过程中有关的人、技术和经营管理三要素有机集成，通过信息共享以及信息流与物流的有机集成实现系统的优化运行。所以说，CIMS 技术是集管理、技术、质量保证和制造自动化为一体的广义制造自动化系统。CIMS 的概念刚开始提出时，并没有受到人们的重视，直到 80 年代初，人们才意识到 CIMS 的重要性，于是世界各国纷纷开始研究并实施 CIMS。可以说，80 年代是 CIMS 技术发展的黄金时代。早期人们对 CIMS 的认识是全盘自动化的无人工厂，忽视了人的主导作用，国外也确实有些 CIMS 工程是按照无人化工厂来设计和实施的。但是随着对 CIMS 认识的不断深入，更多的人对 CIMS 技术作了重新思考，认为实施 CIMS 应充分发挥人的主观能动性，将人集成进整个系统，这才是 CIMS 的正确发展道路。于是，从 90 年代以来，CIMS 的概念发生了巨大变化，开始提出以人为中心的 CIMS 的思想，并将并行工程、精益生产、敏捷制造、智能制造和企业重组等新思想、新模式引入 CIMS，进一步提出了第二代 CIMS 的观念。可以认为，CIMS 的哲理还会不断发展和完善。

我国第一条机械加工自动线于 1956 年投入使用，是用来加工汽车发动机气缸体端面孔的组合机床自动线。第一条加工环套类零件的自动线是1959年建成的加工轴承内外环的自动线。第一条加工轴类零件的自动线是1969年建成的加工电机转子轴的自动线。在1964年以后不到10年的时间里，我国机床行业就为第二汽车制造厂(即现在的东风汽车集团公司)提供了57条自动线和8000多台自动化设备，表明我国提供制造自动化系统的能力有了很大的发展。到1985年底，我国生产的数控机床的品种已达50余种，并远销国外。我国生产的数控机床虽然有了长足的发展，但存在着技术水平低、性能不稳定等问题，远远不能满足国内用户的需求。因此，国家每年还要花大量的外汇进口数控系统和数控机床。我国于1984年成功研制了两个制造单元，第一个柔性制造系统于1986年投入运行，用于加工伺服电机零件。1987年以后，陆续从国外引进10余套柔性制造系统，也自行研制了我们自己的柔性制造系统。在这些柔性制造系统中，有些应用得很好，充分发挥了它的效益，而有些系统却利用率不高，造成资源的极大浪费。我国工业机器人的研究始于20世纪70年代初，自从1986年国家执行“863”高科技发展计划将机器人列为自动化领域的一个主题后，我国机器人技术得到很快的发展，已成功研制喷漆、焊接、搬运、能前后左右步行、能爬墙、能上下台阶、能在水下作业的多种类型的机器人。自从1986年“863”计划起，作为自动化领域的主题之一，CIMS在我国的研究和推广应用得到了迅速的发展。同时，单元应用技术也取得了一批研究和应用成果，有些实施CIMS的企业也取得了一些经济和社会效益。到目前，我国已在清华大学建成国家CIMS工程研究中心，在一些著名大学和研究单位建立了7个CIMS单元技术实验室和8个CIMS培训中心，在国家立项实施CIMS的企业已达数百家。1994年，清华大学荣获美国制造工程师协会(ASME)颁布的CIMS研究“大学领先奖”，1995年，北京第一机床厂荣获ASME颁发的“工业领先奖”。上述成果的取得，使我国在CIMS等高水平的制造自动化系统与技术的研究和应用方面积累了经验，并为其发展奠定了基础。

自从进入21世纪以来，随着计算机科学、信息与通信技术的迅猛发展，特别是互联网(Internet)技术成熟，近年来出现了云计算、物联网等新概念和新技术，同时以嵌入式技术为核心的智能设备如雨后春笋般大量涌现，计算机、信息、通信等技术进一步与制造技术相融合，促使制造自动化技术向云制造、3D打印、智能制造和智慧工厂的方向发展。特别是2013年4月，德国提出了振兴本国制造业的“工业4.0”计划，促使第四次产业革命呼之欲出。“工业4.0”其含义就是“第四次产业革命”，其核心就是单机智能设备(装备)的互联，不同类型和功能的智能单机设备互联组成智能生产线，不同的智能生产线的互联组成智能车间，智能车间的互联组成智能工厂，不同地域、行业、企业的智能工厂的互联组成一个制造能力无所不在的智能制造系统，这些单机智能设备、智能生产线、智能车间及智能工厂可以自由动态地组合，以满足不断变化的制造需求，最大限度地节约能源和优化利用资源，提高劳动生产率。信息物理系统(Cyber-Physics System，CPS)是“工业4.0”的核心，它通过将物理设备连接到互联网上，让物理设备具有计算、通信、控制、远程协调和自制五大功能，从而实现虚拟网络世界与现实物理世界的融合。信息物理系统可以将资源、信息、设备和人紧密地联系在一起，从而创造物联网及相关服务，并将生产工厂转变为一个智能环境，是实现设备、产品、人协调互动的基础。智能制造的核心在于实现机器智能和人类智能，实现生产过程的自感知、自适应、自诊断、自决策、自修复。“工业4.0”是以智能制造为主导的第四次产业革命，或革命性的生产方法。该战略旨在充分利用计算机、信息通信技术及网络空间虚拟系统与现实生产制造系统相结合的手段，将制造业向智能化转型。

2015 年 5 月，我国正式颁布了“中国制造 2025”规划，即到 2025 年步入制造强国行业。因此，在未来 10 年内，我国将会大力实施“制造强国战略”，大力促进工业化和信息化的融合，大力发展智能制造自动化技术。

1.5　本书的结构

本书以机械制造自动化为主线，按照“机械制造自动化装备”和“机械制造自动化技术”两个方面来组织内容。通常制造自动化装备又分为单机自动化设备与多机自动化系统，而工业机器人作为一种非常重要的制造装备在自动化制造系统中得到了广泛的使用。制造自动化技术的核心是物料储运自动化技术，重点是装配自动化技术，而自动化集成技术是将单机自动化设备集成发展为多机自动化系统的关键技术手段。同时，本书按照设备—技术—系统的顺序组织内容，其中第 2 章和第 3 章为机械制造自动化设备(即单机自动化设备)，第 4～6 章为机械制造自动化技术，第 7 章为自动化制造系统(即多机自动化系统)。

知识小结：制造装备及其自动化技术

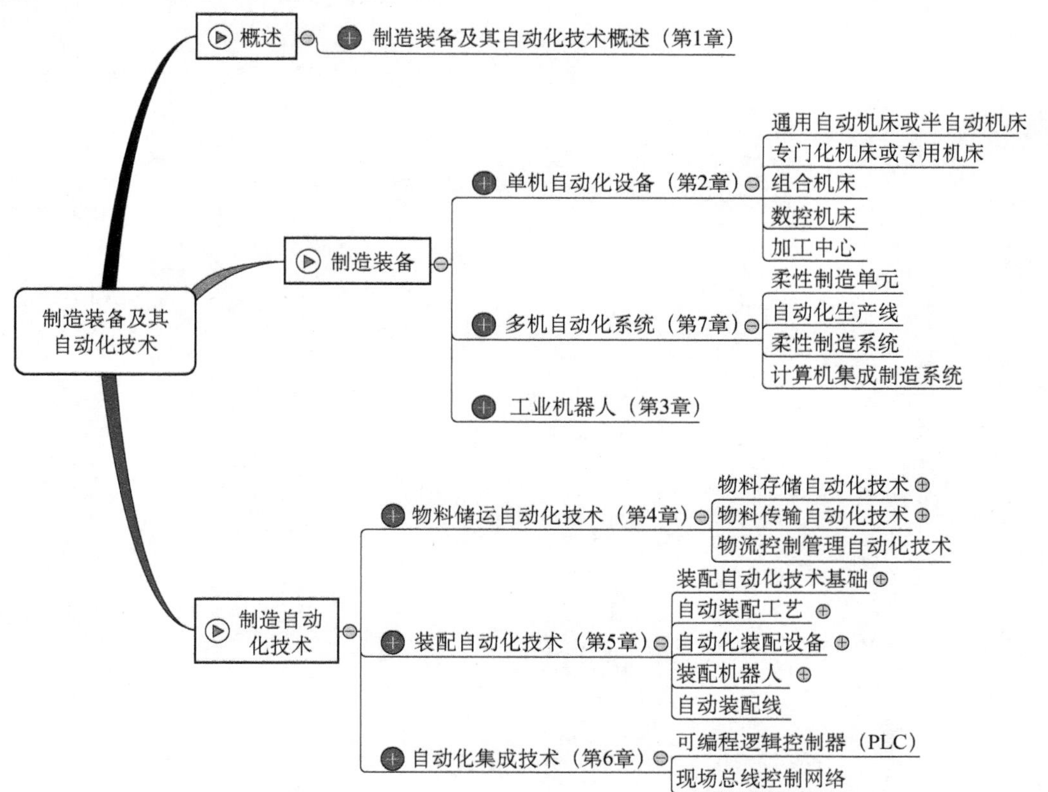

思 考 题

1-1　制造、制造业、制造技术、制造系统的基本概念是什么？

1-2　试绘制制造系统的黑箱模型。

1-3　制造业及制造技术的发展都经历了哪些阶段？

1-4　国民经济的三大产业是什么？我国是如何划分国民经济产业结构的？

1-5　制造业在国民经济中的地位和作用表现在哪些方面？

1-6　装备制造业的基本概念是什么？装备制造业包含哪些方面？

1-7　什么是机械化？什么是自动化？

1-8　制造自动化技术的基本概念是什么？制造自动化的三个层次是什么？

1-9　自动化制造系统的基本概念是什么？自动化制造系统的五个典型要素是什么？自动化制造系统由哪些子系统组成？自动化制造系统如何分类？

1-10　实现制造自动化的条件有哪些？

1-11　制造自动化技术的发展经历了哪些阶段？

1-12　“工业 4.0”的基本概念是什么？其核心是什么？

1-13　详细了解和分析“中国制造 2025”规划，准确把握我国的“制造强国战略”。

第2章　加工自动化设备

本章知识要点

(1) 掌握加工自动化设备、组合机床、自动化生产线、数控机床、加工中心的基本概念。

(2) 掌握组合机床、自动化生产线组成与分类；了解组合机床、自动化生产线的特点及应用。

(3) 掌握数控机床的基本工作原理，数控机床与加工中心的结构组成、分类，掌握数控机床与加工中心的区别与联系；了解数控机床与加工中心控制系统的组成及控制原理，以及数控机床与加工中心的应用。

探索思考

按照加工工艺分类，金属切削机床都有哪些类型？普通金属切削机床与数控机床的本质差别是什么？

预备知识

复习机械制造基础有关金属切削机床分类、结构组成、驱动与传动、加工工艺等方面的基础知识。

2.1　加工自动化设备概述

加工自动化设备是实现机械制造自动化或加工过程自动化的必要装备，加工自动化设备本身的自动化程度直接影响自动化制造系统的自动化程度和生产率，其性能也直接影响产品的质量。加工自动化设备包括自动化加工设备和半自动化加工设备。自动化加工设备是指实现了加工循环自动化，并实现了装卸工件等辅助工作自动化的设备。半自动化加工设备是指只实现了加工循环自动化的设备。自动化加工设备在加工过程中能够高效、精密、可靠地自动进行加工。加工自动化设备可以有效地缩短加工过程中的辅助时间、改善工人的劳动条件和减轻工人的劳动强度。加工设备的自动化是实现零件加工自动化或机械加工工艺过程自动化的基本问题之一，是实现机械制造自动化及建立自动化制造系统的基础。

加工自动化设备基本上可以分为单机自动化设备和多机自动化制造系统两种。单机自动化设备包括通用自动机床或半自动机床、组合机床、专门化机床和专用机床、数控机床和加工中心等。多机自动化制造系统包括各种自动化生产线、柔性制造单元、柔性制造系统、计算机集成制造系统等。

1. 通用自动机床或半自动机床

这类机床主要用于轴类和盘类零件的加工自动化，如单轴自动车床、多轴自动车床或半自动车床等。这类机床的最大特点是可以由工人根据生产需要，更换或调整部分机床零部件(如凸轮或靠模)后，即可加工不同的零件，故适合大批量、多品种生产。

2. 组合机床

组合机床是按系列化、通用化、标准化设计的通用部件，与按被加工零件的形状及加工工艺要求设计的少量专用部件组成的自动、半自动高效专用机床。自动组合机床指的是在加工工件时所有的动作，如刀具的进刀、切削、退刀、装卸工件、停车等全部自动化，并能连续、重复进行加工的组合机床。但半自动组合机床指的是能自动完成进刀、切削、退刀等，但需要工人参与装卸工件的机床。

组合机床是一种由通用化部件为基础设计和制造的专用机床，一般只能对一种(或一组)工件进行加工，但往往能在同一台机床上对工件进行多面、多孔和多工位加工。加工工序可高度集中，具有很高的生产率。由于这种机床的主要零部件已经通用化和已批量生产，因此，组合机床具有设计和制造周期短、投资少的优点，是箱体类零件和不规则零件大批量生产实现单机自动化的主要手段。

3. 专门化机床和专用机床

这两种机床是通过缩小机床的工艺范围来实现机床加工的高效率。对专用化程度较低，为某一种类型相似零件特定的工序而专门设计的机床称为专门化机床，如凸轮多刀车床、曲轴连杆轴颈多刀车床等。专用机床是专为加工某一工件的某一工序而设计制造的机床，其专业化程度比专门化机床高。这种机床结构比较简单，占用厂房面积小，调整和操作方便，自动化程度较高。由于价格循环不变，所以价格质量稳定，对工人技术水平要求相应较低。

由于专用机床的结构和部件是专门设计制造的，所以只有在定型产品的大批量生产且经试验证明所采用的加工工艺稳定可靠、经济效果明显时才采用这类机床。

4. 数控机床

数控机床(Numerical Control，NC)是用数控装置进行程序控制的高效自动化机床，它综合应用了计算机、自动控制、精密机械和精密测量等领域的先进技术，是现代自动化制造系统最重要也是必不可少的加工自动化装备。现代数控机床均采用计算机进行控制，称为CNC(Computer Numerical Control)机床，加工工件的源程序(包括机床的各种操作、工艺参数和尺寸控制等)可直接输入到具有编程功能的计算机内，由计算机自动编程，并控制机床运行。当加工对象改变时，除了重新装夹零件和更换刀具外，只需更换数控程序，即可自动地加工出新零件。数控机床主要适用于加工单件、中小批量、形状复杂的零件，也可用于大批量生产，能提高生产率、减轻劳动强度、迅速适应产品改型。数控机床具有较高的加工精度，并能保证精度的一致性，可用来组成柔性制造系统或柔性自动线。

5. 加工中心

数控加工中心(Machining Center，MC)是带有刀库并能自动更换刀具，对工件进行多工序集中加工的数控机床。工件经一次装夹后，加工中心的数控系统能控制机床按加工工序的要求自动选择和更换刀具，自动改变机床转速、进给量和刀具运动轨迹及实现其他功能，完成多工序自动加工(如车外圆、镗孔、钻孔、扩孔、铰孔、攻螺纹等)。加工中心具有适用范围广、加工精度高、生产率高的特点，适用于多品种、小批量生产比较复杂和精密的零件。加工中心具有很高的柔性，是组成柔性制造系统的主要加工设备。

6. 自动化生产线

自动化生产线是由工件传输系统和控制系统将一组自动机床和辅助设备按工艺顺序连接起来，可自动完成产品的全部或部分加工过程的生产系统，简称自动线。在自动线工作过程中，工件以一定的生产节拍，按工艺顺序自动经过各个工位，完成预定的工艺过程。按使用的工艺设备分，自动线可分为通用机床自动线、专用机床自动线、组合机床自动线等类型。采用自动线生产可以保证产品质量，减轻工人劳动强度，获得较高的生产率。其加工工件通常是固定不变的或变化很小，因此只适用于大批量生产场合。

7. 柔性制造单元

柔性制造单元(Flexible Manufacturing Cell，FMC)是由一台或数台数控机床或加工中心配合一套规模较小的工件交换和物料传输系统所组成的、由计算机进行控制和监视、具有独立自动加工功能的自动化生产系统。与加工中心相比，柔性制造单元的自动化程度更高。柔性制造单元除了具有加工中心所具有的功能外，还可实现工件搬运及在机床上装夹的自动化及加工过程的监控管理。柔性制造单元适合于多品种、中小批量的生产，是实现柔性化和自动化的理想手段。与柔性制造系统相比，柔性制造单元具有投资小、见效快、技术容易实现的优点，因而成为一种常见的制造装备。

8. 柔性制造系统

柔性制造系统(Flexible Manufacturing System，FMS)是在计算机的统一控制下，由自动装卸与输送系统将若干台数控机床或加工中心连接起来构成一种适合于多品种、中小批量生产的先进的自动化制造系统。与柔性制造单元相比，柔性制造系统规模更大，功能更强，所能加工的零件范围更广。通常，我们可以将柔性制造单元作为组成柔性制造系统的基本单元，且由于柔性制造单元具备了柔性制造系统的绝大部分功能和特性，因此柔性制造单元也可以看成最小规模的柔性制造系统。

9. 计算机集成制造系统

计算机集成制造系统(Computer Integrated Manufacturing System，CIMS)是目前最高级的自动化制造系统。CIMS 强调的是信息集成，核心是实现人、技术和管理的有机集成，目标是为了能使企业生产出质优、价廉、适销的产品，以利于企业竞争，因而 CIMS 实际上是一种使企业实现整体优化的理想模式。与 FMS 相比，CIMS 并不一定是自动化程度最高的制造系统。

加工自动化设备的发展经过了一个从单机自动化设备向多机自动化制造系统的发展过程，也经历了一个从刚性自动化向柔性自动化发展的过程。刚性自动化是在机械化的基础上形成的，这种自动化的控制系统主要是靠凸轮、挡块、分配轴、弹簧等机构来实现的。它包括各种自动化机床(如单轴纵切自动车床、单轴转塔自动车床、多轴自动车床等)、刚性自动生产线等。刚性自动化的特点是：能显著提高劳动生产效率，改善劳动条件，产品质量稳定可靠，大量生产条件下降低了产品的成本。但是刚性自动化的过程控制主要靠硬件，不能轻易变更，只能用于固定产品的大量生产，而对于品种多、批量小的零件生产是不适用的。而柔性自动化是机械技术与电子技术、计算机技术相结合的自动化。以硬件为基础，以软件为支持，通过改变程序即可实现所需的控制，因而是柔性的，易于变动，实现制造过程的柔性和高效率，适应于多品种、中小批量的生产。它包括数控机床、加工中心、柔性自动化生产线、工业机器人、柔性制造单元、柔性制造系统、计算机集成制造系统等。作为刚性自动化的代表，本章将分别介绍组合机床和刚性自动化生产线；对于柔性自动化，将分别介绍数控机床、加工中心、柔性制造单元、柔性制造系统和计算机集成制造系统；作为柔性自动化生产线的代表，将在第 5 章介绍装配自动化。

2.2　组 合 机 床

组合机床(Transfer and Unit Machine)是以通用部件为基础，配以按工件特定形状和加工工艺设计的专用部件和夹具，组成的半自动或自动专用机床。组合机床一般采用多轴、多刀、多工序、多面或多工位同时加工的方式，组合机床一般用于加工箱体类或特殊形状的零件。

最早的组合机床是 1911 年在美国制成的，用于加工汽车零件。在组合机床发展初期的很长时间内，各机床制造厂都有各自的通用部件标准。为了提高不同制造厂的通用部件的互换性，便于用户使用和维修，1973 年 ISO 颁布了第一批组合机床通用件标准，我国也在 1975 年颁布了相应的标准，并于 1978 年和 1983 年两次进行了更新增补。目前，我国组合机床的通用零部件已占到 70%～90%。随着科学技术的发展，组合机床也在不断地更新和发展，组合机床未来的发展将更多地采用调速电动机和滚珠丝杠等传动，以简化结构、缩短生产节拍；采用数字控制系统和主轴箱、夹具自动更换系统，以提高工艺可调性；以及纳入柔性制造系统等。

组合机床就是用已经系列化、标准化的通用部件和少量的专用部件组成的多轴、多刀、多工序、多面或多工位同时加工的高效专用机床。在中、大批量生产中使用组合机床，能够使辅助时间和加工时间尽可能重合，使多工位装夹多个工件同时进行多刀加工，因而可以缩短加工时间和辅助时间，提高生产率(比通用机床高几倍至几十倍)和保证加工质量。

组合机床的通用部件按功能可分为动力部件、支承部件、输送部件、控制部件和辅助部件五类。

(1)动力部件：用于传递动力，为刀具提供主运动和进给运动的部件，如动力滑台、动力箱、各种动力头等。这是组合机床最主要的通用部件。

(2) 支承部件：用于安装动力部件和输送部件的部件，如侧底座、中间底座、立柱及底座、支架等。这是组合机床的基础部件，机床各部件之间的相对位置精度、机床刚度主要靠其来保证。

(3) 输送部件：具有定位和夹紧装置，用于装夹工件并运送到预定工位的部件，如回转工作台、移动工作台和回转鼓轮等，有较高定位精度。

(4) 控制部件：用于控制具有运动动作的各个部件，保证实现组合机床工作循环的部件，如可编程控制器、液压传动装置、分级进给机构、自动检测装置及操纵台、电气柜等。

(5) 辅助部件：如起定位、夹紧、润滑、冷却、排屑以及清洗等作用的辅助装置。

图 2-1 为一台单工位三面加工组合机床的组成。

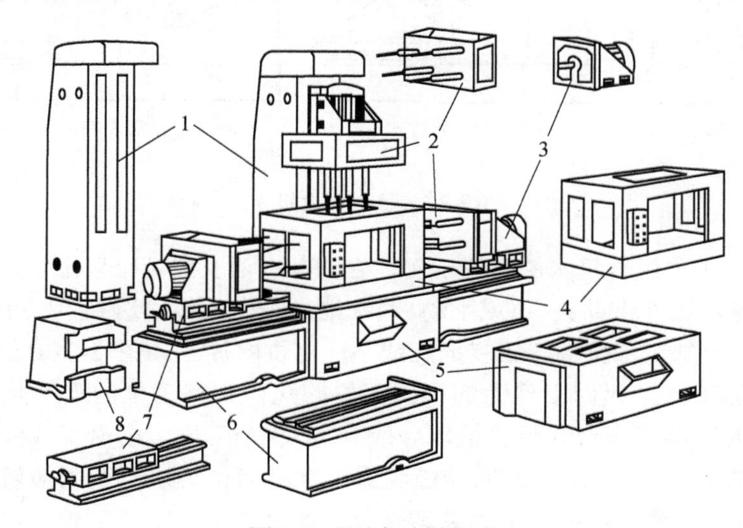

图 2-1　组合机床的组成

1-立柱；2-主轴箱和刀具；3-动力箱；4-夹具；　5-中间底座；6-侧底座；7-动力滑台；8-柱底座

组合机床的主要特点如下。

(1) 主要用于箱体类零件和不规则零件的平面和孔的加工。

(2) 工序高度集中，可多轴、多面、多工位、多刀同时加工，生产效率很高。

(3) 工序稳定，可用成熟的工夹具和加工工艺，使加工质量稳定。

(4) 自动化程度高，工人劳动强度低。

(5) 采用模块化的部件，按工序要求灵活组合，研制周期短，制造和维护成本低。

大型组合机床的配置分单工位组合和多工位组合两类。

图 2-2 为单工位组合机床的配置示例，加工主轴有卧式、立式和复合式，加工表面可以是一个或多个。在这类机床上加工时，工件装夹在机床的固定夹具中不动，动力部件移动完成各种加工。这类机床能保证高的位置精度，适用于大中型箱体零件加工。

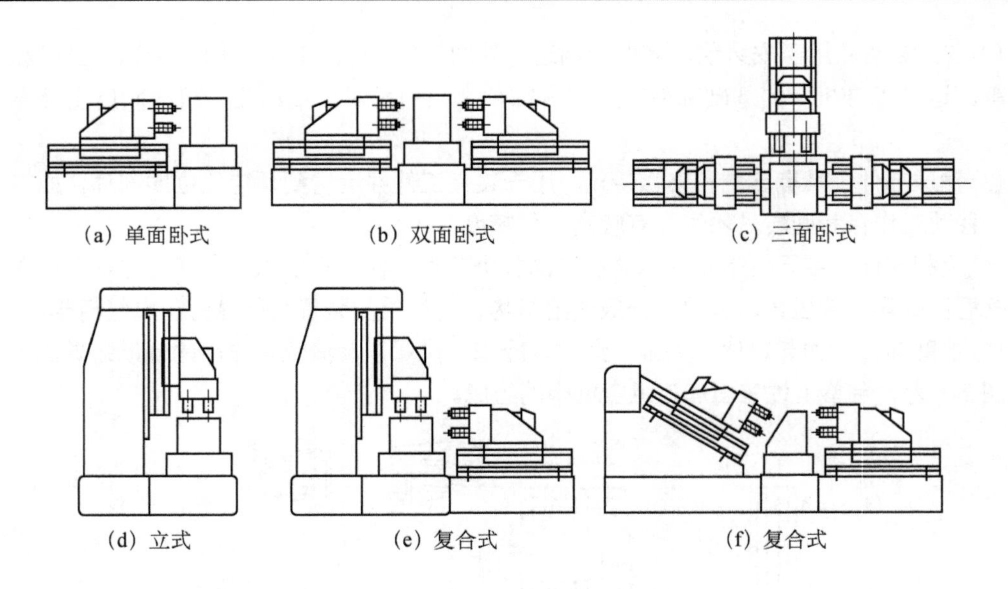

图 2-2　单工位组合机床

图 2-3 为多工位组合机床的配置示例，它们都有两个或两个以上的加工工位。在这类机床上加工时，工件借助夹具(或手动)顺次地由一个工位输送到下一个工位，在各工位上依次完成同一加工部位的多工步加工或不同部位的加工。图 2-3(a)的固定式夹具组合机床可同时加工两个相同工件上的不同部位的孔，工件工位的变换是由人工重新装夹；图 2-3(b)的移动工作台式组合机床一般有 2～3 个工位，由沿直线间歇移动的工作台完成工位间的输送；图 2-3(c)的回转鼓轮式组合机床由绕水平轴间歇转位的回转鼓轮工作台输送工件，6 个工位中 1 个为装卸工位，其余 5 个为加工工位，可同时对工件两面进行加工；图 2-3(d)的回转工作台式组合机床有绕垂直轴间歇转位的回转工作台，4 个工位也是有 1 个为装卸工位，3 个为加工工位。这种机床可配置为立式、卧式和复合式。图 2-3(e)的中央立柱式组合机床用绕垂直轴间歇转位的环形工作台输送工件，一般有几个竖直和水平布置的动力头，分别安装在中央立柱上及工作台四周，故工序集中程度很高，但机床结构比较复杂，定位精度不太高。

由于多工位组合机床装料辅助时间与其他工位的加工时间重合，这类机床的工序集中程度和生产率显然比单工位组合机床高，但由于存在位移误差，故加工精度较单工位组合机床低。这类机床适用于大批量生产中加工较复杂的中小型零件。

小型组合机床也是由大量通用零部件组成的，也分单工位和多工位配置。常用两个以上具有主运动和进给运动的小型动力头分散布置、组合加工。动力头有套筒式、滑台式，横向尺寸小，配置灵活性大，操作方便，易于调整和改装。生产中应用较多的是回转台式多工位小型组合机床。

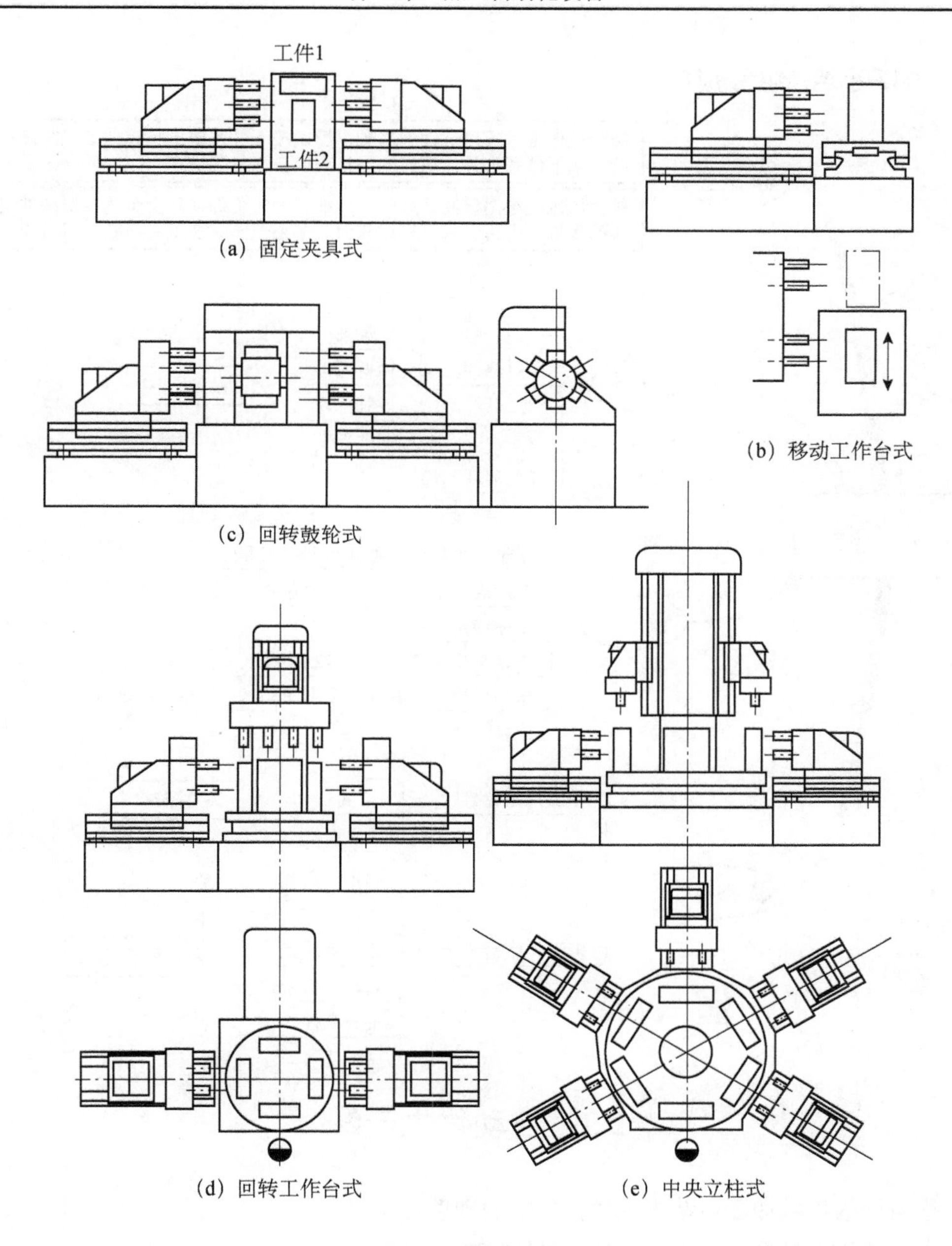

(a) 固定夹具式

(b) 移动工作台式

(c) 回转鼓轮式

(d) 回转工作台式

(e) 中央立柱式

图 2-3　多工位组合机床

组合机床通用部件用与其配套的滑台台面宽度这个主参数表示，其编制方法、型号、规格及配套关系可查阅 GB 3668.4－1983～GB 3668.9－1983。

 **知识小结：组合机床**

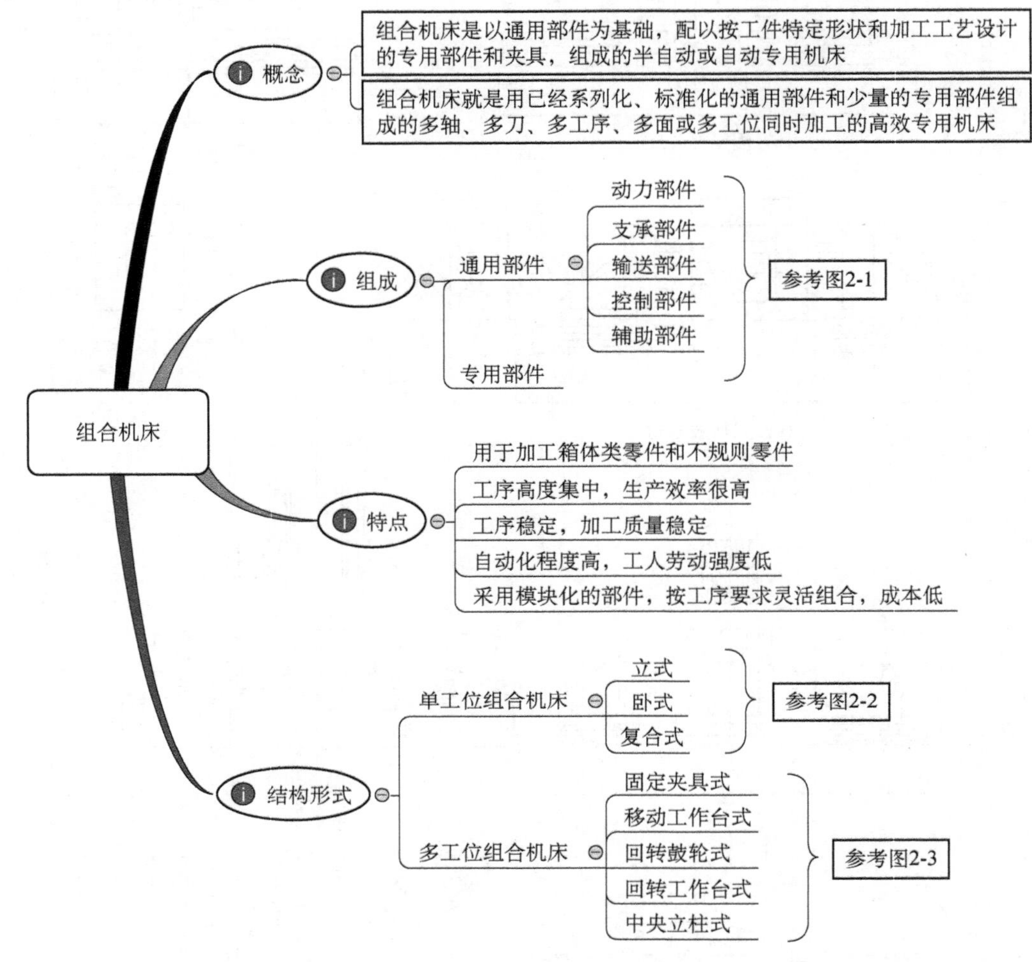

2.3 自动化生产线

这里所说的机械加工自动线主要指传统的刚性自动线。

 **小思考 2-1**

什么是刚性（Rigidity）？什么是柔性（Flexibility）？什么是刚性自动线？什么是柔性自动线？

在大批量生产条件下，由于产品品种比较单一、产品结构稳定，而且产量大，一般都具备工步、工序自动化和流水作业的基础，这为采用高生产率的自动线提供了有利条件。因此，建立自动线使产品零件加工工艺过程自动化是少品种、大批量生产工厂实现自动化的一种良好方式。

自动生产线是由按加工顺序排列的多台自动机床，用工件输送装置连接起来，并用控制系统按规定的工艺程序来自动操纵工件的输送、定位、夹紧、加工和检测的自动化系统。工件按一定的生产节拍、规定的加工顺序，依次通过自动线的各个工位，完成预定的加工过程，实现工件多个工序加工过程的自动化。

小思考 2-2

什么是流水线？什么是自动线？如何区别流水线与自动线？

自动生产线是在流水线的基础上发展起来的。自动线的工艺原则与流水线有相似之处，即适应大批量生产、设备按工艺路线布置、生产具有节奏性等。但自动线还具有自动化程度高的特点，各工序的工艺操作和辅助工作以及工序间的工件输送等，均能自动地进行；全线具有统一的控制系统及比流水线更为严格的生产节奏性。

使用自动线生产能显著提高劳动生产率；大大减轻工人劳动强度，改善劳动条件；减少操作工人数量，降低产品的工艺成本，有利于保证和稳定产品质量。但是使用或建立自动线应符合以下基本条件。

(1) 生产纲领要足够大，应通过严格的技术经济分析和方案论证。一般应使建线的总投资能在五年内收回。

(2) 产品定型，质量稳定，经预测产品在较长时间内有销路。

(3) 所采用的工艺方案和设备应稳定可靠。若采用新工艺、新结构、新控制技术，应经过试验验证确实可行。

(4) 所用的毛坯质量好，生产效率高。

(5) 企业有一套科学管理自动线的制度和方法。

自动线通常由工艺设备、质量检测装置、控制和监视系统以及各种辅助设备等组成。由于工件的具体情况、工艺要求、工艺过程、生产率要求和自动化程度等因素的差异，自动线的结构及其复杂程度常常有很大的差别。但是其基本部分大致是相同的，如图 2-4 所示。

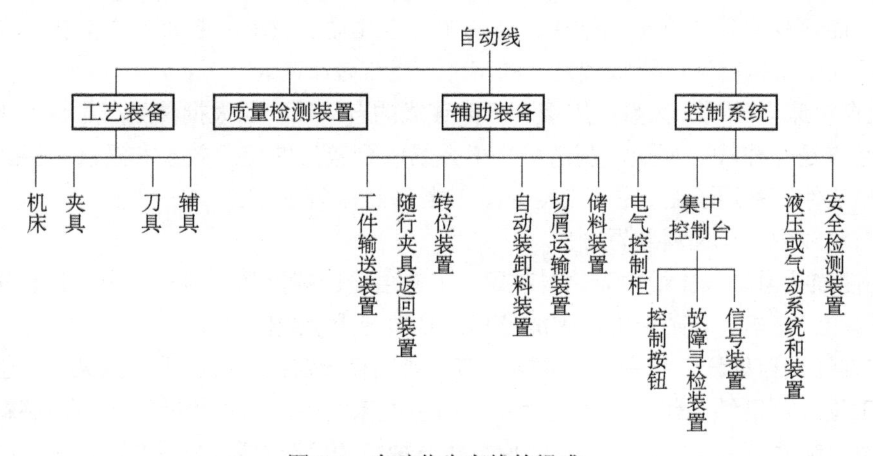

图 2-4　自动化生产线的组成

图 2-5 表示了常见的加工箱体类零件的组合机床自动线。从图中可以看出，该自动线主要由三台组合机床、输送带、输送带传动装置、转位台、转位鼓轮、夹具、切屑运输装置、液压站以及操纵台等所组成。

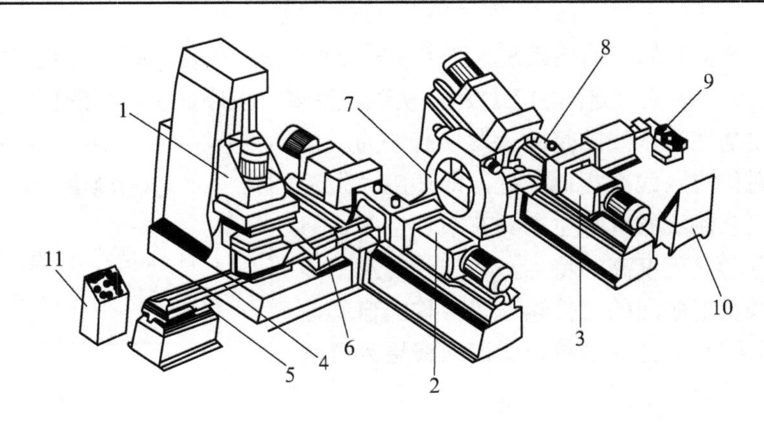

图 2-5　组合机床自动线

1、2、3-组合机床；4-输送带；5-输送带传动装置；6-转位台；
7-转位鼓轮；8-夹具；9-切屑运输装置；10-液压站；11-操纵台

1. 机械加工自动线分类

机械制造中所用的自动线有许多不同的类型。若从工作性质来分有机械加工自动线、装配自动线、热处理自动线、综合自动线等；若从生产类型来分有大批量生产的专用自动线和多品种成批生产的可变自动线。其中机械加工自动线又可按以下三方面进行分类。

1) 按所用的工艺设备类型分

(1) 通用机床自动线。利用改装的半自动通用机床或自动化通用机床连成的自动线。其优点是：建线周期短、制造成本低、收效快。一般多用于加工比较简单的零件，尤其是大批量生产盘类、环类、轴、套、齿轮等中小尺寸工件。

(2) 专用机床自动线。以专用自动机床为主，建线成本较高。但设计时不受现有设备条件的限制，因而容易取得较满意的结果，并易实现全线输送及上料装置的自动化。专用机床自动线适用于加工结构特殊、形状较复杂的工件，生产效率高。

(3) 组合机床自动线。大量采用组合机床连成的自动线，在大批量生产中日益得到普遍的应用。其优点是：建线周期短、制造成本低，易收到较好的使用效果和经济效果。主要用来加工箱体和杂件，多用于钻、扩、铰、镗、攻丝和铣削等工序。

2) 按自动线中有无储料装置分

(1) 刚性连接自动线。线中无储料装置，工件由输送装置强制地从一个工位移送至下一个工位，直到加工完毕。若某一工位因故停车，必然造成全线停车。

(2) 柔性连接自动线。线中设有储料环节，能储存一定数量的工件。当某一工位因故停车时，上下工位仍可继续工作；或当前后相邻两台机床的生产节拍相差较大时，储料装置可以在一定时间内起着调节平衡作用，不致使工作节拍短的机床总要停车等候。

3) 按加工对象分

(1) 旋转体工件加工自动线。它由自动化通用机床或专用机床所组成，用来加工轴、盘及环类工件。在切削加工过程中工件旋转。建线周期较长，成本较高。

(2) 箱体、杂件加工自动线。多用组合机床联线，在切削加工过程中工件固定不动，可以对工件进行多刀、多轴、多面加工。常采用步伐式输送带直接输送或采用随行夹具间接输送。建线周期较短，收效较快。

2. 自动化生产线布局

自动化生产线设计的首要任务是确定自动线的总体布局，自动线的总体布局是指组成自动线的机床、辅助装置以及连接这些设备的工件传送系统中各种装置的布置形式和连接方式。在进行总体方案设计时，首先应绘制出设备的平面布置及立面布置的联系尺寸图，以便作为自动线结构设计的依据。

自动线的总体布局形式可以多种多样，它是由工件的结构形状、工艺过程、车间自然条件、工件输送方式和生产纲领所决定的。拟定布局方案时要考虑的原则是尽量使设备紧凑、占地面积小、工件输送路线短、操作调整、管理及维修方便等。

通常，按照工件传送系统与加工机床的相对位置关系，自动化生产线的布局有贯穿式、架空式和侧输式。

(1) 贯穿式。工件传送系统设置在机床之间。当联线机床横向排列时，传送装置可以贯穿在机床之间。如图 2-6 所示为一种贯穿式传送短轴类工件的加工自动线布局。这种布局的特点是上下料及传送装置结构简单、装卸工件辅助时间短、布局紧凑、占地面积小，但影响工人通过，看管机床不便，料道短，储料有限，适用于外形简单的小型回转体工件。

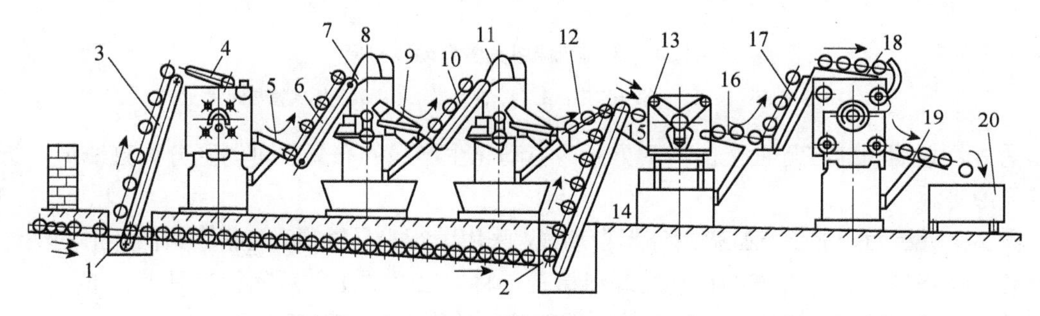

图 2-6　贯穿式传送短轴类工件的加工自动线布局

1、2-上料道；5、9、15、16、19-中间料道；
3、6、10、12、14、17-提升装置；20-成品箱；4、7、8、11、13、18-上下料装置

(2) 架空式。工件传送系统设置在机床的上空，输送机械手悬挂在机床上空的桁架上，如图 2-7 所示。联线机床横向排列或纵向排列，工件传送系统不仅完成机床之间的工件传送，还完成机床的上下料。各机械手间距与机床间距一致，刚性连接，同步行走。这种布局结构简单，适用于生产节拍较长，并且各工序工作循环时间较均衡的轴类零件加工。另一种方式是工件在机床上空通过输送料道传送，采用强迫输送方式及固定的悬挂式机械手。

(3) 侧输式。工件传送系统设置在机床外侧，联线机床纵向排列，传送装置安装在机床前方的地上。输送料道还兼有储料作用。机床也可分成两排，面对面地交错排放，共用一个输送装置，盘类或短圆柱类工件立放在链板式输送装置上靠摩擦力输送，由机械手进行自动上

下料，如图 2-8 所示。

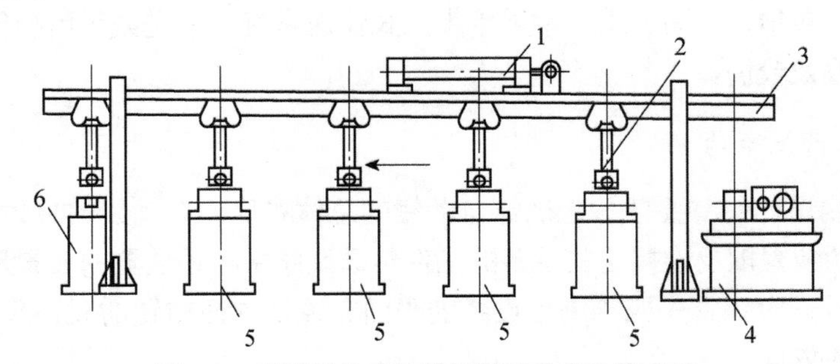

图 2-7　采用悬挂式输送机械手的自动线布局

1-输送用驱动油缸；2-机械手；3-桁架；4-铣端面打中心孔机床；5-车床；6-料道

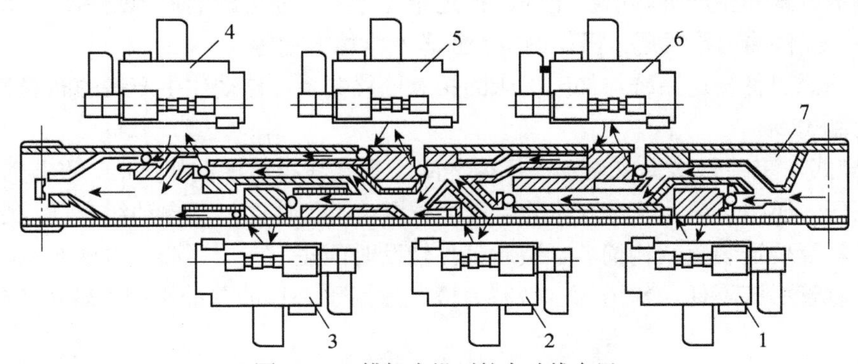

图 2-8　双排机床纵列的自动线布局

1～6-机床；1、2、6-第一工序；3、4、5-第二工序；7-链板式输送装置

另外，按照机床在地面上的排列方式，自动化生产线的布局也可以区分为直线形、折线形、环形等。

图 2-9 所示为一加工气缸盖的环形自动线，采用随行夹具输送。随行夹具由环形的输送托架推动。设在装卸工位前方的自动装卸料机构，将加工好的工件从随行夹具上卸下，放到卸料滚道上，然后从左边滚道上，抓取待加工工件，装到同一个随行夹具上。

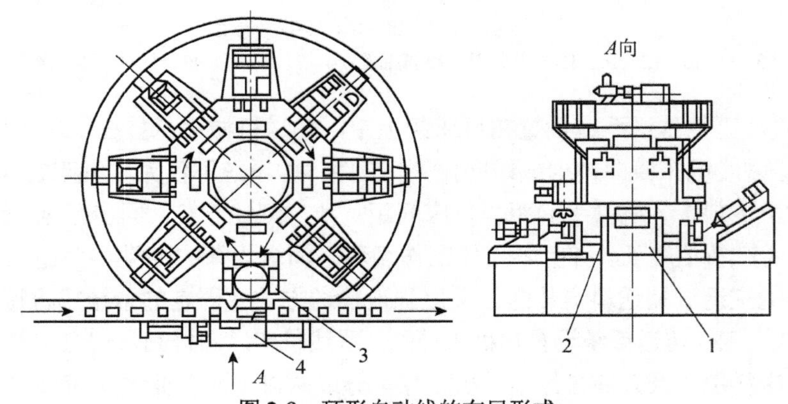

图 2-9　环形自动线的布局形式

1-立柱；2-输送托架；3-随行夹具转载机构；4-装卸料机构

此外，根据自动线生产节拍的长短和工序集中或分散的具体情况，可以选择自动线是串联还是并联。串联的特点是单机的输入料道与输出料道一般为直列连通，上台机床的输出料道即下台机床的输入料道，顺序排列下去。串联自动线的工件输送和控制系统简单。并联生产线可采用“顺序分料”或“按需分料”的方法供料，前者工件依次填满各分段料道，机床需先后逐步工作；后者工件经分料机构及时分配到各并联机床料道上。

知识小结：自动生产线

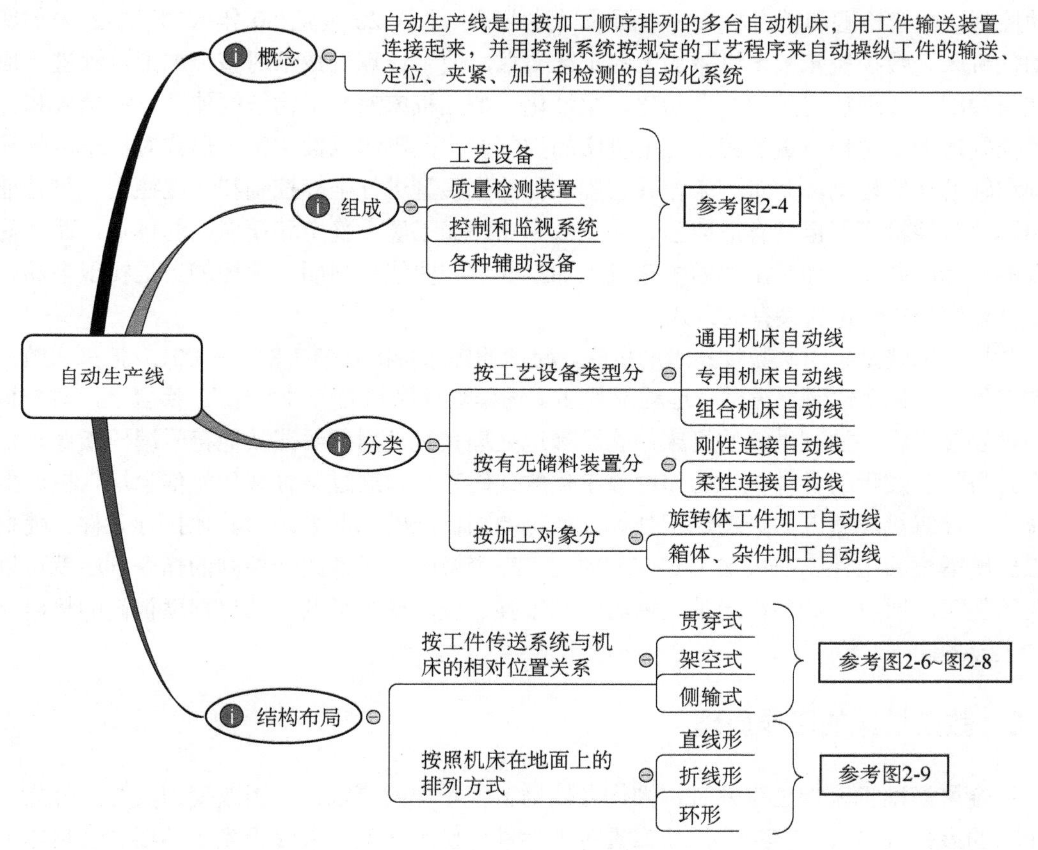

2.4　数 控 机 床

数控机床既是一种典型的现代制造装备，又是一种典型的机电一体化产品，广泛地应用于加工制造业的各个领域。与普通机床相比，数控机床更适合于加工结构较为复杂、精度要求高以及产品更新频繁、生产周期要求短的多品种、小批量零件的生产。现代数控机床正朝着高速度、高精度、高可靠性、多功能化、智能化等方向发展。

小思考 2–3

NC（Numerical Control）、DNC（Direct Numerical Control）、CNC（Computer Numerical Control）的基本概念分别是什么？

2.4.1　数控机床的基本概念

数字控制(Numerical Control，NC)，简称数控，是一种使用数字量或数字化的指令作为控制信号的自动控制技术。采用数控技术的系统称为数控系统，而装备了数控系统的机床就成为了数控机床。

数控机床和数控技术是微电子技术同传统机械技术相结合的产物，是一种技术密集型的产品和技术。数控机床是计算机在机械制造领域中应用的主要产物，它综合了计算机技术、自动控制、精密检测和精密制造等方面的科技成果，是从 20 世纪 50 年代初发展起来的新型自动化机床。数控机床根据机械加工的工艺要求，使用计算机技术对整个加工过程进行信息处理与控制，实现加工过程的自动化、柔性化。数控机床改变了传统的使用行程挡块和行程开关控制运动部件位移量的程序控制机床的控制方式，不但以数字指令形式对机床进行程序控制和辅助功能控制，并对机床相关切削部件的位移量进行坐标控制和速度控制。与普通机床相比，数控机床不但具有适应强、加工效率高、加工质量稳定和精度高的优点，而且易于实现多坐标联动，能加工出普通机床难以加工的空间曲线和曲面。数控加工是实现多品种、中小批量生产自动化的最有效方式。

数控机床就是采用了数控技术的机床。我国的国家标准(GB/T 8129—2015)把机床数控技术定义为“用数字化信息对机床运动及其加工过程进行控制的一种方法”。换言之，数控机床是一种安装了程序控制系统的机床，能逻辑地处理具有使用代码或其他符号编码指令规定的程序。将加工过程的各种机床动作由数字化的代码表示，通过某种载体将信息输入机床数控系统，由计算机对输入的数据进行处理，就可控制机床的伺服系统或其他执行元件，使机床加工出所需要的工件。在被加工零件或加工工序变换时，只需改变控制的指令程序就可以实现新的加工。所以，数控机床是一种灵活性很强、技术密集度及自动化程度很高的机电一体化加工设备。

2.4.2　数控机床的工作原理

用金属切削机床加工零件时，操作者依据工程图样的要求，不断改变刀具与工件之间相对运动的参数(位置、速度等)，使刀具对工件进行切削加工，最终得到所需要的合格零件。用数控机床加工零件时，首先应将加工零件的几何信息和工艺信息编制成加工程序，由输入装置或端口送入数控装置，经过数控装置的处理、运算，按各坐标轴的分量送到各轴的驱动电路，经过转换、放大驱动伺服电动机，带动各轴运动，并进行反馈控制，使刀具与工件及其他辅助装置严格地按照加工程序规定的顺序、轨迹和参数有条不紊地工作，从而加工出零件的全部轮廓。

小思考 2–4

数控机床的工作原理与计算机绘图的工作原理是否相同？为什么？

刀具沿各坐标轴的相对运动是以脉冲当量为单位的(mm/脉冲)。

当走刀轨迹为直线或圆弧时，数控装置则在线段的起点和终点坐标值之间进行“数据点的密化”，求出一系列中间点的坐标值，然后按中间点的坐标值向各坐标输出脉冲数，保证加工出所需要的直线或圆弧轮廓。其加工原理如图2-10所示。

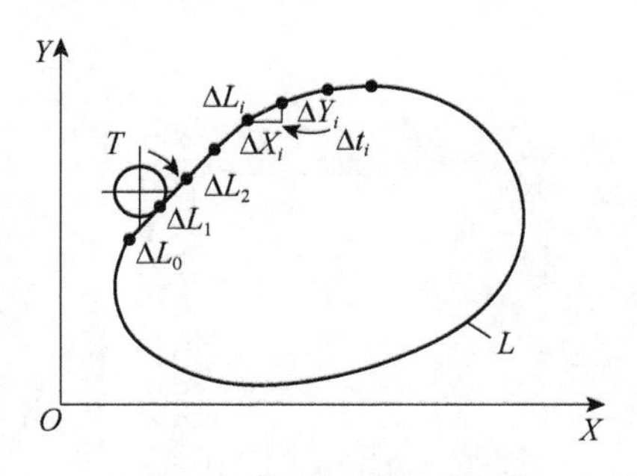

图2-10　数控机床加工原理

2.4.3　数控机床的组成

数控机床主要是由数控装置、包含伺服电动机及检测装置的伺服系统、机床本体三大部分组成的，如图2-11所示。

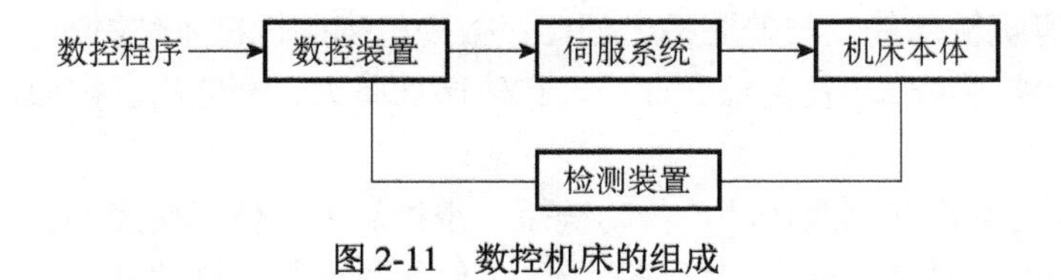

图2-11　数控机床的组成

1. 数控装置

数控装置是数控机床实现自动加工的控制核心，包括硬件和软件两大组成部分。其中，硬件包括微处理器(CPU)及其总线、存储器(ROM、RAM)、键盘、显示器、输入/输出(I/O)接口以及位置控制器等；软件包括管理软件(操作系统、零件程序的输入输出、显示及诊断软件等)和控制软件(译码、刀具补偿、速度控制、插补运算以及位置控制软件等)。由于现代数控装置通常由小型、微型或嵌入式计算机及其控制软件组成，因此数控装置也称为CNC装置。

CNC装置的功能如下。

(1)数控机床是在CNC装置的控制下，自动地按给定的程序进行机械零件的加工。

(2)CNC装置根据输入的零件加工程序，计算出理想的运动轨迹，然后输出到执行部件，加工出需要的零件。

(3)CNC装置完成对进给坐标控制、主轴控制、刀具控制、辅助功能控制等功能。

(4)CNC装置还利用计算机很强的计算能力来实现一些高级复杂功能，如零件程序编辑、坐标系偏移、刀具补偿、图形显示、公英制变换、固定循环等。

近年来，随着计算机技术尤其是嵌入式技术的发展，CNC装置在功能越来越强大的同时，其体积也不断缩小，形成了很多独立的CNC装置，同一CNC装置可以适配多种数控机床。

图 2-12 所示为两个典型的嵌入式 CNC 装置。

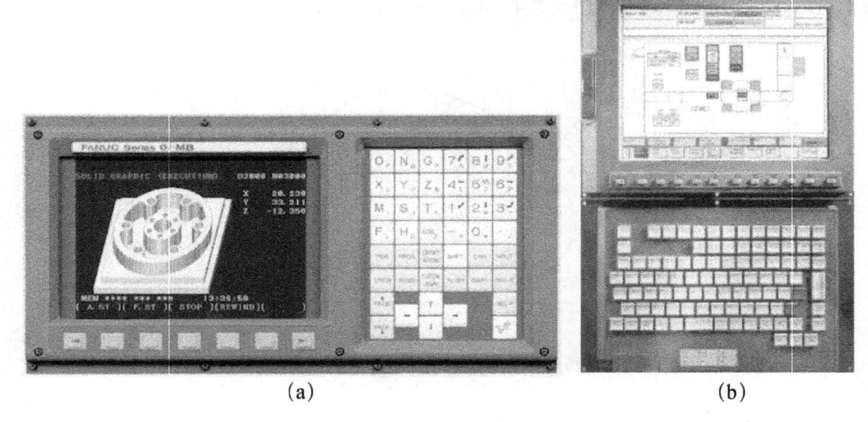

(a)　(b)

图 2-12　典型的嵌入式 CNC 装置

2. 机床本体

机床本体指的是数控机床的机械构造实体，包括床身、立柱、主轴、工作台、刀架、刀库、丝杠、导轨等机械部件。与普通机床相比，数控机床的机械本体具有以下特点。

(1) 采用高性能的主传动及主轴部件，具有传递功率大、刚度高、抗振性好及热变形小等优点。

(2) 进给传动为数字式伺服传动，传动链短，结构简单，传动精度高。

(3) 有较完善的刀具自动交换和管理系统，工件一次安装，自动完成或者接近完成所有加工工序。

(4) 采用高效传动件，较多地采用滚珠丝杠副、直线滚动导轨副等。

(5) 机架具有很高的动、静刚度。

3. 伺服系统

数控机床的伺服系统是数控装置与机床本体间的电传动联系环节，它是以机床移动部件(工作台)的位置和速度作为控制量的自动控制系统，用来接收数控装置插补生成的进给脉冲或进给位移量，驱动机床的执行机构运动。伺服系统主要由伺服电动机、驱动装置以及部分机床具有的位置检测装置等组成，主要实现对主轴驱动单元的速度控制和对进给驱动单元的速度与位置控制，前者控制机床主轴的旋转运动，后者控制机床各坐标轴的切削进给运动，并提供切削过程中所需要的转矩和功率。

伺服系统的性能，在很大程度上决定了数控机床的性能。数控机床工作台最高移动速度、重复定位精度等主要指标均取决于伺服系统的动态性能和静态性能。数控机床移动工作台位置调节伺服系统的典型结构如图 2-13 所示，它由速度内环和位置外环两个闭环反馈控制组成。伺服系统的一般结构为三闭环控制，即电枢电流闭环、速度闭环和位置闭环，电流反馈一般采用取样电阻、霍尔集成电路传感器等传感元件，速度反馈一般采用测速发电机、光电编码器、旋转变压器等检测传感装置，而位置反馈一般采用光电编码器、旋转变压器、光栅等检测传感装置。一般的电气伺服产品中主要包括电流闭环和速度闭环控制，而位置闭环则由 CNC 装置中的计算机控制。

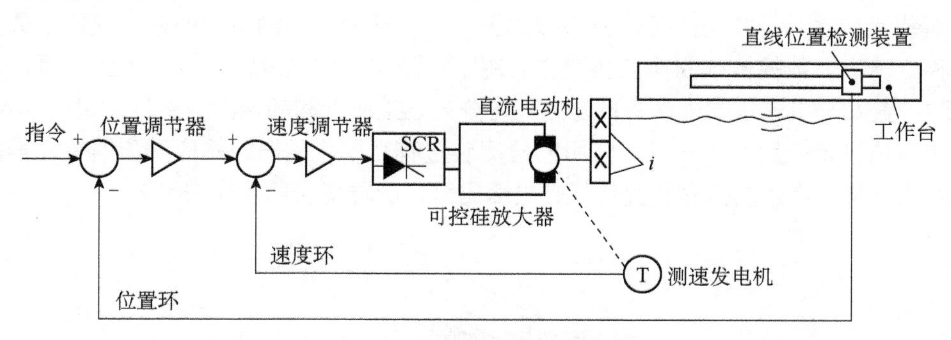

图 2-13　典型的位置调节伺服系统结构

伺服电动机是伺服系统的执行元件，主要有步进电动机、直流伺服电动机、交流伺服电动机及直流驱动电动机等。

(1) 步进电动机是一种将电脉冲信号转化成直线或角位移的执行元件。每施加一个脉冲，电动机转轴就转过一个固定的步距角(或称为步长)；施加的脉冲数越多，转轴转过的角度就越大；同时，脉冲的频率越高，转轴的旋转速度也就越高；如果改变所施加脉冲的相位，则转轴的旋转方向随之发生改变。步进电动机伺服系统主要用于实现对速度和位置的开环控制。

(2) 直流伺服电动机一般有永磁式直流伺服电动机和小惯量直流电动机两类。永磁式直流伺服电动机又称为大惯量宽调速直流伺服电动机，它是一种利用永磁材料获得励磁磁场的一类直流电动机，其优点是体积小、转矩大、力矩和电流成正比、伺服性能好、反应迅速、功率体积比大、功率重量比大及稳定性好，且能在较大过载转矩下长时间工作，可以直接与丝杠连接而不需要中间传动装置，其缺点是需要电刷，限制了电动机转速的提高，一般转速为 1000～1500r/min。小惯量直流电动机具有较小的转动惯量，适合于要求有快速响应的伺服系统，但其缺点是过载能力低、电枢惯量与机械传动系统匹配较差，因此适合于启动、反转频繁的伺服系统。

(3) 交流伺服电动机具有比直流伺服电动机更小的转动惯量和更好的动态响应性能。在同样的体积下，其输出功率比直流伺服电动机提高 10%～70%。因此，为了获得更高的电压和转速，交流伺服电动机的容积可以做得比直流伺服电动机更大。交流伺服电动机已经逐渐取代直流伺服电动机而占据伺服电动机的主要位置。交流伺服电动机可分为永磁式同步交流伺服电动机和感应式异步交流伺服电动机。同步交流伺服电动机由永磁交流电动机、转子位置传感器、速度传感器组成，永磁交流电动机因没有永磁直流电动机的整流子和电刷，因而不会产生因换向而造成的电火花。感应式异步交流伺服电动机的笼型转子结构简单、坚固，电动机价格便宜，过载能力强，但与同步交流电动机相比，其效率低、体积大，转子有明显的损害和发热，且需要供给无功励磁电流，从而要求驱动功率大，其控制系统也较复杂。

(4) 直流驱动电动机是将电动机与驱动的负载直接耦合在一起，中间不存在任何传动装置，是一种较为理想的驱动方式。它具有很高的伺服刚度和传动效率，动态响应性能好和定位精度高。采用直接驱动伺服系统可大大简化数控机床的结构。

检测装置(检测元件)是闭环伺服系统的主要组成部分，检测系统的精度决定了数控系统的精度和分辨率。数控机床的检测装置主要用于检测位置和速度，并发送反馈信号，检测装置的安装位置及与机床运动部件的耦合方式可分为直接测量和间接测量两种，如图 2-14 所示。闭环系统数控机床采用直接测量，常用的检测装置有光栅、磁栅和感应同步器等；半闭环系统采用间接测量，常用的检测装置包括光电编码器、旋转变压器及光栅等。

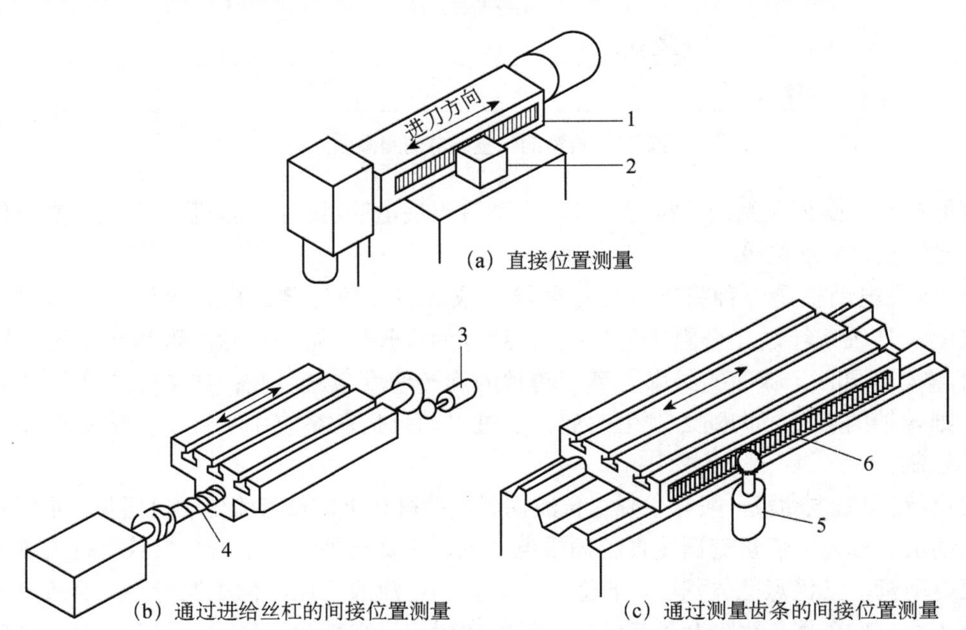

(a) 直接位置测量

(b) 通过进给丝杠的间接位置测量　　(c) 通过测量齿条的间接位置测量

图 2-14　直接测量与间接测量

1-刻度尺；2-位置测量系统；3、5-旋转角传感器；4-滚珠丝杠；6-测量齿条

2.4.4　数控机床的分类

数控机床的种类多，涉及范围广，可以从不同的角度进行分类。

1. *按功能范围分类*

(1) 普通数控机床。普通数控机床是除加工中心之外的各种数控机床的统称。这类机床因不具有机床刀库，一般情况下，一次刀具安装只能加工一道工序，当一个零件的加工工序较多时，需要频繁地停机换刀，因而其效率较低，功能范围也受到很大限制。

> **小思考 2–5**
>
> 普通数控机床与加工中心的本质区别是什么？

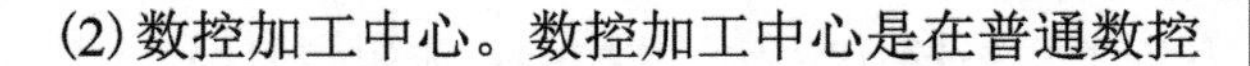

(2) 数控加工中心。数控加工中心是在普通数控

机床的基础上通过增加机床刀库和自动换刀装置而形成的，工件在一次装夹后，可按照加工程序的要求自动选择和更换刀具，完成多面、多道工序的加工，自动完成或者接近完成工件各表面的所有加工工序。数控加工中心更适合于加工形状复杂的箱体类零件和复杂的曲面类零件。

2. 按工艺类型分类

(1) 金属切削类数控机床。金属切削类数控机床有数控车床、数控铣床、数控钻床、数控镗床、数控磨床、数控镗铣床、数控齿轮加工机床等。

(2) 金属成形类数控机床。金属成形类数控机床包括数控折弯机、数控弯管机、数控冲压机等。

(3) 特种加工及其他类数控机床。此类机床包括数控线切割机床、数控电火花加工机床、数控激光线切割机床等。

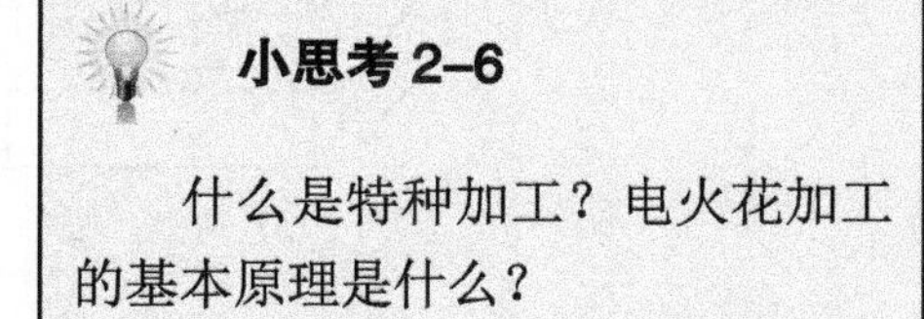

3. 按运动控制方式分类

(1) 点位控制数控机床。点位控制 (Positioning Control) 又称为点到点 (Point-to-Point Control) 控制。点位控制只控制刀具相对工件定位点的精确坐标位置，而不控制刀具从一点移动到另一点的过程中的运动轨迹，刀具在移动过程中不对工件进行加工，如图 2-15 (a) 所示。这类数控机床主要有数控钻床、数控坐标镗床、数控冲床和数控测量机等。

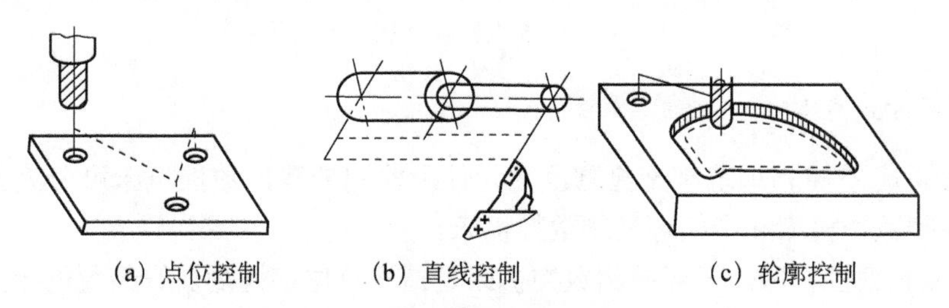

(a) 点位控制　　(b) 直线控制　　(c) 轮廓控制

图 2-15　数控系统的运动控制方式

(2) 直线控制数控机床。直线切削控制 (Straight Cut Control) 也称为点位直线控制，除控制刀具相对工件定位点的精确坐标位置外，还要保证刀具从一点移动到另外一点时的移动轨迹为一条直线，移动过程中需要对移动路线和移动速度进行控制，如图 2-15 (b) 所示。这类数控机床主要有比较简单的数控车床、数控铣床、数控镗铣床和数控磨床等。单纯用于直线控制的数控机床已不多见。

(3) 轮廓控制数控机床。轮廓控制 (Contouring Control) 又称为连续轨迹控制 (Continuous Path Control)，轮廓控制的特点是能够同时对两个或两个以上坐标轴的位移和速度进行连续相关控制，即它不仅要控制机床移动部件的起点与终点坐标，而且要控制整个加工过程的每一点的速度和位移量，如图 2-15 (c) 所示。轮廓控制能够控制两个以上的坐标轴联动，使刀具和工件按平面任意直线、曲线或空间曲面轮廓进行相对运动，能加工出任何形状复杂的曲线或曲面零件，如凸轮和叶片等。这类数控机床主要有两轴和两轴以上的数控铣床、可加工曲面的数控车床以及加工中心等。按照被同时控制轴数目(联动轴数)的不同，这类机床又区分为2轴联动、2.5轴联动、3轴联动、4轴联动、5轴联动等数控机床。其中，2.5轴联动是指三个坐标轴中的任意两个联动，而另一个做点位控制或直线控制运动。图2-16所示为2～5坐标联动加工示意图。

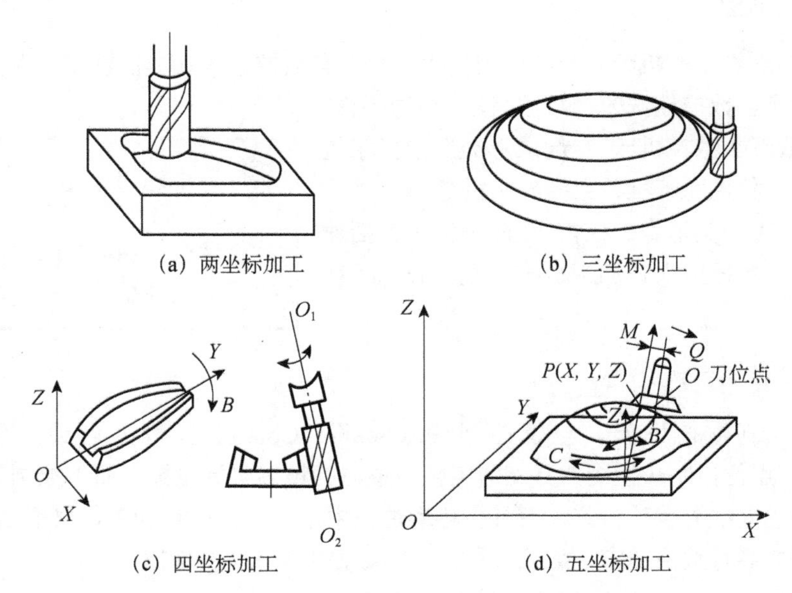

图2-16　2～5坐标联动加工示意图

4. *按控制方式分类*

根据数控机床的控制系统有无检测反馈元件及检测装置，数控机床可分为开环控制数控机床、闭环控制数控机床和半闭环控制数控机床。

(1)开环控制数控机床。开环控制数控机床是指没有位移检测反馈装置的数控机床。数控装置发出的控制指令直接通过驱动装置控制步进电动机运转，然后通过机械传动系统转化成刀架或工作台的位移，如图2-17(a)所示。数控装置根据所要求的进给速度和位移，输出一定频率和数量的脉冲，经过驱动电路放大后，每一个进给脉冲驱动步进电动机转过一个步距角，再通过机械传动机构转换为工作台的一个当量位移，这个位移量称为脉冲当量。加工时，刀具相对于工件移动的距离，等于脉冲当量乘以指令脉冲数。由于传动机构之间存在间隙和弹性变形，实际加工过程中，刀具相对工件的实际移动距离与指令值存在一定的误差。由于开环系统没有任何检测反馈装置，此误差无法检测和补偿。开环控制数控机床的优点是结构简单、运行平稳、成本低、工作比较稳定、调试简单方便，但其缺点是控制精度较低，输出功率不能太大。因此，开环控制数控机床适用于精度、速度要求不高的场合，如经济型、中小型数控机床。

(2)闭环控制数控机床。闭环控制数控机床是以直接测量机床移动部件输出的被控量作为反馈量的数控机床。这类数控机床带有位置检测反馈装置，其位置检测反馈装置通常采用直线位移检测元件，直接安装在机床的工作台上，将测量结果直接反馈到数控装置中，通过比较数控装置中插补器发出的指令信号与工作台测得的实际位置反馈信号，根据其偏差值不断进行反馈控制，进行误差修正，直至误差在允许的范围之内，如图2-17(b)所示。闭环反馈控制可消除从电动机到机床移动部件整个机械传动链中的传动误差，最终实现机床工作台精确定位。闭环控制数控机床的优点是加工精度高，缺点是结构较为复杂、设计和调整有较大难度。因此，闭环控制主要用于一些精度和速度要求高的大型精密数控机床，如数控镗铣床、超精密数控车床、超精密数控磨床等。

(3)半闭环控制数控机床。大多数数控机床都采用半闭环控制系统，它的检测元件(如感应同步器或光电编码器等)安装在电动机的端头或丝杠的端头，通过检测其转角来间接检测机床工作台的位移，如图2-17(c)所示。由于大部分机械传动环节未包括在系统闭环环路内，因此可获得较稳定的控制特性。半闭环系统的控制精度介于开环与闭环之间，由于其具有比开环系统更好的精度，又比闭环系统具有结构简单、安装调试方便、稳定性好等优点，因而被广泛采用。

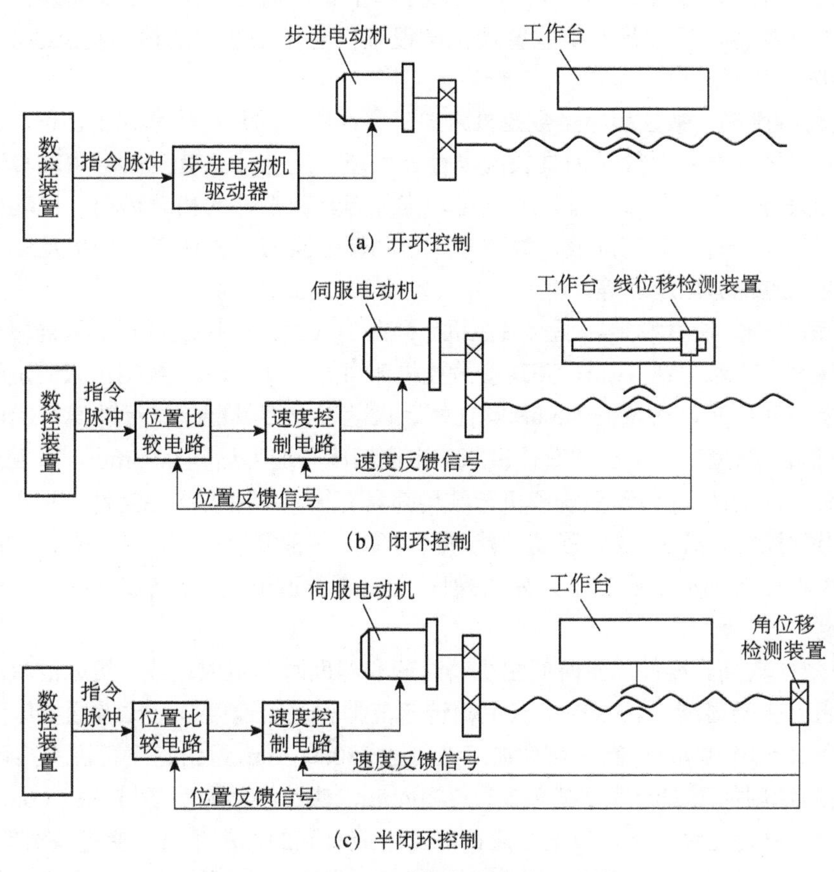

图2-17　伺服控制方式

闭环和半闭环控制系统的区别在于检测被控量实际值的方法不同，闭环控制系统采用直接测量移动部件输出的被控量作为反馈量，而半闭环控制系统则采用间接测量被控量作为反馈量。闭环控制数控机床一般是直接测量工作台的位移，以工作台的直线位移作为被控量和反馈量；而半闭环控制数控机床一般是通过测量与驱动工作台的电动机或丝杠的角位移来间接检测工作台的直线位移这一被控量。因此，半闭环控制数控机床不能消除因丝杠与机床工作台螺母之间的间隙引起的误差。

2.4.5 数控机床的特点

数控机床是一种由数字信号控制其动作的新型自动化机床，现代数控机床常采用计算机进行控制，即 CNC。数控机床是组成自动化制造系统的重要设备。

一般数控机床通常是指数控车床、数控铣床、数控镗铣床等，它们的下述特点对其组成自动化制造系统是非常重要的。

(1) 柔性高。数控机床具有很高的柔性。它可适应不同品种和尺寸规格工件的自动加工。当加工零件改变时，只要重新编制数控加工程序和配备所需的刀具，不需要靠模、样板、钻镗模等专用工艺装备。特别是对那些普通机床很难甚至无法加工的精密复杂表面(如螺旋表面)，数控机床都能实现自动加工。

(2) 自动化程度高。数控程序是数控机床加工零件所需的几何信息和工艺信息的集合。几何信息有走刀路径、插补参数、刀具长度半径补偿值；工艺信息有刀具、主轴转速、进给速度、切削液开关等。在切削加工过程中，自动实现刀具和工件的相对运动，自动变换切削速度和进给速度，自动开、关切削液，数控车床自动转位换刀。操作者的任务是装卸工件、换刀、操作按键、监视加工过程等。

(3) 加工精度高、质量稳定。现代数控机床装备有 CNC 数控装置和新型伺服系统，具有很高的控制精度，普遍达到 1μm，高精度数控机床可达到 0.2μm。数控机床的进给伺服系统采用闭环或半闭环控制，对反向间隙和丝杠螺距误差以及刀具磨损进行补偿，因而数控机床能达到较高的加工精度。对中小型数控机床，定位精度普遍可达到 0.03mm，重复定位精度可达到 0.01mm。数控机床的传动系统和机床结构都具有很高的刚度和稳定性，制造精度也比普通机床高。当数控机床有 3～5 轴联动功能时，可加工各种复杂曲面，并能获得较高的精度。由于按照数控程序自动加工避免了人为的操作误差，因而同一批加工零件的尺寸一致性好，加工质量稳定。

(4) 生产效率较高。零件加工时间由机动时间和辅助时间组成，数控机床的机动时间和辅助时间比普通机床明显减少。数控机床主轴转速范围和进给速度范围比普通机床大，主轴转速范围通常为 10～6000r/min，高速切削加工时可达 15000r/min，进给速度范围上限可达到 10～12m/min，高速切削加工进给速度甚至超过 30m/min，快速移动速度超过 30～60m/min。主运动和进给运动一般为无级变速，每道工序都能选用最有利的切削用量，空行程时间明显减少。数控机床的主轴电动机和进给驱动电动机的驱动能力比同规格的普通机床大，机床的结构刚度高，有的数控机床能进行强力切削，有效地减少机动时间。

(5) 具有刀具寿命管理功能。构成 FMC 和 FMS 的数控机床具有刀具寿命管理功能，可对每把刀的切削时间进行统计，当达到给定的刀具耐用度时，自动换下磨损刀具，并换上备用刀具。

(6)具有通信功能。现代数控机床一般都具有通信接口，可以实现上层计算机与 CNC 之间的通信，也可以实现几台 CNC 之间的数据通信，同时还可以直接对几台 CNC 进行控制。通信功能是实现 DNC、FMC、FMS 的必备条件。

知识小结：数控机床

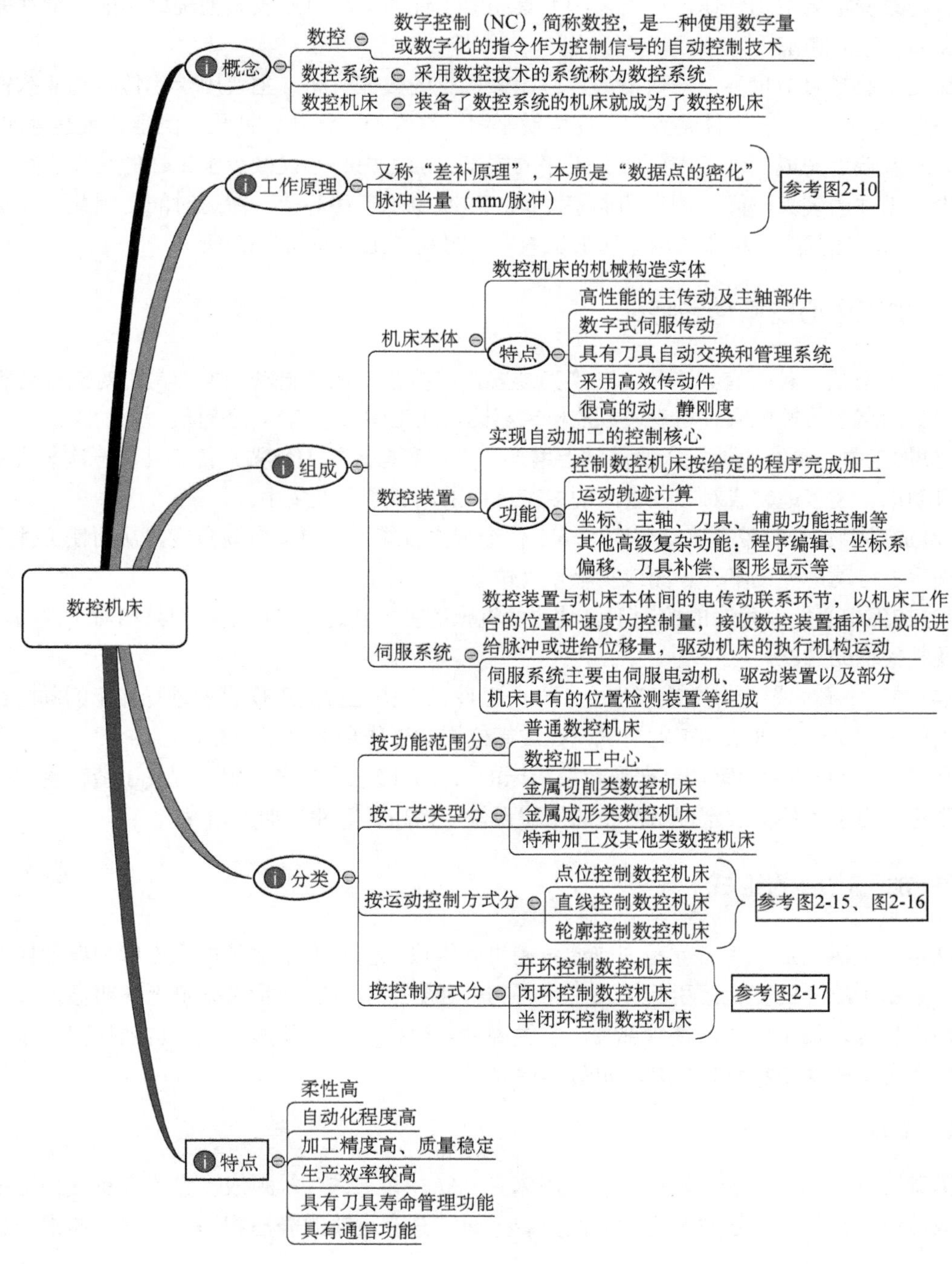

2.5 加 工 中 心

加工中心(Machining Center，MC)是为适应现代制造业发展需要而迅速发展起来的一种自动换刀数控机床。它将数控铣床、数控镗床、数控钻床等的多种功能集于一台加工设备上，具有刀库和自动换刀装置，可在一次安装工件后，按不同的加工工序要求自动选择和更换刀具，自动改变机床主轴转速、进给量和刀具相对工件的运动轨迹及其他辅助功能，依次完成多面和多工序的加工。

加工中心是目前世界上产量最高、应用最广泛的数控机床，主要用于箱体类和复杂曲面零件的加工，可在一次工件装夹中，完成铣平面、铣沟槽、镗孔、钻孔、倒角、攻丝等加工，自动完成或接近完成工件各表面所有工序的加工。加工中心不仅减少了工件的装夹次数，从而减少了工件的装夹时间、测量和调整时间，也减少了工件等待、搬运时间，因此大大提高了机床的自动化程度、机床利用率和加工效率，提高了工件的加工精度。

2.5.1 加工中心的概念和特征

加工中心是一种具有刀库和自动换刀装置，能按预定程序自动更换刀具，对工件进行多工序加工的高效数控机床。与普通数控机床相比，加工中心具有以下特征。

(1)加工中心是在数控机床的基础上增加了刀库和自动换刀装置，使工件在一次装夹后，可以自动地、连续地完成对工件表面的多工序加工，工序高度集中。

(2)加工中心一般带有自动分度回转工作台或主轴箱，可自动转动角度，从而使工件在一次装夹后，自动地完成多个表面或多个角度位置的多工序加工。

(3)加工中心能在程序的控制下自动改变机床的主轴转速、进给量和刀具相对工件的运动轨迹及其他辅助功能。

(4)加工中心如果带有交换工作台，一个工件在工作位置的工作台上进行加工的同时，另外的工件可在不停止机床加工的情况下在装卸位置的工作台上进行装卸。

(5)加工中心的利用率达到普通数控机床的 3～4 倍甚至更高，大大提高了劳动生产率，同时避免了由于工件多次定位所产生的累积误差，提高了零件的加工精度。

2.5.2 加工中心的组成

从本质上讲，加工中心就是在普通数控机床组成的基础上增加了机床刀库和自动换刀装置。正是由于这样的变化，引起了加工中心与普通数控机床在结构及外形上的明显差别。因此，通常认为，加工中心由基础部件、主轴部件、数控系统、伺服系统、自动换刀系统、辅助装置及自动托盘交换系统组成，如图 2-18 所示。

1. 基础部件

基础部件是加工中心的基础结构，由床身、立柱和工作台等组成，它用来承受加工中心的静载荷以及在加工过程中产生的切削负载，必须具有足够的静态和动态刚度，通常是加工中心中体积和质量最大的部件。

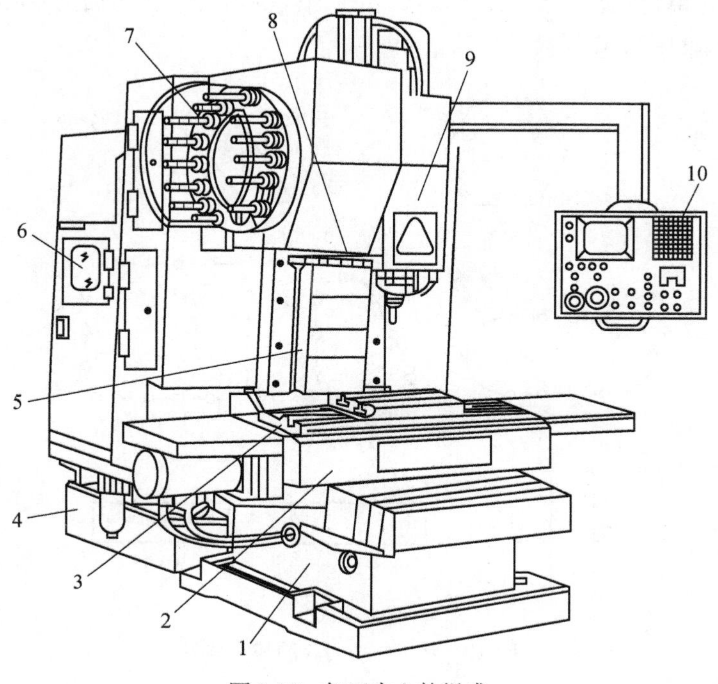

图 2-18　加工中心的组成

1-床身；2-滑枕；3-工作台；4-立柱；5-数控柜；6-换刀机械手；7-刀库；8-主轴箱；9-驱动电控柜；10-操作面板

2. 主轴部件

主轴部件由主轴、主轴电动机、主轴箱和主轴轴承等零件组成。主轴的启动与停止、正反转以及转速均由数控系统控制，并且通过安装在主轴上的刀具进行切削。主轴部件是切削加工的功率输出部件，是影响加工中心性能的关键部件。

3. 数控系统

加工中心的数控系统由 CNC 装置、可编程控制器组成。与普通数控机床相比，它不仅是加工中心执行顺序控制动作和控制加工过程的中心，同时，刀库和换刀动作也由它来控制。

4. 伺服系统

伺服系统将数控装置传来的电信号转换为机床移动部件的运动，通常由伺服驱动装置、检测装置等组成，其性能是决定机床加工精度、表面质量和生产效率的主要因素之一。加工中心普遍采用闭环、半闭环的多路反馈控制方式。

5. 自动换刀系统

自动换刀系统通常由机床刀库和换刀机械手组成。当需要换刀时，数控系统发出指令，由机械手将指定刀具从刀库中取出并装入主轴孔。常见的机床刀库有盘式、转塔式和链式等多种形式(图 2-19)，容量从几十把到上百把不等。换刀机械手根据刀库与主轴之间的相对位置及结构的不同有单臂式、双臂式、回转式和轨道式等形式。有的加工中心不用机械手而直接利用主轴或刀库的移动实现换刀。

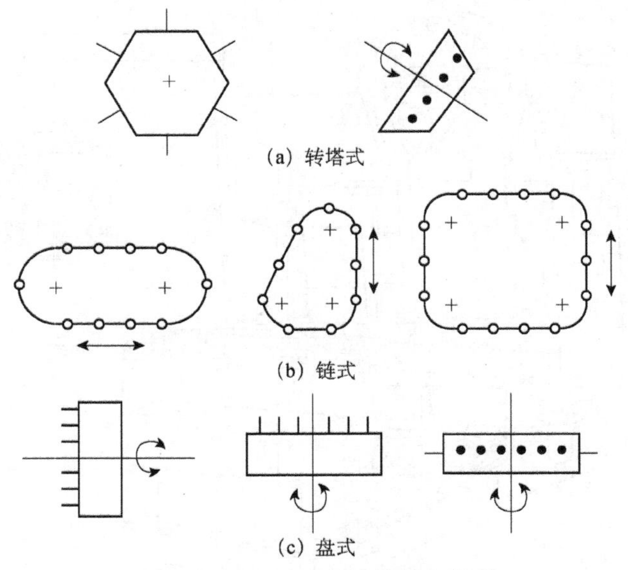

图 2-19　加工中心刀库的基本类型

双臂式换刀机械手是目前应用最多的换刀机械手，其一端从机床刀库中取出将要使用的刀具，另一端从机床主轴上取下已经用过的刀具，机械手旋转将两把刀互换位置，一端将用过的刀具放回机床刀库，另一端将要使用的刀具装入机床主轴孔内，这样既可缩短换刀的时间又有利于机械手保持平衡。常用的双臂式换刀机械手的结构形式有勾手、伸缩手、抱手和叉手，如图 2-20 所示。

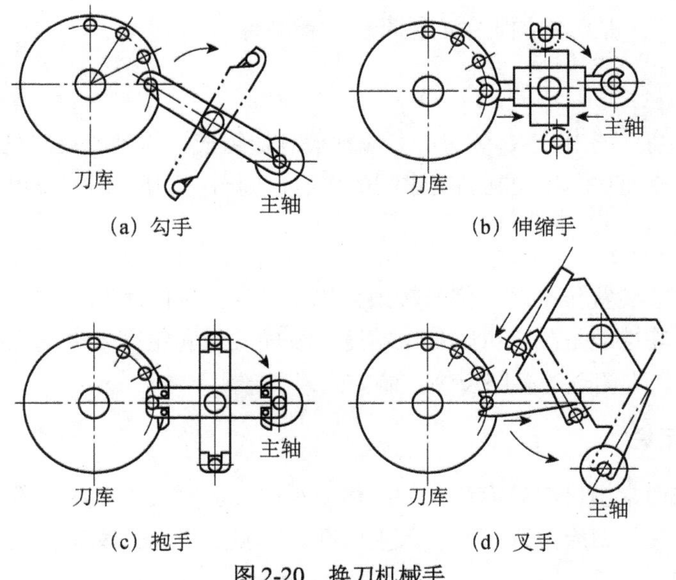

图 2-20　换刀机械手

6. 辅助装置

辅助装置包括润滑、冷却、排屑、液压、气动等部分。辅助装置虽然不直接参与切削运动，但对加工中心的加工效率、加工精度和可靠性起到保障作用，因此也是加工中心不可缺少的部分。

7. 自动托盘交换系统

为了进一步缩短非加工时间，有的加工中心配有两个自动交换工件的托盘，一个安装在工作台上加工，另一个则位于工作台外进行工件装卸。当一个工件完成加工后，两个托盘位置自动交换，进行下一个工件的加工，这样可减少辅助时间，提高生产效率。图 2-21 所示为一种典型的加工中心回转式自动托盘交换系统的结构。

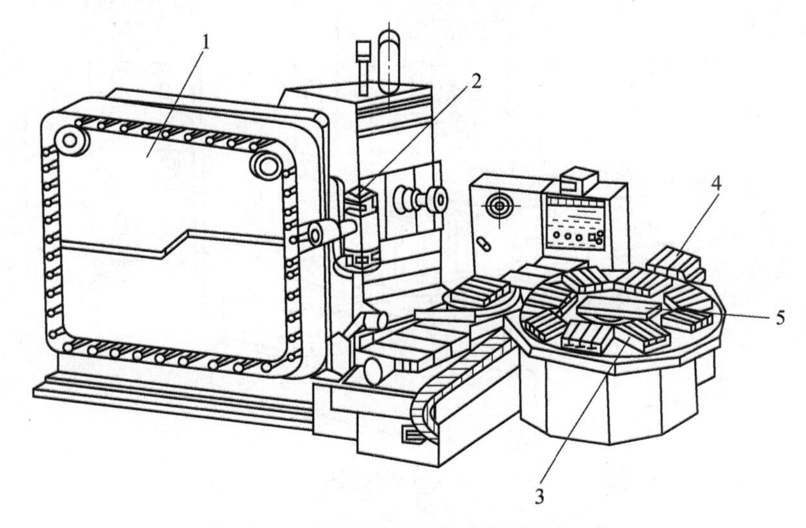

图 2-21　典型的自动托盘交换系统结构

1-刀具库；2-换刀机械手；3-托盘库；4-装卸工位；5-托盘交换机构

2.5.3　加工中心的分类

加工中心根据其结构和功能的不同，可以有不同的分类方式。按照主轴特征，加工中心通常分为卧式加工中心、立式加工中心、复合加工中心和多工作台加工中心。

1. 卧式加工中心

卧式加工中心是指主轴轴线水平设置的加工中心。一般它具有 3～5 个运动坐标，即具有 3～5 个自由度。卧式加工中心有多种形式，最常见的有固定立柱式和固定工作台式。固定立柱式的卧式加工中心的立柱不动，其主轴箱在立柱的导轨上移动，而工作台可在两个水平坐标方向上移动；固定工作台式的卧式加工中心的三个坐标方向的运动均由立柱和主轴箱的移动来定位，安装工件的工作台是固定不移动的。图 2-22 所示为一台最为常见的固定立柱式卧式加工中心的结构示意图，其工作台由一个横向移动工作台、一个纵向移动工作台和一个回转工作台组成，且整个工作台可沿立柱上的竖直导轨做上下垂直运动，因此，它可以完成三个坐标的直线运动和一个坐标方向的回转运动，能在工件一次装夹后完成除安装底面和顶面以外的其余四个面的加工，最适合于加工箱体类零件。与立式加工中心相比，卧式加工中心结构复杂、占地面积大、价格高。

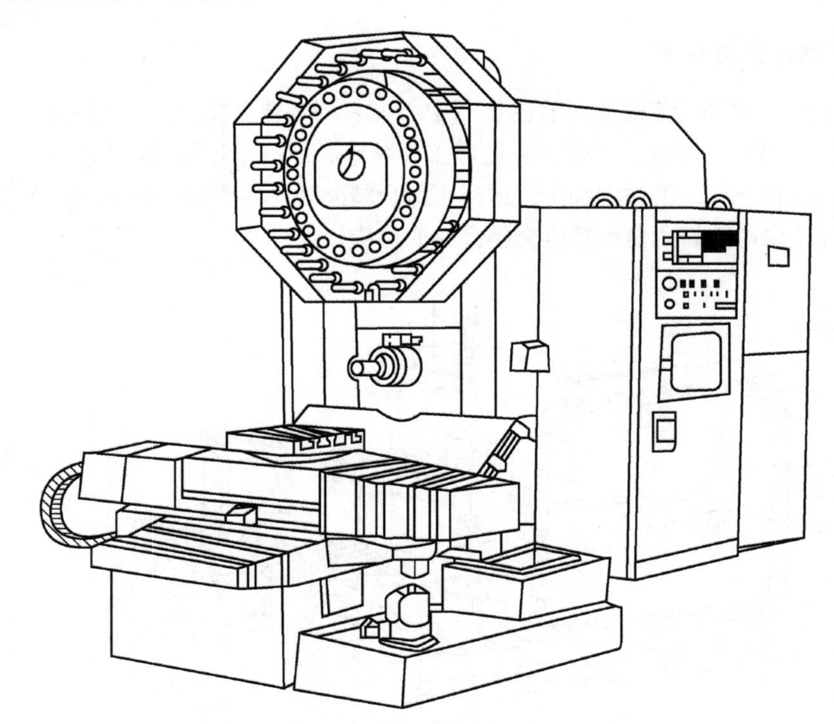

图 2-22 固定立柱式卧式加工中心结构示意图

2. 立式加工中心

立式加工中心是指主轴的轴线为垂直设置的加工中心，其结构多为固定立柱式，工作台为十字滑台，适合加工盘类零件，能完成铣削、镗削、钻削、攻螺纹和切削螺纹等工序。立式加工中心一般具有三个直线运动坐标轴，且最少是三轴二联动，一般也可实现三轴三联动，并可在工作台上安置一个水平轴的数控转台来加工螺旋线类零件。立式加工中心结构简单，占地面积小，价格低，配备各种附件后，可完成大部分工件的加工。图 2-18 所示为一台典型立式加工中心的结构示意图。

3. 复合加工中心

复合加工中心也称多面加工中心或多坐标加工中心，是指工件一次装夹后，能完成多个面的加工的设备。现有的五面加工中心，它在工件一次装夹后，能完成除安装底面外的五个面的加工。这种加工中心兼有立式和卧式加工中心的功能，在加工过程中可保证工件的位置公差。常见的五坐标加工中心有两种形式，一种是主轴可做 90° 旋转，称为立式加工中心或卧式加工中心；另一种是工作台带着工件做 90° 旋转，主轴不改变方向而实现五面加工。但无论是哪种五坐标加工中心都存在着结构复杂、造价昂贵的缺点，且由于加工方式转换时，受机械结构的限制，使可加工空间受到一定的限制，故其加工范围比同规格的加工中心要小，而占地面积却大。

图 2-23 所示为一台五坐标加工中心的结构示意图。与三坐标数控机床相比，它多了一个可做圆周进给运动的数控回转工作台和一个数控主轴摆头，从而使机床除了可沿 X、Y、Z 三个坐标轴做直线移动外，还多了一个绕 Z 轴的转动 C 和一个绕 Y 轴的摆动 B。主轴摆头的作用是使刀具在加工过程中摆动一定角度，避免刀具与工件产生干涉，或者使刀具轴线处于合适的位置，以改善切削条件，提高生产率，保证被加工零件的加工面质量。

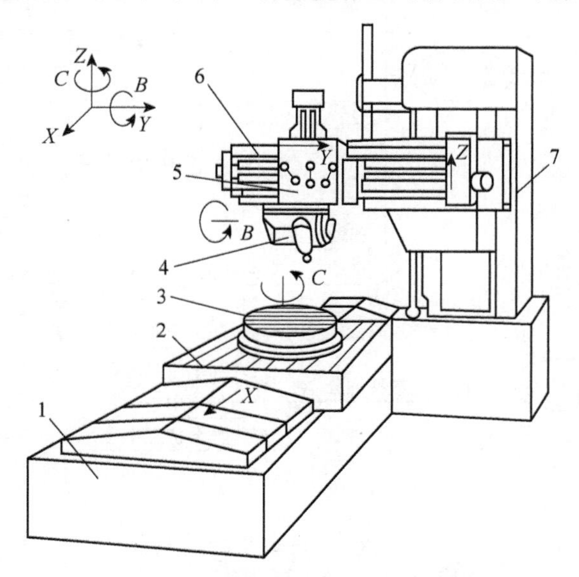

图 2-23　五坐标加工中心结构示意图

1-床身；2-纵向工作台；3-回转工作台；4-主轴摆头；5-主轴箱；6-横梁；7-立柱

4. 多工作台加工中心

多工作台加工中心有时称为柔性加工单元(FMC)。它有两个以上可更换的工作台，通过运送轨道可把加工完的工件连同工作台(托盘)一起移出加工部位，然后把装有待加工工件的工作台(托盘)送到加工部位，这种可交换的工作台可设置多个，实现多工作台加工。其优点是可实现在线装夹，即在进行加工的同时，下边的工作台进行装、卸工件，另外可在其他工作台上都装上待加工的工件，开动机床后，能完成对这一批工件的自动加工，工作台上的工件可以是相同的，也可以是不同的。这都可由程序进行处理。多工作台加工中心有立式的，也有卧式的。无论立式还是卧式，其结构都较复杂，刀库容量较大，机床占地面积大，控制系统功能较全，计算速度快，内存容量大。采用的都是最先进的 CNC 系统，所以价格昂贵。

知识小结：加工中心

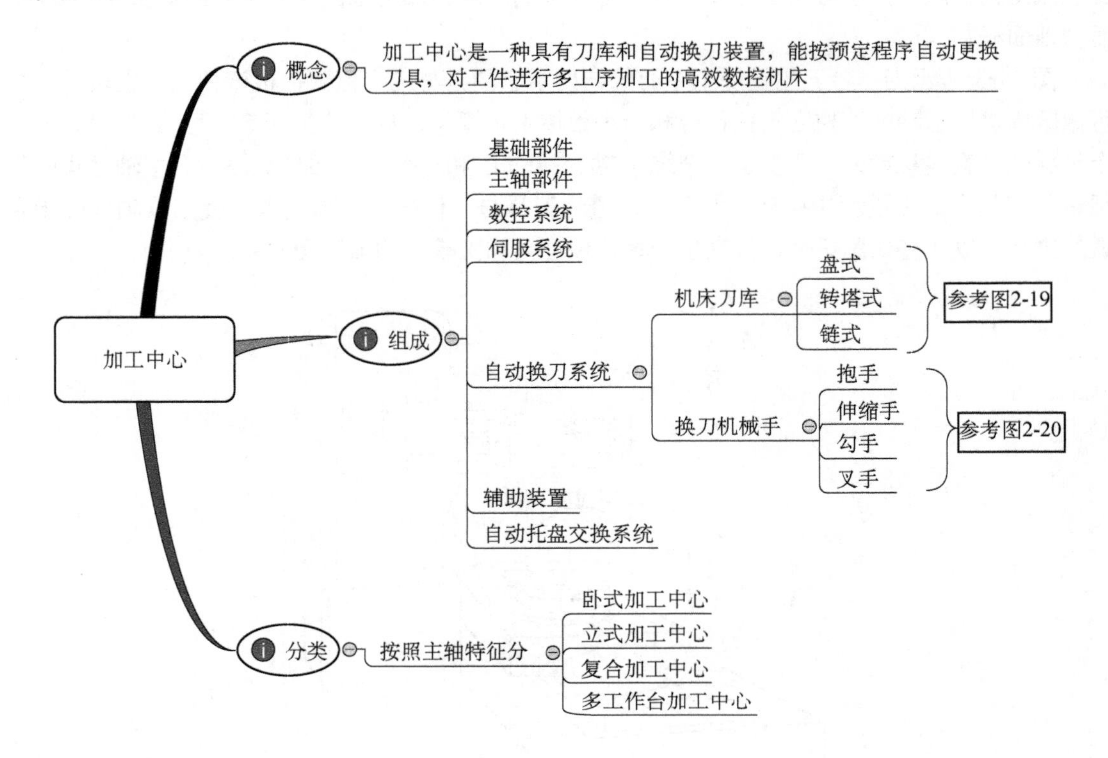

思　考　题

2-1　自动化加工设备、半自动化加工设备的基本概念是什么？实现加工设备自动化的意义是什么？

2-2　自动化加工设备通常分为哪两种？常见的单机自动化设备有哪些？多机自动化制造系统有哪些？

2-3　加工自动化设备的发展经过了怎样的一个过程？刚性自动化与柔性自动化各具有什么特点？

2-4　组合机床的基本概念和特点是什么？组合机床的通用部件按功能是如何分类的？通常，组合机床是如何进行配置的？

2-5　自动化生产线的基本概念是什么？使用或建立自动线应符合哪些基本条件？自动化生产线的组成是怎样的？自动化生产线有哪些分类方式？各是如何分类的？

2-6　数控机床的基本概念是什么？试分析和论述数控机床的工作原理。

2-7　数控机床有哪些组成部分？每部分的功能是什么？与普通机床相比，数控机床的机械本体具有哪些特点？

2-8　数控机床有哪些分类方式？各是如何分类的？数控机床与加工中心的主要区别是什么？

2-9　与普通机床相比，数控机床的特点体现在哪些方面？

2-10　加工中心的基本概念是什么？它具有哪些特征？

2-11　加工中心的基本组成是怎样的？加工中心刀库有哪些类型？换刀机械手有哪些典型结构形式？

2-12　按照主轴特征，加工中心通常是如何分类的？

第3章 工业机器人

本章知识要点

（1）掌握机器人与工业机器人的基本概念。

（2）掌握工业机器人的组成和分类。

（3）掌握工业机器人的典型机械结构、驱动方式及驱动与传动机构。

（4）掌握工业机器人的自由度与坐标系。

（5）了解工业机器人驱动系统的制动方法，控制系统的功能、特点、组成、控制方法。

（6）了解工业机器人的广泛应用领域，对搬运机器人、焊接机器人、喷涂机器人有较深入的了解，对工业机器人的编程控制进行深入的了解。

探索思考

什么是机器人？什么是工业机器人？机器人和工业机器人有什么样的区别？列出机器人被应用的一些实际例子。

预备知识

（1）查阅《机器人与机器人装备词汇（GB/T 12643—2013）》国家标准，了解工业机器人的定义及相关术语。

（2）查阅资料了解国内外著名的工业机器人厂商及其品牌。

3.1 工业机器人概述

3.1.1 机器人与工业机器人的基本概念

1920年捷克作家Karel Capek的剧本*Ro-ssam's Universal Robots*中塑造了一个具有人的外表、特征和功能，能为人类服务的机器人奴仆“Robota”，捷克语中的Robota意为苦力、劳役，英语“Robot”由此衍生而来。

在现实生活中，机器人并不是在简单意义上代替人工劳动，而是综合了人的特长和机器特长的一种拟人的电子机械装置。这种装置既有人对环境状态的快速反应和分析判断能力，又有机器可长时间持续工作、精确度高、抗恶劣环境的能力。从某种意义上说，机器人是机器进化过程的产物，是工业以及非产业界的重要生产和服务性设备，也是先进制造技术领域不可缺少的自动化设备。

有关机器人的定义随着时代的进步在发生着变化。简单地说，把具有下述性质的机械看成机器人。

(1)代替人进行工作。机器人能像人那样使用工具和机械，因此，数控机床和汽车不是机器人。

(2)具有通用性。机器人既可简单地变换所进行的作业，又能按照工作状况的变化相应地进行工作。一般的玩具机器人不具有通用性。

(3)直接对外界工作。机器人不仅能像计算机那样进行计算，而且能依据计算结果对外界产生作用。

自从机器人问世以来，人们很难对机器人下一个确切的定义。欧美国家认为，机器人应该是："由计算机控制的、通过编程具有可以变更的多功能的自动机械。"我国科学家对机器人的定义是："机器人是一种自动化的机器，所不同的是这种机器具备一些与人或生物相似的智能能力，如感知能力、规划能力、动作能力和协同能力，是一种具有高度灵活性的自动化机器"。1984 年，ISO(国际标准化组织)采纳了美国机器人协会(Robot Institute of America，RIA)于 1979 年给机器人下的定义："机器人是一种可反复编程的和多功能的，用来搬运材料、零件、工具的操作机；或是为了执行不同的任务而具有可改变和可编程动作的专门系统(A reprogrammable and multifunctional manipulator，devised for the transport of materials，parts，tools or specialized systems，with varied and programmed movements，with the aim of carrying out varied tasks)。"我国国家标准 GB/T 12643—1997 将工业机器人定义为"是一种能自动控制、可重新编程、多功能、多自由度的操作机，能搬运材料、零件或操作工具，用以完成各种作业"，而将操作机定义为"具有和人手臂相似的动作功能，可在空间抓放物体或进行其他操作的机械装置"。

机器人技术是综合了计算机、控制论、机构学、信息和传感技术、人工智能、仿生学等多种学科而形成的高新技术，是当代研究十分活跃、应用日益广泛的领域。而且，机器人应用情况是反映一个国家工业自动化水平的重要标志。

工业机器人的基本工作原理和机床相似，是由控制装置控制操作机上的执行机构实现各种所需的动作和提供动力。工业机器人是机器人的一种，它是一种能仿人操作、自动控制、可重复编程、能在三维空间完成各种作业的机电一体化的自动化生产设备，特别适合于多品种、变批量的柔性生产。它对稳定和提高产品质量、提高生产效率、改善劳动条件和产品的快速更新换代起着十分重要的作用。

3.1.2　工业机器人的发展与应用

小思考 3–1

工业机器人与数控机床有哪些相同点与不同点？

工业机器人是整个制造系统自动化的关键环节之一，也是当前机电结合的高科技产物。世界上第一台机器人试验样机于 1954 年诞生于美国。1958 年，美国 Condolidated 公司开发出世界上第一台工业机器人，从那时起至今，机器人技术从起源到发展逐步走向成熟。1962 年，美国 Unimation 公司的 Unimate 机器人和 AMF 公司的 Versatran 机器人是世界上最早的实用工业机器人。Unimate 机器人是球坐标 5 关节串联的液压驱动机器人，可完成近 200 个示教再现动作。机器人主要用于机器间的物料搬运，机器人手臂可以绕底座回转，沿垂直方向升降，也可以沿半径方向伸缩。

20 世纪 70 年代机器人得到迅速发展和广泛应用。这个时期，美国由于研究开发、生产和应用的脱节导致机器人技术在美国发展缓慢。而日本的机器人技术则在政府的技术政策和经济政策扶植下，迅速走出了从试验应用到成熟产品的大量应用阶段，工业机器人得以大量的生产和应用，日本成为世界第一的“机器人王国”。

20 世纪 80 年代，工业机器人进入普及时代，汽车、电子等行业开始大量使用工业机器人，推动了机器人产业的发展。机器人的研究开发，无论是从水平还是规模都得到了迅速的发展，高性能的机器人所占比例不断增加。1979 年，Unimation 公司推出 PUMA 系列工业机器人，它采用全电动驱动的关节式结构，多 CPU 二级微机控制，采用 VAL 专用语言，可配置视觉、触觉和力觉传感器，是一种技术较为先进的机器人。同年，日本山梨大学牧野洋研制出了具有平面关节的 SCARA 型机器人。1985 年前后，FANUC 和 GMF 公司又先后推出交流伺服驱动的工业机器人产品。这一时期，各种装配机器人的产量增长较快，与机器人配套使用的装置和视觉技术正在迅速发展。

20 世纪 90 年代初期，工业机器人的生产与需求进入高潮期，出现了具有感知、决策能力的智能机器人，产生了智能机器或机器人化机器。据统计，1990 年世界上新装备机器人 81000 台，1991 年新装备了 76000 台。1991 年底世界上已经有 53 万台工业机器人工作在各条生产线上。

近十几年来，欧洲的德国、意大利、法国和英国的机器人产业发展较快。目前，世界上机器人无论是从技术水平上，还是从已装备数量上，优势主要集中在以美日为代表的少数发达的工业化国家。

我国于 1972 年开始工业机器人的研制，数十家科研单位与高等院校分别开展了固定程序机器人、组合式机器人、液压伺服型通用机器人的研究，以及开始了机器人机构学、计算机控制和应用技术的研究。20 世纪 80 年代，我国机器人技术的发展得到政府的重视和支持，机器人步入了跨越式发展时期。1986 年，我国开展了“七五”机器人攻关计划，1987 年，我国的“863”高技术计划将机器人的研究开发列入其中，进行了机器人基础技术、基础元器件、几类工业机器人整机及应用工程的开发研究。20 世纪 90 年代，在喷涂机器人、焊接机器人、搬运机器人、装配机器人及矿山、建筑、管道作业等特种机器人方面，技术和系统应用的成套技术继续开发和完善，进一步开拓了市场，扩大了应用领域，工业机器人从汽车制造业逐步扩展到其他制造业并渗透到非制造业领域，尤其是机器人柔性装配系统的研究和发展，充分发挥了工业机器人在未来 CIMS 中的核心技术作用。

随着工业机器人技术的研究和发展，工业机器人产业得到了持续的发展。到 1994 年底全世界工业机器人已发展到 60 万台，2001 年底全世界实际装备工业机器人 102 万台。2004 年德国制造业中每 1 万名工人中拥有工业机器人的数量为 162 台，拥有的机器人密度全球最高。同年意大利制造业中每 1 万名工人中拥有工业机器人的数量为 123 台。2004 年意大利的汽车制造业中每 1 万名工人中拥有工业机器人的数量则高达 1600 台，而在德国汽车制造业中每 1 万名工人中拥有工业机器人的数量则为 1140 台。德国的汽车制造业是工业机器人的最大受惠者。2003 年德国汽车制造业中运行的工业机器人约为 63400 个，占德国工业机器人总量的 56%。

2004 年全球已销售的工业用机器人的数量为 95368 台，比上年增加 17%，连续两年维持两位数增长。

从地区销量来看，2004 年，包括日本在内的亚太地区工业机器人销量增长 29%，达到 52311 台，工业机器人在日本的销量达到 37086 台，较上年增长 17%。截至 2004 年底，日本共拥有工业机器人 356483 万台，占全球总量的 42%，居世界之首。

据国际机器人联合会统计，2013 年外资企业在华销售工业机器人总量超过 27000 台，较上年增长 20%。结合国际机器人联合会统计数据，2013 年中国市场共销售工业机器人近 37000 台，约占全球销量的五分之一，总销量超过日本，成为全球第一大工业机器人市场。

从应用行业来看，在中国外资机器人应用比较集中，汽车行业购买量近 50%，电子产品制造业和金属加工业分别占 14%和 10%。而中国工业机器人广泛服务于国民经济 25 个行业大类、52 个行业中类，范围涉及日用消费品、化工制品、材料、交通运输设备、电气设备等制造业领域。

知识小结：工业机器人的发展阶段

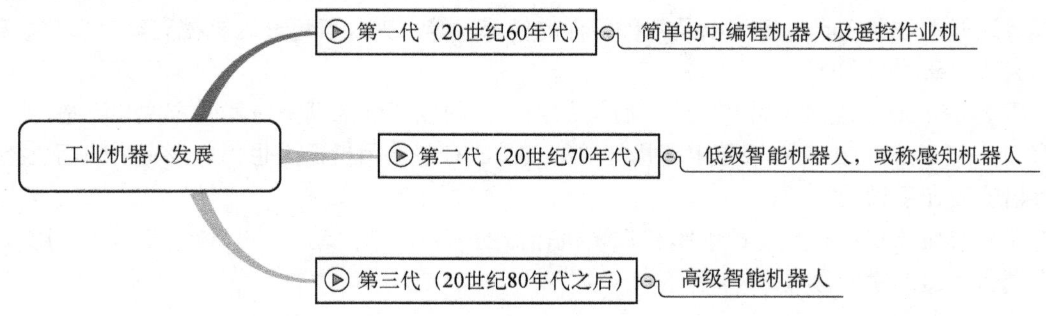

3.1.3 工业机器人的组成

工业机器人由三大部分 6 个子系统组成。三大部分是机械部分、传感部分和控制部分。6 个子系统是机械结构系统、驱动系统、感知系统、机器人–环境交互系统、人机交互系统和控制系统，可用图 3-1 来表示。

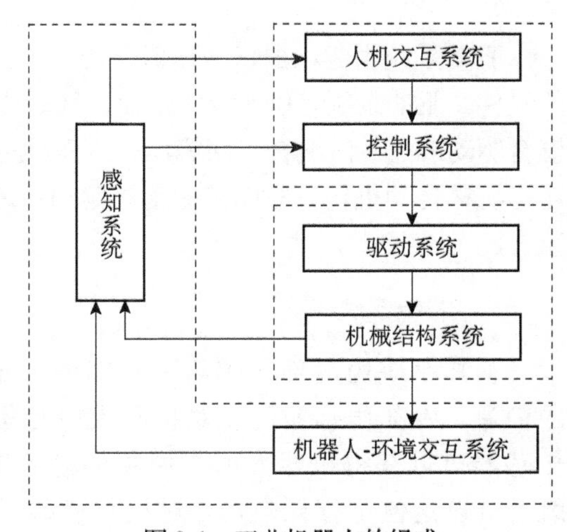

图 3-1　工业机器人的组成

1. *机械结构系统*

工业机器人的机械结构系统由基座、末端操作器、手腕、手臂组成，如图 3-2 所示。基座、末端操作器、手腕、手臂各有若干个自由度，构成一个多自由度的机械系统。

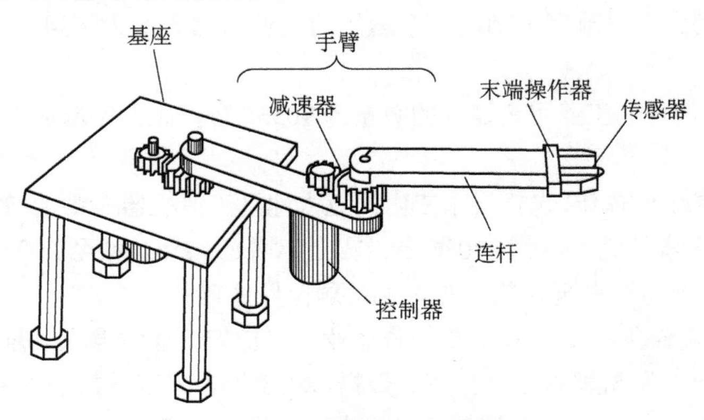

图 3-2　工业机器人的机械结构系统

基座是工业机器人的基础部件，承受相应的载荷。基座分为固定式和移动式两类。若基座具备行走机构，则构成行走机器人；若基座不具备行走及回转机构，则构成单机器人臂(Single Robot Arm)。

末端操作器(End Effector)又称手部，是机器人直接执行任务，并直接与工作对象接触以完成抓取物体的机构。末端操作器既可以是像手爪或吸盘这样的夹持器，也可以是像喷漆枪、焊具等这样的作业工具，还可以是各种各样的传感器等。夹持器可分为机械夹紧、真空抽吸、液压夹紧、磁力吸附等。

手腕(Wrist)是连接手臂和末端执行器的部件，用以调整末端操作器的方位和姿态，一般具有 2～3 个回转自由度以调整末端执行器的姿态。有些专用机器人也可以没有手腕而直接将执行器安装在手臂的端部。

手臂(Manipulator)是支撑手腕和末端执行器的部件。它由动力关节和连杆组成，用以改变末端执行器的空间位置。

2. 驱动系统

驱动系统由驱动器、减速器、传动机构等组成，是用来为操作机各部件提供动力和运动的组件。驱动系统可以是液压传动、气动传动、电动传动，或者是它们的混合系统(如电－液混合驱动或气－液混合驱动等)，也可以是直接驱动或者是通过同步带、链条、轮系、谐波齿轮等机械传动机构进行间接驱动。驱动系统是将电能、液压能、气能等转换成机械能的动力装置。

3. 感知系统

感知系统由内部传感器和外部传感器模块组成，用于获取内部和外部环境中有意义的信息。内部传感器可以对机器人执行机构的位置、速度和力等信息进行检测，而外部传感器可以获得机器人所在周围环境的信息。这些信息根据需要反馈给机器人的控制系统，与设定值进行比较后，对执行机构进行调整。智能传感器的使用提高了机器人的机动性、适应性和智能化的水平。工业机器人常用的传感器包括力、位移、触觉、视觉等传感器。

4. 机器人-环境交互系统

机器人-环境交互系统是实现工业机器人与外部环境中的设备相互联系和协调的系统。工业机器人与外部设备集成为一个功能单元，如加工制造单元、焊接单元、装配单元等。当然，也可以是多台机器人、多台机床或设备、多个零件存储装置等集成为一个去执行复杂任务的功能单元。

5. 人机交互系统

人机交互系统是使操作人员参与机器人控制并与机器人进行联系的装置，常见的人机交互系统包括计算机的标准终端、指令控制台、信息显示板、危险信号报警器、示教盒等。该系统归纳起来分为两大类：指令给定装置和信息显示装置。

6. 控制系统

控制系统是工业机器人的指挥系统。它的任务是根据机器人的作业指令程序以及从传感器反馈回来的信号支配机器人的执行机构去完成规定的运动和功能。如果工业机器人不具备信息反馈特征，则为开环控制系统；若具备信息反馈特征，则为闭环控制系统。大多数工业机器人采用计算机控制。根据控制原理，控制系统可分为程序控制系统、自适应控制系统和人工智能控制系统。根据控制运动的形式分为点位控制和轨迹控制。

图3-3所示为一个典型的工业机器人系统的基本构成。该机器人由机器人主体、控制器、示教盒和PC等组成。可用示教的方式和用PC编程的方式来控制机器人的动作。

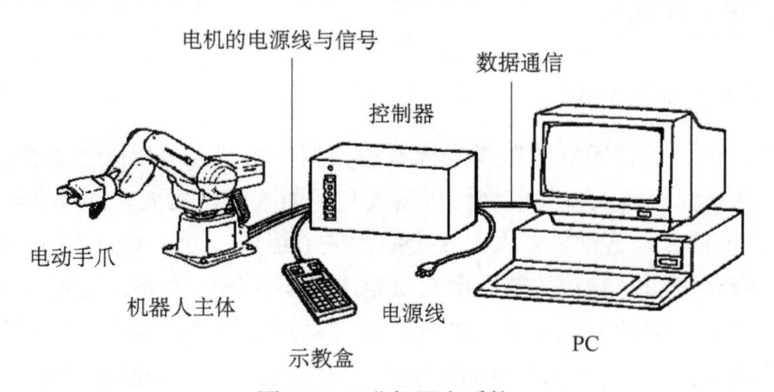

图3-3 工业机器人系统

知识小结：工业机器人组成

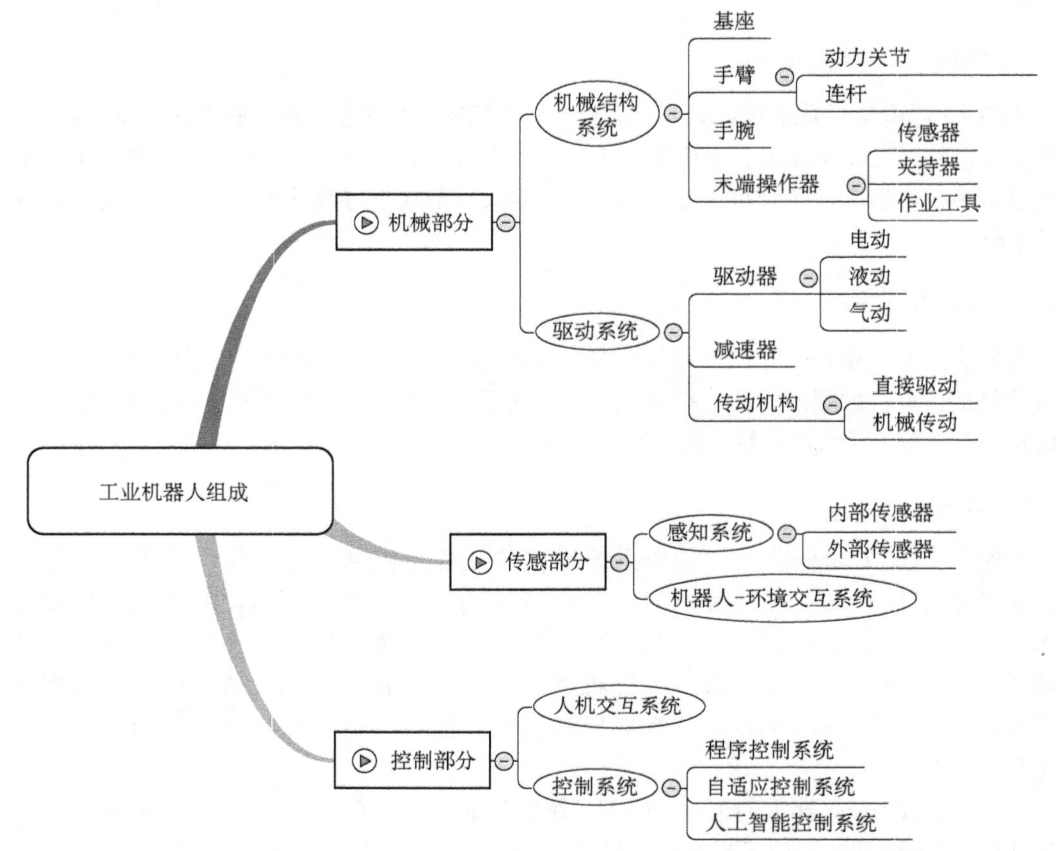

3.1.4　工业机器人的分类

1. 按机器人的坐标系分类

按机器人手臂在运动时所取的参考坐标系的类型，机器人可以分为直角坐标机器人、圆柱坐标机器人、球坐标机器人、关节坐标机器人和平面关节机器人，如图 3-4 所示。

(1) 直角坐标机器人。这种机器人由 3 个线性关节组成，这 3 个关节用来确定末端操作器的位置，通常还带有附加的旋转关节，用来确定末端操作器的姿态。这种机器人在 X、Y、Z 轴上的运动是独立的，运动方程可独立处理，且方程是线性的，因此很容易通过计算机控制实现，它可以两端支撑，对于给定的结构长度，刚性最大；它的精度和位置分辨率不随工作场合而变化，容易达到高精度。但是，它的操作范围小，手臂收缩的同时又向相反的方向伸出，既妨碍工作，占地面积又大，运动速度低，密封性不好。图 3-5 所示的虚线为直角坐标机器人的工作空间示意图，它是一个立方体形状。

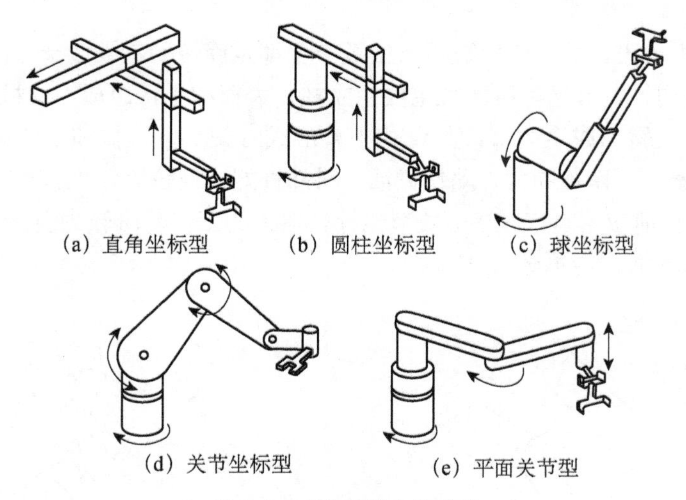

图 3-4　工业机器人的分类

(2) 圆柱坐标机器人。圆柱坐标机器人由两个滑动关节和一个旋转关节来确定部件的位置，再附加一个旋转关节来确定部件的姿态。这种机器人可以绕中心轴旋转一个角，工作范围可以扩大，且计算简单；直线部分可采用液压驱动，可输出较大的动力；能够伸入型腔式机器内部。但是它的手臂可以到达的空间受到限制，不能到达近立柱或近地面的空间；直线驱动部分难以密闭、防尘；手臂后端会碰到工作范围内的其他物体。圆柱坐标机器人工作范围呈圆柱形状，如图 3-6 所示。

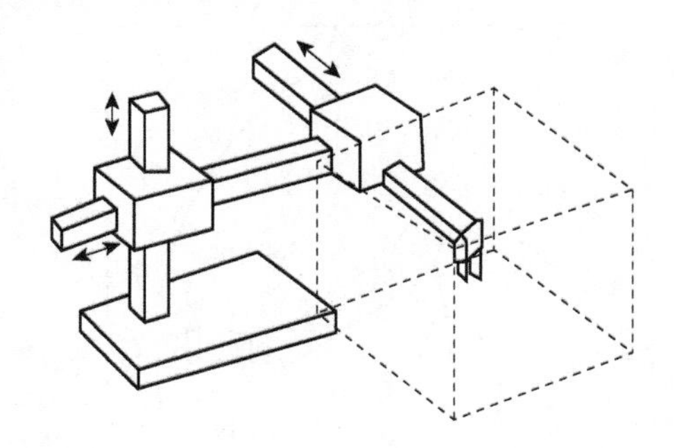

图 3-5　直角坐标机器人的工作空间示意图

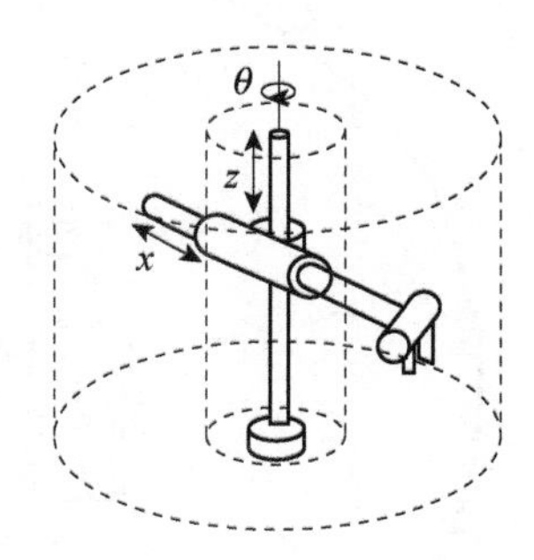

图 3-6　圆柱坐标机器人的工作空间示意图

(3) 球坐标机器人。球坐标机器人采用极坐标系，它用一个滑动关节和两个旋转关节来确定部件的位置，再用一个附加的旋转关节确定部件的姿态。这种机器的两个转动驱动装置容易密封，占地面积小，覆盖工作空间较大，结构紧凑，位置精度尚可，但避障性差，有平衡问题。球坐标机器人的工作空间范围呈球冠状，如图 3-7 所示。

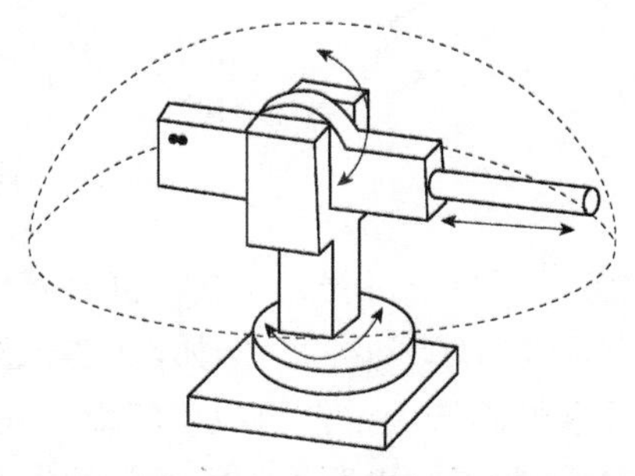

图 3-7　球坐标机器人的工作空间示意图

(4) 关节坐标机器人。关节坐标机器人的关节全都是旋转的，类似于人的手臂，是工业机器人中最常见的结构。关节坐标机器人主要由立柱、大臂和小臂组成，立柱绕 Z 轴旋转，形成腰关节，立柱和大臂形成肩关节，大臂和小臂形成肘关节，大臂和小臂做俯仰运动，如图 3-8 所示。这种机器人工作范围大、动作灵活、避障性好，但位置精度较低、有平衡问题、控制耦合比较复杂，目前应用越来越多。关节坐标机器人的工作范围较为复杂，如图 3-9 所示为 SCROBOT Ⅶ机器人的工作范围。

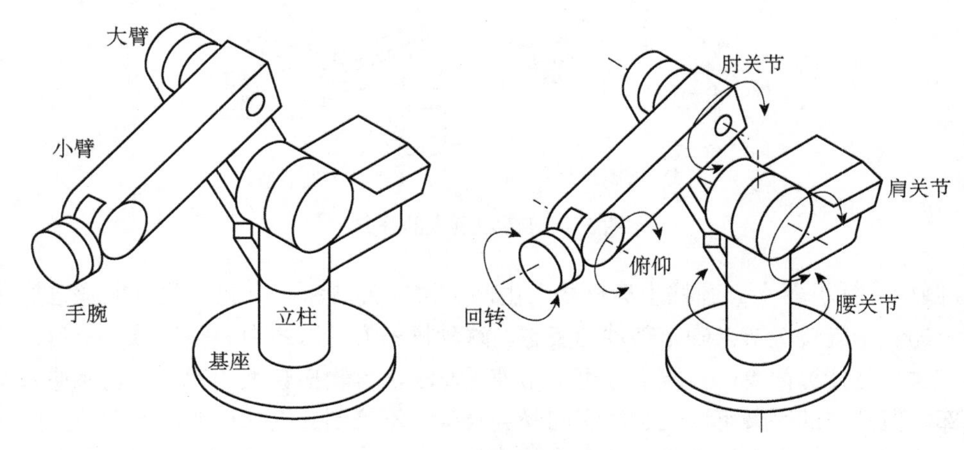

图 3-8　关节机器人示意图

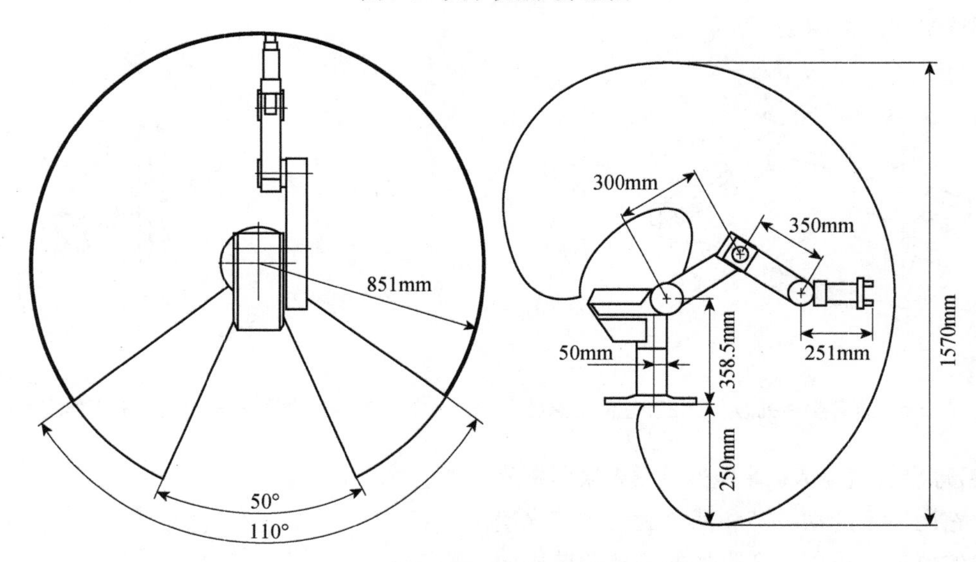

图 3-9　关节机器人的工作空间示意图

(5) 平面关节机器人。这种机器人可看成关节坐标机器人的特例，它只有平行的肩关节和肘关节，关节轴线共面。例如，SCARA (Selective Compliance Assembly Robot Arm) 机器人有两个并联的旋转关节，可以使机器人在水平面上运动，此外，再用一个附加的滑动关节做垂直运动。SCARA 机器人常用于装配作业，最显著的特点是它们在 X-Y 平面上的运动具有较大的柔性，而沿 Z 轴具有很强的刚性，所以它具有选择性的柔性。这种机器人在装配作业中获得了较好的应用。平面关节机器人的工作空间如图 3-10 所示。

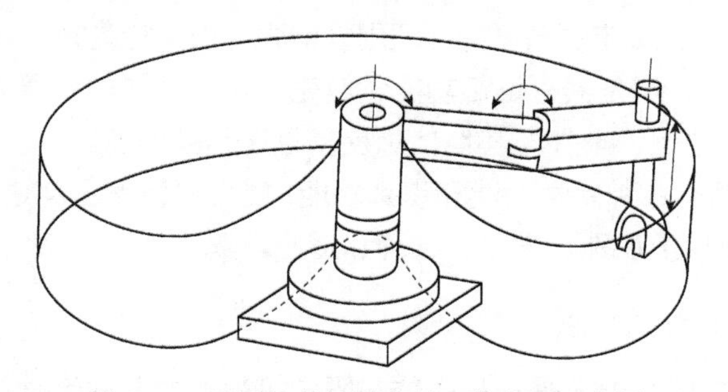

图 3-10　平面关节机器人的工作空间示意图

2. 按机器人的控制方式分类

按照控制方式可把机器人分为非伺服控制机器人和伺服控制机器人两种。

(1) 非伺服控制机器人。非伺服控制机器人工作能力有限，机器人按照预先编好的程序顺序进行工作，使用限位开关、制动器、插销板和定序器来控制机器人的运动。插销板用于预先规定机器人的工作顺序，而且往往是可调的。定序器是一种定序开关或步进装置，它能够按照预定的正确顺序接通驱动装置的能源。驱动装置接通能源后，就带动机器人的手臂、腕部和手部等装置运动。当它们移动到限位开关所规定的位置时，限位开关切换工作状态，给定序器送去一个工作任务已完成的信号，并使终端制动器动作，切断驱动能源，使机器人停止运动。

(2) 伺服控制机器人。伺服控制机器人比非伺服控制机器人有更强的工作能力。伺服系统的被控制量可为机器人手部执行装置的位置、速度、加速度和力等。通过传感器取得的反馈信号与来自给定装置的综合信号，用比较器加以比较后，得到误差信号，经过放大后用以激发机器人的驱动装置，进而带动手部执行装置以一定规律运动，到达规定的位置或速度，这是一个反馈控制系统。

伺服控制机器人可分为点位伺服控制和连续轨迹伺服控制两种。

①点位伺服控制机器人的受控运动方式为从一个点位目标移向另一个点位目标，只在目标点上完成操作。机器人可以以最快和最直接的路径从一个端点移到另一端点。通常，点位伺服控制机器人能用于只有终端位置是重要的而对编程点之间的路径和速度不做主要考虑的场合。点位控制主要用于点焊、搬运机器人。

②连续轨迹伺服控制机器人能够平滑地跟随某个规定的路径，其运动轨迹可以是空间的任意连续曲线，对机器人在空间的整个运动过程都要控制。连续轨迹伺服控制机器人具有良好的控制和运行特性，由于数据是依时间采样的，而不是依预先规定的空间点采样，因此机器人的运行速度较快、功率较小、负载能力也较小。连续轨迹伺服控制机器人主要用于弧焊、喷涂、打飞边毛刺和检测机器人。

3. 按自动化功能层次分类

(1) 专用机器人。以固定程序在固定地点工作的机器人，其动作少，工作对象单一，结构简单，造价低，可在大量生产系统中工作。

(2)通用机器人。具有独立的控制系统，动作灵活多样，通过改变控制程序能完成多种作业的机器人。它的工作范围大，定位精度高，通用性能强，但结构复杂，适用于柔性制造系统。

(3)示教再现机器人。这是具有记忆功能、能完成复杂动作的机器人，它在由人示教操作后，能按示教的顺序、位置、条件与其他信息反复重现示教作业。

(4)智能机器人。具有各种感觉功能和识别功能，能做出决策自动进行反馈纠正的机器人，它采用计算机控制，依赖于识别、学习、推理和适应环境等智能，决定其行动或作业。

4. 按机器人的机构形式分类

(1)串联机器人。串联机器人是一种由装在固定机架上的开式运动链组成的机器人。所谓开式运动链是指一类不含回路的运动链，简称开链。如图3-11(a)所示，由构件和运动副串联组成的开链称为单个开式链(Single Opened Chain，SOC)，简称单开链。这类开式运动链机构，除应用于机器人、机械手外，还在其他领域如通用夹具、舰船雷达天线、导航陀螺仪等中得到应用。图3-11(b)所示为树状开链。

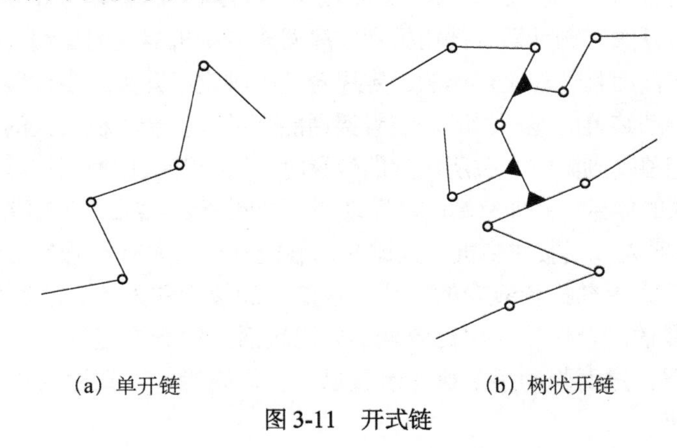

(a) 单开链　　(b) 树状开链

图3-11　开式链

由开式运动链所组成的机构称为开式链机构，简称开链机构。通常串联式机器人由单开链所组成。图3-12所示为一台典型的串联机器人及其机构简图。

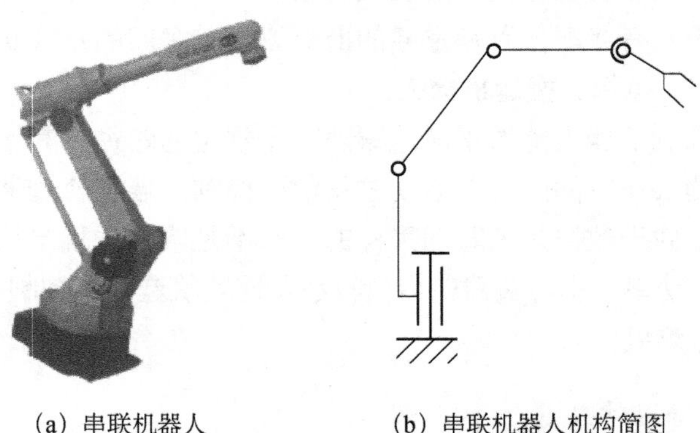

(a) 串联机器人　　(b) 串联机器人机构简图

图3-12　串联机器人及其机构简图

(2) 并联机器人。并联机器人是一种应用并联机构的机器人。并联机构的典型形式如图 3-13 所示。并联机构广泛地应用于运动模拟器、并联机床和工业机器人等领域。由并联机构组成的并联机器人具有结构紧凑、刚度大、运动惯性小、承载能力大、精度高、工作范围广等的优点，能完成串联机器人难以完成的任务。图 3-14 为一台 Adept Quattro 四手臂并联机器人。

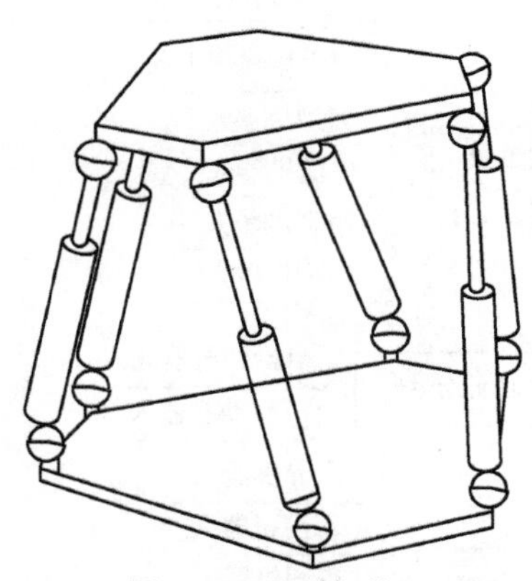

图 3-13　并联机构

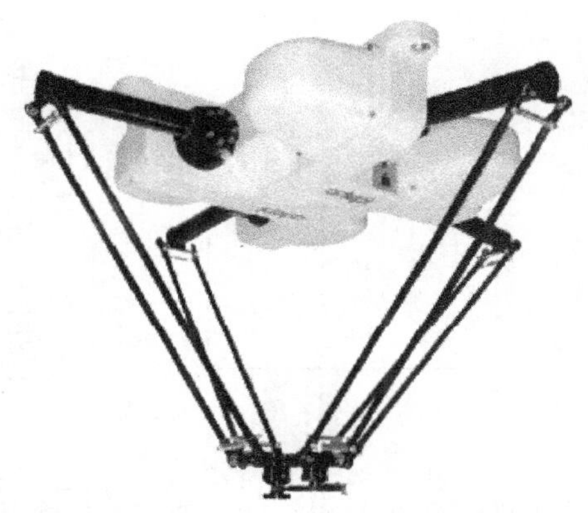

图 3-14　Adept Quattro 四手臂并联机器人

知识小结：工业机器人分类

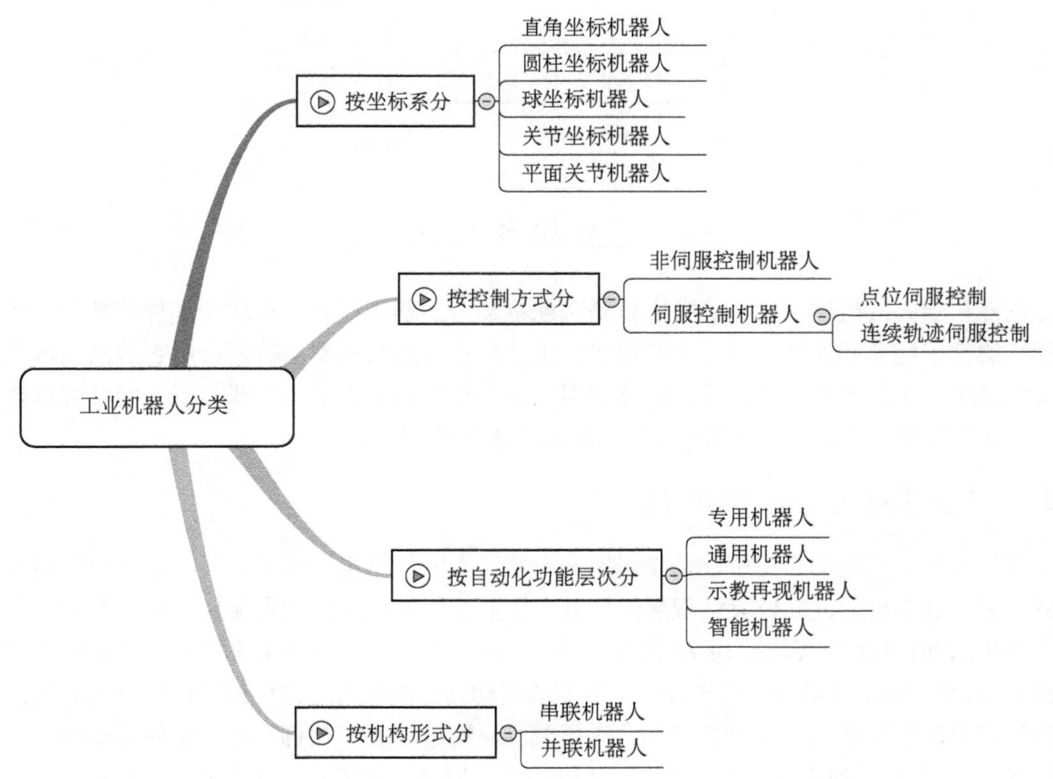

知识拓展：工业机器人的其他分类方式

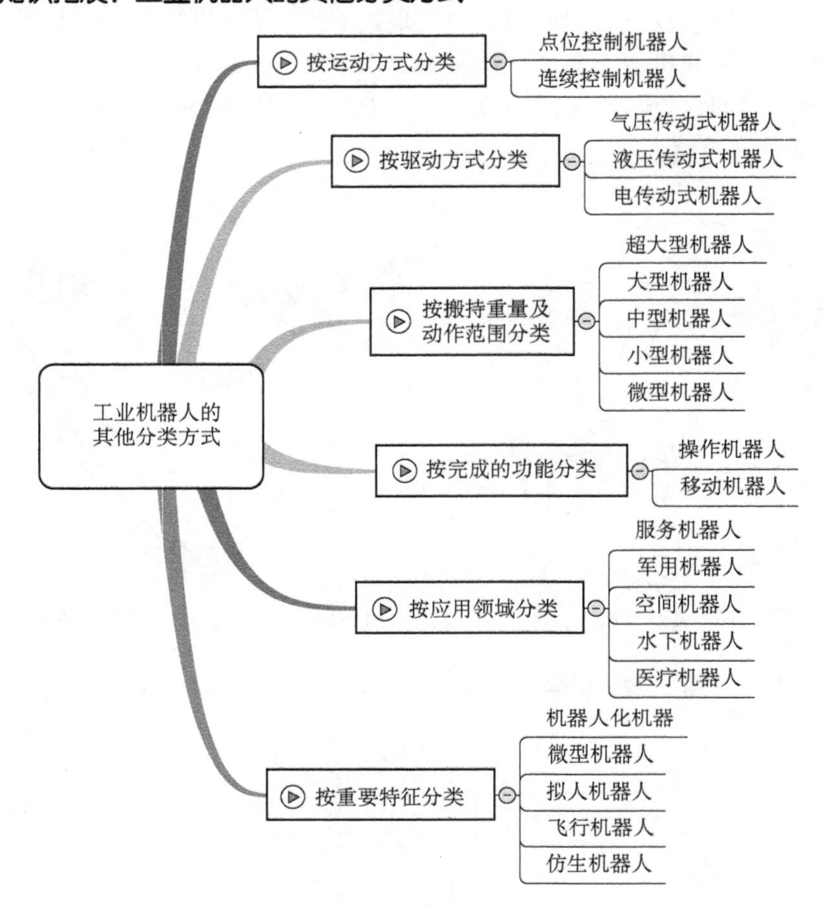

3.2　工业机器人的结构

工业机器人的机械结构(运动)本体是工业机器人的基础部分，各运动部件的结构形式取决于它的使用场合和各种不同的作业要求。工业机器人的结构类型特征，用它的结构形式和自由度表示；工业机器人的空间活动范围用它的工作空间来表示。工业机器人的结构主要是指由末端执行器、手腕、手臂和机座组成的机器人的执行机构。

3.2.1　工业机器人的运动自由度

所谓机器人的运动自由度，是指确定一个机器人操作机位置时所需要的独立运动参数的数目，它是表示机器人动作灵活程度的参数。工业机器人操作机的末端执行器、手腕、手臂和机座等的独立运动所合成的运动状态(方位)，决定了末端执行器所夹持的工件在空间的位置和姿态。图 3-15 所示为由国家标准中规定的运动功能图形符号构成的工业机器人简图，其手腕具有回转角为 θ_2 的一个独立运动，手臂具有回转运动 θ_1、俯仰运动 Φ和伸缩运动 S 三个独立运动。这 4 个独立变化参数确定了手部中心位置与手部姿态，它们就是工业机器人的 4

个自由度。工业机器人的自由度数越多，其动作的灵活性和通用性就越好，但是其结构和控制就越复杂。在决定机器人的自由度时，不计入末端执行器的抓取动作。因为这个动作并不改变工件或工具的位置与姿态。

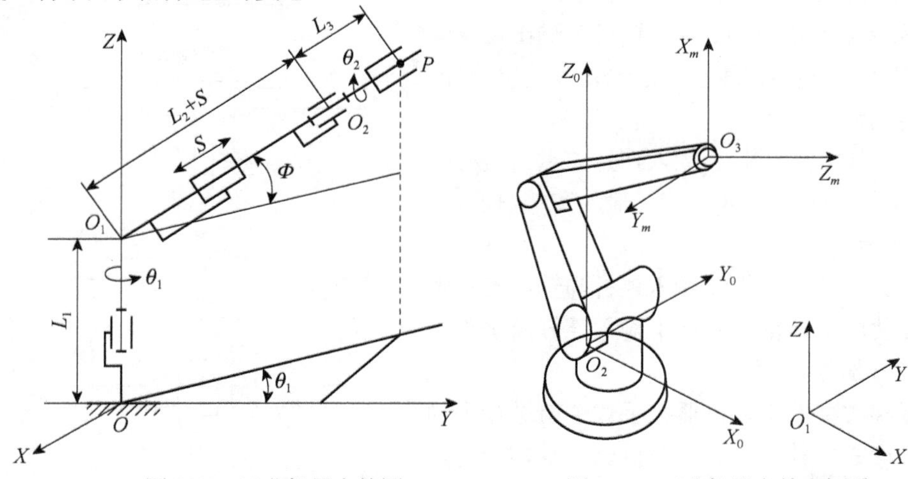

图 3-15　工业机器人简图　　　　图 3-16　工业机器人的坐标系

3.2.2　机器人的工作空间与坐标系

所谓工作空间，是指机器人正常运行时，手腕参考点或者机械接口坐标系原点(图 3-16 中的 O_3 点)能在空间活动的最大范围，是机器人的主要技术参数之一。机器人的工作空间与其所具有的自由度数目以及所选用的运动关节类型及配置有关。每个运动关节所形成的变化量，如直线移动的距离、回转角度的大小，都将影响工作空间的大小。工业机器人的坐标系按右手定则决定，如图 3-16 中的 X-Y-Z 为绝对坐标系，X_0-Y_0-Z_0 为机座坐标系，X_m-Y_m-Z_m 为机械接口(与末端执行器相连接的机械界面)坐标系。

3.2.3　工业机器人手臂

工业机器人的手臂(Manipulator)是由一系列的动力关节(Joint)和连杆(Link)组成的，是支撑手腕和末端执行器的部件，用以改变末端执行器的空间位置。

工业机器人的关节类似于人体的关节，用于提供身体两部位间的相对运动。每个关节为机器人提供一个自由度，在几乎所有情况下，一个自由度与一个关节相关联，机器人也通常按照它所具有的自由度数目进行分类。通常，一个关节连接两个连杆，即一个输入连杆和一个输出连杆，机器人的力或运动通过关节由输入连杆传递给输出连杆，关节用于控制输入连杆与输出连杆间的相对运动。

工业机器人手臂关节通常可分为五种类型，其中两种为平移关节，三种为转动关节。这五种类型分别如下。

(1) L 形关节(线性关节)：输入连杆与输出连杆的轴线平行，输入连杆与输出连杆间的相对运动为平行滑动，如图 3-17(a)所示。

(2) O 形关节(正交关节)：输入连杆与输出连杆间的相对运动也是平行滑动，但输入连杆与输出连杆在运动过程中保持相互垂直，如图 3-17(b) 所示。

(3) R 形关节(转动关节)：输入连杆与输出连杆间做相对旋转运动，而旋转轴线垂直于输入和输出连杆，如图 3-17(c) 所示。

(4) T 形关节(扭转关节)：输入连杆与输出连杆间做相对旋转运动，但旋转轴线平行于输入和输出连杆，如图 3-17(d) 所示。

(5) V 形关节(回转关节)：输入连杆与输出连杆间做相对旋转运动，旋转轴线平行于输入连杆而垂直于输出连杆，如图 3-17(e) 所示。

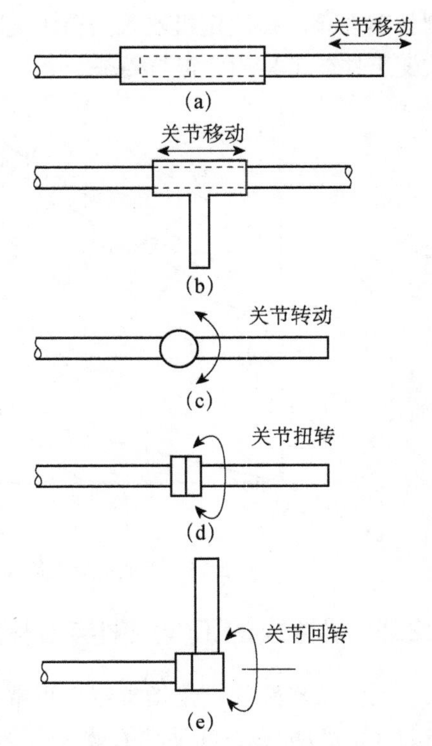

图 3-17 工业机器人的关节类型

由上述五种类型的工业机器人手臂关节进行不同的组合，可以形成多种不同的工业机器人结构配置，例如，对于一个 3 自由度的工业机器人手臂，就可以有 5×5×5=125 种可能的结构配置，这是一个庞大的集合，因此，在实际应用中，为了简化，商业化的工业机器人通常仅采用下列五种结构配置之一，这五种配置正好是按坐标系划分的机器人分类。

(1) 极坐标结构：如图 3-18(a) 所示，由 T 形关节、R 形关节和 L 形关节配置组成。

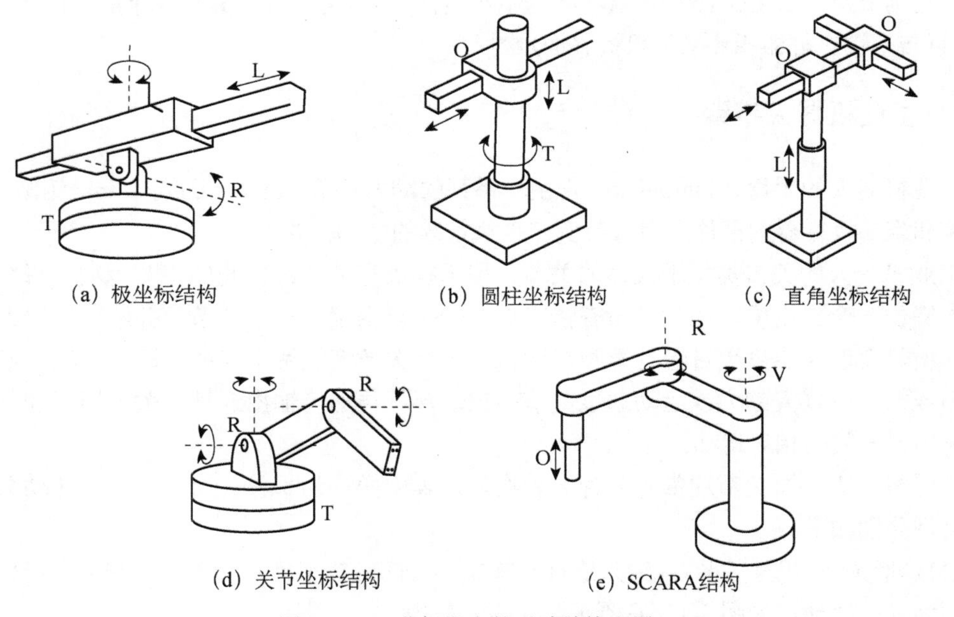

图 3-18 工业机器人的手臂结构配置

(2) 圆柱坐标结构：如图 3-18(b) 所示，由 T 形关节、L 形关节和 O 形关节配置组成。

(3) 直角坐标结构：如图 3-18(c) 所示，由一个 L 形关节和两个 O 形关节配置组成。

(4) 关节坐标结构：如图 3-18(d) 所示，由一个 T 形关节和两个 R 形关节配置组成。

(5) SCARA 结构：如图 3-18(e) 所示，由 V 形关节、R 形关节和 O 形关节配置组成。

3.2.4　工业机器人手腕

工业机器人的手腕是连接手臂和末端执行器的部件，用以调整末端执行器的方位和姿态，通常由 2 个或 3 个自由度组成。图 3-19 给出了一个 3 自由度机器人手腕的典型配置，组成这 3 个自由度的 3 个关节分别被定义如下。

(1) 扭转(Roll)：应用一个 T 形关节来完成相对于机器人手臂轴的旋转运动。

(2) 俯仰(Pitch)：应用一个 R 形关节来完成上下旋转摆动。

(3) 偏摆(Yaw)：应用一个 R 形关节来完成左右旋转摆动。

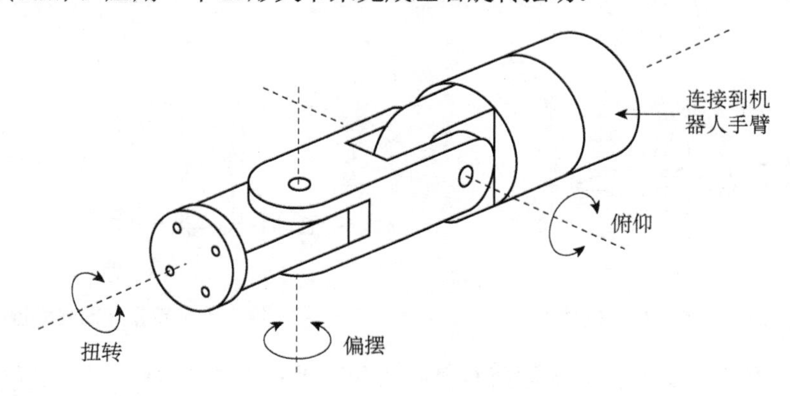

图 3-19　典型的工业机器人手腕

值得注意的是，SCARA 机器人是图 3-18 所示的五种机器人配置中唯一不需要安装手腕的机器人，而其他四种机器人的手腕几乎总是由 R 形和 T 形关节配置组成的。

为了完整表示工业机器人的手臂及手腕结构，有时采用“手臂关节：手腕关节”的符号化形式来对其进行表示，如“TLR：TR”就表示了一个具有 5 自由度机器人的手臂手腕结构，其中 TLR 代表手臂是由一个扭转关节(T)、一个线性关节(L)和一个转动关节(R)组成的，TR 代表手腕是由一个扭转关节(T)和一个转动关节(R)组成的。

3.2.5　末端操纵器

末端操纵器是连接在机器人手腕上的用于机器人执行特定工作的装置，又称手部。由于工业机器人所能完成的工作非常广泛，末端操纵器很难做到标准化，因此在实际应用当中，末端操纵器一般都是根据其实际要完成的工作进行定制。常见的末端操纵器有抓取器和工具两种。

1. 抓取器

顾名思义，抓取器是工业机器人在工作循环中用来抓取工件或物体，将其从一个位置移动到另外一个位置的工作装置。由于被抓取的工件的形状、大小和重量各异，因此大多数抓取器都是定制的。工业机器人应用中常见的抓取器分为夹持式和吸附式两类。

(1)夹持式抓取器。夹持式抓取器通常由 2 个或更多的手指组成，通过机器人控制器控制手指的开合来抓取工件或物体。机械手根据夹持方式，分为内撑式和外夹式两种，如图 3-20 所示。根据手指的运动方式，分为移动式和回转式两种，如图 3-21 所示。根据手指的多少，分为二手指和多手指两种，如图 3-22 所示为一个多手指的机器人灵巧手。

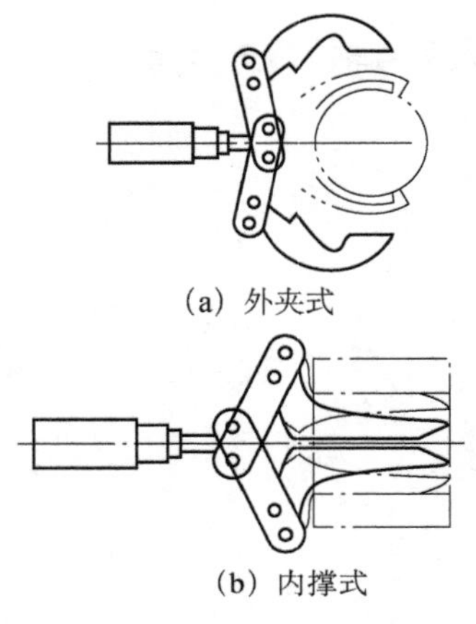

(a) 外夹式

(b) 内撑式

图 3-20　手指夹持式机械手

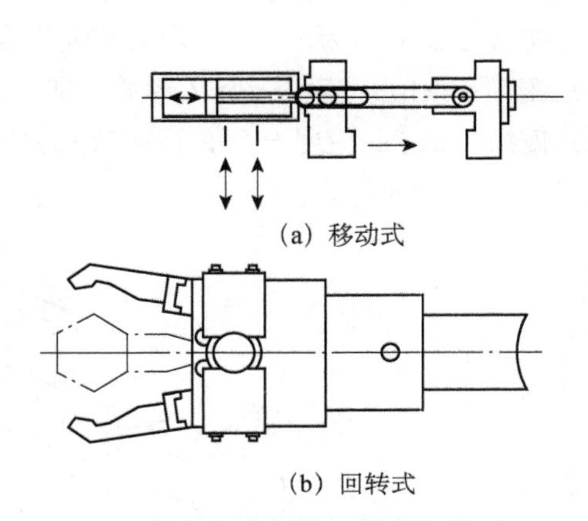

(a) 移动式

(b) 回转式

图 3-21　手指运动式机械手

(2)吸附式抓取器。吸附式抓取器有气吸式和磁吸式两种。气吸式抓取器是通过抽空与物体接触平面密封型腔的空气而产生的负压真空吸力来抓取和搬运物体的。磁吸式抓取器是通过通电产生的电磁场吸力来抓取和搬运磁性物体的。

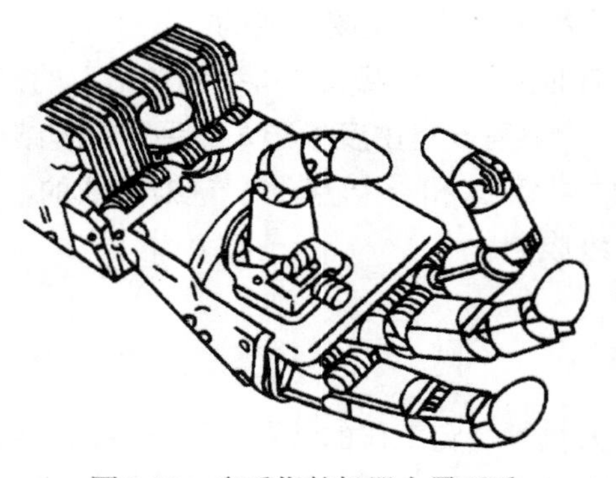

图 3-22　多手指的机器人灵巧手

①气吸式抓取器由吸盘、吸盘架和气路组成，用于吸附平整光滑、不漏气的各种板材和薄壁零件。吸盘一般由橡胶或塑料制成，吸盘边缘要很柔软，以保证紧密贴附在被吸物体的表面上形成密封内腔。吸盘内腔负压产生的方法主要有挤压排气式、真空泵排气式和气流负压式。挤压排气式如图 3-23(a)所示，是靠外力将皮碗压向被吸物体表面，吸盘内腔空气被挤出去，形成吸盘内腔负压，从而吸住物体。这种方式所形成的吸力不大，而且也不可靠。真空泵排气式如图 3-23(b)所示，是靠真空泵将吸盘内空气抽出，形成吸盘内腔负压，从而吸住物体。气流负压式如图 3-23(c)所示，是气泵的压缩空气通过喷嘴形成高压射流，吸盘内的高压空气被带走，在吸盘内腔形成负压，吸盘吸住物体。

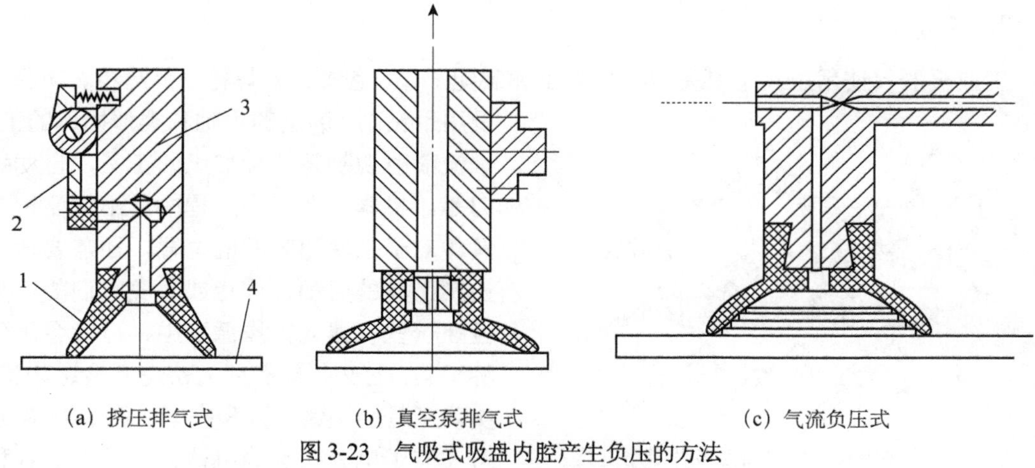

(a) 挤压排气式　(b) 真空泵排气式　(c) 气流负压式

图 3-23　气吸式吸盘内腔产生负压的方法

1-吸盘；2-压盖；3-吸盘架；4-工件

②磁吸式抓取器是用接通或切断电磁铁电流的方法来吸、放具有磁性的工件。磁吸式抓取器采用的电磁铁有交流电磁铁和直流电磁铁两种。交流电磁铁吸力波动，有噪声和涡流损耗。直流电磁铁吸力稳定，无噪声和涡流损耗。电磁吸盘的典型结构如图 3-24 所示。

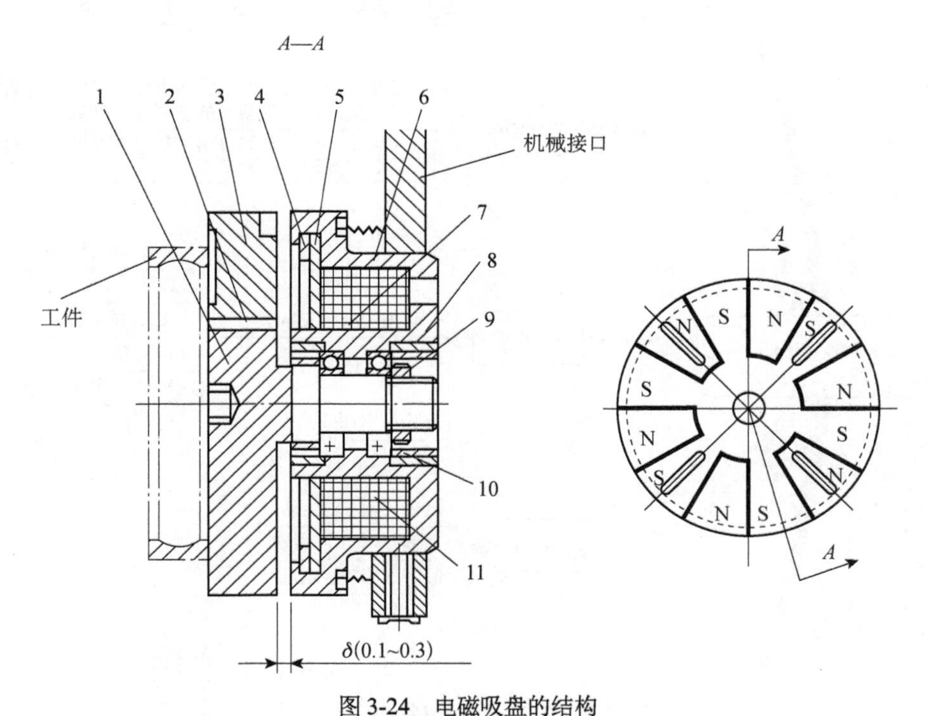

图 3-24　电磁吸盘的结构

1-铁心；2-隔磁环；3-吸盘；4-卡环；5-盖；6-壳体；
7、8-挡圈；9-螺母；10-轴承；11-线圈

2. 工具

工业机器人使用工具主要完成一些加工和装配工作，包括：点焊枪、弧焊枪、喷涂枪以及用于钻削、磨削的主轴和类似操作的工具，水流喷射切割等特种加工的工具，自动螺丝刀等。机器人在工作过程中，不仅要控制工具相对于工件随时间的位置，还需要适时地控制工具的启动、停止或改变它们的行为。且在一些机器人工作循环中，可能会用到多种工具，它必须要有能力快速更换这些工具，实现工具的快速松开和夹紧。图 3-25 所示为可安装于电磁吸盘式机器人手腕上的各种专用工具，包括拧螺母工具、电磨头、电铣头、抛光头、激光切割机、喷嘴等。

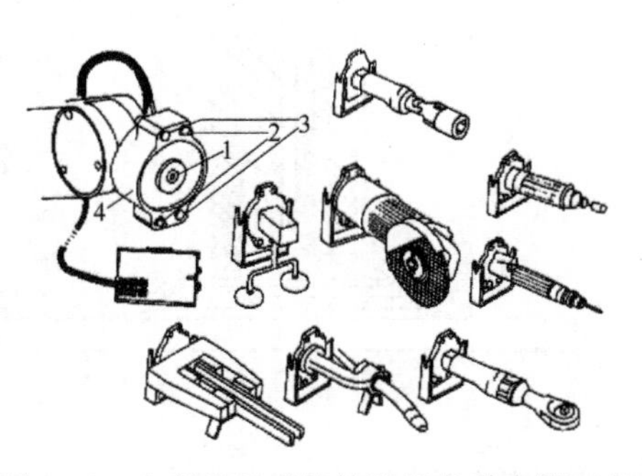

图 3-25　电磁吸盘式换接器及各种专用工具

1-气路接口；2-定位销；3-电接头；4-电磁吸盘

知识小结：工业机器人结构

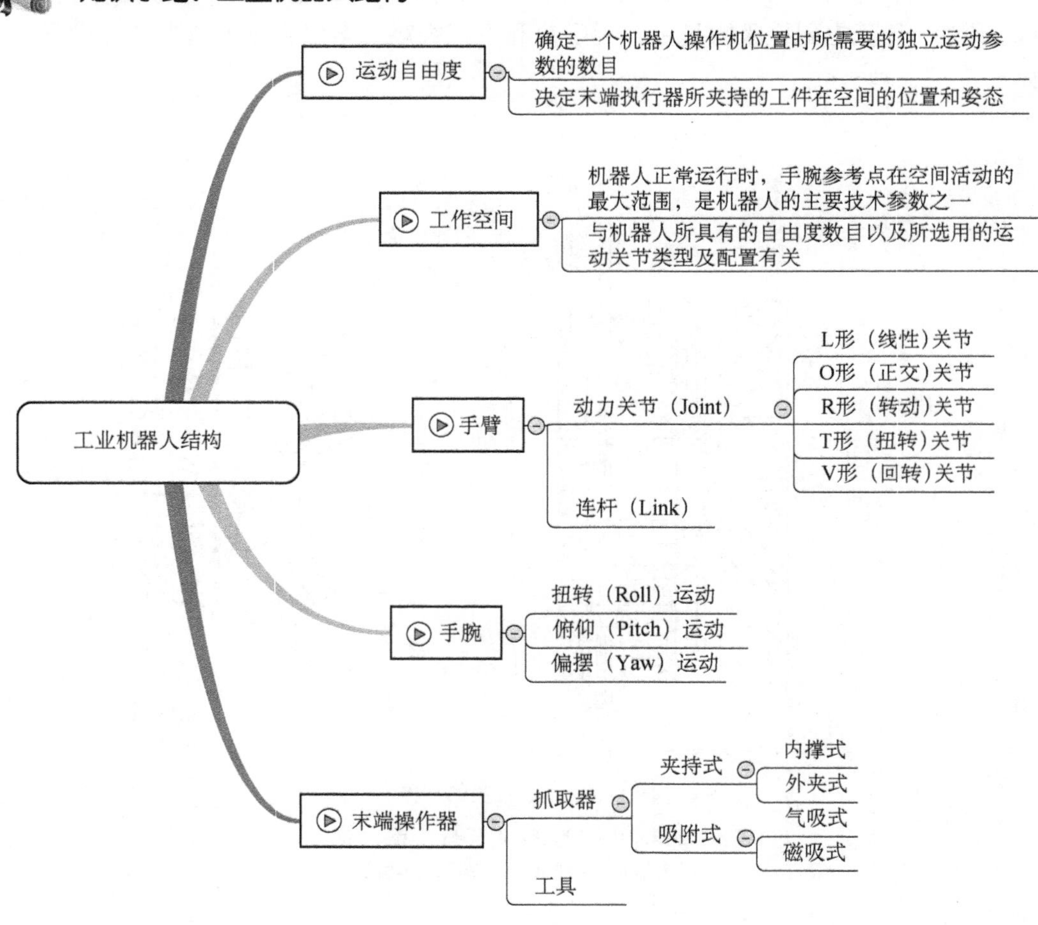

3.3　工业机器人的驱动系统

3.3.1　工业机器人对驱动系统的要求

工业机器人对驱动系统的要求主要包括以下方面。

(1) 驱动系统的结构简单、重量轻，单位重量的输出功率高，效率高。

(2) 响应速度快，动作平滑，不产生冲击。

(3) 控制灵活，位移和速度偏差小。

(4) 安全可靠，操作和维护方便。

(5) 绿色、环保，对环境负面影响小。

3.3.2　工业机器人的驱动方式

工业机器人的关节驱动通常有三种方式：电动驱动方式、液压驱动方式和气动驱动方式。

1. 电动驱动方式

电动驱动主要是指采用步进电动机，普通交、直流电动机和交、直流伺服电动机的电动机驱动方式。

普通的交直流电动机驱动需加减速装置，输出力矩大，但控制性能差，惯性大，适用于中型或重型机器人。伺服电动机和步进电动机输出力矩小，控制性能好，可实现速度和位置的精确控制，适用于中小型机器人。交、直流伺服电动机一般用于闭环控制系统，而步进电动机则主要用于开环控制系统，一般用于速度和位置精度要求不高的场合。

由于电动机驱动结构简单，易于实现计算机控制，且绿色环保，因此成为机器人的最主要驱动方式。

2. 液压驱动方式

液压驱动是以液压油作为工作介质、以采用线性活塞或旋转的叶片泵作为驱动器的驱动方式。液压驱动具有以下优点：

(1) 可以获得较高的压力，进而获得较大的推力或转矩；

(2) 由于液体工作介质的可压缩性小，工作平稳可靠，可获得较高的位置精度；

(3) 力、速度和方向易于实现自动控制；

(4) 采用油液作为工作介质，具有防锈和自润滑性能，机械效率高，使用寿命长。

而液压驱动的不足之处包括以下方面：

(1) 油液的黏度随温度和压力的变化而变化，影响液压系统的工作性能，高温时容易引起燃烧爆炸等危险；

(2) 易于产生泄漏及污染，要求液压元件有较高的精度和质量，造价较高；

(3) 需要相应的液压循环系统，尤其是电液伺服系统要求严格的滤油装置，否则会引起系统故障。

液压驱动方式可以输出更大的力和功率，能较容易地组成电液伺服控制系统，常用于大型工业机器人关节的驱动。

3. 气动驱动方式

气动驱动是采用气体作为工作介质、以线性活塞或旋转的叶片泵作为驱动器的驱动方式。与液压驱动相比，气动驱动具有以下特点：

(1) 压缩空气黏度小，易于达到高速(1m/s)；

(2) 空气介质对环境无污染，使用安全，可直接应用于高温作业；

(3) 气动元件工作压力低，故制造要求也低于液压元件；

(4) 可采用空气压缩机供气，供气系统比液压系统简单。

气体驱动的不足之处包括以下方面：

(1) 压缩空气常用压力为0.4～0.6MPa，若要获得较大压力，其结构就要相对增大；

(2) 空气压缩比大，工作平稳性差，很难进行速度和位置的精确控制；

(3) 压缩空气除水困难，排气会造成噪声污染。

气动驱动多用于开关控制和顺序控制的机器人。

3.3.3 工业机器人驱动与传动机构

工业机器人的驱动通常分为旋转驱动和直线驱动两种方式。由于旋转驱动的旋转轴强度高、摩擦小、可靠性小等优点，在结构设计中应尽量多采用。但在许多情况下采用直线驱动则更为合适。直线气缸仍是目前所有驱动装置中最廉价的动力源，凡能够使用直线气缸的地方，还是应该选用它，有些精度要求高的地方也可以选用它。

1. 直线驱动机构

机器人采用的直线驱动包括直角坐标结构的 X、Y、Z 向驱动，圆柱坐标结构的径向驱动和垂直升降驱动，以及球坐标结构的径向伸缩驱动。直线运动可以直接由气缸或液压缸和活塞产生，也可以采用齿轮齿条、丝杠、螺母等传动方式把旋转运动转换为直线运动。常用的直线电机、直线驱动机构包括齿轮齿条装置、普通丝杠和滚珠丝杠等。

(1) 齿轮齿条装置。通常，齿条是固定不动的，当齿轮传动时，齿轮轴连同拖板沿齿条方向做直线运动，这样，齿轮的旋转运动就转换成拖板的直线运动，如图3-26所示。拖板是由导杆或导轨支承的。该装置的回程误差较大。

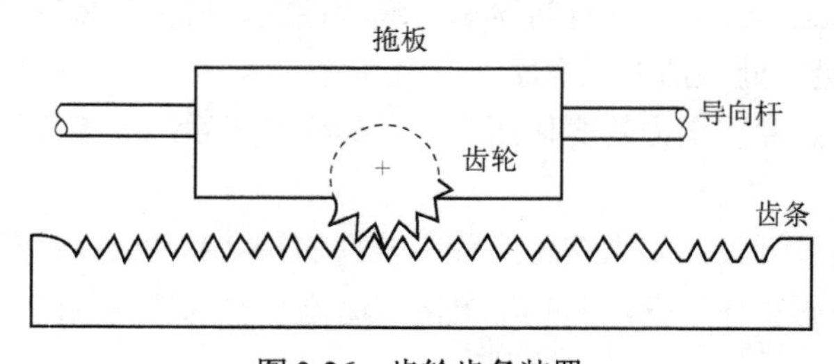

图3-26　齿轮齿条装置

(2) 普通丝杠。普通丝杠驱动是由一个旋转的精密丝杠驱动一个螺母沿丝杠轴向移动。由于普通丝杠的摩擦力较大、效率低、惯性大，在低速时容易产生爬行现象，而且精度低、回程误差大，因此在机器人上很少采用。

(3) 滚珠丝杠。在机器人上经常采用滚珠丝杠，这是因为滚珠丝杠的摩擦力很小且运动响应速度快。由于滚珠丝杠在丝杠螺母的螺旋槽里放置了许多滚珠，传动过程中所受的摩擦是滚动摩擦，可极大地减小摩擦力，因此传动效率高，消除了低速运动时的爬行现象。在装配时施加一定的预紧力，可消除回差。

如图 3-27 所示，滚珠丝杠里的滚珠从钢套管中出来，进入经过研磨的导槽，转动 2～3 圈以后，返回钢套管。滚珠丝杠的传动效率可以达到 90%，所以只需要使用极小的驱动力，并采用较小的驱动连接件就能够传递运动。

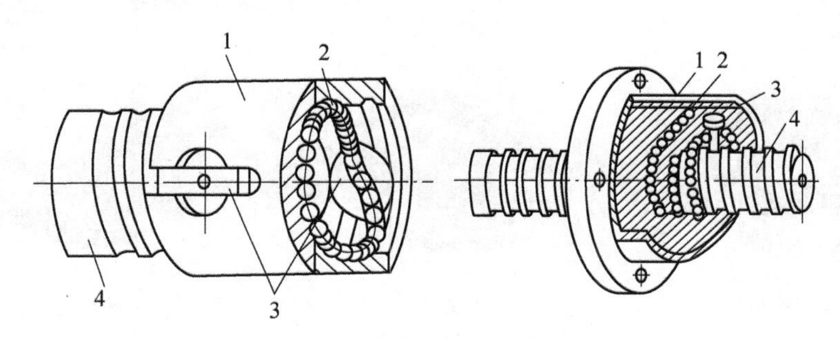

图 3-27　滚球丝杠副

1-螺母；2-滚珠；3-回程引导装置；4-丝杠

通常，人们还使用两个背靠背的双螺母对滚珠丝杠进行预加载来消除丝杠和螺母之间的间隙，提高运动精度。

2. *旋转驱动机构*

多数普通电动机和伺服电动机都能直接产生旋转运动，但其输出力矩比所需的力矩小，转速比所需要的转速高，因此，需要采用各种传动机构把较高的转速转换成较低的转速，并获得较大的转矩。有时，也采用直线液压缸或直线气缸作为动力源，这就需要把直线运动转换成旋转运动。这种运动的传递和转换必须高效率地完成，并且不能有损于机器人系统的定位精度、重复精度和可靠性等。常见的运动的传递和转换机构有齿轮传动、链传动、同步带传动和谐波齿轮传动等。

1) 齿轮链

齿轮链是由两个或两个以上的齿轮组成的传动机构。它不但可以传递运动角位移和角速度，而且可以传递力和力矩。现以具有两个齿轮的齿轮链为例，说明其传动转换关系。其中一个齿轮装在输入轴上，另一个齿轮装在输出轴上，如图 3-28 所示。

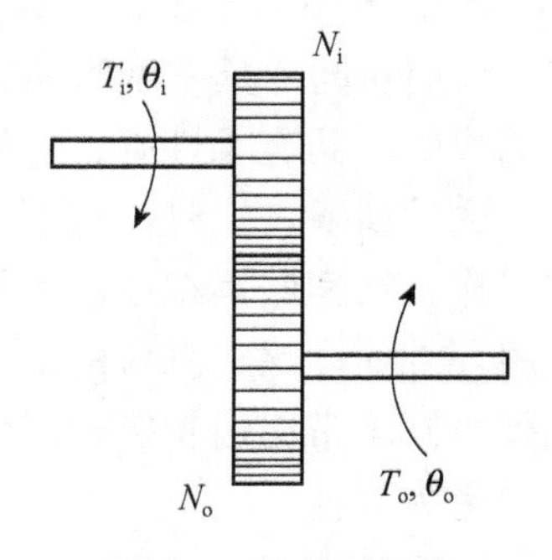

图 3-28　齿轮链机构

使用齿轮链机构应注意两个问题。一是齿轮链的引入会改变系统的等效转动惯量，从而使驱动电机的响应时间减小，这样伺服系统就更加容易控制。输出轴转动惯量转换到驱动电机上，等效转动惯量的下降与输入／输出齿轮齿数的平方成正比。二是在引入齿轮链的同时，由于齿轮间隙误差，将会导致机器人手臂的定位误差增加；而且，假如不采取一些补救措施，齿隙误差还会引起伺服系统的不稳定性。

通常，齿轮链转动有如图 3-29 所示的几种类型。其中圆柱齿轮的传动效率约为 90%，因为结构简单，传动效率高，圆柱齿轮在机器人设计中最常见；斜齿轮传动效率约为 80%，斜齿轮可以改变输出轴方向；锥齿轮传动效率约为 70%，锥齿轮可以使输入轴与输出轴不在同一个平面，传动效率低；蜗轮蜗杆传动效率约为 70%，蜗轮蜗杆机构的传动比大，传动平稳，可实现自锁，但传动效率低，制造成本高，需要润滑；行星轮系传动效率约为 80%，传动比大，但结构复杂。

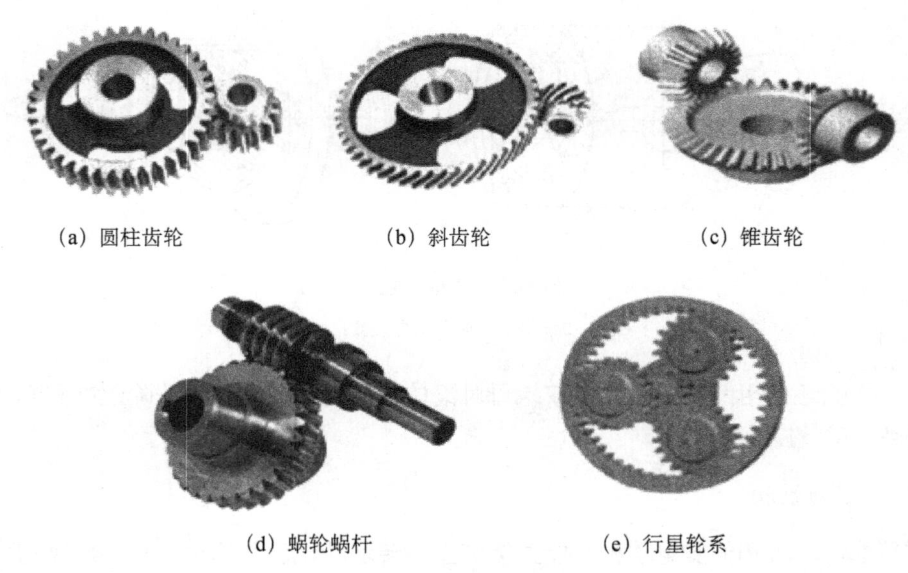

(a) 圆柱齿轮　(b) 斜齿轮　(c) 锥齿轮

(d) 蜗轮蜗杆　(e) 行星轮系

图 3-29　常用的齿轮链

2) 同步带

同步带类似于工厂的风扇皮带和其他传动皮带，所不同的是这种皮带上具有许多型齿，它们和同样具有型齿的同步皮带轮齿相啮合，如图 3-30 所示。工作时，它们相当于柔软的齿轮，具有柔性好、价格便宜两大优点。另外，同步带还被用于输入轴和输出轴方向不一致的情况。这时，只要同步带足够长，使皮带的扭角误差不太大，则同步带仍能够正常工作。在伺服系统中，如果输出轴的位置采用码盘测量，则输入传动的同步带可以放在伺服环外面，这对系统的定位精度和重复性不会有影响，重复精度可以达到 1mm 以内。此外，同步带比齿轮链价格低得多，加工也容易得多。有时，齿轮链和同步皮带结合起来使用更为方便。

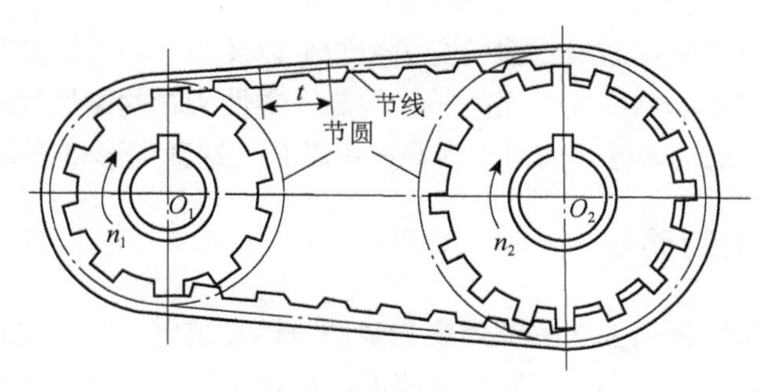

图 3-30　同步带传动

3）谐波齿轮

虽然谐波齿轮已问世多年，但直到最近人们才开始广泛地使用它。目前，机器人的旋转关节有 60%～70%都使用谐波齿轮。谐波齿轮传动机构由刚性齿轮、谐波发生器和柔性齿轮三个主要零件组成，如图 3-31 所示。工作时，刚性齿轮固定安装，各齿均布于圆周，具有外齿形的柔性齿轮沿刚性齿轮的内齿转动。柔性齿轮比刚性齿轮少两个齿，所以柔性齿轮沿刚性齿轮每转一圈就反方向转过两个齿的相应转角。谐波发生器具有椭圆形轮廓，装在谐波发生器上的滚珠用于支承柔性齿轮，谐波发生器驱动柔性齿轮旋转并使之发生塑性变形。转动时，柔性齿轮的椭圆形端部只有少数齿与刚性齿轮啮合，只有这样，柔性齿轮才能相对于刚性齿轮自由地转过一定的角度。假设刚性齿轮有 100 个齿，柔性齿轮比它少 2 个齿，则当谐波发生器转 50 圈时，柔性齿轮转 1 圈，这样只占用很小的空间就可得到 1∶50 的减速比。由于同时啮合的齿数较多，因此谐波发生器的力矩传递能力很强。在 3 个零件中，尽管任何 2 个都可以选为输入元件和输出元件，但通常总是把谐波发生器装在输入轴上，把柔性齿轮装在输出轴上，以获得较大的齿轮减速比。

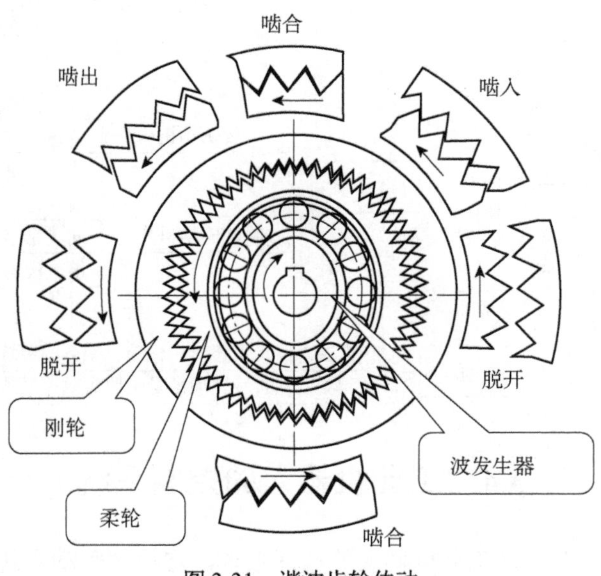

图 3-31　谐波齿轮传动

由于自然形成的预加载谐波发生器啮合齿数较多以及齿的啮合比较平稳，谐波齿轮传动的齿隙几乎为零，因此传动精度高、误差小。但是，柔性齿轮的刚性较差，承载后会出现较大的扭转变形，引起一定的误差，而对于多数应用场合，这种变形将不会引起太大的问题。

3.3.4　工业机器人的制动

许多机器人的机械臂都需要在关节处安装制动与锁紧装置，其作用是在机器人停止工作时，保持机械臂的位置不变，在电源发生故障时，保护机械臂和它周围的物体不发生碰撞。例如，齿轮链、谐波齿轮机构和滚珠丝杠副等的摩擦力都较小，在驱动停止的时候，它们一般是不能承受载荷的。如果不采用制动器或锁紧装置，一旦电源关闭，机器臂就会在重力的作用下滑落，因此，机器人安装制动或锁紧装置是非常必要的。

制动器或锁紧装置通常是按照失效抱闸方式工作的，即要放松制动器或松开锁紧就必须接通电源，否则各个关节不能产生相对运动，其主要目的就是在电源发生故障断电时起保护作用。

为了使关节定位准确，制动器和锁紧装置必须要有足够的定位精度。制动器应当尽可能地放在系统的驱动输入端，这样利用传动链传动比，能够减小直到其轻微滑动所引起的系统振动，保证了在承载条件下仍具有较高的定位精度。

知识小结：工业机器人驱动

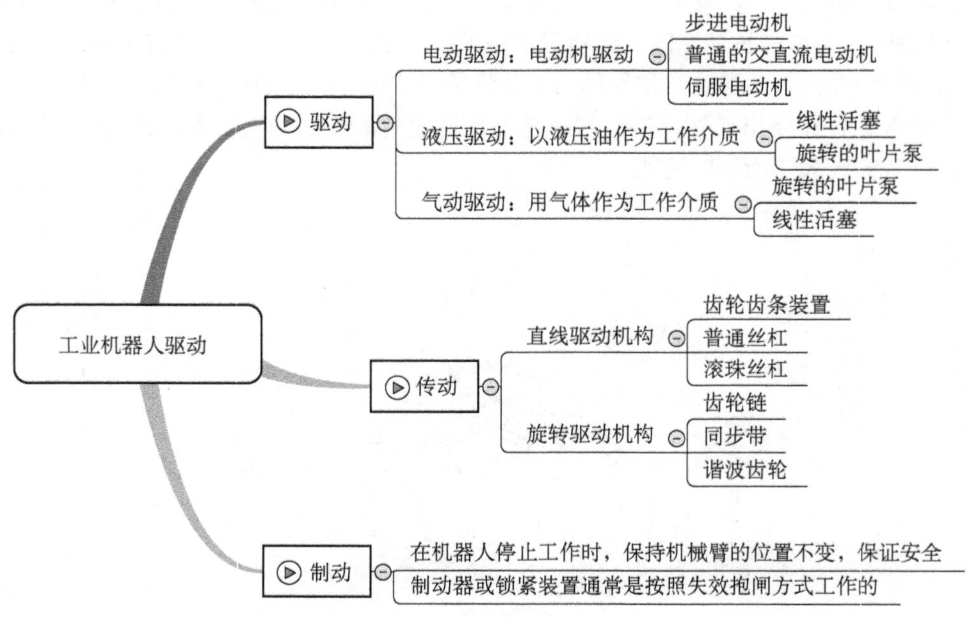

3.4　工业机器人的控制系统

工业机器人的控制系统是工业机器人的指挥系统，它控制驱动系统使执行机构按照要求工作，因此，控制系统的性能直接影响机器人的整体性能。

工业机器人的工作过程，就是通过路径规划，将要求的任务变为期望的运动和力，由控制系统根据期望的运动和力信号，控制末端操纵器输出实际的运动和力，精确而重复地完成期望的任务。因此，工业机器人控制系统的控制内容主要包括：机器人的工作顺序、应达到的位置、应走过的路径、动作时间间隔、运动速度以及作用于抓取物上的作用力等。

工业机器人控制系统的构成形式取决于机器人所要执行的任务及描述任务的层次。控制系统的功能是根据描述的任务代替人完成这些任务，通常需要具有如图 3-32 所示的控制机能。

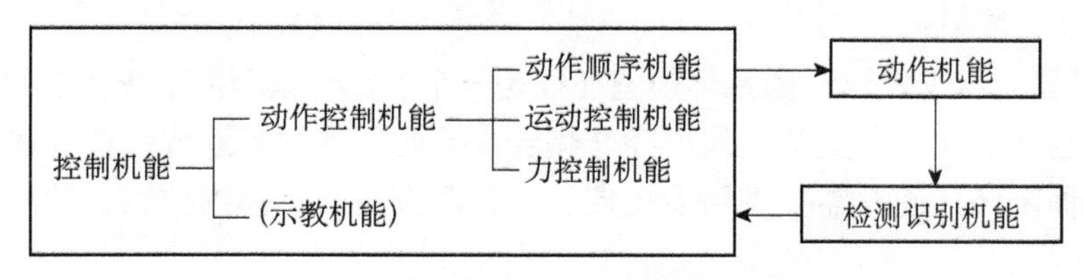

图 3-32　工业机器人的控制机能

3.4.1　工业机器人控制系统的功能

工业机器人的控制系统的主要任务是控制工业机器人在工作空间中的运动位置、姿态和轨迹、操作顺序及动作的时间等项目，其中有些项目的控制是非常复杂的。为了使机器人按照要求去完成特定的作业任务，控制系统需要完成以下主要控制功能。

(1) 示教再现功能：是指控制系统可以通过示教盒或以手动方式控制机器人去完成指定的作业任务，将动作顺序、运动速度、位置等信息用一定的方法预先教给工业机器人，由工业机器人的记忆装置将所教的操作过程的每个作业指令自动地记录在存储器中，然后，再通过调用这些记录存储的指令程序控制机器人自动化地完成重复性的作业任务。

(2) 计算与控制管理功能：负责实现整个机器人的核心控制，包括机器人系统的管理、信息获取与处理、控制策略制定以及作业轨迹规划。

(3) 伺服驱动：根据不同的控制算法，将机器人的控制策略转化为驱动信号，驱动伺服电动机或其他驱动器，实现对工业机器人末端操作器的位姿、速度、加速度等项目的控制，使机器人能高速度、高精度运动，去完成指定的作业任务。

(4) 传感与检测：通过传感器的反馈，保证机器人正确地完成指定作业，同时也将机器人的各种姿态信息反馈到机器人控制系统中，以便实时监控中整个机器人系统的工作、运动情况。

3.4.2　工业机器人控制系统的特点

工业机器人控制系统是以机器人的单轴或多轴运动协调为目的的控制系统，其控制结构要比一般自动机械的控制复杂得多。与一般的伺服控制或过程控制系统相比，工业机器人的控制系统有如下特点。

(1) 传统的自动机械是以自身的动作为重点，而工业机器人的控制系统更着重本体与操作对象的相互关系。以机器人手臂为例，工业机器人控制系统不仅要控制其手臂本身从一个位置精确地到达目的位置，同时还要在此过程中能够以合适的力和姿态夹持物体，使物体到达指定位置。

(2) 工业机器人的控制与机构运动学和动力学密切相关。机器人的控制系统需要完成诸如坐标变换，根据已知的关节旋转或移动变量计算末端执行器的位姿，或根据已知的末端执行器位姿求解各个关节的变量值，以及各种力的计算等。

(3) 即便是一个简单的工业机器人，至少也有 3～5 个自由度。每个自由度一般包含一个伺服机构，多个伺服机构相互协调，共同组成一个多变量的控制系统。

(4) 描述机器人状态及运动的数学模型往往是一个非线性模型，随着状态的不同和外力的变化，其参数也在变化，各变量之间还存在耦合。因此，其控制系统往往存在位置、速度甚至加速度等多种闭环，通常需要采用最优控制、自适应控制、模糊控制、神经网络控制等智能控制方法。

3.4.3　工业机器人控制系统的组成

早期工业机器人的控制是通过示教再现方式进行的，控制装置是由凸轮、挡块、插销板、穿孔纸带等机电元件构成的。而进入 20 世纪 80 年代以来的工业机器人主要使用微型计算机系统实现综合控制装置的功能。图 3-33 所示为具有 6 个自由度的工业机器人计算机控制系统。它由主控计算机、伺服控制系统和外部设备三大部分组成。

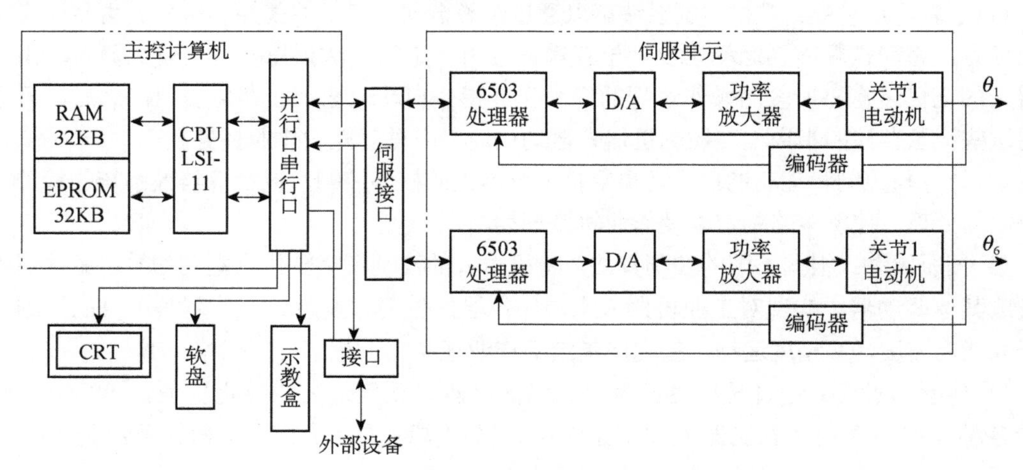

图 3-33　6 个自由度工业机器人控制系统框图

第一级主控计算机包括以 LSI-11(16 位芯片)微处理器为 CPU 的控制计算机、EPROM、RAM 存储器、串并行接口以及外部设备。作为 CPU，LSI-11 处理器完成机器人作业的轨迹运算、操作程序的编辑、外部设备的通信和管理。采用一种机器人语言完成编程工作，完成协调器控制(包括运动的规划、插值运算、坐标变换等)。经 D/A 转换器输出 6 个伺服系统给定位置的信号。

第二级是伺服控制级，它包括 6 套伺服系统，对 6 个关节(即 6 个自由度)进行分散独立的控制。每一关节的伺服控制系统的核心是一台 6503 微处理器(8 位芯片)，它与本身的

EPROM 和 D/A 一起装在数字伺服板上。它向上与 LSI-11 计算机通过接口板进行通信。接口板起信号分配作用，将一个轨迹给定点参量作为给定信息分别传送给 6 个关节伺服控制器。选用直流伺服电动机作为驱动元件，光电增量式编码盘作为检测元件，构成半闭环速度反馈伺服系统。

3.4.4 工业机器人的几种典型控制方法

工业机器人是一个多自由度的、本质上非线性的、同时又是耦合的动力学系统。由于其动力学性能的复杂性，实际控制系统中往往要根据机器人所要完成的作业做出若干假设并简化控制系统。许多工业机器人所要完成的作业基本要求是控制末端操纵器的位置与姿态，以实现满足一定条件下的点位控制(如搬运机器人、电焊机器人)或连续路径控制(如弧焊机器人、喷漆机器人等)。位置控制为工业机器人最基本的控制任务。只有很少的机器人采用步进电动机或开环控制的驱动器。为了得到每个关节的期望位置运动，必须设计一种控制算法，算出合适的力矩，再将指令送入驱动器，此时要采用敏感传感器元件进行位置和速度的反馈。位置控制需要建立精确的动力学模型，并且忽略作业中负载的变化。当动力学模型误差过大或负载变化过于显著时，这种基于反馈的控制策略可能会失效，此时需要考虑采用自适应的控制方法。对有些作业，当末端操纵器与周围环境或作业对象有任何接触时，仅有位置控制是不够的，必须引入力控制器。例如，在装配机器人中，接触力的监视和控制是非常必要的，否则会发生碰撞、挤压、损坏设备等。

1. 工业机器人的位置伺服控制

位置控制主要是控制末端操纵器的运动轨迹及其位置，即控制末端操纵器的运动，而末端操纵器的运动又是机器人手臂各个关节运动的合成来实现的，因此必须考虑末端操纵器的位置、姿态与各关节位移之间的关系。在控制装置中，由目标值和对末端操纵器当前运动状态反馈作为伺服系统的输入，无论机器人采用什么样的结构形式，其控制装置都是以各关节的当前位置和速度作为反馈信号，直接或间接地决定伺服电动机的电压或电流向量，通过各种驱动机构达到控制末端操纵器位置的目的。

机器人的位置伺服控制，基本上可以分为关节伺服控制和坐标伺服控制两种。

(1) 关节伺服控制。关节伺服控制，主要应用于非直角坐标机器人如关节机器人，图 3-34 展示了关节机器人一个运动轴的控制回路框图，机器人每个关节都具有相似的控制回路，每个关节可以独立构成伺服系统，这种关节伺服系统把每一个关节作为单纯的单输入单输出系统来处理，结构简单。但严格来说，每个关节并不是单输入单输出的系统，惯性和速度在关节间存在着动态耦合。

(2) 坐标伺服控制。尽管关节伺服控制结构简单，被较多的机器人所采用，但在三维空间对手臂进行控制时，很多场合都要求直接给定手臂末端运动的位置和姿态。此外，关节伺服控制系统中的各个关节是独立进行控制的，难以预测各个关节实际控制结果所得到的末端位置状态的响应，且难以调节各关节伺服系统的增益。因而，将末端位置矢量作为指令目标值所构成的伺服控制系统，成为作业坐标伺服系统。这种伺服控制系统是将机器人手臂末端位置姿态矢量固定于空间内某一个作业坐标系(通常是直角坐标系)来描述的。

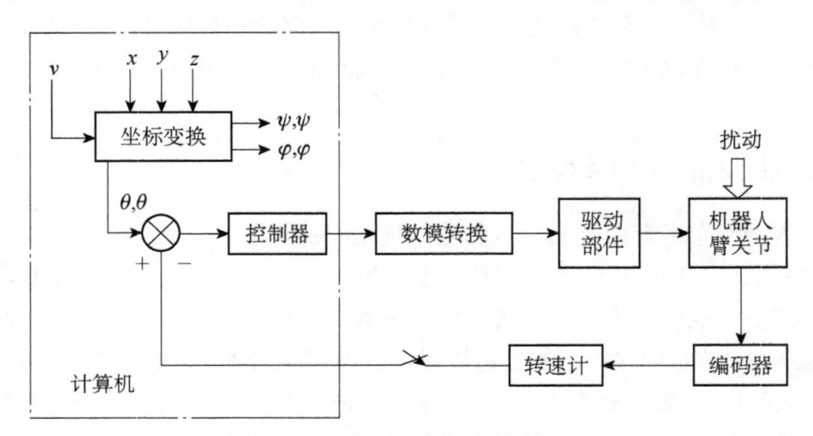

图 3-34 关节机器人控制回路框图

2. 工业机器人的力控制

在进行装配或抓取物体等作业时，工业机器人的末端操纵器与环境或作业对象的表面接触，除了要求准确定位之外，还要求使用适当的力或力矩进行工作，这时就要采取力(力矩)控制方式。力(力矩)控制是对位置控制的补充，这种控制方式的控制原理与位置伺服控制原理基本相同，只不过输入量和反馈量不是位置信号，而是力(力矩)信号，因此，系统中需要有力传感器。

3. 工业机器人的速度控制

对工业机器人的运动控制来说，在位置控制的同时，还要进行速度控制。例如，在连续轨迹控制的情况下，工业机器人按预定的指令，控制运动部件的速度和实行加、减速，以满足运动平稳、定位准确的要求。为了实现这一要求，机器人的行程要遵循一定的速度变化曲线，如图 3-35 所示。由于工业机器人是一种工作负载多变、惯性负载大的运动机械，要处理好快速与平稳的矛盾，必须控制启动加速和停止前减速这两个过渡运动区段。

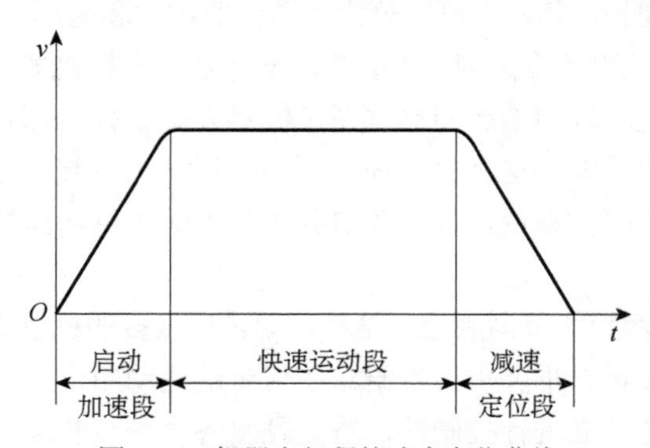

图 3-35 机器人行程的速度变化曲线

4. 工业机器人的先进控制技术

机器人先进控制技术目前应用较多的有自适应控制、模糊控制、神经网络控制等。

自适应控制是指机器人依据周围环境所获得的信息来修正对自身的控制，这种控制器配有触觉、听觉、视觉、力、距离等传感器，能够在不完全确定或局部变化的环境中，保持与环境的自动适应，并以各种搜索与自动导引方式执行不同的循环作业。

知识小结：工业机器人控制系统

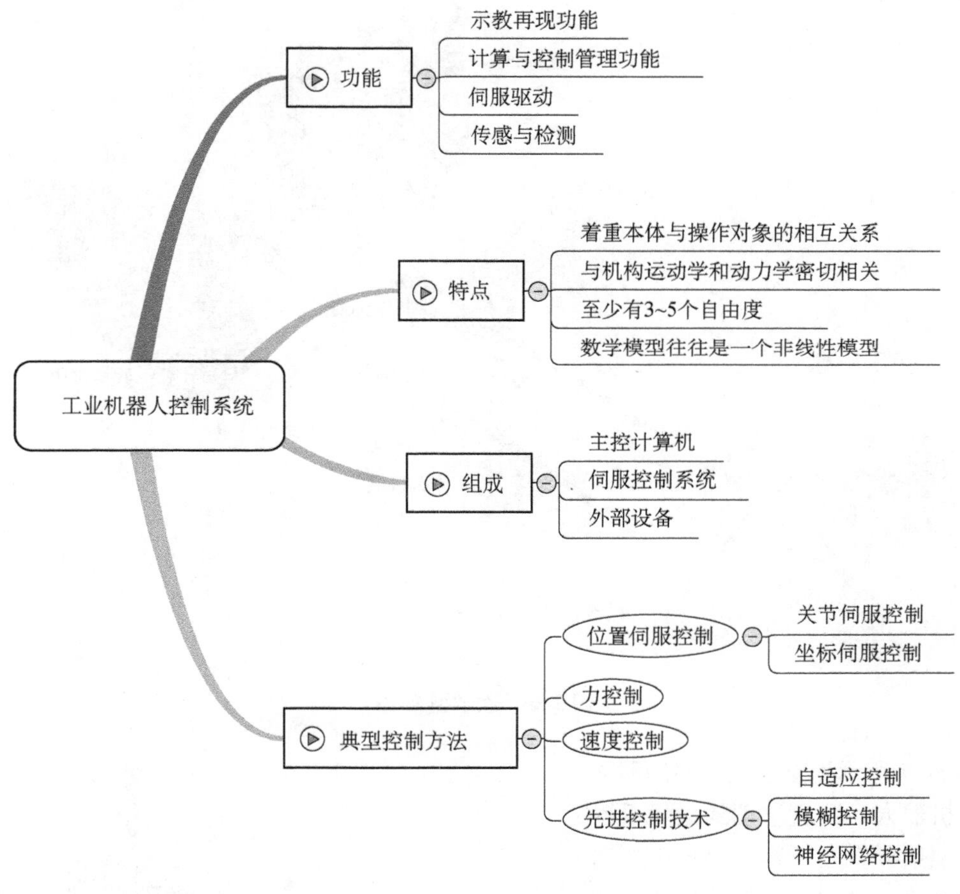

3.5　工业机器人的应用

工业机器人是机械与现代电子技术相结合的自动化机器，具有很好的灵活性和柔性。自从 20 世纪 50 年代末 60 年代初在美国出现第一代工业机器人以来，这种高新技术一直受到科技界和工业界的高度重视，目前，全世界已有 70 万台工业机器人在不同领域中应用。尤其在机械制造系统、喷涂自动线、焊接自动线、冲压自动线等的柔性加工制造中获得了广泛应用。下面就搬运机器人、焊接机器人和喷涂机器人及它们在自动化制造系统中的应用进行简单介绍，装配机器人将在 5.4 节进行详细介绍。

3.5.1　搬运机器人及其应用

在柔性制造中，机器人作为搬运工具获得了广泛的应用。图 3-36 所示为由 1 台 CNC 车床、1 台 CNC 铣床、立体仓库、传送轨道、有轨小车、包装站及 2 台关节型机器人组成的教学型 FMS。两台机器人在 FMS 中服务，机器人 ER 9 服务于两台 CNC 机床和传送带之间，为 CNC 车床和 CNC 铣床装卸工件，机器人 ER5 位于传送轨道和包装站之间，负责将加工完的工件从有轨小车上卸下并送到包装站，工件将在包装站进行包装。

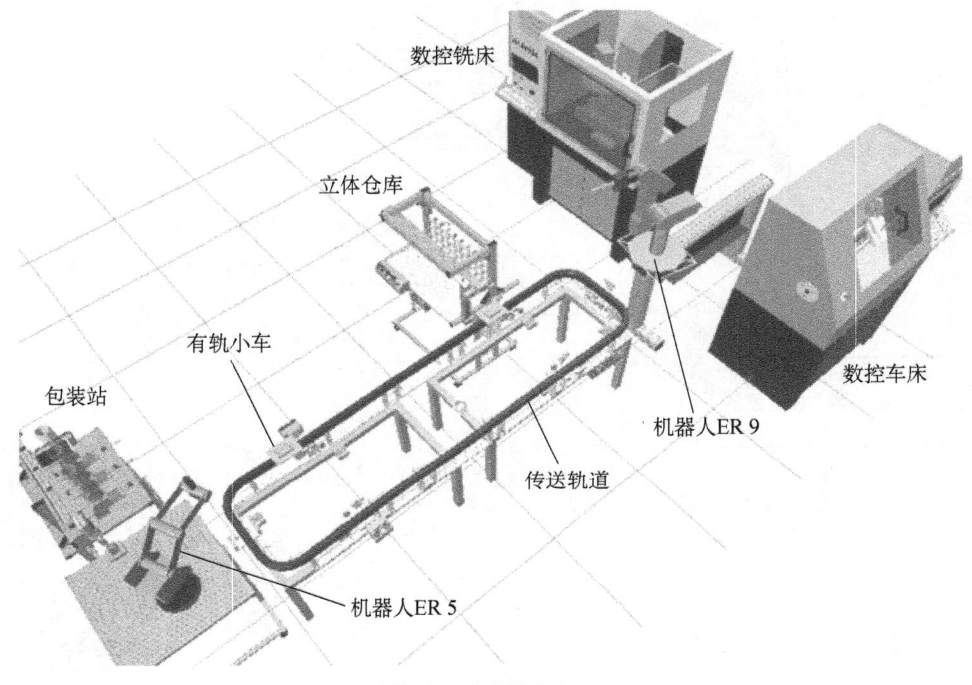

图 3-36　教学型 FMS

图 3-37 所示为龙门式布局的移动式搬运机器人，两台移动式搬运机器人能在空架导轨上行走，服务于传送带和数控机床之间，为数控机床装卸工件。机器人沿着空架导轨行走，活动范围大。

图 3-38 所示为一包装生产线，位于传送带末端的码垛机器人被用来将传送带传过来的包装箱整体地码放在旁边的货架上。

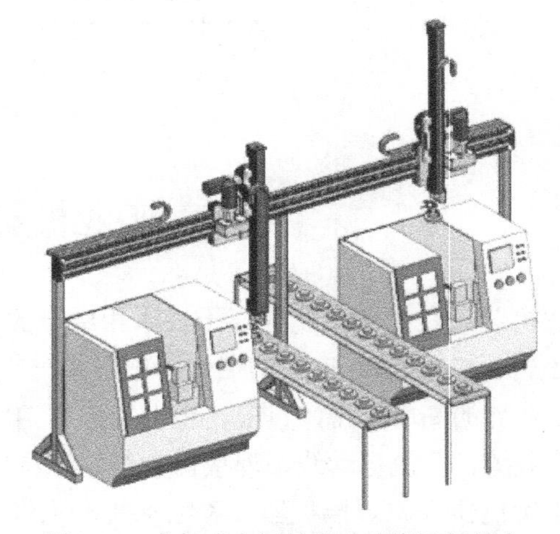

图 3-37　龙门式布局的移动式搬运机器人

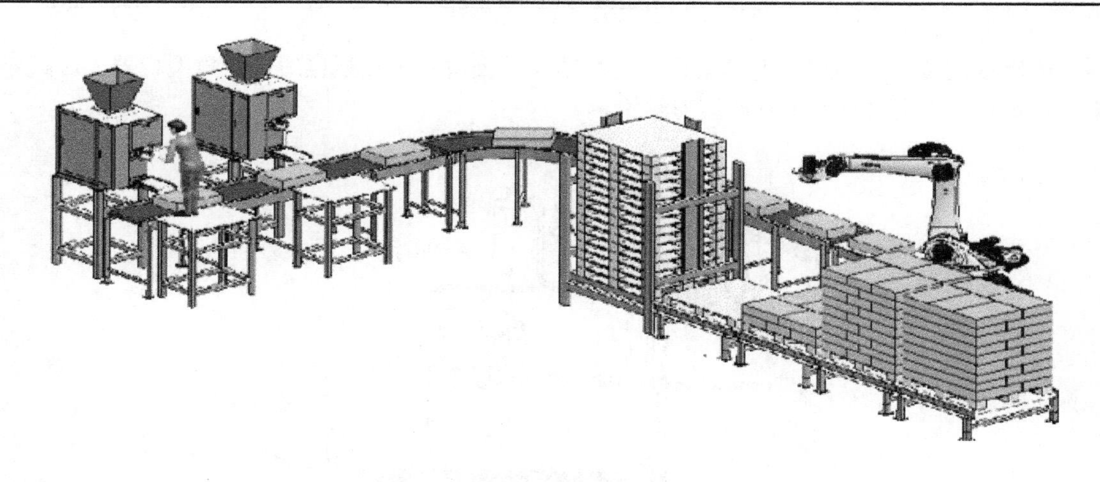

图 3-38　码垛机器人

3.5.2　焊接机器人及其应用

焊接从一开始就是工业机器人的主要应用领域，机器人技术的迅猛发展，有力地促进了焊接自动化的进程。全世界的工业机器人约 1/4 用于焊接。近来在国内外兴起的“先进制造技术”热，焊接机器人的应用就占有很重要的地位。它不仅是实现生产自动化的手段，而且是今后工厂向计算机集成制造(CIM)过渡的基础。

采用机器人进行焊接作业可以极大地提高生产效率和经济效益；另外，机器人的移位速度快，可达 3m/s，甚至更快。因此，一般而言，采用机器人焊接比同样用人工焊接效率可提高 2～4 倍，焊接质量优良且稳定。采用焊接机器人主要有以下优点：①稳定和提高焊接质量；②提高劳动生产率；③改善工人劳动强度，可在有害环境下工作；④降低了对工人操作技术的要求；⑤缩短了产品改型换代的准备周期，减少相应的设备投资。因此，焊接机器人在各行各业已得到了广泛的应用。

通常，焊接机器人是在通用工业机器人的基础上，通过为通用工业机器人安装专用的末端操作器(焊枪)，并配置焊接所需要的焊接电源(包括其控制系统)、送丝机(弧焊)、焊枪(钳)等部分组成的。对于智能机器人还应有传感系统，如激光或摄像传感器及其控制装置等。图 3-39(a)、(b)表示弧焊机器人和点焊机器人的基本组成。

世界各国生产的焊接机器人基本上都属关节式机器人，绝大部分有 6 个轴。其中，1～3 个轴可将末端工具送到不同的空间位置，而 4～6 个轴解决工具姿态的不同要求。焊接机器人本体的机械结构主要有两种形式：一种为平行四边形结构，一种为侧置式(摆式)结构，如图 3-40 所示。侧置式(摆式)结构的主要优点是上、下臂的活动范围大，使机器人的工作空间几乎能达一个球体。因此，这种机器人可倒挂在机架上工作，以节省占地面积，方便地面物件的流动。但是这种倒置式机器人臂的刚度较低，一般适用于负载较小的机器人，用于电弧焊、切割或喷涂。平行四边形机器人其上臂是通过一根拉杆驱动的。拉杆与下臂组成一个平行四边形的两条边。早期的平行四边形机器人工作空间较小(局限于机器人前部)，难以倒挂工作。新型的平行四边形机器人已能把工作空间扩大到机器人顶部、背部及底部，又没有侧置式机器人的刚度问题，从而得到普遍重视。这种结构不仅适合于轻型也适合于重型机器人。近年来，点焊机器人大多采用平行四边形结构。

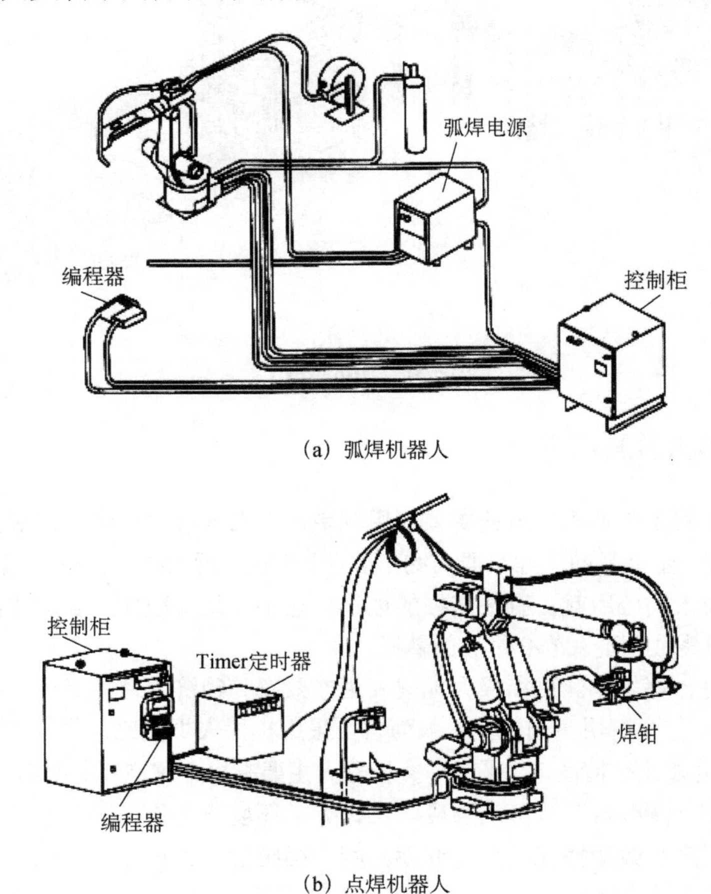

(a) 弧焊机器人

(b) 点焊机器人

图 3-39　焊接机器人的基本组成

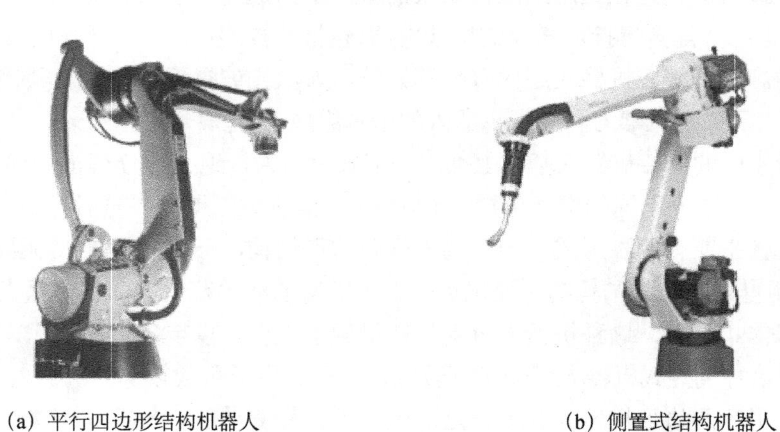

(a) 平行四边形结构机器人　　(b) 侧置式结构机器人

图 3-40　焊接机器人本体的机械结构

在自动化制造系统中，焊接机器人的应用通常有两种方式，一是组成焊接机器人工作站(单元)，二是多台机器人组成焊接机器人生产线。

(1)焊接机器人工作站(单元)。如果工件在整个焊接过程中无须变位，就可以用夹具把工件定位在工作台面上，这种系统较为简单。但在实际生产中，更多的工件在焊接时需要变位，使焊缝处在较好的位置(姿态)下焊接。对于这种情况，变位机与机器人可以是分别运动的，即变位机变位后机器人再焊接；也可以是同时运动的，即变位机一边变位，机器人一边焊接，也就是常说的变位机与机器人协调运动，这时变位机的运动及机器人的运动相复合，使焊枪相对于工件的运动既能满足焊缝轨迹又能满足焊接速度及焊枪姿态的要求。实际上这时变位机的轴已成为机器人的组成部分，这种焊接机器人系统可以多达 7～20 个轴或更多。最新的机器人控制柜可以是两台机器人的组合，作 12 个轴协调运动，其中一台是焊接机器人，另一台是搬运机器人作变位机用。

(2)焊接机器人生产线。比较简单的焊接机器人生产线是把多台工作站(单元)用工件输送线连接起来组成一条生产线。这种生产线仍然保持单站的特点，即每个站只能用选定的工件夹具及焊接机器人的程序来焊接预定的工件，在更改夹具及程序之前的一段时间内，这条线是不能焊其他工件的。另一种是焊接柔性生产线(FMS-W)。柔性线也由多个站组成，不同的是被焊工件都装卡在统一形式的托盘上，而托盘可以与线上任何一个站的变位机相配合并被自动卡紧。焊接机器人系统首先对托盘的编号或工件进行识别，自动调出焊接这种工件的程序进行焊接。这样每一个站无须作任何调整就可以焊接不同的工件。焊接柔性线一般有一个轨道子母车，子母车可以自动将点固好的工件从存放工位取出，再送到有空位的焊接机器人工作站的变位机上。也可以从工作站上把焊好的工件取下，送到成品件流出位置。整个柔性焊接生产线由一台调度计算机控制。因此，只要白天装配好足够多的工件，并放到存放工位上，夜间就可以实现无人或少人生产了。

焊接机器人的应用主要集中在汽车、摩托车、工程机械、铁路机车等几个主要行业。汽车是焊接机器人的最大用户，也是最早用户。焊接工艺是汽车制造技术中最有代表性的四大工艺之一(冲压、焊接、喷涂、总装)。焊接机器人已经被广泛地与汽车总成装配线集成，从而统称为“汽车焊装线”。汽车焊装线是将各车身冲压零件装配焊接成白车身的自动化设备。就每条焊装线而言，它由焊接夹具、传输装置、焊接设备(如焊枪、焊接机器人)构成。就整个汽车车身焊装线而言，它通常包括前围、左右侧围、后围、地板和顶棚等焊接分总成线及最后合装总成线，即主线。据 2001 年统计，全国共有各类焊接机器人 1040 台，汽车制造和汽车零部件生产企业中的焊接机器人占全部焊接机器人的 76%。在汽车行业中点焊机器人与弧焊机器人的比例为 3∶2。2013 年中国以购买 3.7 万台机器人成为全球最大的机器人购买国，大约 60%的机器人用于汽车制造。国内生产的桑塔纳、帕萨特、别克、赛欧、波罗等后桥、副车架、摇臂、悬架、减振器等轿车底盘零件大都是以 MIG(Metal Inert-Gas Welding，熔化极惰性气体保护焊)焊接工艺为主的受力安全零件，主要构件采用冲压焊接，板厚平均为 1.5～4mm，焊接主要以搭接、角接接头形式为主，焊接质量要求相当高，其质量的好坏直接影响到轿车的安全性能。应用机器人焊接后，大大提高了焊接件的外观和内在质量，并保证了质量的稳定性和降低劳动强度，改善了劳动环境。

3.5.3　喷涂机器人及其应用

喷涂机器人又称喷漆机器人(Spray Painting Robot)，是可进行自动喷漆或喷涂其他涂料的工业机器人，1969 年由挪威 Trallfa 公司(后并入 ABB 集团)发明。喷漆机器人多采用 5 个或 6 个自由度关节式结构，手臂有较大的运动空间，并可做复杂的轨迹运动，其腕部一般有 2～3 个自由度，可灵活运动。较先进的喷漆机器人腕部采用柔性手腕，既可向各个方向弯曲，又可转动，其动作类似人的手腕，能方便地通过较小的孔伸入工件内部，喷涂其内表面。喷漆机器人一般采用液压驱动，具有动作速度快、防爆性能好等特点，可通过手把手示教或点位示教来实现示教。喷漆机器人广泛用于汽车、仪表、电器、搪瓷等工艺生产部门。喷涂机器人的主要优点：①柔性大，工作范围大；②提高喷涂质量和材料使用率；③易于操作和维护，可离线编程，大大缩短现场调试时间；④设备利用率高，喷涂机器人的利用率可达 90% ～ 95%。

通常的喷涂机器人有两种，一种是有气喷涂机器人，另一种是无气喷涂机器人。有气喷涂机器人也称低压有气喷涂，喷涂机依靠低压空气使油漆在喷出枪口后形成雾化气流作用于物体表面(墙面或木器面)，有气喷涂相对于手刷而言无刷痕，而且平面相对均匀，单位工作时间短，可有效地缩短工期。但有气喷涂有飞溅现象，存在漆料浪费，在近距离查看时，可见极细微的颗粒状。一般有气喷涂采用装修行业通用的空气压缩机，相对而言一机多用、投资成本低，市面上也有抽气式有气喷涂机、自落式有气喷涂机等专用机械。无气喷涂机器人可用于高黏度油漆的施工，而且边缘清晰，甚至可用于一些有边界要求的喷涂项目。视机械类型，其可分为气动式无气喷涂机、电动式无气喷涂机、内燃式无气喷涂机、自动喷涂机等多种。

图 3-41 所示为 FANUC 公司的两款喷涂机器人 P-50iA 和 P-250iA。一个典型的喷涂机器人系统配置如图 3-42 所示。

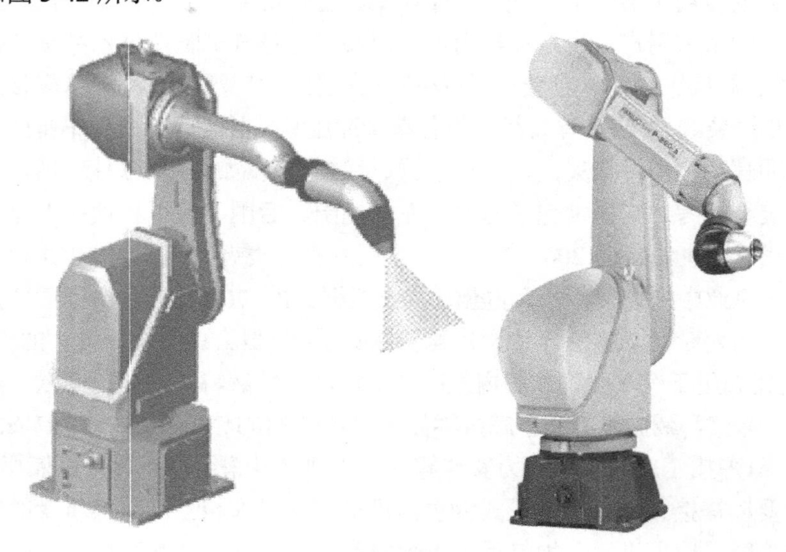

图 3-41　喷涂机器人

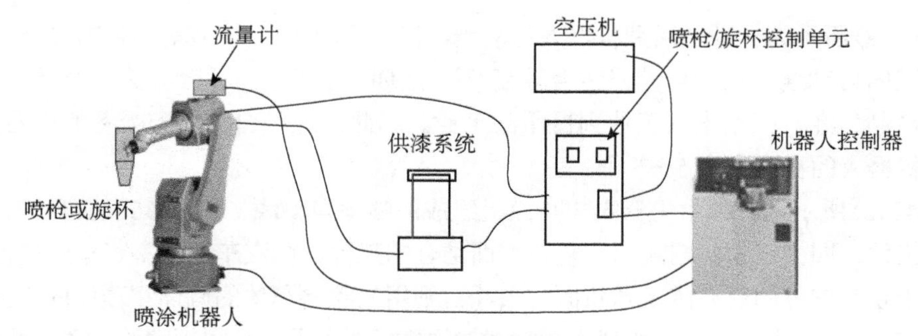

图3-42　喷涂机器人系统配置

在大型自动化制造系统中，多台喷涂机器人通常被用来组成自动化喷涂生产线，机器人自动喷涂线主要有如图3-43所示的几种。

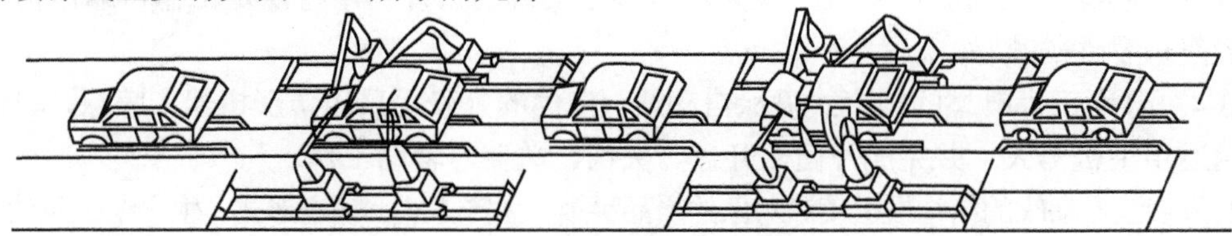

(a) 通用型机器人自动线

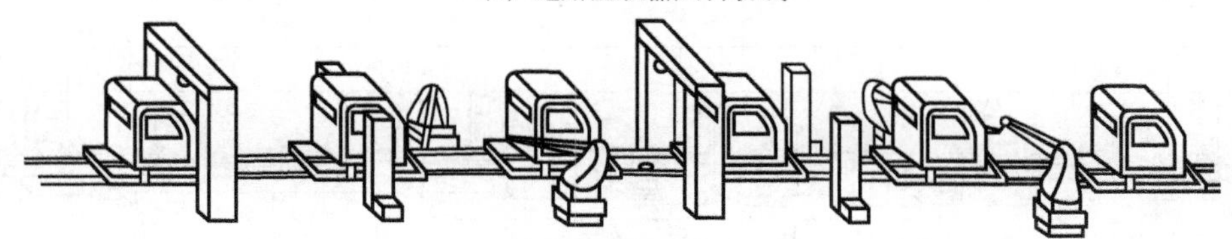

(b) 机器人与喷涂机自动线

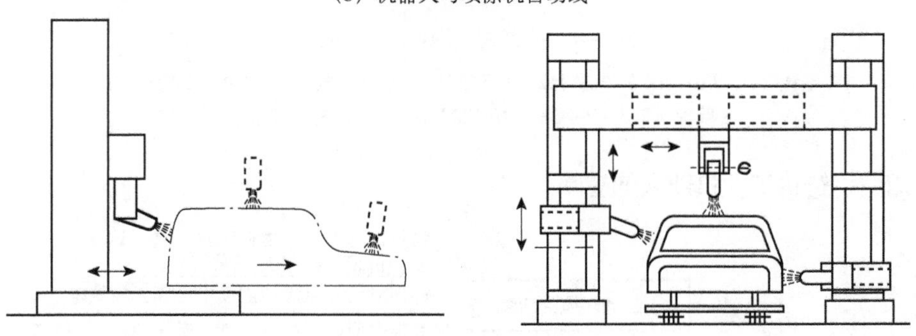

(c) 仿形机器人自动线

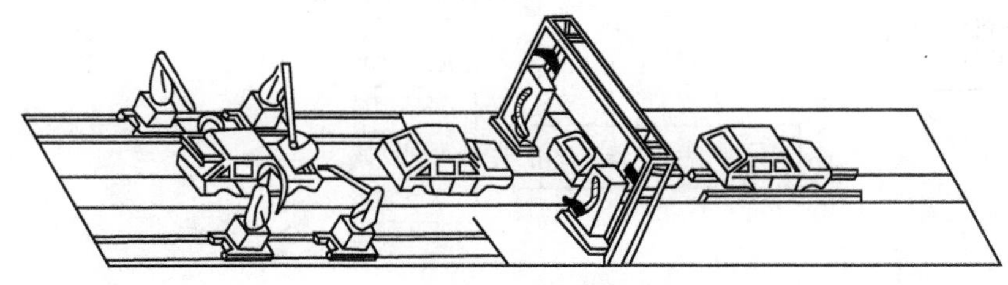

(d) 组合式喷涂自动线

图3-43　机器人喷涂生产线

图 3-43(a)所示为一种通用型机器人自动线。在早期的全自动喷涂作业中，广泛采用通用机器人组成的自动线。这种自动线适合较复杂型面的喷涂作业，适合喷涂的产品可从汽车工业、机电产品工业、家用电器工业到日用品工业。因此，这种自动线上配备的机器人要求动作灵活，机器人的自由度为 5～6 个。

图 3-43(b)所示为一种由机器人与喷涂机组成的喷涂自动线。这种形式的自动线一般用于喷涂大型工件，即大平面、圆弧面及复杂型面结合的工件，如汽车驾驶室、车厢或面包车等。机器人用来喷涂车体的前后围及圆弧面，喷涂机则用来喷涂车体的侧面和顶面的平面部分。

图 3-43(c)所示为一种仿形机器人自动线。仿形机器人是一种根据喷涂对象形状特点进行简化的通用型机器人，使其完成专门作业，一般有机械仿形和伺服仿形机器人两种。这种机器人适合箱体零件的喷涂作业。由于仿形作用，喷头的运动轨迹与被喷零件的形状相一致，在最佳条件下喷涂，因而喷涂质量亦最高。这种自动线的另外一个特点是工作可靠，但不适合型面较复杂零件的喷涂。

图 3-43(d)所示为典型的组合式喷涂自动线。车体的外表面采用仿形机器人喷涂，车体内喷涂采用通用型机器人，并完成开门、开盖、关门、关盖等辅助工作。

机器人喷涂自动线的结构根据喷涂对象的产品种类、生产方式、输送形式、生产纲领及油漆种类等工艺参数确定，并根据其生产规模、生产工艺和自动化程度设置系统功能，如图 3-44 所示。

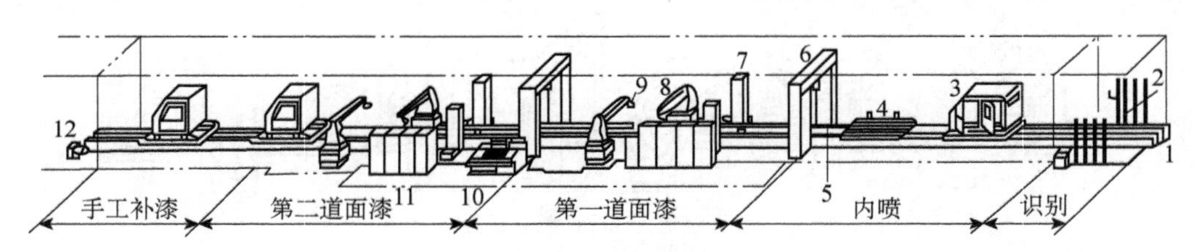

图 3-44　机器人喷涂自动线的结构

1-输送链；2-识别器；3-喷涂对象；4-运输车；5-启动装置；6-顶喷机；7-侧喷机；8-喷涂机器人；9-喷枪；10-控制台；11-控制柜；12-同步器

知识小结：工业机器人的应用

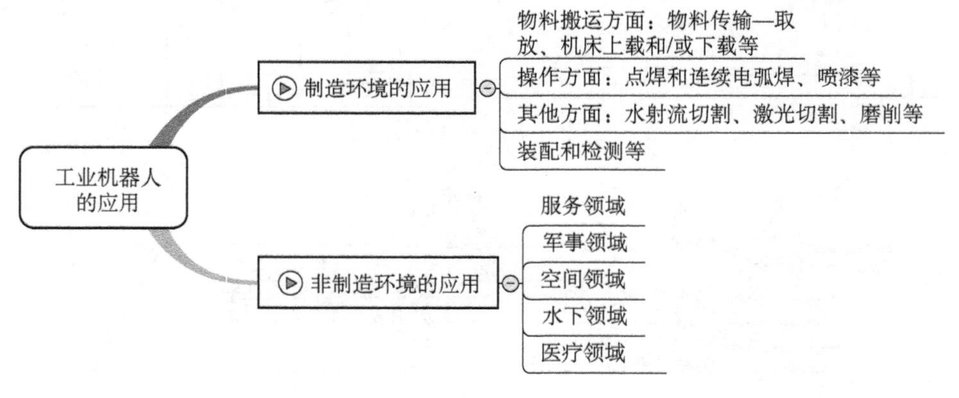

思 考 题

3-1 机器人和工业机器人的基本概念是什么？

3-2 简要论述工业机器人有哪些组成部分？其作用是什么？工业机器人的机械结构系统有哪些组成部分？

3-3 工业机器人有哪些分类方式？各是如何分类的？

3-4 什么是工业机器人的运动自由度？什么是工业机器人的工作空间？

3-5 工业机器人手臂是由什么组成的？手臂关节通常可分为哪五种基本类型？

3-6 工业机器人的手腕是由什么组成的？通常工业机器人的手腕具有哪三个自由度？

3-7 如何完整地表示工业机器人的手臂及手腕结构？

3-8 什么是工业机器人的末端操纵器？常见的末端操纵器有哪两种？各有什么特点？

3-9 工业机器人对驱动系统的要求有哪些？工业机器人的关节驱动通常有哪些方式？各有什么优缺点？

3-10 工业机器人的驱动通常分为哪两种方式？各有哪些典型驱动传动机构？

3-11 工业机器人为什么要制动？制动器或锁紧装置通常是以什么方式工作的？

3-12 工业机器人的控制机能有哪些？工业机器人控制系统有什么特点？工业机器人控制系统是怎样组成的？工业机器人有哪些典型的控制方法？

3-13 工业机器人主要应用于哪些领域及相关行业？

第 4 章　物料储运自动化技术

本章知识要点

(1) 掌握物料储运自动化的基本概念及物料储运自动化技术的主要内容。

(2) 掌握刚性物料储运装置和柔性物料储运装置的区别及应用场合。

(3) 掌握典型物料输送装置的原理、结构、运动控制方式及应用场合。

(4) 掌握典型物流交换装置的原理、结构、运动控制方式及应用场合。

(5) 掌握自动化立体仓库的构成、布局及应用。

(6) 了解各种各样的物料输送装置、物流交换装置及自动化立体仓库在自动化制造系统中的应用。

探索思考

试设想如果要将一批零件从立体仓库货架的储存单元中取出来，逐个送到机床上去进行加工，那么这个过程需要哪些环节？每个环节如何进行传动？环节之间如何衔接？

预备知识

上网搜索和观看汽车装配生产线、柔性制造系统或其他自动化生产线、立体仓库等视频或动画演示，直观了解和分析其物流系统的组成及运作流程。

4.1　概　　述

在制造业中，原材料从入厂，经过冷热加工、装配、检验、涂装及包装等各个生产环节，到产品出厂，机床作业时间仅占 5%，工件处于等待和传输状态的时间占 95%，而物料传输与存储费用占整个产品加工费用的 30%～40%。物料的传输与存储，简称物流。物流系统是机械制造系统的重要组成部分，它将制造系统中的物料(如毛坯、半成品、成品、工夹具等)及时准确地送到指定加工位置、仓库或装卸站。在制造系统中，物料首先输入到物流系统，然后由物料输送系统送至指定位置。物流系统是生产制造各环节组成有机整体的纽带，又是生产过程维持延续的基础。如果实现物流自动化，既可提高物流效率，又能使工人从繁重的体力劳动工作中解放出来，有助于降低生产成本、压缩库存、加快资金周转、提高综合经济效益。

物流是物料的存储和流动过程。物流按其物料性质不同，可分为工件流、工具流和配套流。其中，工件流主要由原材料、半成品、成品构成；工具流由刀具、夹具构成；配套流由仓库、托盘、辅助装置及人员等构成。在制造系统中，各种物料的流动贯穿于整个制造过程。

物料储运自动化就是实现工件流、工具流及配套流所涉及的各种物料的自动化存储、输送、装卸和管理等。因此，物料储运自动化技术主要包括以下内容。

(1) 物料存储自动化技术。主要实现毛坯、半成品、成品、工具及辅助装置等的自动检索和自动存取功能，其核心为自动化立体仓库。

(2) 物料传输自动化技术。主要实现毛坯、半成品、成品、工具及辅助装置等物料的自动化上下料和自动化搬运，满足不同物料在时间、位置及工件加工工艺过程和顺序等方面的要求。

(3) 物流控制管理自动化技术。主要实现在物料传输过程中的有效识别和调度管理。

本章将以自动化制造系统为对象，重点从物料自动化存储和物料自动化传输两个方面来阐述物料储运或物流系统自动化核心技术，其中包括物料输送装备、物料交换装置、仓储装置与物料存储自动化技术、物料传输自动化技术等。

4.2　物料输送装备

物料输送装备(装置)是物流系统中的重要设备，不仅起到将各物料储运站、加工单元、装配单元等连接起来实现物料自动化输送的作用，而且兼有物料的暂存和缓冲功能。合理选择物流输送装置不仅可以使物流系统的运行更加顺畅和可靠，而且更有利于提高生产率。常见的物流输送装置有输送机、随行夹具、随行工作台站、有轨运输小车、自动导引小车、移载机等多种。

4.2.1　输送机

常见的输送机有辊道式、链式、悬挂式、步伐式等多种。

小思考 4–1

不同的输送机本质上都是由不同的机构组成的输送机械，试分析下列不同的输送机分别采用了哪些典型机构。

1. 辊道式输送机

辊道式输送机由一系列按一定间距排列的转动的圆柱形辊子组成(图 4-1)，主要用于输送件料或托盘物料。物料和托盘的底部必须有沿输送方向的连续支承面。为保证物料在辊子上移动时的稳定性，该支承面至少应该接触 4 个辊子，即辊子的间距应小于货物支承面长度的 1/4。

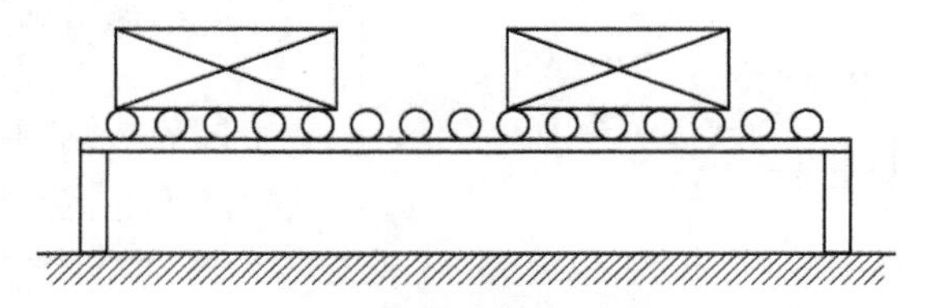

图 4-1　辊道式输送机

辊道可以是无动力的，物料由人力推动；辊道也可以布置成一定坡度，依靠物料自重从一处自然移动到另一处。这种重力式辊道的缺点是输送机的起点和终点要有高度差，移动速度无法控制，易发生碰撞，导致物料的破损。

为了达到稳定的运输速度，可以采用多种方案的机动辊道输送机。

(1) 电机、减速器单独驱动。驱动每个辊子都配备一个电机和一个减速机，单独驱动。一般采用星型传动或谐波传动减速机。由于每个辊子自成系统，更换维修比较方便，但费用较高。

(2) 链轮、辊子传动。每个辊子轴上装两个链轮，如图 4-2 所示。首先由电机、减速机和链条传动装置驱动第一个辊子，然后再由第一个辊子通过链条传动装置驱动第二个辊子，这样逐次传递，以此实现全部辊子成为驱动辊子。

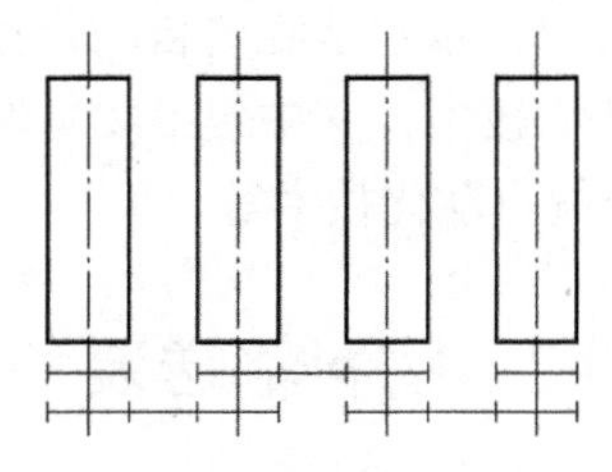

图 4-2 链轮辊子传动示意图

(3) 链条、张紧轮传动。用一根链条通过张紧轮驱动所有辊子(图 4-3)。当货物尺寸较长、辊子间距较大时，这种方案才比较容易实现。

(4) 压辊、胶带传动。在辊子底下布置一条胶带，用压辊顶起胶带，使之与辊子接触，靠摩擦力的作用，当胶带向一个方向运行时，辊子的转动使货物向相反方向移动(图 4-4)。把压辊放下使胶带脱开辊子，辊子就失去驱动力。有选择地控制压辊的顶起和放下，即可使一部分辊子转动，而另一部分辊子不转，从而实现货物在辊道上的暂存，起到工序间的缓冲作用。

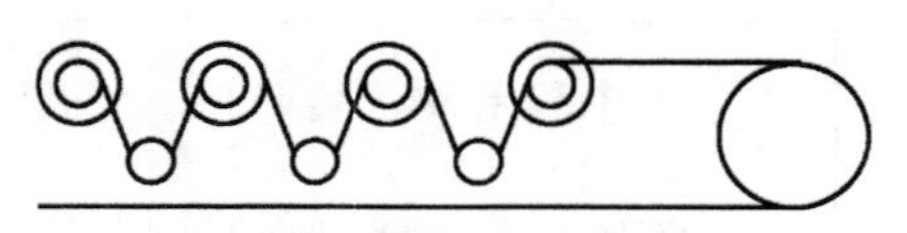

图 4-3 单链条传动示意图

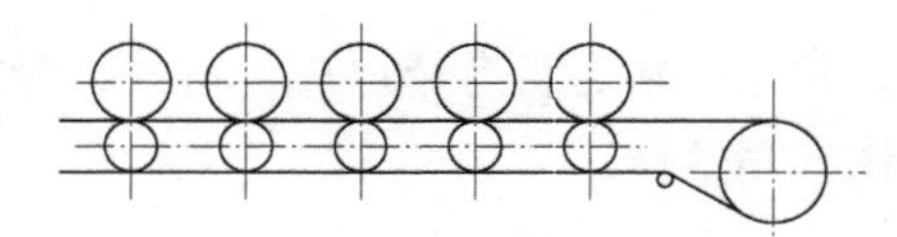

图 4-4 压辊胶带传动示意图

按照输送方向及生产工艺要求，输送机可以布置成各种线路，如直线的、转弯的和具有各种过渡装置的交叉线路等，如图 4-5 所示，为了将工件从一个输送机转移到另一个输送机上，需要在输送机的交叉处设置滚子转盘结构，即转向机构。

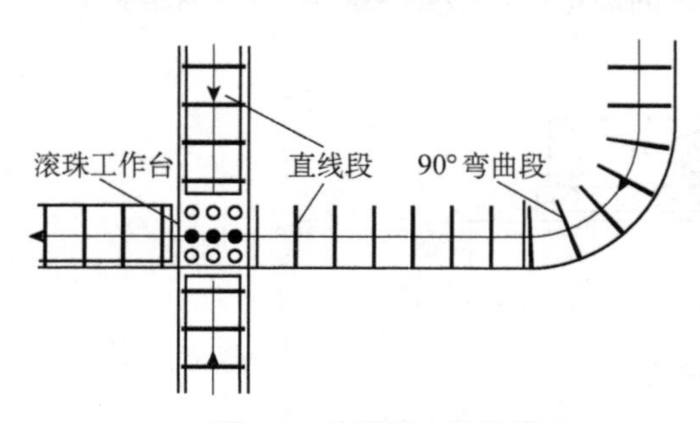

图 4-5 输送机布置线路

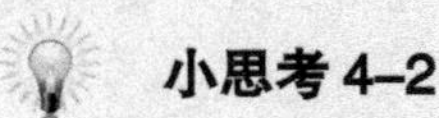

小思考 4-2

试分析图 4-5 中的滚珠工作台是如何实现将物料转 90° 传输的。

2. 链式输送机

链式输送机有多种形式，使用也非常广泛。这种输送机由驱动链轮牵引，链条下面通过滑轨支承着链节上的套筒辊子，物料直接压在链条上，随着链条移动。链式输送机有多种形式，应用广泛，图 4-6 所示为由两根套筒辊子链条组成的一种最简单的链式输送机。

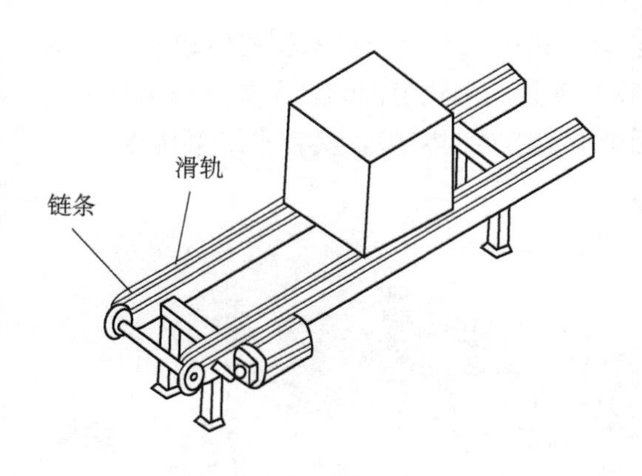

（a）链式输送机示意图

（b）链式输送机实物图

图 4-6　链式输送机

用特殊形状的链片制成的链条，如图 4-7 所示，可以用来安装各种附件，如托板等。用链条和托板组成链板输送机又是一种广泛使用的连续输送机械。如果链条辊子的支承力方向垂直于链条的回转平面(图 4-8)，则可以制成水平回转的链板输送机。

兴趣实践

拆装自行车链条，分析链条的结构组成及链条链轮机构的工作原理。

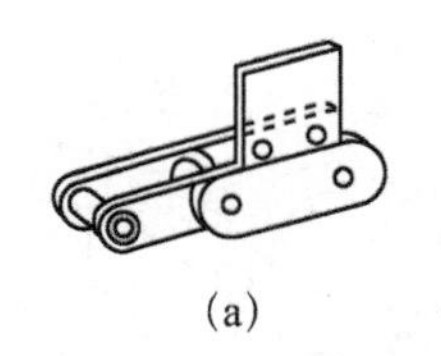

(a)

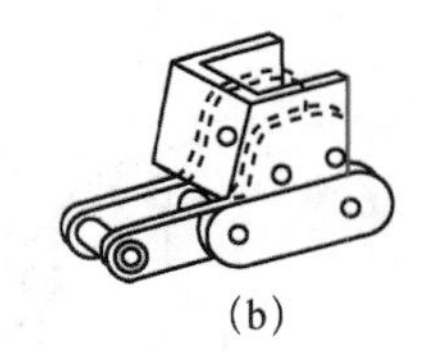

(b)

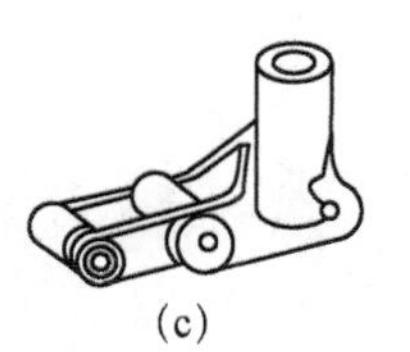

(c)

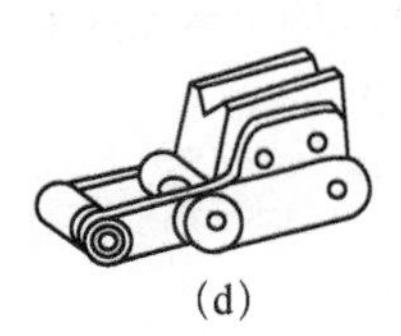

(d)

图 4-7　特殊链条示意图

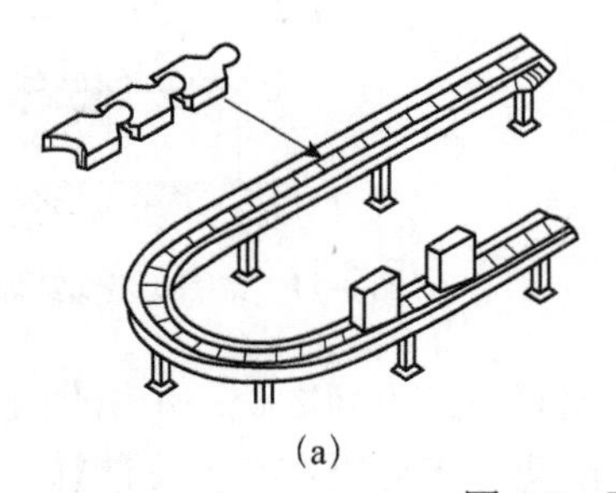

(a)

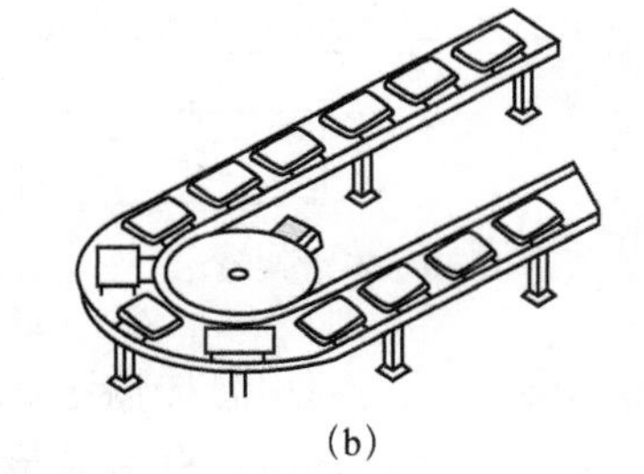

(b)

图 4-8　平顶式输送机

3. 悬挂式输送机

悬挂于工作区上方的悬挂式输送机适用于车间内成件物料的空中输送，具有节省空间、更容易实现整个工艺流程的自动化及可利用建筑结构搬运重物的优点。

悬挂输送机分普通悬挂输送机和积放式悬挂输送机两种。悬挂输送机由牵引件、滑架小车、吊具、轨道、张紧装置、驱动装置、转向装置和安全装置等组成。

普通悬挂输送机是最简单的架空输送机械，它有一条由工字钢一类的型材组成的架空单轨线路。承载滑架(图 4-9)上有一对滚轮，承受货物的重量，沿轨道滚动。吊具挂在滑架上，如果货物太重，可以用平衡梁把货物挂到两个或四个滑架上(图 4-10)，实行多滑架传送。

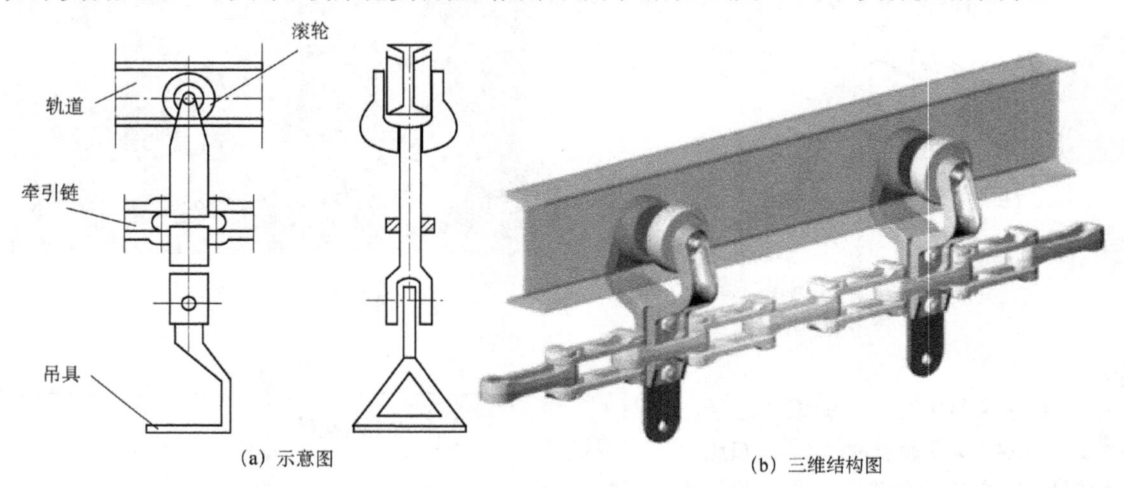

(a) 示意图　(b) 三维结构图

图 4-9　承载滑架

滑架由链条牵引，由于架空线路一般为空间曲线，要求牵引链条在水平和垂直两个方向上都有很好的挠性。悬挂输送机的上、下料作业是在运行过程中完成的，即通过线路的升降可实现自动上料(图 4-11)。

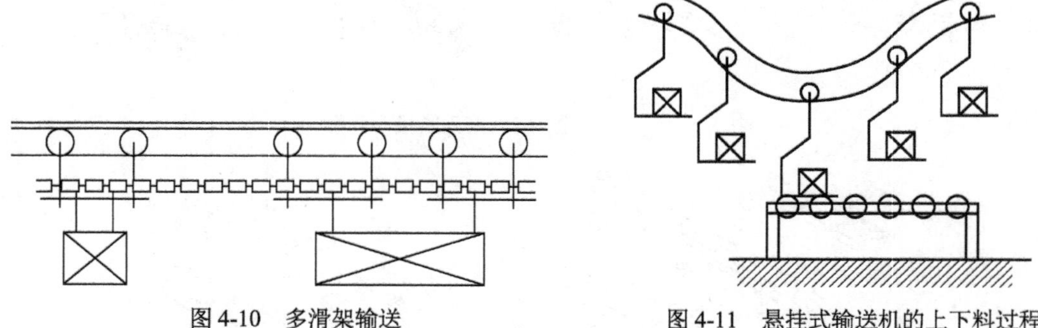

图 4-10　多滑架输送　　图 4-11　悬挂式输送机的上下料过程

积放式悬挂输送系统与通用悬挂输送系统相比有下列不同之处：牵引件与滑架小车无固定连接，两者有各自的运行轨道；有岔道装置，滑架小车可以在有分支的输送线路上运行；设置停止器，滑架小车可在输送线路上的任意位置停车。

4. 步伐式输送装置

步伐式输送装置一般用于箱体类工件以及随行夹具的输送，能完成向前输送和向后退回的往复动作，实现工件单向输送。常用的步伐式输送装置有移动步伐式、抬起步伐式两种主要类型，其中移动步伐式主要有棘爪式和摆杆式两种。

知识回顾

步伐式输送装置的核心是间歇运动机构，复习和回顾机械原理中有关间歇运动机构的相关知识。

1) 棘爪式移动步伐输送装置

图 4-12 展示了棘爪式移动步伐输送装置的原理。当输送带 1 向前运动时，棘爪 4 就推动工件 6 向右移动一个步距；当输送带 1 回程时，棘爪 4 被工件压下，于是绕销轴 3 回转而将弹簧 5 拉伸，并从工件 6 下面向左滑过，待退出工件 6 之后，棘爪 4 又复抬起。

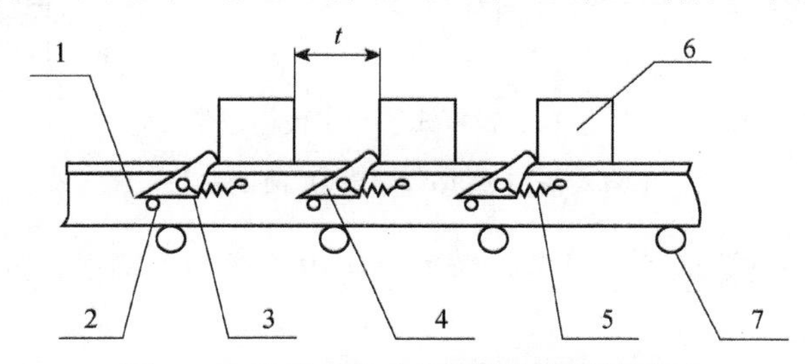

图 4-12　棘爪式移动步伐输送装置的原理

1-输送带；2-挡销；3-销轴；4-棘爪；5-弹簧；6-工件；7-支承滚子

图 4-13 所示为组合机床自动线中最常用的弹簧棘爪式输送装置。输送杆在支承滚子上往复移动，向前移动时棘爪推动工件或随行夹具前进一个步距；返回时，棘爪被后一个工件压下从工件底面滑过，退出工件后在弹簧作用下又抬起。

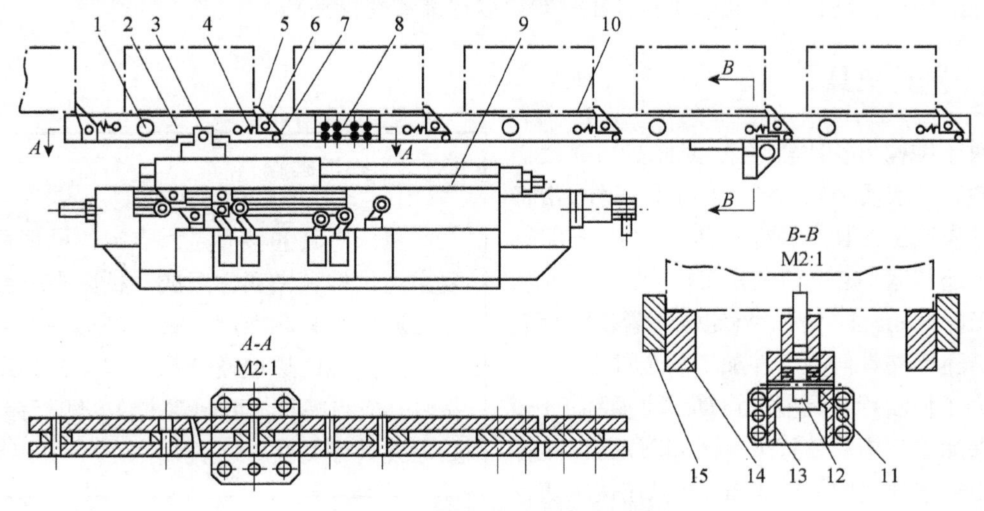

图 4-13　棘爪式移动步伐输送带

1-垫圈；2-输送杆；3-拉架；4-弹簧；5-棘爪；6-棘爪轴；7-支销；8-连接板；9-传动装置；10-工件；11-滚子轴；12-滚轮；13-支承滚架；14-支承板；15-侧限位板

棘爪式输送装置可按不同的输送步距输送物料。但这种输送带是刚性连接，运动速度过高时，由于惯性作用会影响工件定位精度，因此速度一般不高于 16m/min，在工件到达定位点30～40mm 时，最好进行减速控制。棘爪式输送装置的驱动装置，一般多采用组合机床的机械动力滑台或液压动力滑台。

2）摆杆式移动步伐输送装置

摆杆式输送装置采用圆柱形输送杆和前后两个方向限位的刚性拨爪，工件输送到位后，输送杆必须做回转摆动，使刚性拨爪转离工件后再做返回运动，如图 4-14 所示。

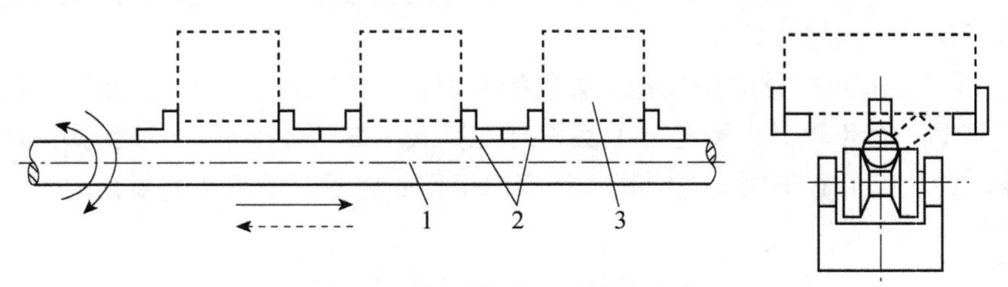

图 4-14　摆杆式移动步伐输送带

1-输送带；2-拨爪；3-工件(或随行夹具)

摆杆式输送带可提高输送速度及定位精度，但由于增加了输送杆的回转运动，其结构及控制都比棘爪式复杂。

3）抬起步伐式输送装置

输送板上装有对工件限位用的定位销或 V 形块，输送开始前，输送板首先抬起，将工件从固定夹具上托起并带动工件向前移动一个步距；然后输送板下降，不仅将工件重新安放在固定夹具上，同时下降到最低位置，以便输送板返回。输送板的抬起可由齿轮齿条机构、拨爪杠杆机构、凸轮顶杆或抬起液压缸等机构来完成。抬起式步伐式输送装置可直接输送外观不规则的畸形、细长轴类或软质材料工件等，以便节省随行夹具。

4.2.2　随行夹具

知识回顾

机床夹具的核心是六点定位原理，主要由定位件和夹紧件组成。机床夹具通常分为通用夹具和专用夹具两大类，专用夹具按照其组成原理及使用方式又分为组合夹具、成组夹具、可调整夹具、随行夹具、数控夹具等类型。

对于结构形状比较复杂，且缺少可靠运输基面的工件或质地较软的有色金属工件，常将工件预先定位夹紧在随行夹具上，然后与随行夹具一起转运、定位和夹紧在机床上，因此从装载工件开始，工件就始终定位夹紧在随行夹具上，随行夹具伴随工件加工的全过程。

为了使随行夹具能在自动线上循环工作，当工件加工完毕从随行夹具上卸下以后，随行夹具必须重新返回原始位置。所以在使用随行夹具的自动线上，应具有随行夹具的返回装置。流水线上随行夹具的返回方式通常有上方返回、下方返回、水平返回三种。

(1) 上方返回式。如图 4-15 所示，随行夹具 2 在自动线的末端用提升机构 3 升到机床上方后，经一条倾斜滚道 4 靠自重返回自动线的始端，然后用下降机构 5 降至主输送带 1 上。这种方式结构简单紧凑、占地面积小，但这种方式不适合较长自动线，也不宜布置立式机床。

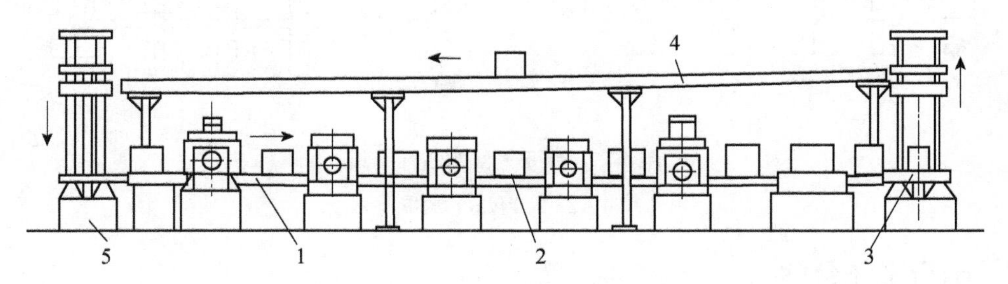

图 4-15　上方返回的随行夹具

1-输送带；2-随行夹具；3-提升机构；4-滚道；5-下降机构

(2) 下方返回式。下方返回式与上方返回式正好相反，随行夹具通过地下输送系统返回(图 4-16)。下方返回方式结构紧凑，占地面积小，但维修调整不便，同时会影响机床底座的刚性和排屑装置的布置。这种方式多用于工位数少、精度不高的由小型组合机床组成的自动线上。

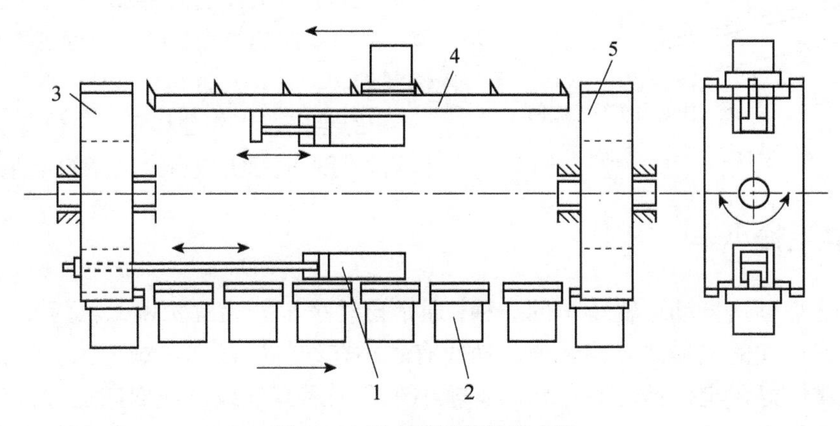

图 4-16　下方返回的随行夹具

1-液压缸；2-随行夹具；3、5-回转鼓轮；4-步伐式输送带

(3) 水平返回式。水平返回式的随行夹具在水平面内可通过输送带返回，如图 4-17(a) 所示的返回装置是由三条步伐式输送带 1、2、3 所组成。图 4-17(b) 所示为采用三条链条式输送带。水平返回方式占地面积大，但结构简单，敞开性好，适用于工件及随行夹具比较重、比较大的情况。

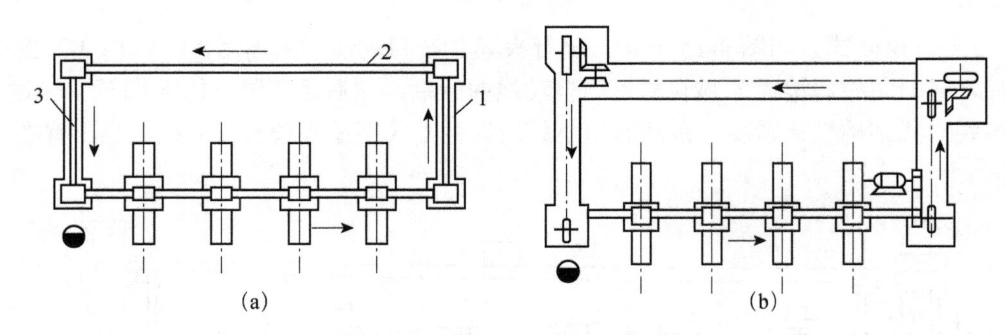

图 4-17　水平返回的随行夹具

1、2、3-步伐式输送带

4.2.3　随行工作台站

随行工作台存放站是介于制造单元与自动运输小车之间的一种装置，在制造系统中主要起过渡作用，它是物流系统中的一个环节。图 4-18 所示的随行工作台站的功能如下。

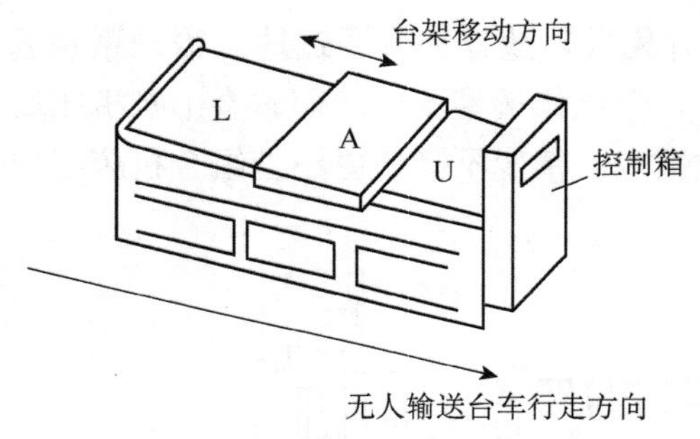

图 4-18　随行工作台存放站

(1) 存放从自动运输小车送来的随行工作台，图 4-18 中 L 位置。

(2) 随行工作台在存放站上有自动转移功能，根据系统的指令，可将随行工作台移至缓冲位置 U。

(3) 当随行工作台移至工作位置 A 时，工业机器人可对随行工作台上夹持的工件进行装卸。

4.2.4　有轨运输小车

有轨运输小车是自动运输小车的一种，通常自动小车分为有轨和无轨两种。所谓有轨，是指有地面或空间的机械式导向轨道。地面有轨小车结构牢固，承载力大，造价低廉，技术成熟，可靠性好，定位精度高。地面有轨小车多采用直线或环线双向运行，广泛应用于中小规模的箱体类工件 FMS 中。高架有轨小车(空间导轨)相对于地面有轨小车，车间利用率高，结构紧凑，速度高，有利于把人和输送装置的活动范围分开，安全性好，但承载力小。高架有轨小车较多地用于回转体工件或刀具的输送，以及有人工介入的工件安装和产品装配的输送系统中。有轨小车由于需要机械式导轨，因而其系统的变更性、扩展性和灵活性不够理想。

有轨运输小车(Railing Guided Vehicle，RGV)通常是指依靠铺设在地面上的轨道进行导向并输送工件的输送系统。RGV 沿导轨运动由直流或交流伺服电动机驱动，通过中央计算机、光电装置、接近开关等进行控制。图 4-19 所示为一个典型的 RGV 系统。

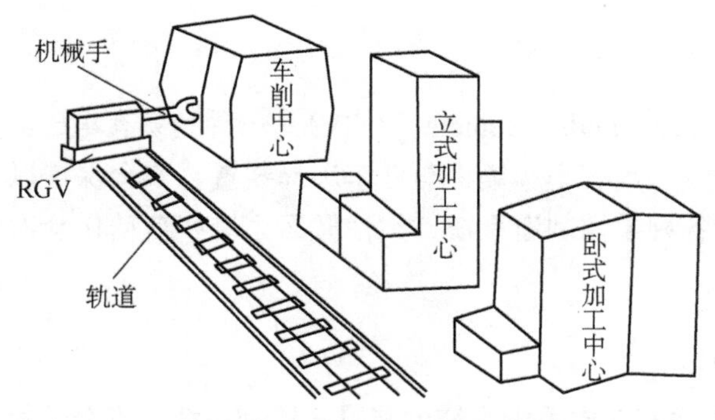

图 4-19　采用 RGV 的物流输送系统

RGV 小车及其应用

通常机床和辅助设备在导轨一侧，而安放托盘或随行夹具的台架在导轨的另一侧。当 RGV 接近指定位置时，由光电装置、接近开关或限位开关等传感器识别出减速点和准停点，并向控制系统发出减速和停车信号，使小车准确地停靠在指定位置上，通过小车上的传动装置将托盘台架或机床上的托盘或随行夹具拉上小车，或将小车上的托盘或随行夹具送给托盘台架或机床上的加工位置。

RGV 具有传送速度高、加速性能好、承载能力大、控制系统简单、成本低的优点，适用于运送尺寸和质量均较大的托盘或随行夹具。但其缺点是 RGV 铺设轨道不宜改动，柔性差，车间空间利用率低，噪声和价格都比较高，因此主要适用于运输路线固定不变的生产系统。

图 4-20 所示为一种链式牵引的有轨小车，它由牵引件、载重小车、轨道、驱动装置、张紧装置等组成。在载重小车的底盘前后各装一个导向销，地面铺设一条有轨道的地沟，小车的导向销嵌入轨道中，保证小车沿着轨道运动。小车前面的导向销除导向外，还作为牵引销牵引小车移动，牵引销可以上下滑动。当牵引销处于下位时，由牵引件带动小车运行，处于上位时，牵引销脱开牵引件推爪，小车停止运行。

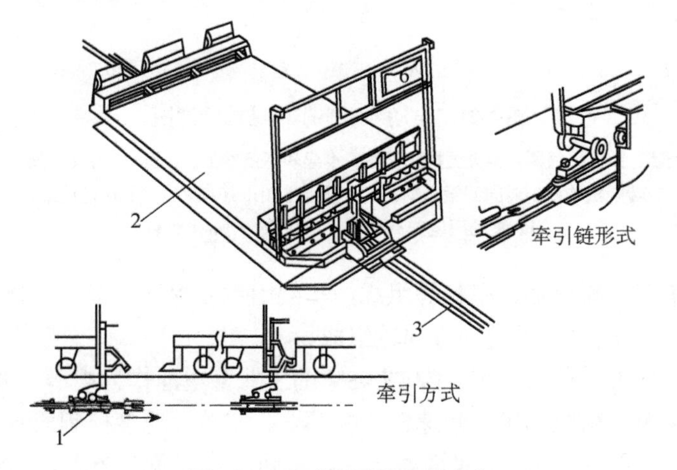

图 4-20　链式牵引的有轨小车

1-牵引链；2-RGV；3-轨道

4.2.5　自动导引小车

自动导引小车(Automated Guided Vehicle，AGV)是一种装备有电磁或光学等自动导向装置，能够沿规定的路径行驶，具有小车编程与停车选择装置、安全保护以及各种移载功能的运输小车。它广泛应用于各种柔性制造系统、柔性搬运系统和自动化仓库中，是现代物流系统的标志之一。

1. AGV 的基本构成

AGV 主要由车体、电源和充电系统、转向装置、控制系统、安全装置、通信装置、行走驱动装置、移载装置等组成。图 4-21 所示为一种 AGV 的结构示意图。

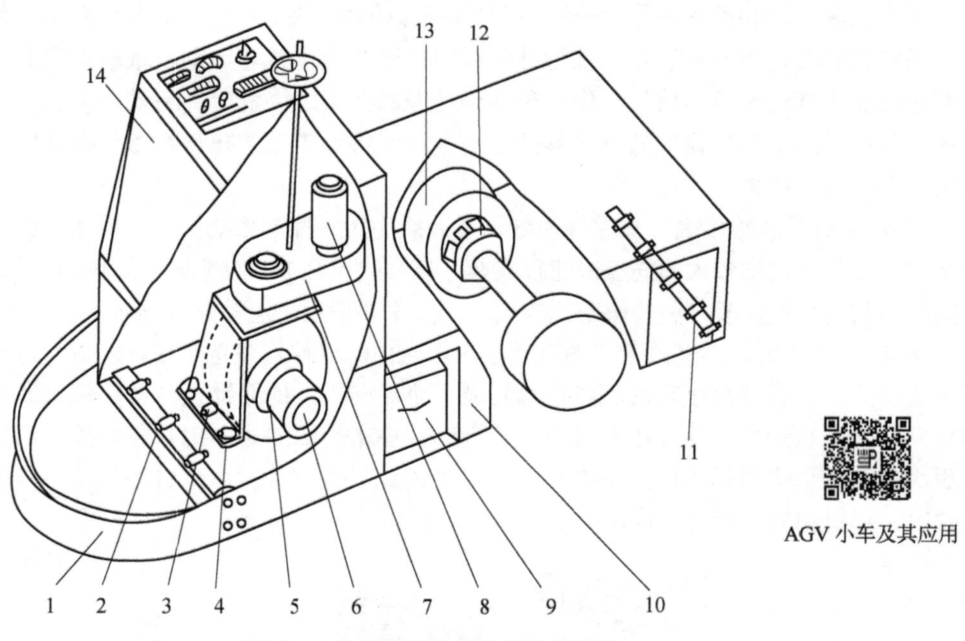

图 4-21　自动导引小车的结构示意图

1-安全挡圈；2-认址线圈；3-失灵控制线圈；4-导向探测线圈；5-驱动轴；6-驱动电动机；7-转向机构；8-转向伺服电动机；9-蓄电池箱；10-车架；11-认址线圈；12-制动用电磁离合器；13-后轮；14-操纵台

(1) 车体：由车架、减速器、车轮等组成，车架由钢板焊接而成，车体内主要安装电源、驱动和转向等装置。车轮由支承轮和方向轮组成。

(2) 电源和充电装置：通常采用 24V 或 48V 的工业蓄电池作为电源，并配有充电装置。

(3) 行走驱动装置：由电动机、减速器、制动器、车轮、速度控制器等部分组成。制动器采用电气解脱松开方式，制动力由弹簧力产生。驱动方式有单轮驱动、双轮驱动、四轮驱动等方式。设计时，首先应选择驱动方式，然后确定最大载荷条件下的额定速度和转矩、车轮转速、车轮和地面的接触压力等参数。

(4)转向装置：AGV 转向装置的结构方式通常有以下两种。

①铰轴转向式。方向轮装在转向铰轴上，转向电动机通过减速器和机械连杆机构控制铰轴，从而控制方向轮(也称舵轮)的转向。这种机构设有转向限位开关。

②差动转向式。在 AGV 的左、右轮上分别装有两个独立驱动电动机，通过控制左右两轮的速度比实现车体的转向，此时非驱动轮就是自由轮。

图 4-22 所示为三轮式 AGV 转向方案图，图 4-22(a)中前轮为铰轴转向轮，同时也是驱动轮；图 4-22(b)中前轮为铰轴转向轮，后两轮为差动驱动；图 4-22(c)中单轮为自由轮，另外两轮为差速转向和驱动。当然也有四轮和六轮式 AGV，其承载能力更高。

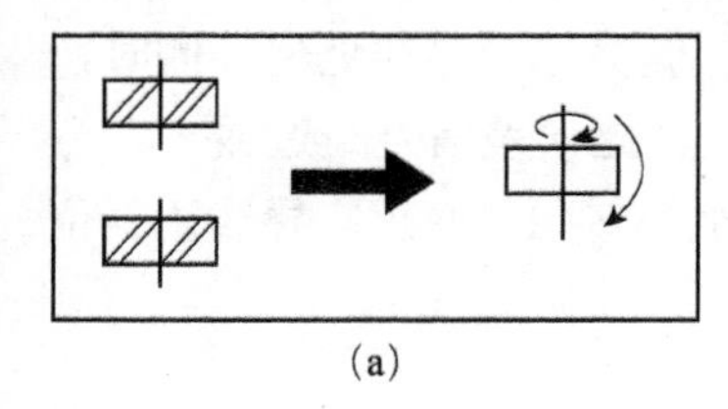

(a)

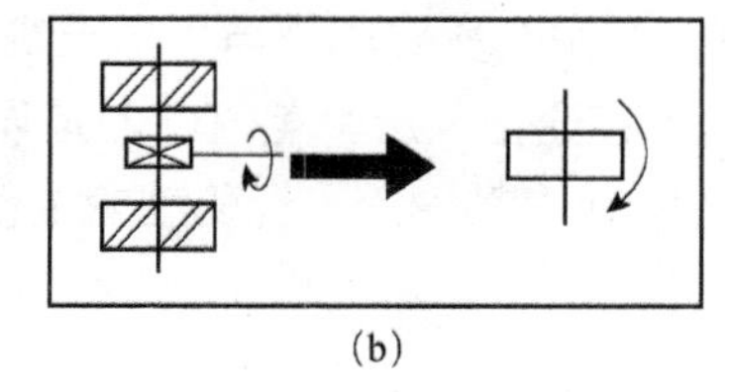

(b)

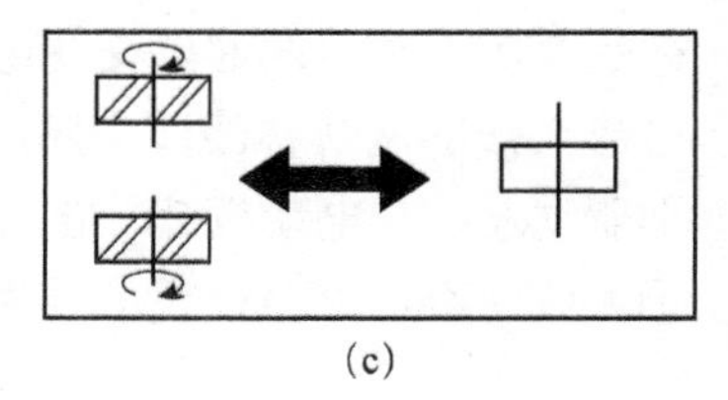

(c)

图 4-22　三轮式 AGV 转向方案图

(5)控制装置：可以实现小车的监控，通过通信系统接收指令和报告运行状况，并可实现小车编程。

(6)通信装置：一般有两种通信方式，即连续方式和分散方式。连续方式是通过无线射频(Radio-frequency)或通信电缆收发信号。分散方式是在预定地点通过感应或光学的方法进行通信。

(7)安全保护装置：有接触式和非接触式两种保护系统。接触式常采用安全挡圈，并通过微动接触开关来感知外部的故障信息。接触式的保护装置结构简单、安全可靠，但只能适用于速度低、重量轻、制动距离较短的小型 AGV 上。非接触式保护装置采用超声波、红外线、激光等多种形式进行障碍探测，测出小车和障碍物之间的距离，当该距离小于某一特定值时，通过警灯、蜂鸣器或其他音响装置进行报警，并实现 AGV 减速或停止运行。

(8)移载装置：通过移载装置进行小车和工作台之间的物料交换，通常有举升起重式、输送式、滑叉式、推拉式等移载机构。图 4-23 的 AGV 具有叉车移载装置，图 4-24 的 AGV 具有车载搬运机器人移载装置，图中的数字 1、2、3 表示车载机器人具有三个回转自由度。

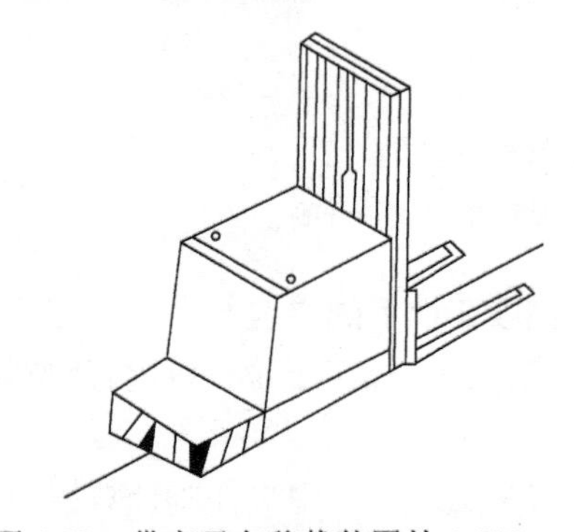

图 4-23　带有叉车移载装置的 AGV

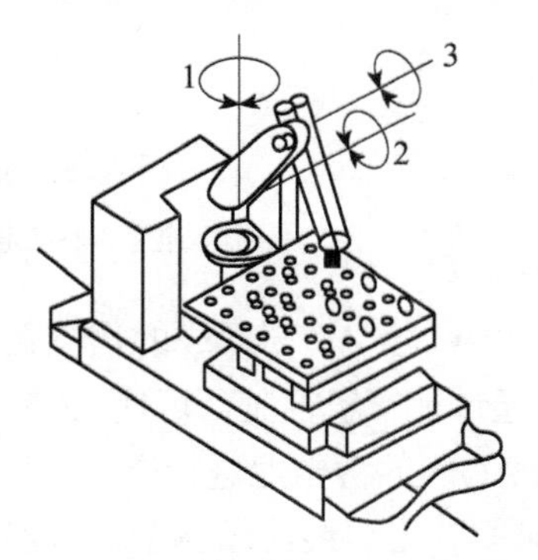

图 4-24　带有机器人移载装置的 AGV

2. AGV 的导航方式

AGV 的导航方式可分为两大类，即车外固定路径导引方式和自主导航方式。

1) 车外固定路径导引方式

车外固定路径导引方式是指在行驶的路径上设置导引用的信息媒介物，AGV 通过检测出它的信息而得到导向的导引方式，如电磁导引、光学导引、磁带导引等。

(1) 电磁导引 (Electronic-magnetic Guided)：采用电磁感应原理进行引导。图 4-25 为磁感应 AGV 自动导向原理图，小车底部装有弓形天线 3，跨设于以感应导线 4 为中心且与感应线垂直的平面内，如图 4-25 (a) 所示。图 4-25 (b) 为磁感应 AGV 沿着感应导线自动转向运动的俯视示意图。感应线通以交变电流，产生交变磁场。当弓形天线 3 偏离感应导线任何一侧时，弓形天线的两对称线圈中感应电压有变化，产生差值，即是误差，此误差信号经过放大，分别驱动左、右电动机 2，左、右电动机有转速差，经驱动轮 1 使小车转向，使感应导线重新位于天线中心，直至误差信号为零。

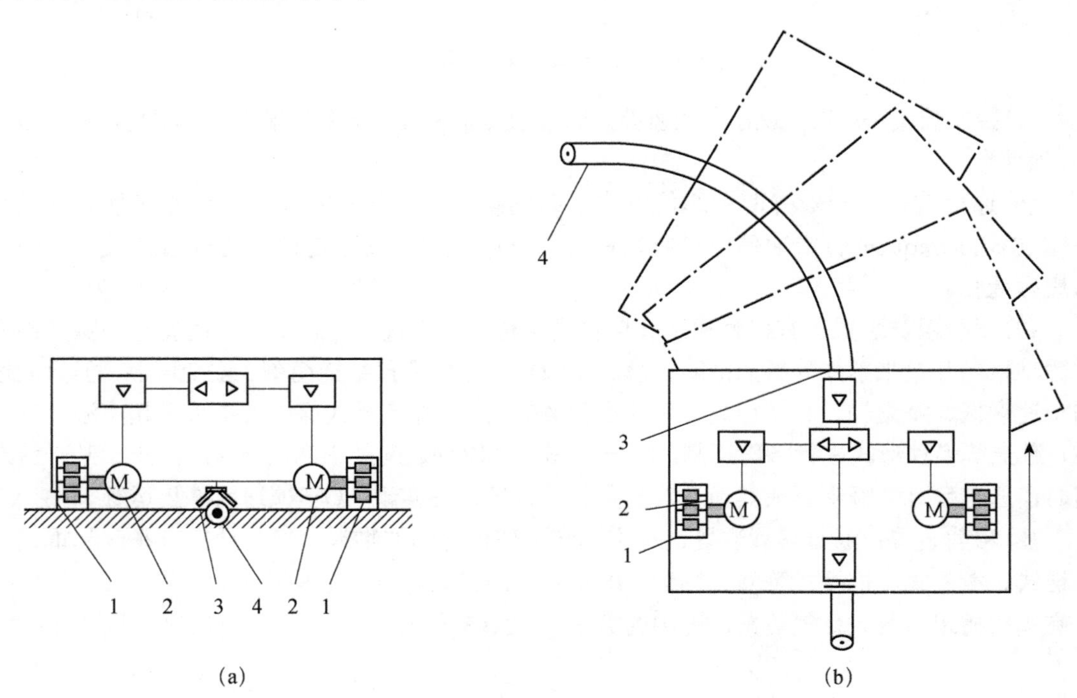

图 4-25　AGV 电磁导引原理图

1-驱动轮；2-驱动电机；3-弓形天线；4-感应导线

图 4-26 为由两台 AGV 组成的物流系统，由预埋在地下的电缆传来的感应信号对小车轨迹进行引导。通过计算机控制，可使 AGV 准确停在任一个加工工位，以进行物料装卸，电池充电站用来为 AGV 的蓄电池进行充电。

AGV 在车间行走路线比较复杂，有很多分岔点和交汇点，中央控制计算机负责车辆调度控制，AGV 小车上带有微处理器控制板，AGV 的行走路线以图表的格式存储在计算机内存中，当给定起点和目标点位置后，控制程序自动选择出 AGV 行走的最佳路线。小车在岔道处方向的选择多采用频率选择法，在决策点处，地板槽中同时有多种不同频率信号，当 AGV 接近决策点(岔道口)时，通过编码装置确定小车目前所在位置，AGV 在接近决策点前作出决策，确定应跟踪的频率信号，从而实现自动路径寻找。

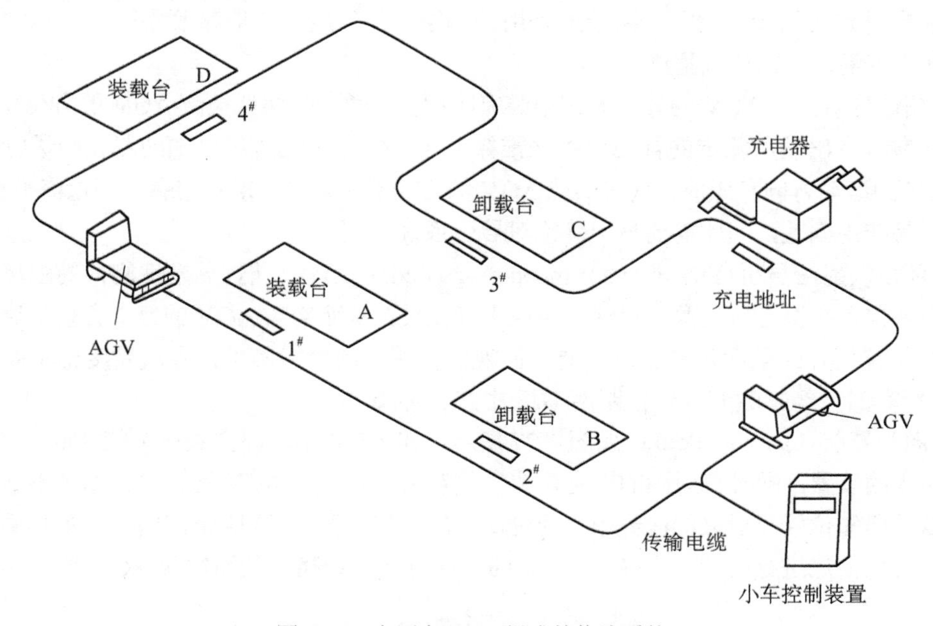

图 4-26　由两台 AGV 组成的物流系统

电磁导引方式的设计应将抗干扰放在首位，其次是其灵敏度，故一般选用低频电源，频率在 2～35kHz。电磁导引具有不怕污染、电线不会破坏、便于通信和控制、停位精度高等优点；但由于需要开挖沟槽，改变小车的行车路线较困难，同时路径附近不能有电磁体的干扰。

(2) 光学导引(Optical Guided)：在地面上用有色油漆或色带绘制行车路线，AGV 上的紫外光源照射漆带，漆带和周围地面的颜色形成反差，AGV 上装有两套光敏元件分别位于漆带两侧。当 AGV 偏离导引路径时，两套光敏元件检测到的亮度不等，从而形成信号差，以控制 AGV 行车方向。

为了提高检测系统的可靠性，通常在反射光检测系统上加上滤光镜，以保证不会发生误测。另一种光学导引方式是在漆带中添加荧光粒子，由于荧光粒子所发出的光在周围光谱中不会存在，因此其抗干扰能力强。这种方式根据漆带中心光强最大，而两侧边光强最小的原理很容易找出 AGV 的偏离方向，从而修正方向保证跟踪路径正确。

光学导引方式改变路线容易，漆带可在任何地面上涂设，但适用于洁净的场合，如实验室室内等场合。

(3) 磁带导引(Magnetic Guided)：以铁磁材料和树脂组成的磁带代替漆带，用 AGV 上磁性感应器代替光敏元件，这样就形成了磁带导引方式。AGV 上有三个线圈作为磁感应装置，一个为扁平矩形线圈，起到激励作用；另外两个为圆盘形探测线圈，起到导向作用。

2) 自主导引方式

(1) 路径轨迹推算导向法 (Dead-Reckoning)：在 AGV 的计算机中存储有路径距离表，通过与测距法所得的方位信息进行比较，AGV 就能够推算出从某一参考点出发的移动方向和位置，这种导引方式的精度主要取决于所采用的测距法的精度，一般精度不高，但这种方式改变路径非常容易，只需修改程序即可。

(2) 惯性导引：在 AGV 的导引系统中装有陀螺仪，通过陀螺仪检测 AGV 的方位角，并根据从某一参考点出发所测定的行驶距离来推算出当前位置，通过与已知的路线图进行比较来控制 AGV 的运动方向和距离，从而实现 AGV 的自动导引。由于采用陀螺仪测量值推算 AGV 的位置，易产生偏差，因此需要另一套绝对导引系统定期校准。

(3) 环境映射法导引 (Environment-mapping-guided)：AGV 通过周期性测得周围环境的光学或超声映像，并将当前映像与存储的映像进行比较，从而判断 AGV 的行车方位。这种导航方式一般具有很好的柔性和自学习功能，但映像传感器的价格昂贵，导航精度也不高，适用于 AGV 行车路径经常改变，运行距离不超过 25 m 的场合。

(4) 激光导航 (Laser-guided)：如图 4-27 所示，在 AGV 车顶部安装一个能 360° 按一定频率发射激光的装置，同时在周围的固定位置上放置反光带。当 AGV 运行时，通过不断检测来自三个以上已知位置反射来的激光束，经过简单的几何运算，即可判断出 AGV 的位置，通过与预存的方位信息进行比较，来控制 AGV 的运动方向和距离，从而实现 AGV 导引。

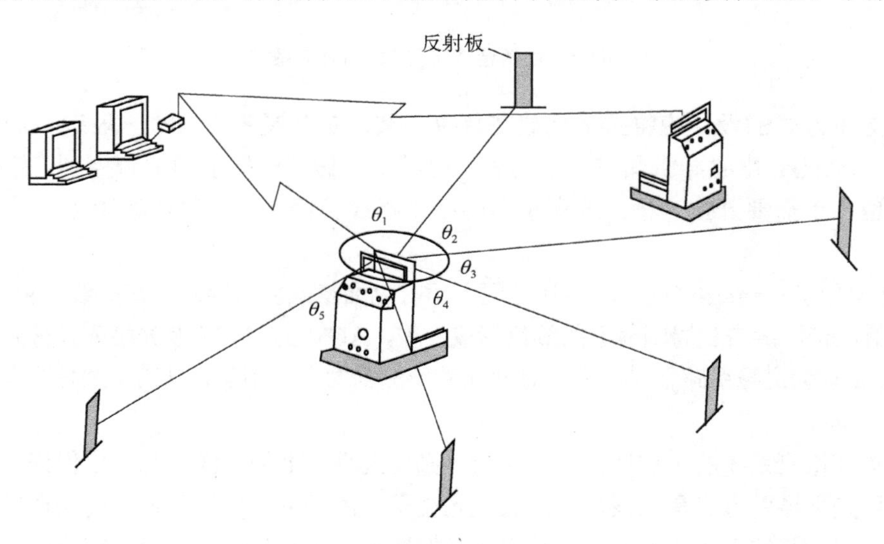

图 4-27　AGV 激光导引示意图

(5) 其他导航方式：在地面上用两种颜色涂成网格状，车载计算机存储地面信息图、由摄像机 (或 CCD 器件) 探测网格信息，实现 AGV 的自律行走。

另外，也有将几种不同的导引方式结合起来进行导航的，以发挥各自的优势。

3. AGV的应用

AGV在生产中的应用非常广泛，下面是其几种应用方式。

(1)承载型AGV：这是一种最常用的AGV应用形式(图4-28)，其上配备有物料装卸机构或操作机器人，主要用于搬运路线短、物流量较大的场合，如立体仓库的货架与出入库装卸站之间的物料搬运、生产线上的工件搬运等。一般这种车型具有双向运行能力，其载重量为18000～27000N，运行速度不超过60 m/min。

(2)牵引型AGV：主要用来进行重物牵引(图4-29)，在自动模式下一般只能单向运行，反向运行时必须加设专用安全装置。一般这种车型的牵引力可达90000N，运行速度可达到80m/min。

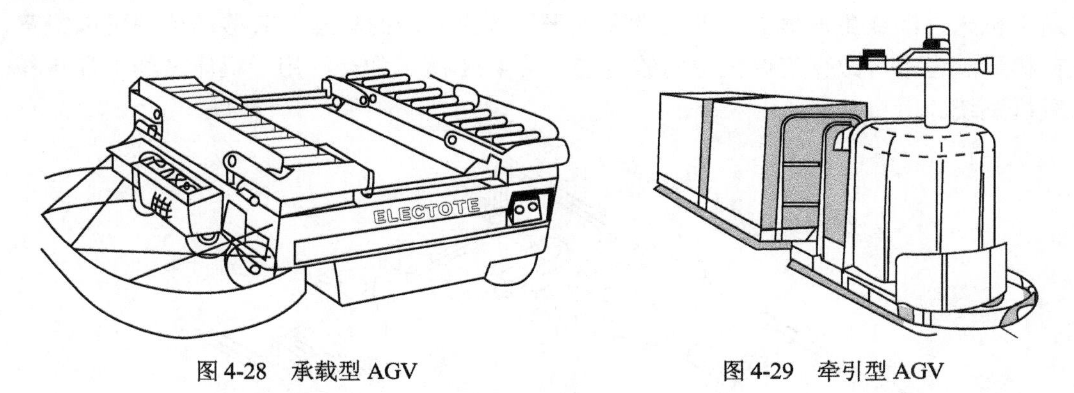

图4-28 承载型AGV　　　　图4-29 牵引型AGV

(3)堆垛型AGV：具有高度可微小变化的货叉(图4-30)，在工作时，需要人工将其带离导引线，待叉装好物料以后驶回导引线，然后再自动驶向目的地卸货。

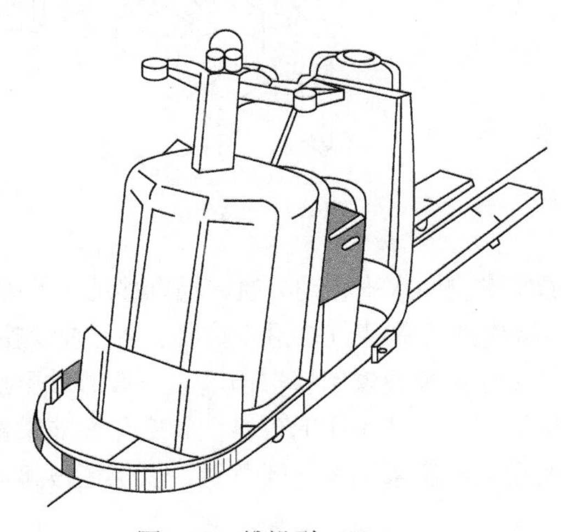

图4-30 堆垛型AGV

(4)叉车型AGV：其工作原理和结构形式同堆垛型，但其提升高度比堆垛型要高得多，可达到2.4～4.9 m。出于安全考虑，一般将其车速限制在36m/min以内。目前在立体仓库的装卸料工作基本由巷道式堆垛机替代。

自动导向小车的行走路线是可编程的，FMS 控制系统可根据需要改变作业计划，重新安排小车的路线，具有柔性特征。AGV 小车工作安全可靠，停靠定位精度可以达到±3mm，能与机床、传送带等相关设备交接传递货物，运输过程中对工件无损伤，噪声低。不同类型的 AGV，其特点各不相同，应根据具体作业特点、经济性、技术性等方面来灵活选用。

4.2.6　移载机

移载机是一种依靠电动机或压缩空气作为动力源，通过平移、上下、伸缩、翻转等一系列动作将物体高速、准确地搬运至指定地点的一种设备。机械制造厂中的移载机广泛用于机床之间或生产线之间的工件在水平、垂直方向的移送，其移动范围可以很宽，且在移送过程中可改变工件在空间的姿态。图 4-31 所示为一种用于机床之间工件转移的移载机系统。

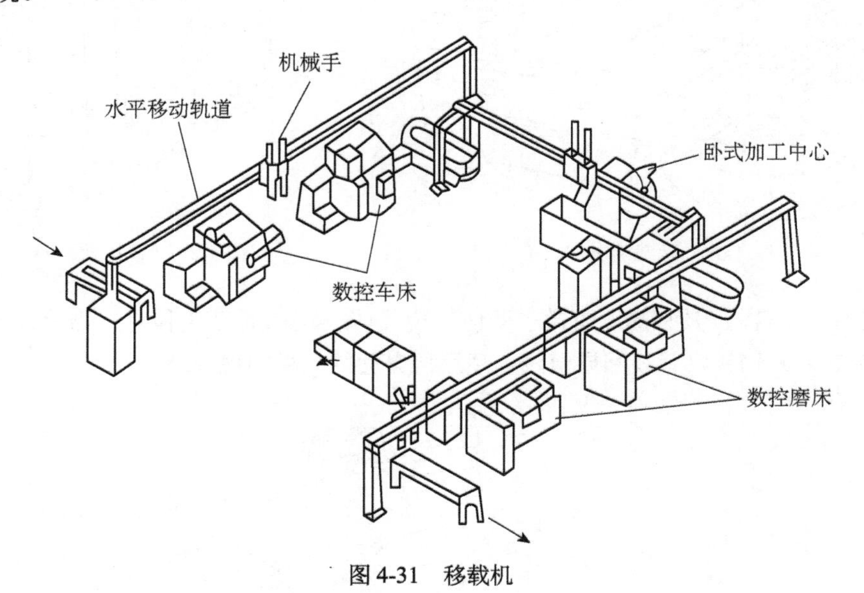

图 4-31　移载机

移载机系统的组成通常有空间水平移动导轨、垂直移动或伸缩机构、夹抓机构(机械手)、各种位置检测传感器等，移载机通常用 PLC 进行控制。当需要变换被移动工件的空间姿态时，在其末端执行器(机械手)上还需要设置回转自由度。一般通过更换不同的夹抓或吸盘来实现不同工件的移送。移载机设计时，其工作的可靠性和安全性非常重要，因此在移载机中设置有许多位置传感器，主要用来检测末端执行器位置，以保证被移动工件停位准确和防止出现运动干涉。

目前移载机广泛用于各种加工、装配、喷涂等生产线，如各种车辆装配线、彩管生产线、家电生产线及钢材等的移载。

知识小结：物料输送装备

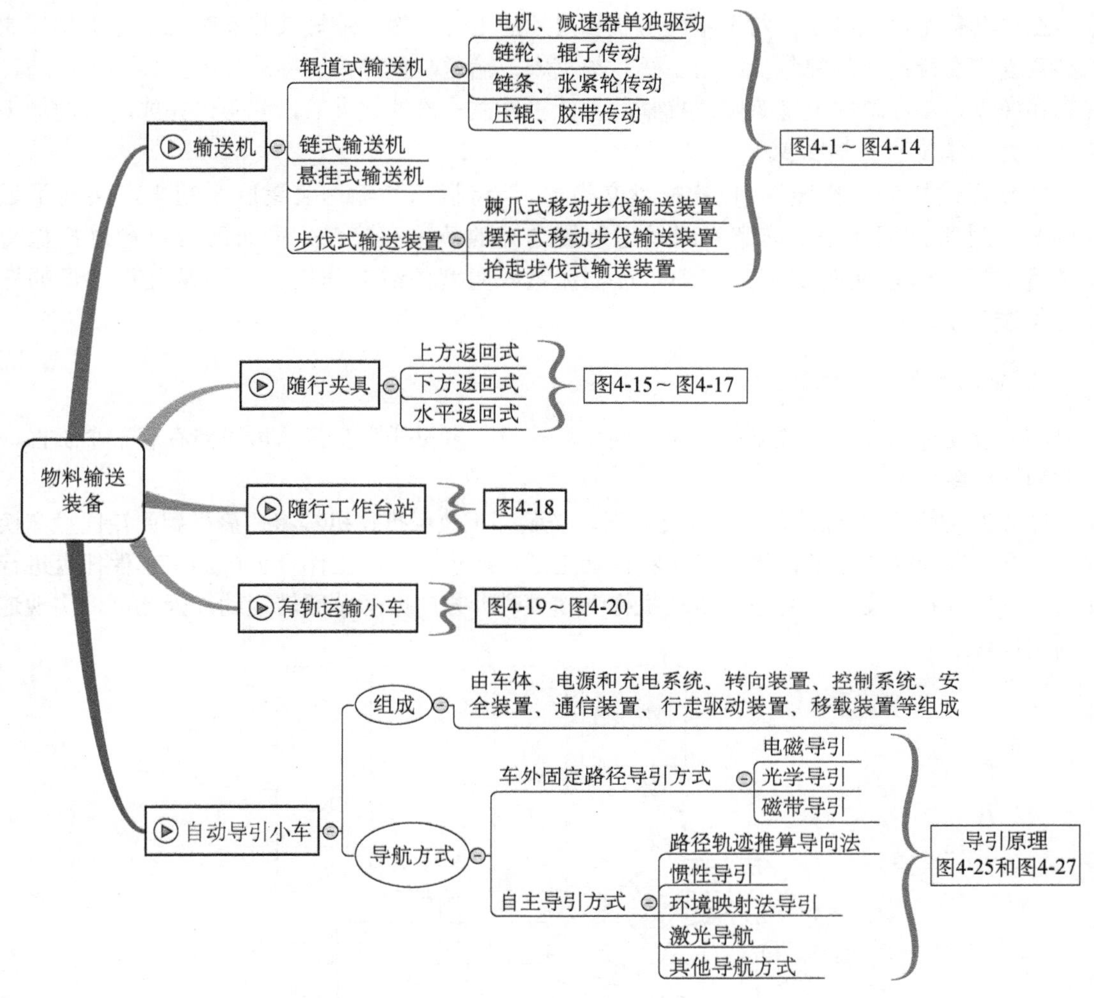

4.3　物料交换装置

任何物流系统都离不开物料交换装置，在机械制造系统中，各加工单元、输送装置之间的被加工工件的交换主要通过物流交换装置来实现。据统计，在一次物料搬运作业中，物料的交换次数与移动次数之比约为 2∶1。由于物流交换作业强度大，花费时间多，对物流系统运行效率将产生重要影响，因此合理配置自动化的物料交换装置具有重要的意义。

目前机械制造领域中应用较广泛的物料交换装置主要有托盘交换装置、上下料机械手、上下料装置等。

4.3.1　托盘交换装置

在自动化生产系统中，对于不同形状和尺寸的工件，为了缩短其装卸时间，通常将其通过夹具固定在标准化的托盘上，由于托盘与机床、输送装置等具有标准化的接口，工件通过夹具和托盘自动在机床上准确定位夹紧，因此工件在一次性装夹后，就可以完成所有的加工工序，大大提高了生产效率。

托盘通过托盘交换装置(也称托盘交换器)，将机床和输送装置联系起来，实现了工件的装卸过程，因此是机床和物料输送装置之间的桥梁和接口，同时还可以通过托盘交换装置实现工件的暂时储存，起到防止物流系统阻塞的缓存作用。下面是几种常见的托盘交换装置。

1. 回转式托盘交换器

与分度工作台相似，通常有两位、四位和多位。多位托盘交换器可以储存若干个工件，也称为托盘库。

图 4-32 所示为八位回转式托盘交换器，在装卸工位由推拉机构将托盘推到回转托盘交换器上，在机床交接工位上由推拉机构将待加工工件托盘与机床工作台上已加工工件托盘进行交换。回转式托盘交换器由单独电动机拖动按顺时针方向做间歇回转运动，因此可以实现连续的工件传送。

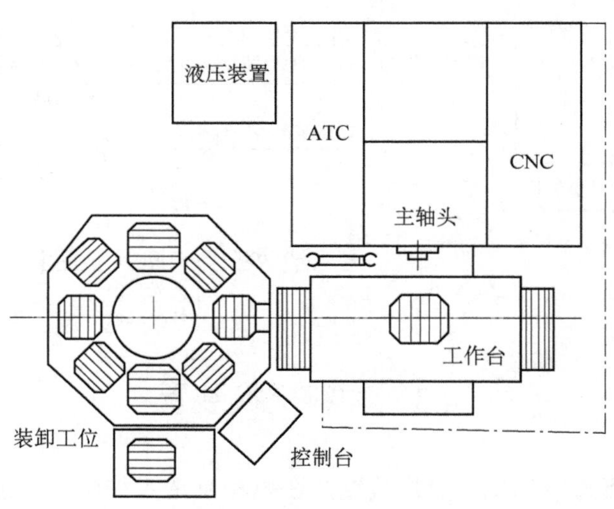

图 4-32　多工位回转式托盘交换器

图 4-33 为两工位回转式托盘交换器，其上有两条平行导轨供托盘移动导向用，托盘交换器有两个工位，机床加工完毕后，交换器从机床的工作台上移出装有已加工工件的托盘，然后转过 180° 将装有待加工工件的托盘再送到机床的加工位置。

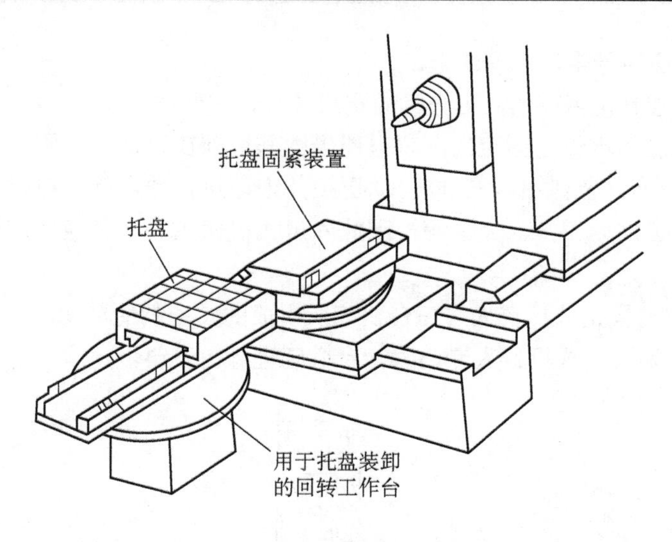

图4-33 两工位回转式托盘交换器

2. 往复式托盘交换器

图4-34为一种多托盘往复式托盘交换器，可储存五个托盘，其上有装料位置和卸料位置，加工完毕后，工作台横移至卸料位置，将装有已加工工件的托盘移至卸料位置卸料，然后工作台移至装料位置，托盘交换器再将待加工工件移至工作台上。多托盘交换装置允许在机床前形成不长的排队，起中间货物缓存的作用，以补偿随机、非同步生产的节拍差异。

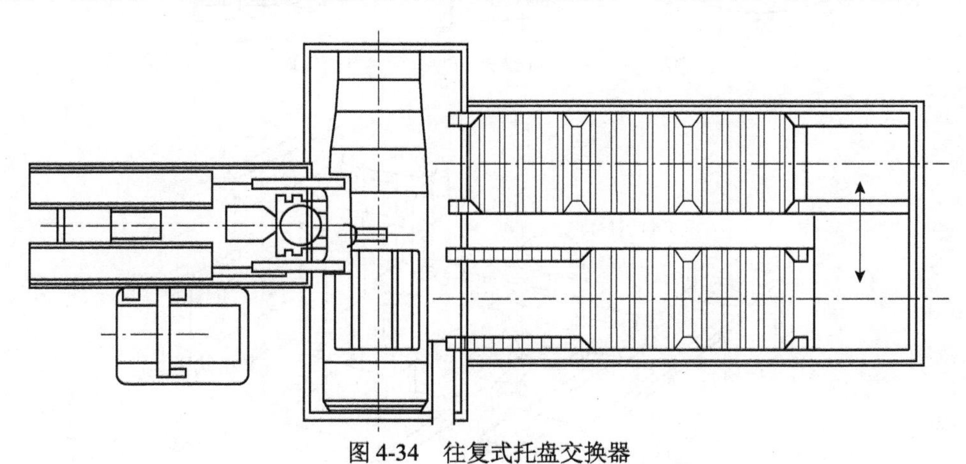

图4-34 往复式托盘交换器

4.3.2 上下料机械手

上下料机械手是一种能模仿人手的某些工作机能，可按照程序进行操作的机械化、自动化装置。早期的上下料机械手结构、功能和控制都相对比较简单，而目前的机械手功能已经非常强大，已经完全具备了工业机器人的基本特征，因此在实际应用中，上下料机械手也被当作搬运机器人一类的工业机器人。上下料机械手主要适用于体积大、结构较复杂的单件毛坯的上下料，其应用比较灵活，通过改变程序就可以适应不同种类工件的上下料要求，但一般价格较贵，广泛应用于柔性生产线上。

上下料机械手按其是否移动，可分为固定式和行走式两种。

固定式机器人由于本体是固定的，它只能借助其臂部在可活动范围内进行机床的上下料作业，其输送距离受到一定限制，若能自动更换其末端执行器，就可以扩大其使用范围，如上下料，以及输送工件、刀具、夹具等，因此固定式机器人是一种应用广泛，且具有较大柔性的物流交换装置。

图 4-35 为由一台固定式机器人与三台机床所组成的柔性制造单元，机器人为三台机床进行上下料。图 4-36 为固定式机器人专门为一台机床进行上下料。

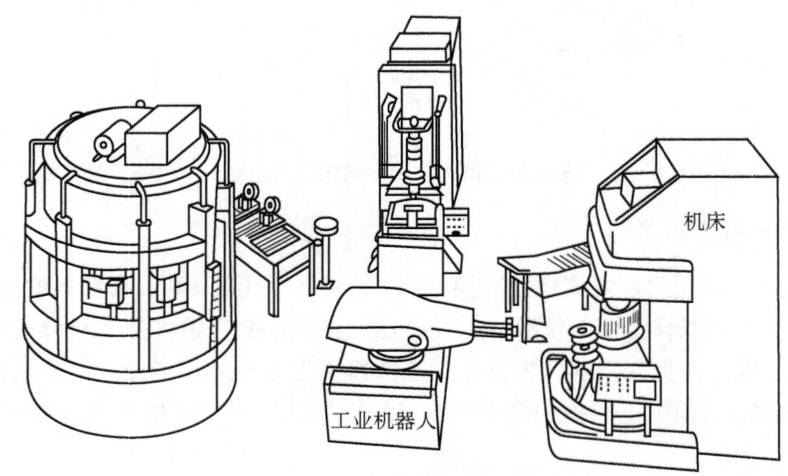

图 4-35　一台机器人为三台机床上下料

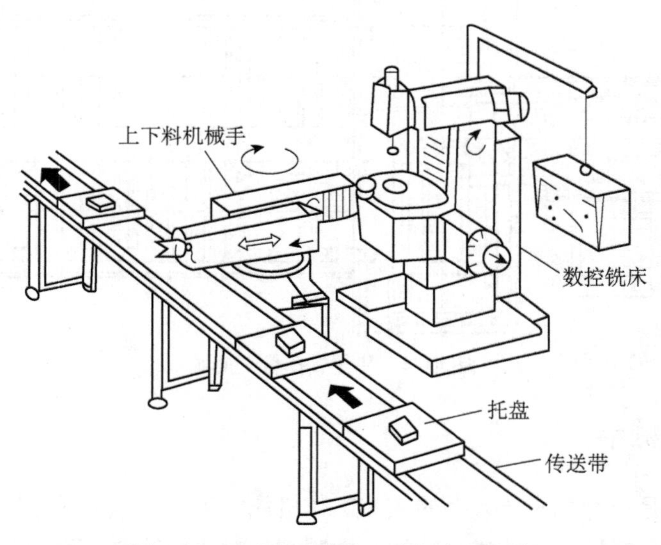

图 4-36　一台机器人为一台机床上下料

另外，也有将小型机器人直接安装在机床的侧面或上部，使它具有搬运与装卸工件所必需的最低限度的运动自由度，该机器人可以用 CNC 装置进行控制。

行走式机器人又称移动式机器人，具有较大的活动范围。图 4-37 为由龙门式移动机器人进行机床的上下料。目前有许多车削中心或双主轴头加工中心自带这种移动式上下料机械手，通过更换手爪可以适应不同形状毛坯件的加工。

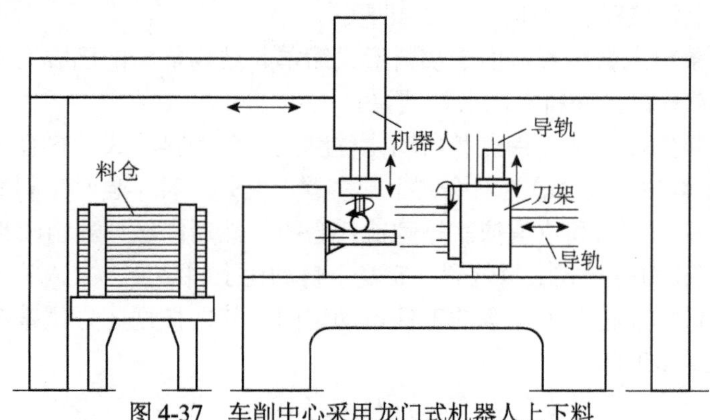

图 4-37　车削中心采用龙门式机器人上下料

应该指出的是，这里的工业机器人仅用于机床上下料，它比焊接、喷漆机器人的功能要求要简单一些，可以直接购买商品化机器人，也可以自行设计制造。总体上来讲，工业机器人的造价还是比较高的。

4.3.3　上下料装置

机床的上下料是指将毛坯送到正确的加工位置及将加工好的工件从机床上取下的过程。按自动化程度，上下料装置分为人工上下料装置和自动上下料装置。人工上下料装置适合于单件小批生产或大型的或外形复杂的工件，而自动上下料装置适合于大批量生产。

自动上下料装置，是将散乱的工件实现定向排列，然后顺次地送至机床夹具上，并在加工完成后将其从夹具中卸下，或将工件定向整理后送至检验装配位置。自动上下料是自动加工、自动检验、自动装配中不可缺少的重要环节。

在机械制造领域里，材料的搬运、机床上下料和整机的装配等是较薄弱的环节。对于中小型零件，上下料时间占辅助时间的 20%～70%，大型零件的上下料时间占辅助时间的 50%～70%，而且多数事故发生在这些操作中。如果能成功地解决上下料自动化问题，就可使工人从繁重而重复性的上下料工作中解放出来，设备的利用率也可大大提高。尤其是在生产效率高、生产节拍短的大批量生产条件下，由于要求上下料动作迅速和频繁，操作工人的劳动强度很大，所以实现上下料自动化对于减轻工人体力劳动强度、提高生产率、实现多机床管理和保证安全生产具有重要意义。

理想的上下料装置应该具备效率高、供料速度快、工作可靠、噪声小、不损伤工件、结构紧凑、通用性好、使用寿命长、易维护修理和制造成本低廉等优点。

上下料自动化包括上料自动化和卸料自动化，自动卸料机构在工作原理上与自动上料机构类似，但结构较简单，因此，本节仅就自动上料展开讨论和论述。

自动上料就是把工件或毛坯定向排列，并按照机床工作循环的一定时间间隔，自动地送到机床的一定工作位置上。实现上料自动化的设备称为自动上料装置，它是自动化生产不可缺少的辅助装置。由于毛坯的尺寸和形状是多种多样的，因此实现自动上料是比较困难和复杂的。

自动上料装置种类很多，按被加工原材料及毛坯形状和尺寸，可分为板料上料装置、卷料上料装置、条料上料装置和件料上料装置四类。

板料、卷料和条料上料装置，由于物料形式简单、结构单一，已成为冲剪设备和自动机床的组成部分，本节只讨论件料自动上料装置。

件料自动上料装置按其结构特点和自动化程度又可分为料斗式和料仓式两种形式，如图 4-38 所示。其中图 4-38(a)、(b)为料仓式上料装置，它是一种半自动上料装置。需要工人定期地将一批工件按规定方向和位置依次排列在料仓中，然后由送料器自动地将工件送到机床夹具中去。图 4-38(c)为料斗式上料装置，它是全自动化上料装置。工人将工件成批地倒入料斗中，料斗的定向机构能将杂乱无章的工件自动定向，使之按规定方位整齐排列起来，并按一定的节拍自动送到加工部位。

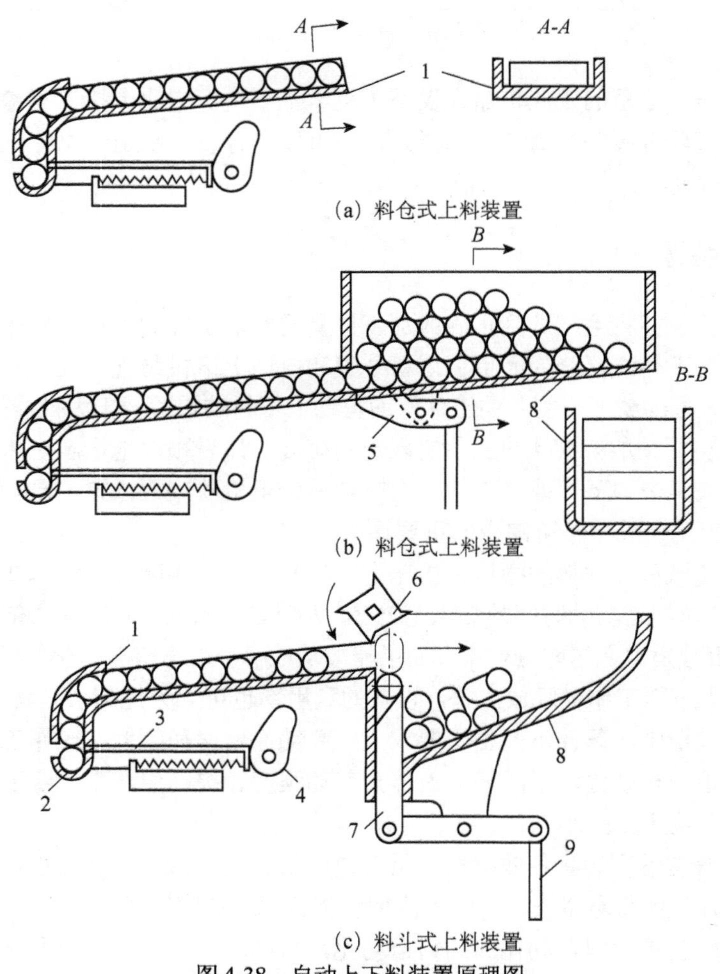

图 4-38　自动上下料装置原理图

1-料道；2-送料器；3-送料杆兼隔料器；4、9-驱动机构；5-搅动器；6-剔除器；7-定向机构；8-料斗或料仓

1. 料斗式上料装置

料斗式上料装置主要适用于大批量生产中的形状简单、尺寸较小的毛坯件的上料，在各种标准件、小型工具、钟表零件等加工行业应用非常广泛。

料斗式上料装置是将储料器中杂乱的工件进行自动定向整理再送给机床，毛坯的自动定向功能是料斗式上料装置设计中的关键。因此，料斗式上料装置主要由具有自动定向功能的料斗组成。料斗工件储存量大，主要用来盛放圆柱、圆盘、圆环类零件。工件在料斗中要完成自动定向过程，并按次序送到料斗的出口处，即输料槽。

料斗式上料装置可分为机械传动式料斗装置和振动式料斗装置两大类。

1)机械传动式料斗装置

机械传动式料斗装置按定向机构的运动特征可分为回转式、摆动式和直线往复式等，所采用的定向机构主要有钩式、销式、圆盘式、管式和链带式等。

工件定向方法主要有抓取法、槽隙定向法、型孔选取法和重心偏移法。抓取法是用定向钩子抓取工件的某些表面，如孔、凹槽等，使之从杂乱的工件堆中分离出来并定向排列。槽隙定向法是用专门的定向机构搅动工件，使工件在不停的运动中落进沟槽或缝隙，从而实现定向。型孔选取法是利用定向机构上具有一定形状和尺寸的孔穴对工件进行筛选，只有位置和截面相应于型孔的工件，才能落入孔中而获得定向。重心偏移法是对一些在轴线方向重心偏移的工件，使其重端倒向一个方向实现定向。

图 4-39 所示为叶轮式料斗。叶轮在旋转过程中将姿势正确的工件从料堆中分离出来，叶轮具有定向器和搅动器的双重作用。图 4-40 所示为一种摆板式料斗，当摆板绕支点做上下摆动时，落入其顶部槽内的工件便沿该槽滑入输料槽中，其余落回料仓，这时摆板具有定向器和搅动器的作用。

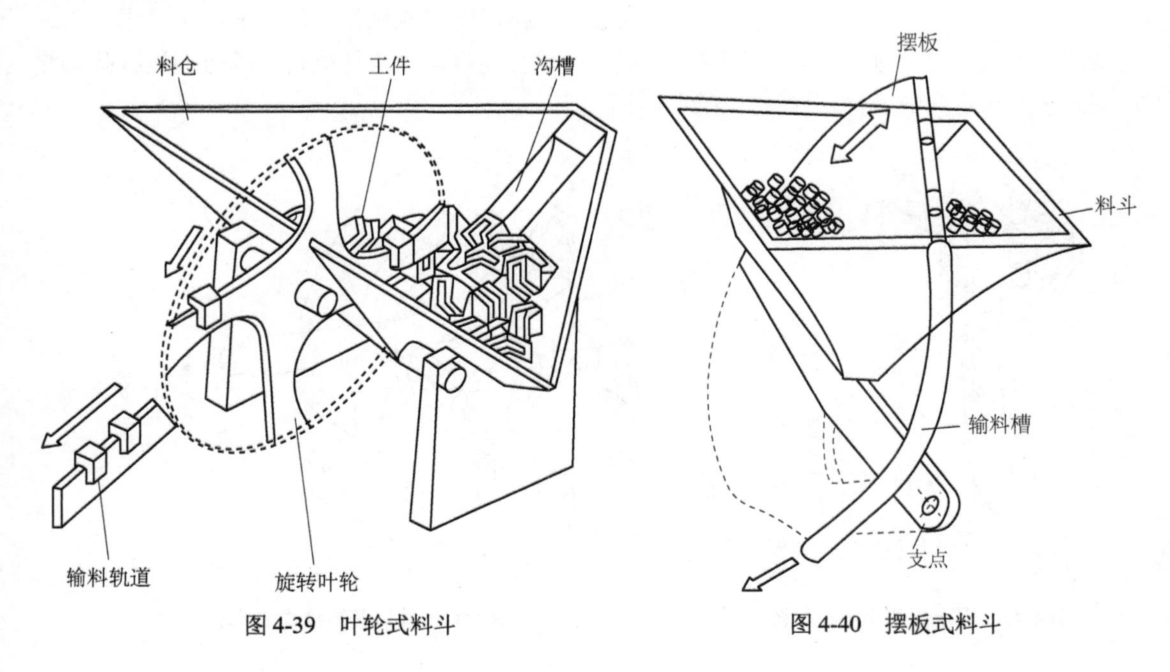

图 4-39　叶轮式料斗　　　　图 4-40　摆板式料斗

图 4-39 所示的叶轮机构和图 4-40 所示的摆板机构是两种典型的自动定向机构，它们能使料斗中的工件实现自动定向，并将工件输送给输料槽(或输料轨道)。

定向机构能够完成使散乱的工件在运输和装料时自动地按一定方位整体排列起来。在自动定向过程中，应限制住工件的五个自由度(保留一个装料或输料自由度)，但根据零件的形状特征和复杂程度，有时也可以少于五个。对于结构复杂的零件，定向机构可能需要完成连续多次定向，才能使零件达到所需要的方位。

按照工件结构的基本特点，可将工件所需定向过程分为以下三级。

(1) 具有三个对称面(或对称线)的工件，如圆球、正方体工件，需一次定向。

(2) 具有两个对称面(或对称线)的工件，如长方体工件、圆柱表面的轴套类工件、呈中心横截面对称的阶梯轴等，需二次定向。

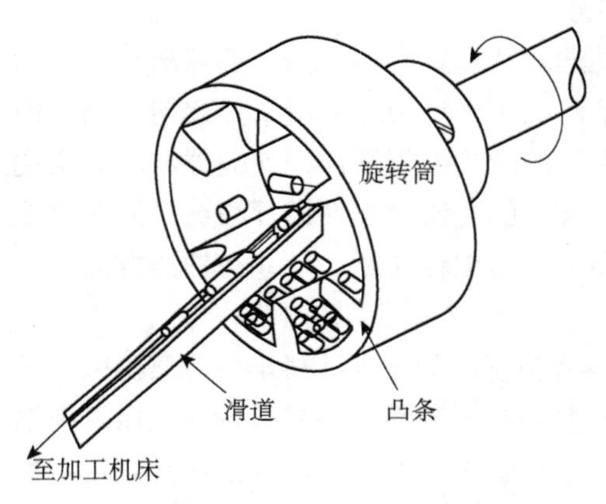

图 4-41　筒形旋转式定向机构

(3) 具有一个对称面(或对称线)的工件，如圆锥表面的轴套类工件、螺栓及非中心横截面对称的阶梯轴等，需三次定向。

根据工件的形状特征和自动定向方法的不同，目前已经形成了很多趋于标准化的典型定向机构。图 4-39 所示的叶轮机构和图 4-40 所示的摆板机构是两种典型的自动定向机构。除此之外，图 4-41 所示为一种筒形旋转式定向机构。图 4-42～图 4-44 分别为料斗往复运动型固定管式定向机构、料斗旋转型径向条转盘式定向机构和静止导向条式定向机构。

工件在斗式料仓中整齐排列堆积时，常常会在内部相互挤压而形成拱桥，使下面的工件送出后，上部的工件被卡住不能下落，为此需要在料仓中设置搅拌器来破坏拱桥。同时通过剔除器将那些未按要求定向的工件剔除，并送回料斗。

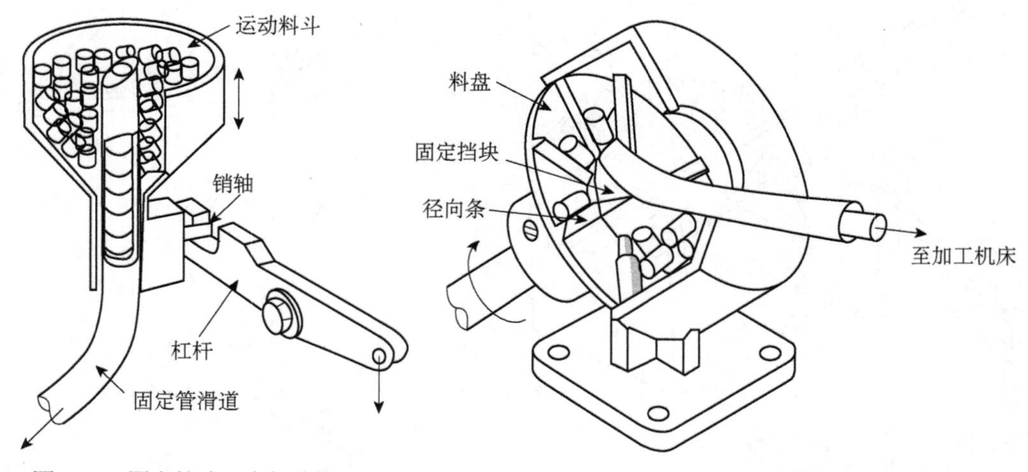

图 4-42　固定管式定向机构图　　图 4-43　径向条转盘式定向机构

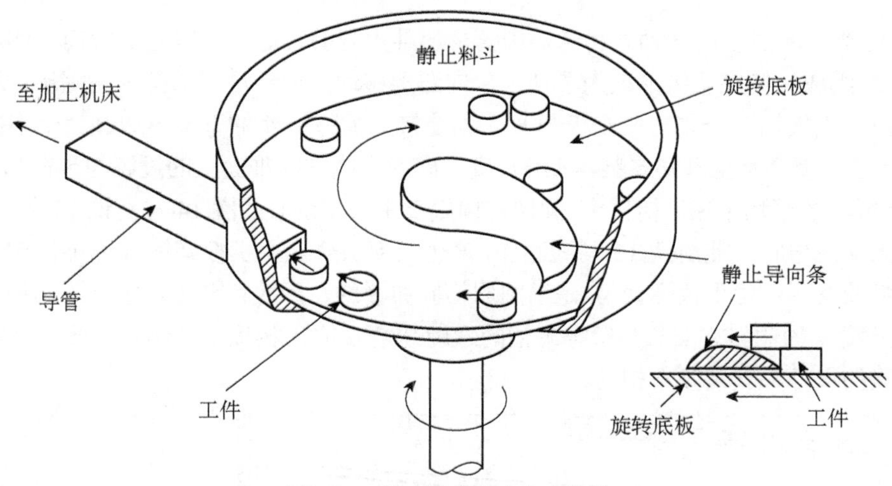

图 4-44　静止导向条式定向机构

图 4-45 为几种常用的消拱器，其中图 4-45(a) 为利用仓内凸轮的运动搅动工件；图 4-45(b) 既有摆动杠杆，在料仓内还装有菱形搅动器；图 4-45(c) 为电磁振动式，适用于重量较轻的工件；图 4-45(d) 为棘齿式，它利用在送料器表面上的波纹或齿纹，并由上料机构的往复运动来搅动料堆中的工件，从而防止起拱。

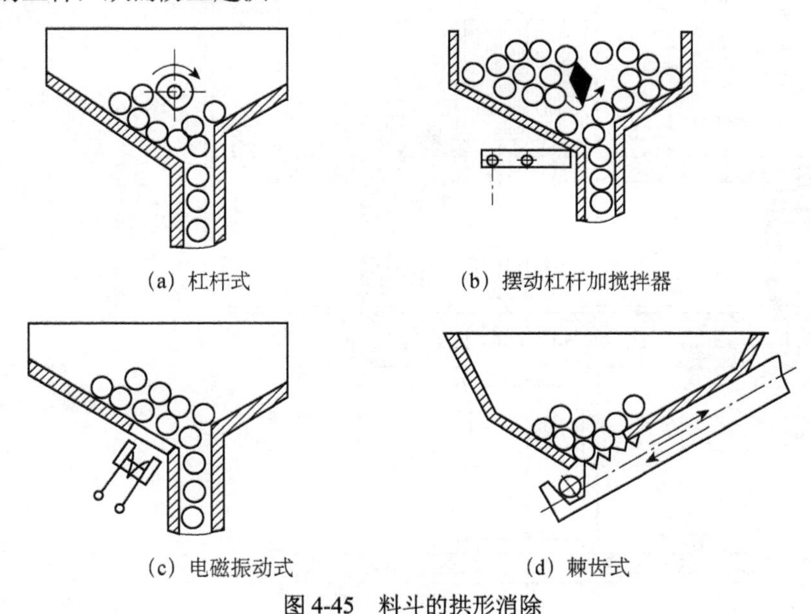

(a) 杠杆式　(b) 摆动杠杆加搅拌器

(c) 电磁振动式　(d) 棘齿式

图 4-45　料斗的拱形消除

2) 振动式料斗装置

振动式料斗也是一种常用的、典型的小型件料自动上料装置，它是利用电磁力产生微小的振动，依靠惯性力和摩擦力的综合作用使工件向前运动，并在运动过程中自动定向。振动式料斗的优点是：①送料和定向过程中没有机械搅拌、撞击和强烈的摩擦作用，因而工作平稳；②结构简单，易于维护，经久耐用；③适用性强，送料速度可任意调节。其缺点是：①工作过程中噪声较大，不适于传送大型工件；②料斗中不洁净，会影响送料速度和工作效果。

图 4-46 为一种典型的振动式料斗，圆筒形料斗由内壁带螺旋送料槽的圆筒 1 和底部呈锥形的筒底 2 组成。筒底呈锥形是为了使工件向四周移动，便于进入筒壁上的螺旋送料槽。料斗底部用三个连接块 3 分别与三个板弹簧 4 相连接，板弹簧 4 的下部再通过三个连接块 5 固定在底盘 6 上。板弹簧呈倾斜安装，其沿长度方向的中线在水平面上的投影与半径为 r 的圆相切，r 小于料斗的平均半径。衔铁 15 固定在筒底 2 中央，铁心线圈 14 与衔铁 15 之间有间隙，当线圈通入交流电时，使衔铁 15 与线圈 14 产生反复吸合，由于板弹簧 4 两端固定，因而板弹簧产生弯曲变形；由于板弹簧 4 是沿圆周切向布置的，因此料斗将产生上下和扭转振动。这里的板弹簧 4 的倾斜方向与筒壁螺旋槽的螺旋升角 α 方向相反，其倾角一般为 20°～30°，且各板弹簧的尺寸、安装倾角相同。

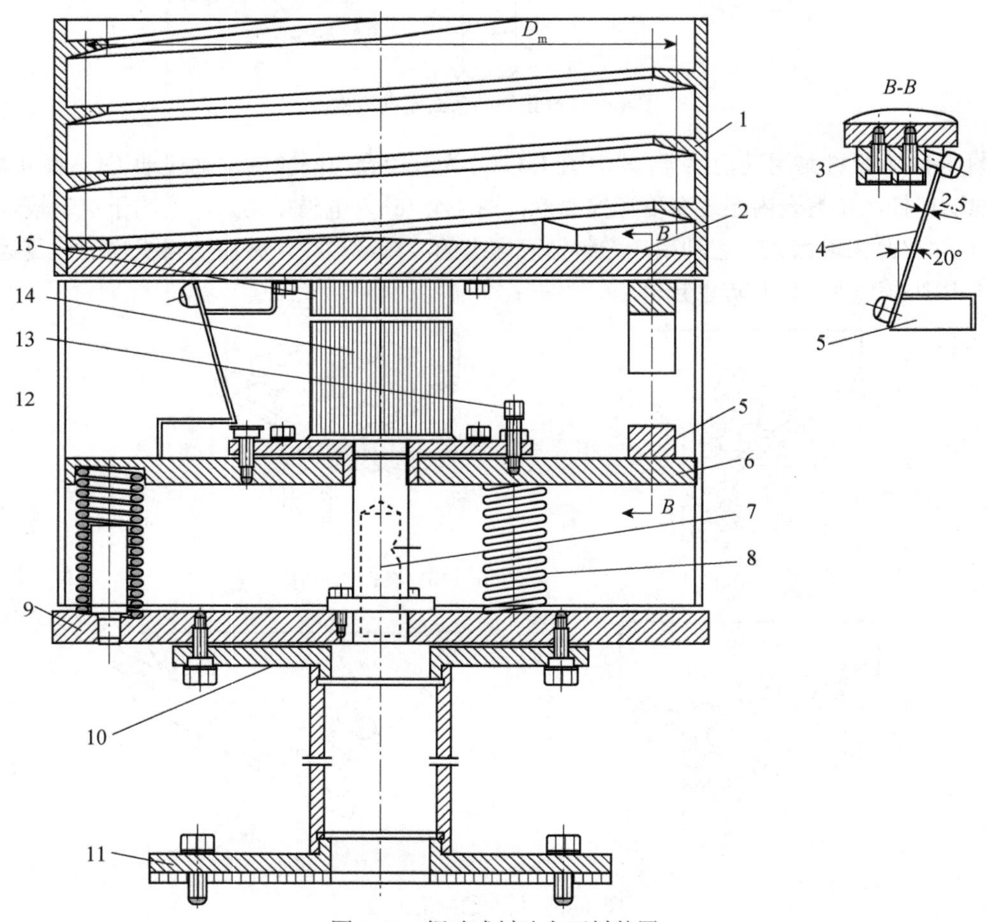

图 4-46　振动式料斗上下料装置

当整个圆筒做扭转振动时，工件将沿着螺旋形的送料槽逐渐上升，并在上升过程中进行定向，自动剔除位置不正确的工件。上升的工件最后从料斗上部的出口进入送料槽。

在生产中使用的振动式料斗，多数是圆盘式的。工件堆放在圆盘底部，在微小的振动作用下，沿圆筒内部的螺旋形料道向上运动。料道上设有定向机构，定向正确的工件可通过出口进入输料槽中。方位不正确的工件被剔除，落入料斗底部再重新上升。

2. 料仓式上料装置

料仓式上料装置与料斗式上料装置的主要区别在于，后者是将储料器(料斗)中杂乱的工件进行自动定向整理后，再送给机床；前者是将已定向整理好的工件通过储料器(料仓)向机床供料。

料仓式上料装置主要适用于工件毛坯尺寸较大，而且形状复杂难以自动定向的场合。毛坯可以是锻件、铸件或由棒料加工成的毛坯件或半成品件。料仓式上料装置需工人或专门的定向装置不断地将单件毛坯以一定方位装入料仓中，然后再由自动送料机构将单件毛坯从料仓送到机床的加工位置上。

由于料仓式上料装置需要手工加料，对于加工时间较短的零件，人工加料将使工人十分紧张，反而会影响劳动生产率，因此料仓式上料装置适于加工时间较长的工件加工，这样便于实现一人多机床操作，可以明显地提高劳动生产率。

图 4-47 为某自动机床的料仓式上下料装置的结构原理简图。毛坯由人工装入料仓 1，机床进行加工时，上料器 3 退到图示的最右位置，隔料器 2 被上料器 3 上的销钉带动逆时针方向旋转，其上部的毛坯便落在上料器 3 的接收槽中。当零件加工完毕，夹料筒夹 4 松开，推料杆 6 将工件从筒夹中顶出，工件随即落入导出料槽 7 中。送料时上料器 3 向左移动将毛坯送到主轴前端对准夹料筒夹 4，随后上料杆 5 将毛坯推入夹料筒夹 4。筒夹将毛坯夹紧后，上料器和上料杆向右退开，零件开始加工。当上料器 3 向左上料时，隔料器 2 在弹簧 8 的作用下顺时针方向旋转到料仓下方，将毛坯托住以免落下。毛坯用完时，自动停车装置 9 动作使机床停车。

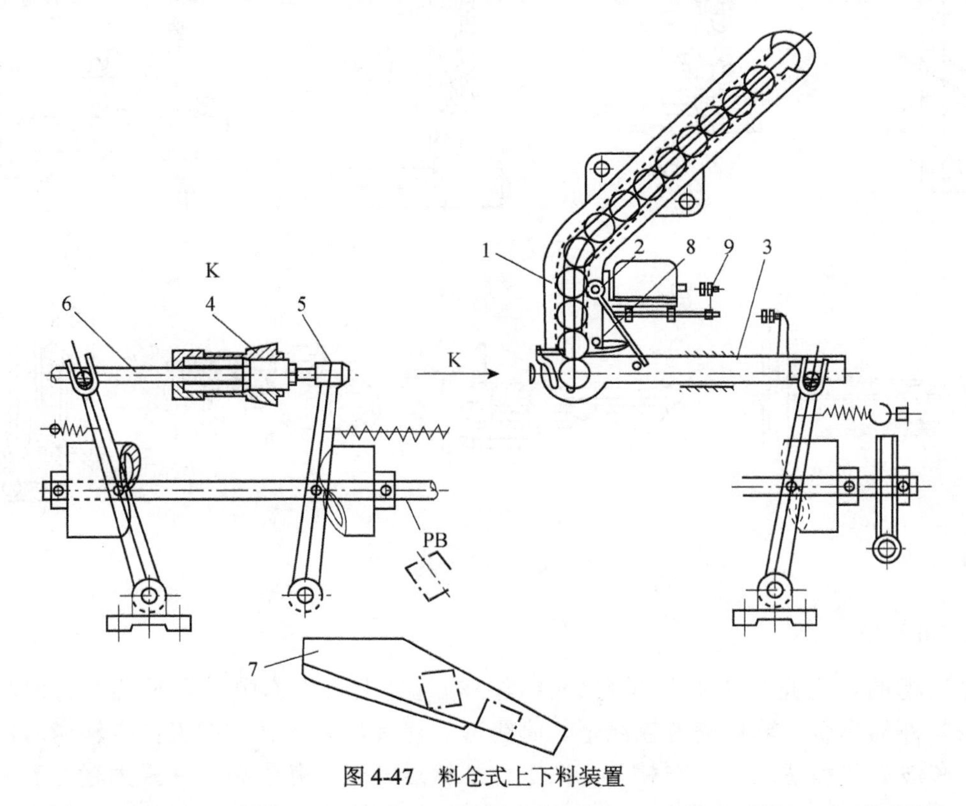

图 4-47　料仓式上下料装置

1-料仓；2-隔料器；3-上料器；4-夹料筒夹；5-上料杆；6-推料杆；7-出料槽；8-弹簧；9-自动停车装置

料仓式上料装置主要由料仓、隔料器、上料器、上料杆、下料杆等部分组成。

料仓的作用是储存工件。根据工件的形状特征、储存量的大小以及与上料机构的配合方式的不同，料仓具有不同的结构形式。由于工件的重量和形状尺寸变化较大，料仓结构设计没有固定模式，一般把料仓分成自重式和外力作用式两种结构。对于较轻或形状较复杂的毛坯件，当不便于依靠自重送进时，可采用强制送进式料仓。

图 4-48(a)、(b)为工件自重式料仓，它结构简单，应用广泛。图 4-48(a)将料仓设计成螺旋式，可在不加大外形尺寸的条件下多容纳工件，同时增大工件下滑的摩擦力，减小冲击；图 4-48(b)将料仓设计成料斗式，它设计简单，但料仓中的工件容易形成拱形面而阻塞出料口，一般应设计拱形消除机构。图 4-48(c)～(h)为外力作用式料仓。图 4-48(c)、(d)分别为重锤垂直压送式料仓和重锤水平压送式料仓，重锤式推力恒定，容量较大，它适合易与仓壁黏附的小型环类、板状及轴类工件。图 4-48(e)为扭力弹簧压送工件的料仓，弹簧式推力不稳定，容量小，适用于小型环类、板状及轴类坯件。图 4-48(f)为利用工件与平带间的摩擦力供料的料仓，它容量大，输送平稳，可兼做料槽，适合于环、轴类工件。图 4-48(g)为链条传送工件的料仓，链条可连续或间歇传动，适用于各种形状的工件。图 4-48(h)为利用同步齿形带传送的料仓，适用于小型环类、轴类工件。

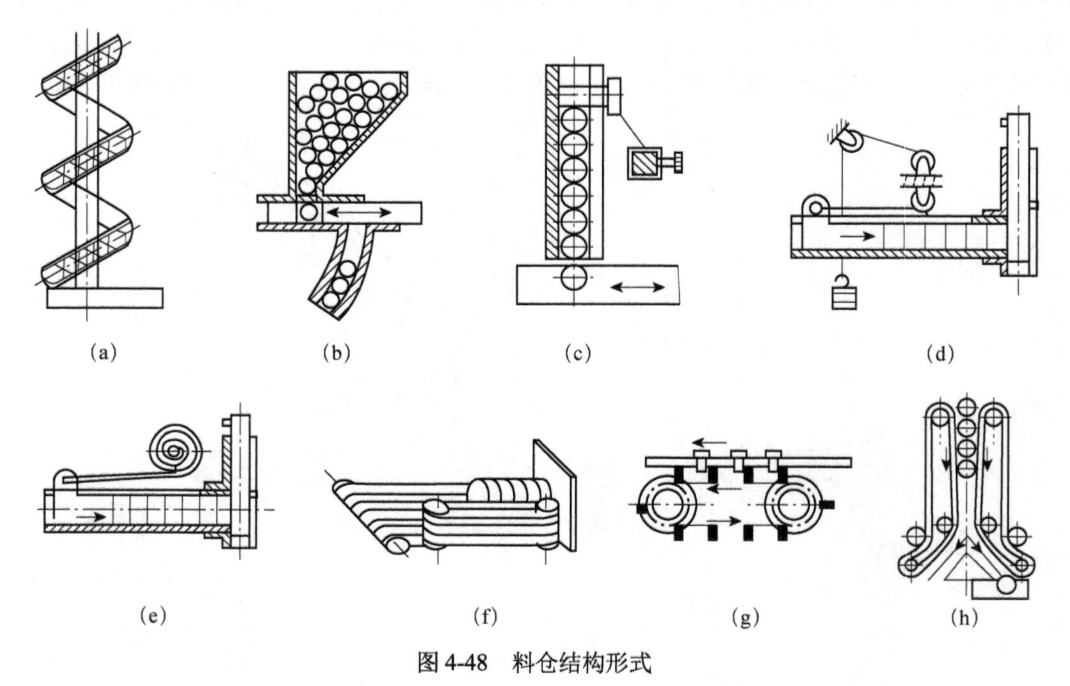

图 4-48　料仓结构形式

3. 输料槽

输料槽的作用是将工件从料仓(或料斗)输送到上料机构中，有时还兼有储料的作用。按其外部形状，输料槽有直线形、曲线形和螺旋形等形式；按工件在输送时的运动状态，有滚道式和滑道式输料槽等；按工件的输送方式，有依靠工件重力输送和强制输送两大类。

图 4-49 为典型的依靠工件重力输送的输料槽。图 4-49(a)为料道式输料槽，料道的安装倾角必须大于摩擦角，适用于轴类、盘类和环类零件。图 4-49(b)为轨道式输料槽，料道的安装倾角也必须大于摩擦角，适用于带轴肩的零件。图 4-49(c)为蛇形输料槽，输料槽落差大时可起缓冲作用，适用于轴类、盘类和球类零件。图 4-50(a)为抖动式输料槽，输料槽的安装倾角小于摩擦角，工件靠输料槽做横向抖动输送，适用于轴类、盘类和板类零件。图 4-50(b)为双辊式输料槽，辊子倾角小于摩擦角，辊子转动工件滑动输送，适用于板类、带肩杆状、锥形滚柱类工件。图 4-50(c)为螺旋管式输料槽，利用管壁螺旋槽输送工件，适用于球形工件。图 4-50(d)为摩擦轮式输料槽，利用纤维质辊子转动推动工件移动，适用于轴类、盘类和环类工件。

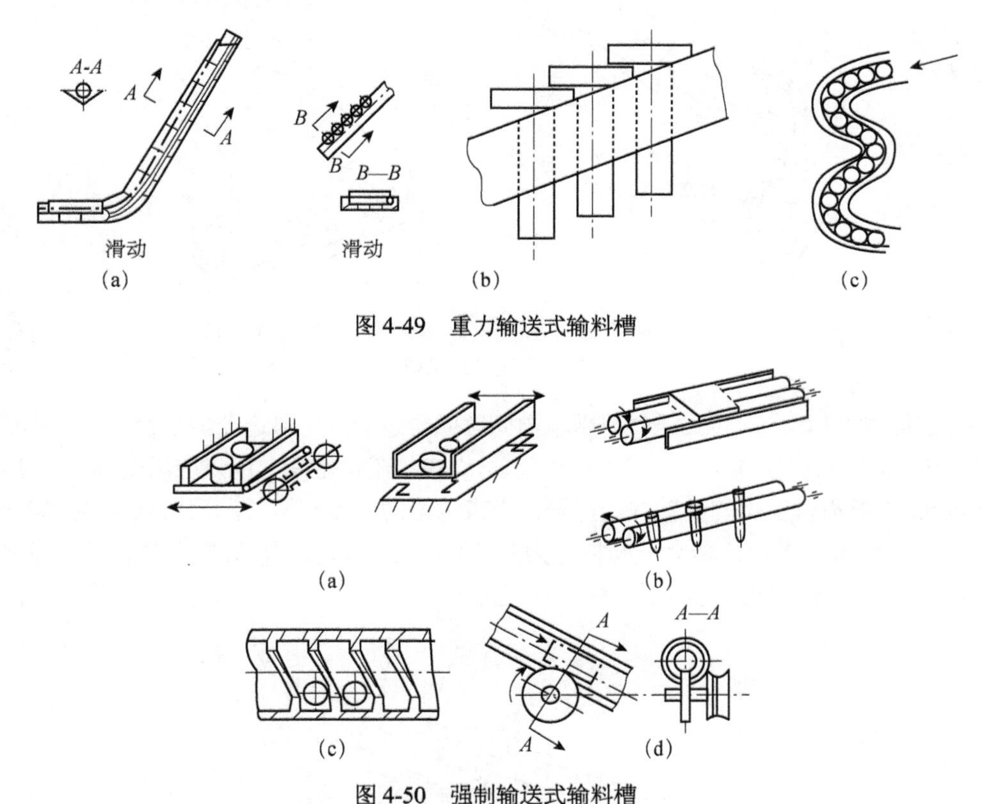

图 4-49　重力输送式输料槽

图 4-50　强制输送式输料槽

4. 上料机构与隔料器

1) 上料机构

上料机构的作用是将料仓或料斗经输料槽送来的工件，送到机床上预定的位置。上料机构有两种类型：送料器和上料杆组成的上料机构和能完成复杂运动的上料机械手。

由送料器和上料杆组成的上料机构在工作时，首先是由送料器将工件从输料槽的出口送到上料位置，然后上料杆再将工件推入机床主轴夹头或夹具中。送料器按运动特性可分为直线往复式、摆动往复式、回转式和连续回转式送料四种形式。

(1) 直线往复式送料器。最为常见的形式为如图 4-51(a) 所示的直线往复式送料器。其特点是结构简单，工作可靠，占据空间位置小，应用较广泛。但受往复速度的限制，不适用于加工周期很短的工件。

(2) 摆动往复式送料器。图 4-51(b) 为一种常见的摆动往复式送料器，送料速度比直线往复式高且工作比较平稳，送料驱动可以是机械、气动或液压传动方式。

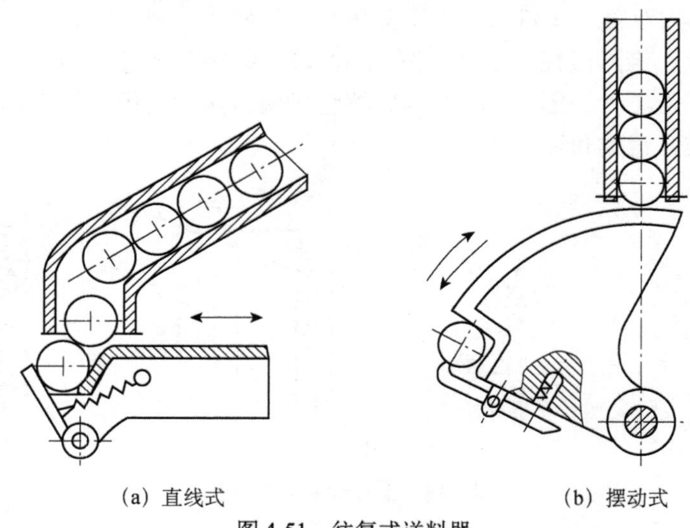

(a) 直线式　　(b) 摆动式

图 4-51　往复式送料器

(3) 回转式送料器。回转式送料器做单向间歇回转运动，送料运动的平稳和速度都优于前两种。由于送料器绕固定轴回转，不能全部退出机床的工作空间，所以应用受到一定限制。

图 4-52 为滚齿机上用的回转式送料器。当带沟槽的转盘旋转时，槽口顺次经过料仓的开口处，单个工件落入槽口，转盘外圆柱面为工件止动面兼隔料作用。随着转盘的间歇转动，坯料被送到加工工位，加工完的工件被送到下料道。

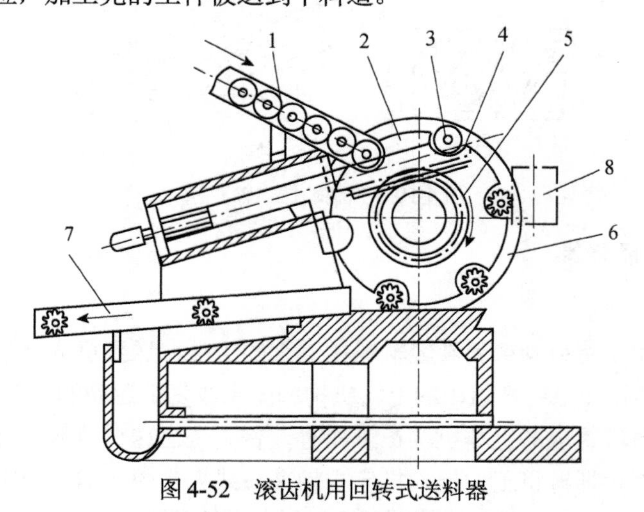

图 4-52　滚齿机用回转式送料器

1-料仓；2-带槽转盘；3-齿轮毛坯；4-活塞齿杆条；5-齿轮；6-底盘；7-下料道；8-滚齿刀

(4) 连续回转式送料器。在无心磨床及双端面磨床上加工圆柱体、环形、盘类工件时，常采用高效连续回转式送料器，如图4-53所示。活塞销、圆柱滚子等回转类工件2，从输料管1中靠重力或上料推杆送入送料圆盘的接料孔中，并被带着通过砂轮的磨削区域后，加工即告完成。

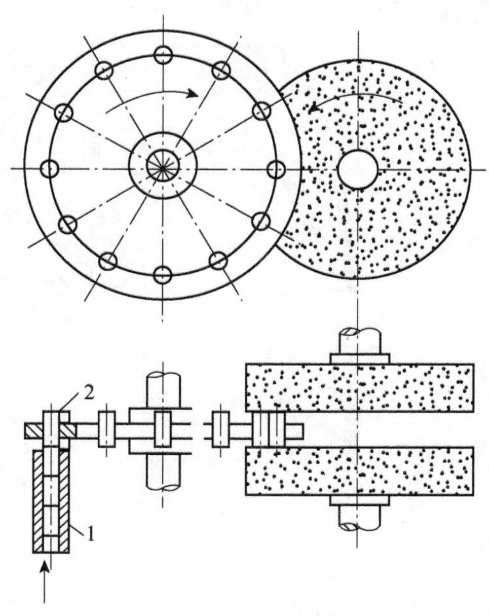

图4-53　连续回转式送料器

1-输料管；2-工件

2) 隔料器

隔料器用来控制从输料槽进入送料器的工件数量。比较简单的上料装置中，隔料的作用兼由送料器完成。当工件较重或垂直料槽中工件数量较多时，为了避免工件的全部重量都压在送料器上，要设置独立的隔料器。

图4-54(a)为利用直线往复式送料器的外圆柱表面进行隔料。图4-54(b)为由气缸1、弹簧片4及隔料销2、3组成的隔料器。气缸驱动拔出销2、销3在弹簧片4的作用下，插入料槽将工件挡住。当气缸1驱动销2插入料槽将第二个工件挡住时，销2的前端顶在方铁5上，推动销3退出料槽，放行第1个工件。图4-54(c)为连杆往复销式隔料器。图4-54(d)为槽轮旋转式隔料器。

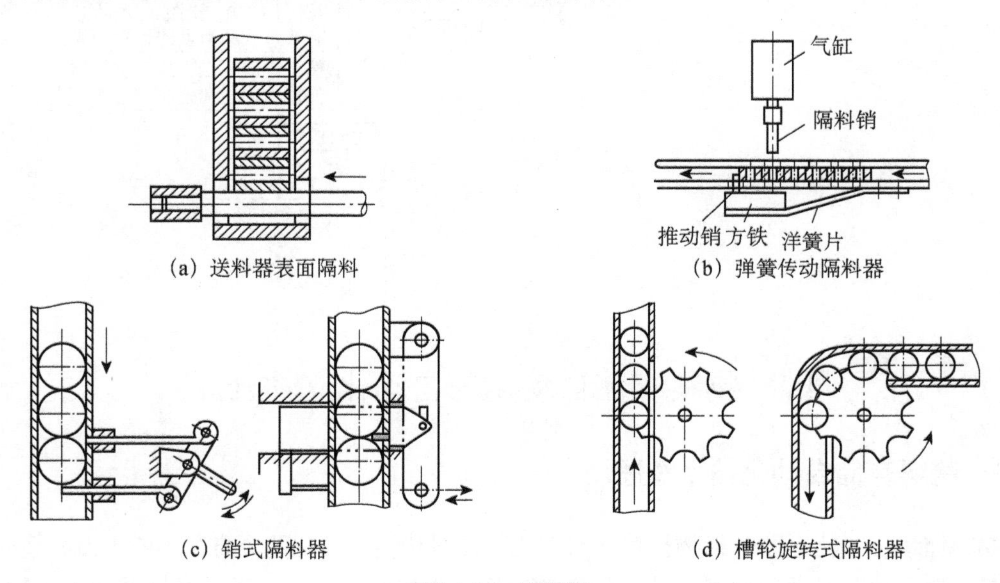

(a) 送料器表面隔料　(b) 弹簧传动隔料器

(c) 销式隔料器　(d) 槽轮旋转式隔料器

图4-54　隔料器

知识小结：物料交换装置

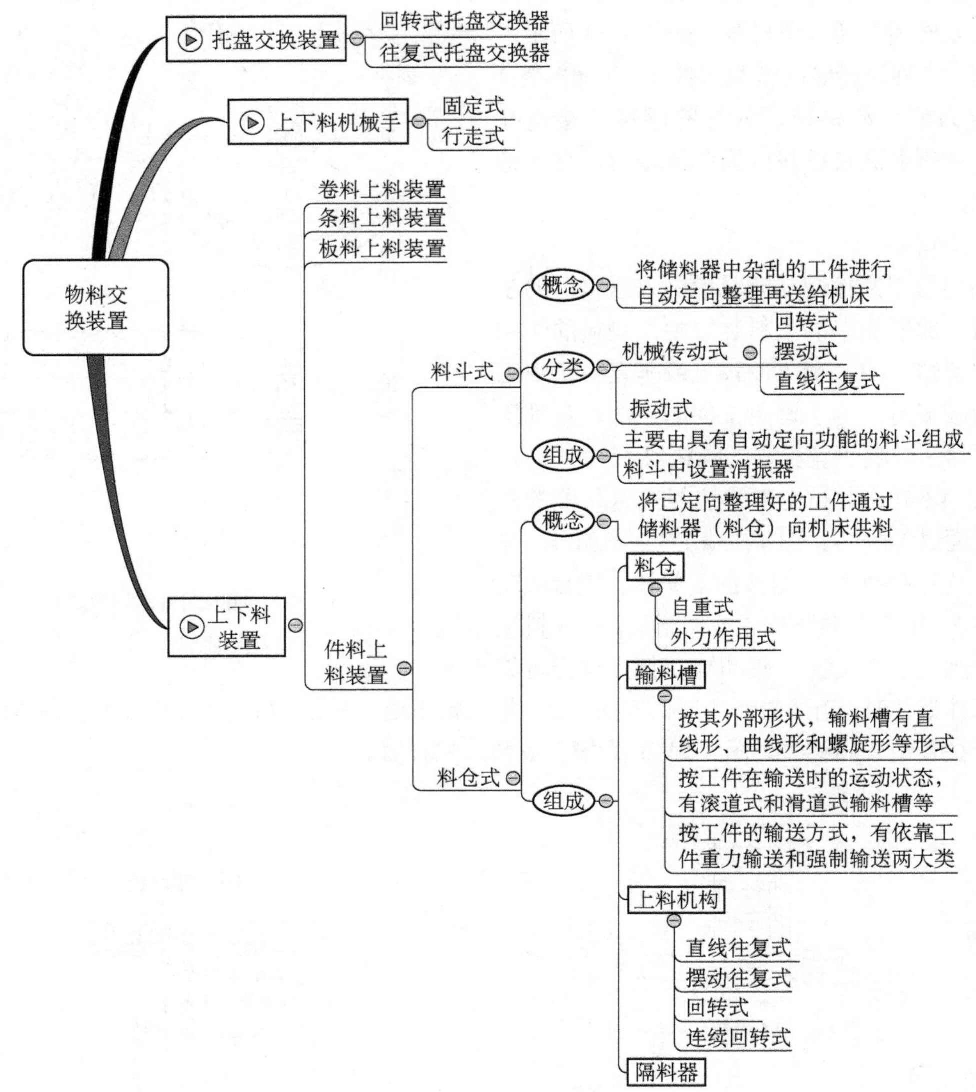

4.4　物料存储自动化与自动化立体仓库

4.4.1　物料存储自动化技术概述

物料储运自动化主要包括物料存储自动化和物料传输自动化两个方面。就机械制造而言，物料存储自动化就是要实现对制造过程中的毛坯、半成品、成品、工具及辅助装置等物料的仓储自动化，即实现在计算机的控制作用下对这些物料进行自动识别、自动寻址、分类存放和自动取出，其核心是自动化仓库技术。

目前，随着现代物流业的发展及制造自动化技术的成熟，现代企业正在逐步建立起横跨企业采购、生产及销售各个环节的现代物流系统，自动化立体仓库既是自动化制造系统的入口和出口，又成为现代化企业的入口和出口，企业生产所需要的原材料、零部件通过自动化仓库进入生产制造系统，生产制造的产品最后也是通过自动化仓库走向市场。

4.4.2 自动化立体仓库的定义、特点和分类

1. 自动化立体仓库的定义

自动化仓库系统又称为自动存储自动检索系统(Automated Storage and Retrieval System，AS/RS)，是一种新型的仓储技术，是在不直接进行人工参与的情况下自动地存储和取出物料(货物)的系统。在自动化制造系统中，通常都是采用自动化仓库来解决大量物料的集中存储和自动化存取问题。自动化仓库有多种形式，常见的有平面仓库和立体仓库两种。

平面仓库是一种货架布置在输送平面内的仓库，对于大型的工件，由于提升困难，往往采用平面库集中存储。平面库通常有直线形和环形两种，如图4-55所示。图4-55(a)所示为托盘存放站沿输送线直线排列，由有轨小车完成自动存取和输送。图4-55(b)所示为由两台8工位环形货架组成的平面库。环形货架具有环形运动，工件可以在任意空位入库储存，或根据控制指令选择工件出库。

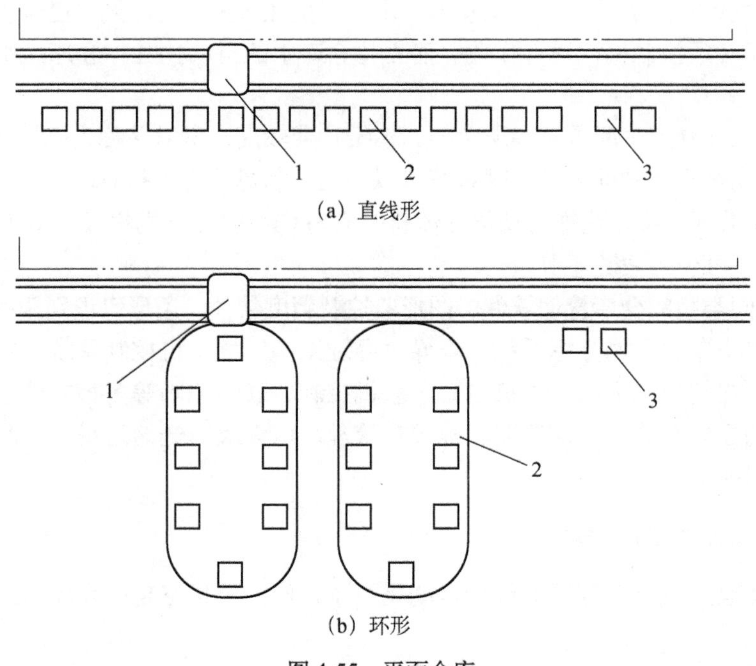

图4-55　平面仓库

1-有轨电车；2-托盘存放站；3-装卸站

自动化立体仓库是以高层立体货架为主体，以成套搬运设备为基础，以计算机控制技术为主要手段组成的高效率物流、大容量储存系统。立体仓库技术融计算机网络与数据库管理技术、

自动控制技术、通信技术、机电技术等为一体，在现代化工厂、企业中发挥着巨大作用。

自动化立体仓库，也称自动化立体仓储，是利用自动化存储设备同计算机管理系统的协作来实现立体仓库的高层合理化、存取自动化以及操作简便化。自动化立体仓库主要由货架、巷道式堆垛起重机、入(出)库工作站台、调度控制系统以及管理系统组成。货架一般为钢结构或钢筋混凝土结构的结构体，货架内部空间作为货物存放位置，堆垛机穿行于货架之间的巷道中，可由入库站台取货并根据管理调度任务将货物存储到指定货位，或到指定货位取出货物并送至出库站台。

自动化立体仓库采用多层货架存储物料，不仅节省库存占地面积，而且可以大大提高仓库空间的利用率，增加货存量，其存储量是普通仓库的 5～10 倍。同时，自动化立体仓库采用计算机管理，可以大大减少库存货物数据的差错率，可以实现快速盘点和合理减少库存，提高进货和发货速度，加快资金周转，防止货物的非生产性损坏以及生锈、变质、自然老化等损失，同时也减少了仓库工作人员。自动化立体仓库的出现，使原来的“静态仓库”变成了“动态仓库”，从而成为现代物流系统的物资调节和流通中心。

2. 自动化立体仓库的特点

(1) 自动化立体仓库一般都较高。其高度一般在 5m 以上，最高达到 40m，常见的立体仓库在 7～25m。

(2) 自动化立体仓库必然是机械化仓库。由于货架在 5m 以上，人工已难以对货架进行进出货操作，因而必须依靠机械进行作业。而立体仓库中的自动化立体仓库，则是当前技术水平较高的形式。

(3) 自动化立体仓库中配置有多层货架。由于货架较高，所以又称为高层货架仓库。

(4) 自动化立体仓库的计算机管理系统可以与工厂信息管理系统(如 ERP 系统)及生产线进行实时通信和数据交换，这样自动化立体仓库成为 CIMS(计算机集成制造系统)及 FMS(柔性制造系统)必不可少的关键环节。

(5) 结合不同类型的仓库管理软件、图形监控及调度软件、条形码识别跟踪系统、搬运机器人、自动导引小车、货物分拣系统、堆垛机寻址系统、堆垛机控制系统、货位探测器等，可实现立体仓库内的单机手动、单机自动、联机控制、联网控制等多种立体仓库运行模式，实现仓库货物的立体存放、自动存取、标准化管理，可大大降低储运费用，减轻劳动强度，提高仓库空间利用率。

3. 自动化立体仓库的分类

自动化立体仓库是一个复杂的综合自动化系统，作为一种特定的仓库形式，一般有以下几种分类方式。

1) 按建筑形式分类

按建筑形式可以分为整体式和分离式。

(1) 整体式。整体式是指货架除了储存货物以外，还可以作为建筑物的支承结构，就像是建筑物的一部分，即库房与货架形成一体化结构，如图 4-56(a)所示。这种结构重量轻、整体性好，对抗震特别有利。

(2)分离式。分离式是指储存货物的货架独立存在，建在建筑物内部，如图4-56(b)所示。它可以将现有的建筑物改造为自动化立体仓库，也可以将货架拆除，使建筑物用于其他目的。

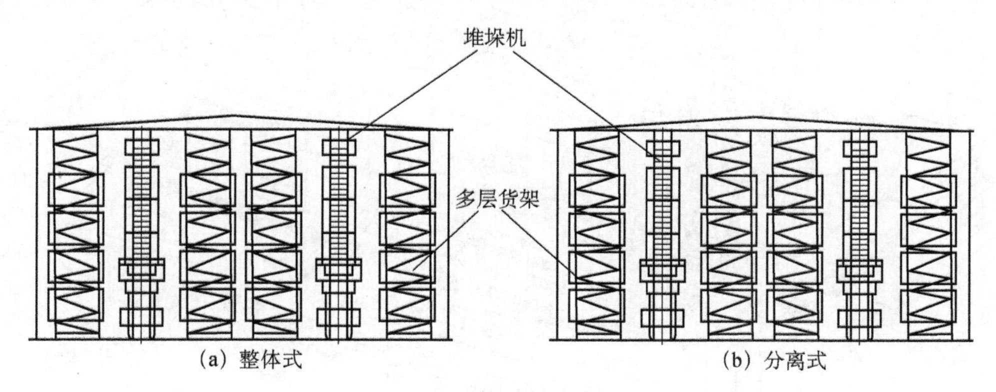

图4-56　立体仓库示意图

2)按货物存取形式分类

按货物存取形式可以分为单元货架式、移动货架式和拣选货架式。

(1)单元货架式。单元货架式是一种最常见的结构，货物先放在托盘或集装箱内，再装入仓库货架的货格中。

(2)移动货架式。移动货架式由电动货架组成，货架可以在轨道上行走，由控制装置控制货架的合拢和分离。作业时货架分开，在巷道中可进行作业，不作业时可将货架合拢，只留一条作业巷道，从而节省仓库面积，提高空间的利用率。

(3)拣选货架式。拣选货架式仓库的分拣机构是这种仓库的核心组成部分，它有巷道内分拣和巷道外分拣两种方式。两种分拣方式又分人工分拣和自动分拣。

3)按货架构造形式分类

按货架构造形式可分为单元货格式、贯通式、水平循环式和垂直循环式仓库。

(1)单元货格式仓库。单元货格式仓库，也称巷道式立体仓库，是使用最广、适用性较强的一种仓库形式。其特点是货架沿仓库的宽度方向分成若干排，每两排货架为一组，其间有一条巷道供堆垛起重机或其他起重机作业，巷道的端部为出入库装卸站。每排货架沿仓库纵长方向分为数列，沿垂直方向又分若干层，从而形成大量货格，用以储存货物，如图4-57所示。在大多数情况下，每个货格存放一个货物单元(一个托盘或一个货箱)。在某些情况下(例如，货物单元比较小，或者采用钢筋混凝土的货架)一个货格内往往存放两三个货物单元，以便充分利用货格空间，减少货架投资。这种仓库的巷道要占去1/3左右的面积，为了提高仓库面积的利用率，出现了货架合并而形成的贯通式仓库。

(2)贯通式仓库。在单元货格式仓库，巷道占去1/3左右的面积，为了提高仓库面积利用率，在某些情况下可以取消位于各排货架之间的巷道，将货架合并在一起，使同一层、同一列的货物相互贯通，形成能依次存放多货物单元的通道。在通道一端，由一台入库起重机将货物单元装入通道，而在另一端由出库起重机取货，这就是贯通式仓库。

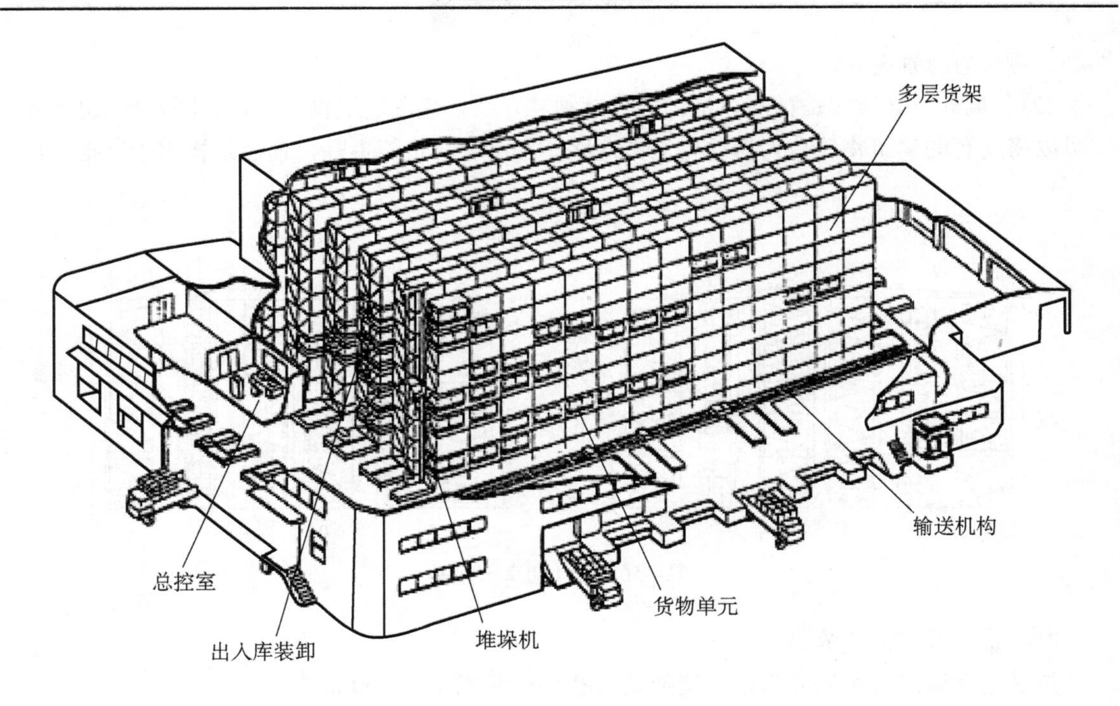

图 4-57　单元货格式立体仓库

根据货物在仓库中移动方式的不同，贯通式仓库又分为重力式货架仓库和梭式小车货架仓库。图 4-58 为重力式货架仓库，货物单元在其重力作用下，依靠存货通道的坡度从入库端自动向出库端移动，直到碰上已有的货物单元而停止。当出库端的货物单元取走后，后面的货物单元在重力作用下依次向出库端移动。重力式货架适用于存储品种不太多而数量又相对较多的货物。

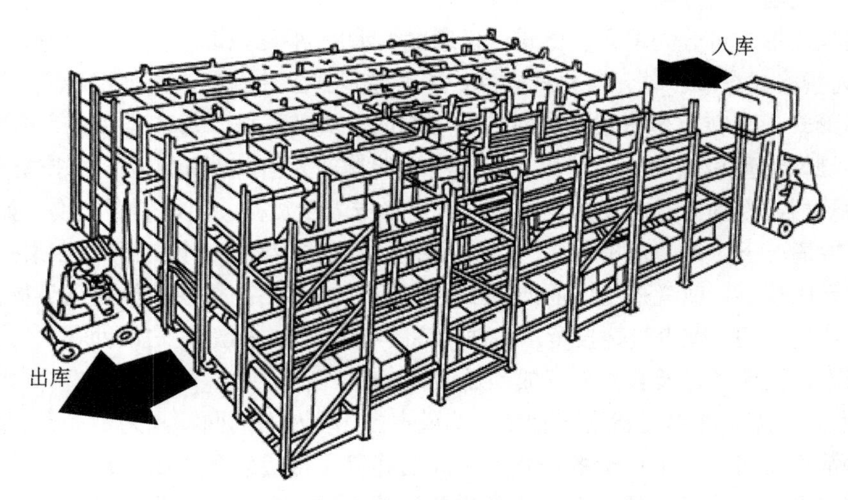

图 4-58　重力式立体仓库

图 4-59 为梭式小车货架仓库的工作原理图，由梭式小车在存货通道内往返穿梭以搬运货物，要入库的货物由叉车送到存货通道的入库端，然后由位于这个通道内的梭式小车将货物搬到出库端或依次排在已有货物单元的后面。出库时，由出库叉车从存货通道的出库端叉取货物，通道内的梭式小车则不断地将通道内的货物单元依次搬到通道口的出库端，给叉车“喂料”。这种货架结构比重力式货架要简单。梭式小车可以自备电源，工作灵活，其数量可根据仓库作业的频繁程度来确定。

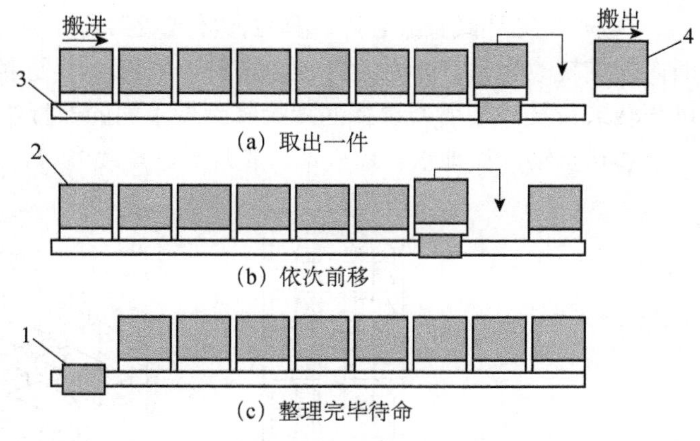

图 4-59　梭式小车的工作原理

1-梭式小车；2-货物单元；3-小车轨道；4-出库货物

(3) 水平循环式货架仓库。水平循环式货架仓库的货架本身可以在水平面内沿环形路线来回运行。每组货架由数十个独立的货柜组成，由一台链式输送机将这些货柜串联起来。每个货柜下方有支承滚轮，上部有导向滚轮。输送机运转时，货柜便相应地移动。需要提取某种货物时，操作人员只需在操作台上给出指令，相应的一组货架便开始运转。当装有货物的货柜来到拣选口时，货架便停止运转，操作人员可从中拣选货物。货柜的结构形式根据所存货物的不同而变更。

水平循环式货架仓库分为整体水平旋转货架和多层水平旋转货架两种。图 4-60 所示为整体水平旋转货架仓库，每组货架由多个独立的货柜通过链式输送机串联而成，当需要提取货物时，操作人员只需在操作台上给出指令，仓库在输送机的驱动下在水平面内沿环形路线移动，装有被选货物的货柜就可到达拣选口时货架便停止运转，操作人员就可从中拣选货物。水平循环货架仓库对于小件物品的拣选作业十分合适，这种仓库灵活、简便、实用，能够充分利用建筑空间，对土建没有特殊要求，很适用于作业频率要求不高的场合。对于存储量大、作业频率较高的场合，可采用多层水平循环货架(图 4-61)。

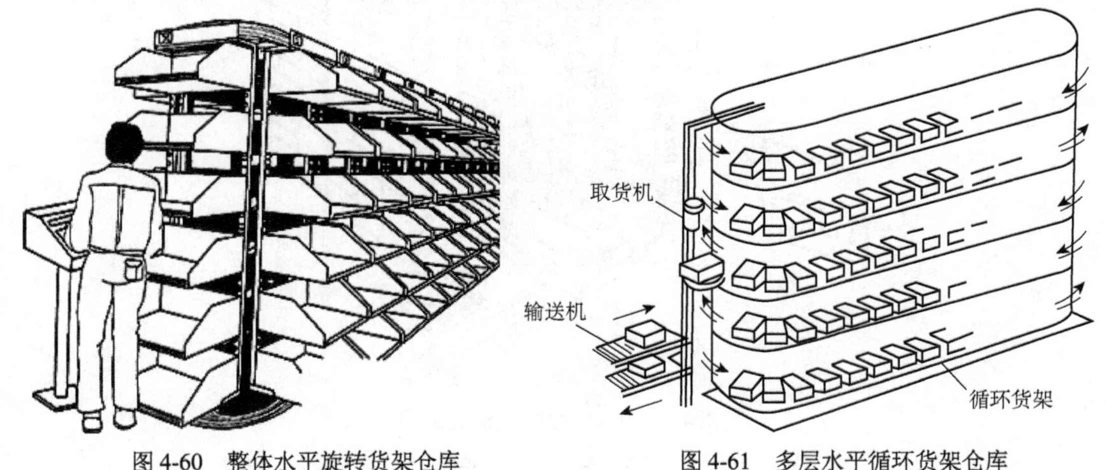

图 4-60　整体水平旋转货架仓库　　图 4-61　多层水平循环货架仓库

(4) 垂直循环式货架仓库。垂直循环式货架仓库与水平循环式货架仓库相似，只是把水平面内的旋转改为垂直面内的旋转，如图 4-62 所示。这种仓库的货架本身就是一台提升机，可以正转或反转，使所要选择的货物降到最下面的取货位置。垂直循环式货架特别适用于存放长的卷状货物，如地毯、地板革、胶片卷、电缆卷等，这种货架也可用于储存小件物品。

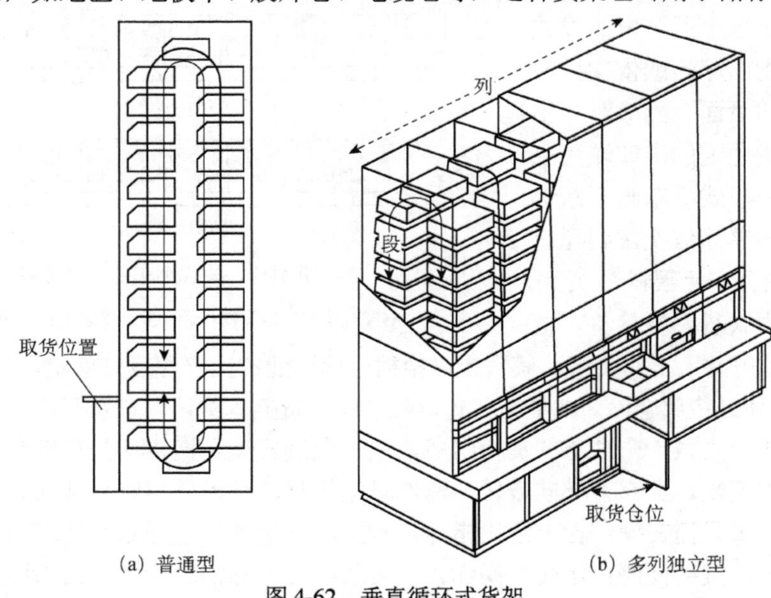

图 4-62　垂直循环式货架

自动化立体仓库还可以有其他分类方式，以上所述只是比较常见的几种。

4.4.3　自动化立体仓库的构成

自动化立体仓库主要由高层货架、巷道式堆垛起重机、入(出)库工作站台、运输小车、托盘、调度控制系统以及管理系统等组成，如图 4-63 所示。

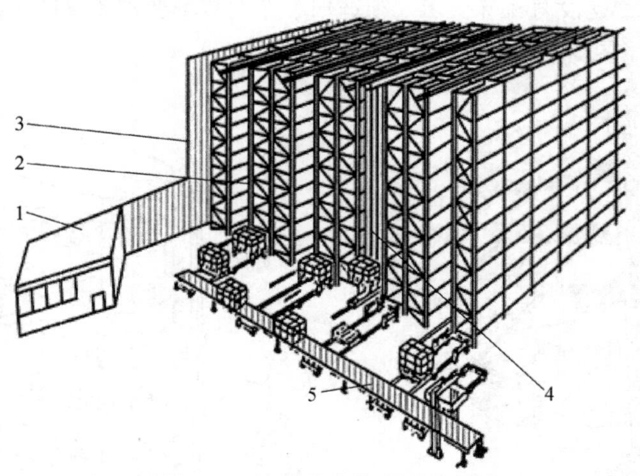

图 4-63　自动化立体仓库示意图

1-控制装置、计算机；2-货架；3-仓库建筑；4-堆垛机；5-外围输送设备

1. 高层货架

高层货架是自动化立体仓库的主体。它通常由冷拔型钢、角钢、工字钢焊接而成。在设计与制造时，首先要保证货架的强度、刚度和整体稳定性，其次要考虑减轻货架质量，降低钢材消耗。

在自动化立体仓库中，货物通常存放在货架的单元格(货位)中。货架的单元格通常按照某种方式进行编址，每个单元格通常都有一个唯一的编址地址，以便确定货物被存放到货架的特定货位或从特定的货架货位取出货物。

货物(物料)在货位中的存放通常有两种方式：一种是采用堆垛方式，这种方式可以将相同的货物堆积存放，一个货位可以存放多个货物，仓库利用率高，但因货物存取必然要花费较多的时间从而效率较低；另一种是采用平铺方式，这种方式每个货位通常只存放一件货物，货物存取方便效率高，但因其仓库利用率低，因此这种方式主要应用于所存放的货物大而重的一些场合。如果所存放的货物较小较轻，通常都尽量采用堆垛方式。为此，通常将不同的货物存放在标准的托盘(或货箱)里，然后就可以将货物以堆垛方式存放在立体的货架上。

2. 堆垛机

巷道式堆垛机是一种在自动化立体仓库中使用的专用起重机，主要由行走机构、升降机构、装有存取机构的载货台、机架(车身)和电气设备5部分组成，如图4-64(a)所示。其作用是在高层货架间的巷道中穿梭运行，将巷道口的储料单元存入，或者相反，将货位上的储料单元取出送到巷道口。

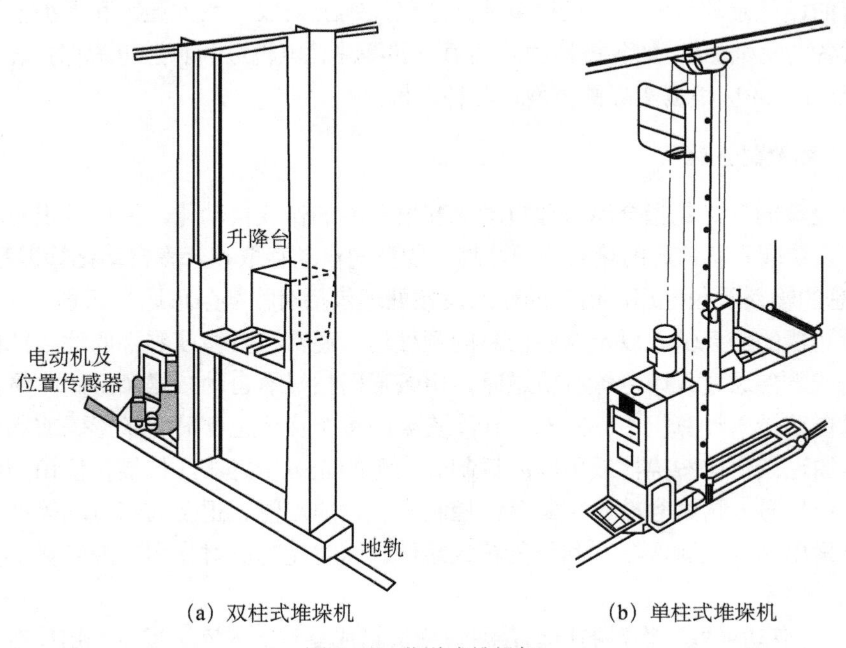

(a) 双柱式堆垛机　　(b) 单柱式堆垛机

图4-64　巷道式堆垛机

巷道式堆垛机通常要完成至少三个动作：一是整个堆垛机沿巷道轨道的纵向行走，由行走机构完成；二是升降台沿堆垛机垂直轨道的上下升降，由升降机构完成；三是装卸台沿横向的伸缩，由装卸台伸缩机构完成。这三个动作结合，实现对货架上任意位置货物的存取。

堆垛机按其立柱形式可分为双柱式和单柱式两种类型。图 4-64 为双柱式和单柱式堆垛机，堆垛机在巷道轨道上行走，其上的装卸盘可沿框架或立柱导轨升降，以便对准每一个仓位，取走或送入货箱。

(1) 单柱式堆垛机。图 4-64 (b) 所示的单柱式堆垛机，由一根立柱和横梁组成，立柱采用型钢或钢板焊接结构，立柱上有导轨，单柱式结构的整机重量轻，成本低，但刚性较差，一般用于起重 2t 以下货物，且起升高度不超过 45m。堆垛机由机架、行走机构、起升机构、载货台、取货机构、电气设备、安全保护装置等组成。机架由立柱、上横梁、下横梁组成一个框架。起升机构由电动机、制动器、减速器、卷筒、链轮、柔性件 (钢丝绳和起重链) 等组成。载货台是货物单元的承载装置，由货台本体和存取货装置组成。

(2) 双柱式堆垛机。图 4-64 (a) 所示的双柱式堆垛机由两根立柱和上横梁组成一个长方形的框架结构，因此其整机刚性好，运行速度高，能快速启动和制动，起重重量可达 5t，适合于起重高度大、起重量大、水平运行速度高的场合。

目前，堆垛机的行走速度最高可达 240m/min，载货台的升降速度最高可达 90m/min。

巷道式堆垛机通常采用电力拖动、计算机控制，并具有检测和安全保护装置。在电力拖动方面，目前多用的是交流变频调速，从而满足堆垛机高速运行、换速平稳、低速准停的要求。对堆垛机的控制一般采用可编程控制器、单片机和计算机等。检测系统必须有堆垛机自动寻址、货位虚实探测以及货箱位置检查等功能。为了保证人身及设备的安全，堆垛机必须配备有完善的硬件及软件的安全保护装置，电气控制上采取一系列连锁和保护措施。除了一般起重机常备的安全保护 (如各机构的终端限位和缓冲、电机过热和过电流保护、控制电路的零位保护等) 外，还应根据实际需要增设各种保护。

3. 计算机控制系统

自动化仓库的含义是指仓库管理自动化和出入库的作业自动化，因此要求自动化仓库的计算机控制系统应具备信息的输入及预处理、物料的自动存取和仓库自动化管理等功能。

(1) 信息的输入及预处理。信息的输入及预处理包括对物料条形码的识别、认址检测器、货位状态检测器的信息输入以及这些信息的预处理。通常在货箱或零件的适当部位贴有条形码，当货箱或零件通过入库运输机轨道时，用条形码扫描器自动扫描条形码，将货箱或零件的有关信息自动录入计算机中。同样，仓库货架的每个货位也都贴有条形码或其他识别码，认址检测器通过条形码扫描器或用脉冲调制式光源的光电传感器，扫描货位识别码，并向控制机发出认址信号，再进行准确判断后，控制堆垛机的启停、正反向和点动等动作。货位状态检测器可采用光电检测方法，利用货箱或零件表面对光的反射作用，探测货格内有无货箱或零件。

(2) 物料的自动存取。物料的自动存取包括货箱或零件的入库、搬运和出库等工作。当物料入库时，货箱或零件的地址条形码自动输入到计算机内，因而计算机可方便地控制堆垛机的行走机构和升降机构移动，到达对应的货位地址后，堆垛机停止移动，把物料送入该货格内。当要从仓库中取出物料时，首先输入物料的条形码，由计算机检索出物料的地址，再驱动堆垛机进行认址移动，到达指定地址的货位取出物料，并送出仓库。

(3) 仓库自动化管理。仓库自动化管理包括对仓库的物资管理、账目管理、货位管理及信息管理等内容。入库时，将货箱或零件“合理分配”到各个巷道作业区，以提高入库速度；出库时，能按“先进先出”的原则、其他排队原则出库，或按生产系统需要随机出库，同时，还要定期或不定期地打印各种报表。当系统出现故障时，系统能够进行自动故障报警，并暂停发生故障的巷道的出、入库作业，并进行信息修正。

4.4.4　自动化立体仓库的总体布局

首先，要确定货物在高架仓库内的流动形式，一般有三种，即同端出入式、贯通式和旁流式，如图 4-65 所示。

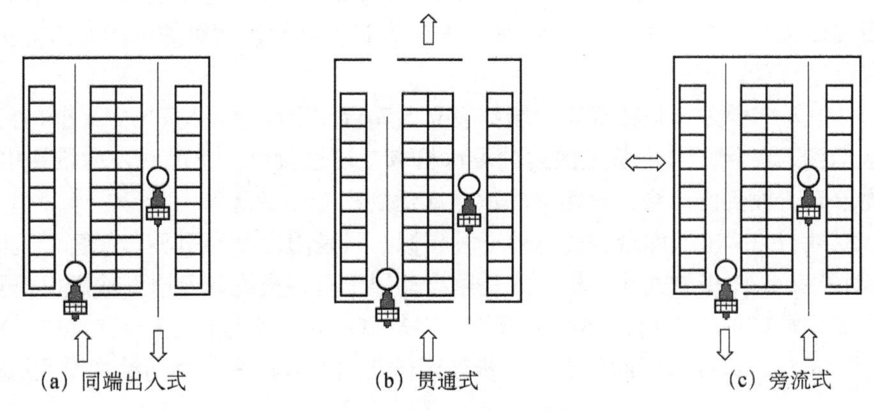

图 4-65　高架仓库的物流形式

(1) 同端出入式是货物的出、入库都布置在巷道的同一端。这种布置由于采用就近入库和出库原则，可以缩短出、入库时间。当仓库存货不满，储位随机安排时，其优点尤为明显。由于出、入库作业在同一区域，便于集中管理。因此，若无特殊要求，一般应采用同端出入方式。

(2) 贯通式是货物从巷道的一端入库，另一端出库。这种方式总体布置简单，便于操作和维修保养。但是，对于每一个货物单元来说，要完成它的入库和出库的全过程，堆垛机需要穿过整个巷道，而且要不同程度地将库内物流分开。

(3) 旁流式是高架仓库的货物是从仓库的一端(或侧面)入库，从侧面(或一端)出库。这种物流方式要求货架中间分开，设立通道，同侧门相通，这样就减少了货格，但可同时组织两条路线进行作业，方便不同方向的出入库。

根据高架仓库的物流形式，可在物流路径的终点设置相应的出入库台，即同端出入库台、两端出入库台和中间出入库台。一般来说，出入库台多在同一平面，但由于仓库作业的需要，也有将出入库台安排在不同平面的情况(图 4-66)。

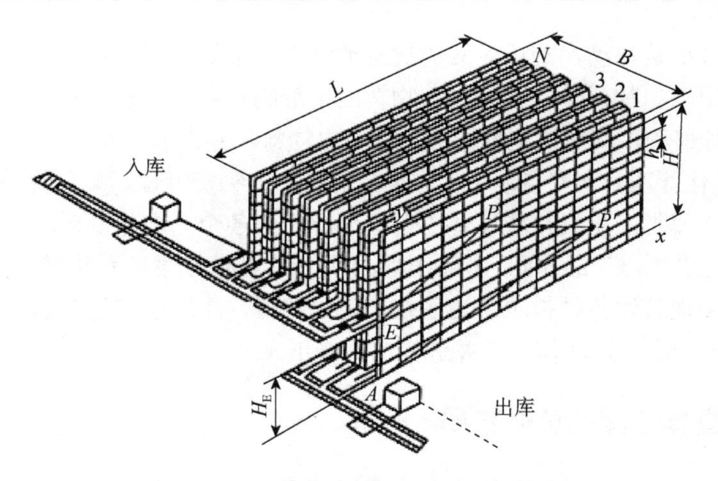

图 4-66　出入库台安排在不同的平面示意图

其次，解决好立体仓库的作业区(出、入库区)与货架区的衔接问题。一般来说，它们的衔接可采用堆垛机与叉车、堆垛机与 AGV 或与输送机及其他搬运机械的配套来解决。具体的衔接方式有以下几种。

(1) 叉车-出入库台方式是在货架的端部设立入库台和出库台。入库时，叉车将货物单元从入库作业区运到入库台，再由货架区内的堆垛机取走送进货位。出库时，由堆垛机从货物单元取出货物单元，放到出库台，再由叉车取走，送到出库作业区。

(2) 自动导引小车-出入库台方式与前一种相似，只是用自动导引小车代替了叉车。

(3) 自动导引小车-积放式输送机方式是用自动导引车将货物单元送到输送机，再由输送机将货物送到货架端部的入库台，然后由堆垛机将货物单元从输送机上取走送进货位。出库时反向运行(图 4-67)。这种方式的优点在于货架区作业的堆垛机是一种间歇式作业机械，同样

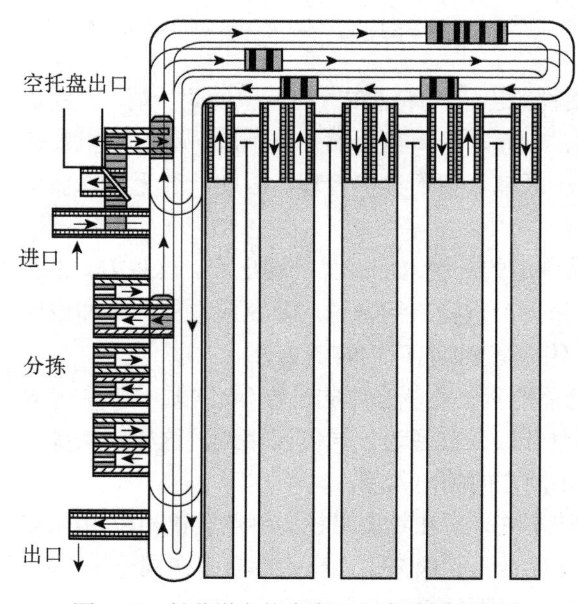

图 4-67　长巷道立体仓库出入库平面示意图

往输送机上放置货物的自动导引小车也是间歇式作业机械，这就要求解决好两者间在工作节拍上的衔接问题，而这一协调任务可通过积放式输送机来解决。

(4) 叉车-积放式输送机方式与前一种方式相似，只是用叉车代替了自动导引小车，是一些大型自动化仓库和流水线仓库最常采用的方式。

最后，确定堆垛机轨道铺设形式。堆垛机是立体仓库货架巷道的主要作业机。堆垛机数量可根据出入库频率和堆垛机作业周期来确定，一般要求在每个货架巷道中的地面和顶棚下铺设轨道，安装一台堆垛机。实际上，由于堆垛机的走行速度一般都在 80～160m/min，载货台的升降速度一般在 20～60m/min，每个巷道的作业量一般都小于堆垛机的理论工作量，所以有必要在货架间安排一些弯道，方便堆垛机在不同巷道间的调动(图 4-68)。

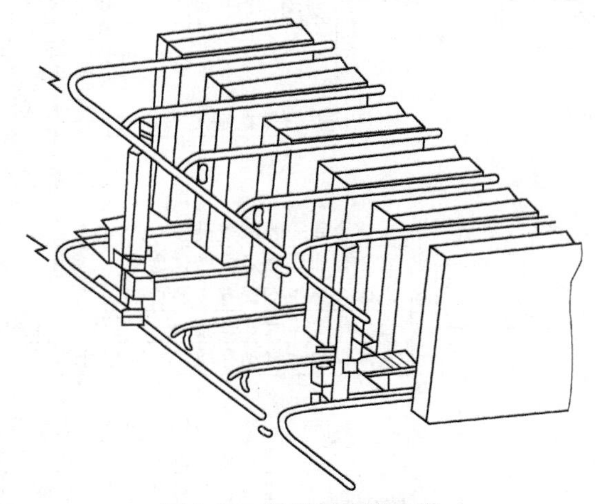

图 4-68　堆垛机弯道方案

采用弯道布置形式，需要在地面和顶棚下安装轨道。由于堆垛机更换作业巷道时需要时间，从而影响了堆垛机的作业效率，所以可采用另一种方案，即转轨小车和堆垛机联合作业方案(图 4-69)。该方案应用一台转轨小车解决堆垛机工作巷道的调整问题，为了提高系统的

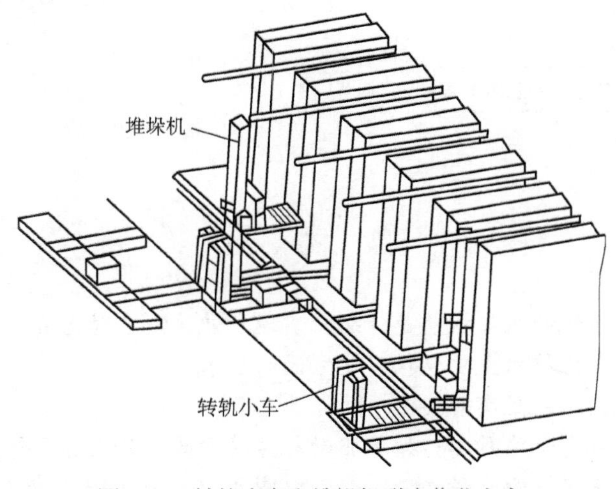

图 4-69　转轨小车和堆垛机联合作业方案

作业效率，在没有转移堆垛机任务时，转轨小车可直接到取货台取货，再将货物送到堆垛机前，由堆垛机叉取或将堆垛拣取的货物送到出库台。

知识小结：自动化仓库

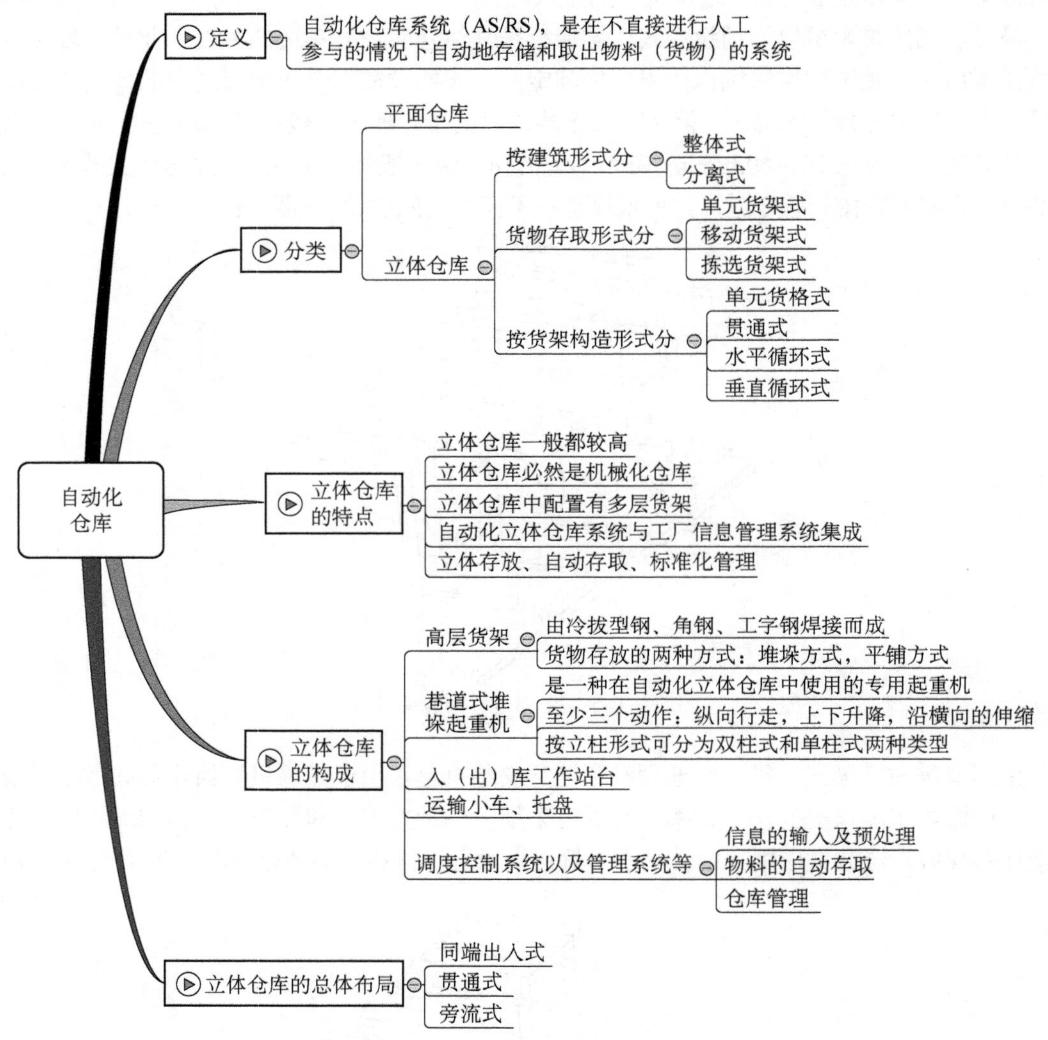

思 考 题

4-1 物流、物流系统的基本概念是什么？实现物流系统自动化具有什么意义？

4-2 物料储运自动化技术主要包括哪些方面的技术？

4-3 常见的物流输送装置有哪些？

4-4 常见的输送机有哪些种类？按其驱动与传动方式，分别具有什么样的特点？

4-5 步伐式输送装置有哪两种类型？分别以图 4-11～图 4-13 分析其传动输送原理。

4-6 随行夹具的基本概念是什么？随行夹具有哪些返回方式？

4-7 什么是随行工作台站？

4-8 自动运输小车通常有哪两种？有轨运输小车与无轨运输小车的基本工作原理各是什么？各具有什么样的优缺点？

4-9 自动导引小车(AGV)的基本构成有哪些？有哪两种主要的导航方式？每种导航方式又有哪些具体的导引方式？导引原理是什么？

4-10 什么是移载机？它具有什么样的结构形式？主要应用在什么样的场合？

4-11 物料交换装置的基本概念是什么？常见的物料交换装置有哪些？

4-12 托盘交换装置的主要作用是什么？托盘交换装置主要有哪两种形式？

4-13 上下料机械手又被当作什么？它有哪两种结构形式？主要应用在什么样的场合？

4-14 按自动化程度上下料装置分为哪两种？上下料装置的基本作用是什么？

4-15 按被加工原材料及毛坯形状和尺寸，自动上料装置主要分为哪四类？

4-16 物料自动上料装置按其结构特点和自动化程度又可分为哪两种形式？以图4-38为例，分别说明其原理。

4-17 料斗式上料装置有哪两大类？与料仓式上料装置相比，料斗式上料装置应该具有什么机构？消拱器的作用是什么？

4-18 料仓式上料装置与料斗式上料装置的主要区别是什么？料仓式上料装置通常由哪些部分组成？通过分析和理解图4-48～图4-54，掌握料仓、隔料器、上料器等的典型结构。

4-19 理解物料储运自动化、物料存储自动化的基本概念，理解和掌握自动化仓库系统(AS/RS)和自动化立体仓库的基本概念。

4-20 自动化立体仓库有哪些特点？通常自动化立体仓库有哪些分类方式？自动化立体仓库包括哪些组成部分？分别具有什么样的作用？

4-21 按照货物在高架仓库内的流动形式，自动化立体仓库通常有哪三种总体布局？

第 5 章　装配自动化技术

本章知识要点

(1) 掌握制订装配工艺的原则，装配工艺规程的内容及自动装配工艺设计的一般要求。

(2) 掌握自动装配设备的分类方法。

(3) 掌握装配机、装配工位、装配间、装配中心、装配系统的组成原理及典型结构。

(4) 掌握装配机器人的分类、结构、系统组成。

(5) 学会分析典型的装配机器人、自动装配线应用实例的组成原理、结构及装配工艺流程。

(6) 了解装配机器人和自动化装配生产线在制造领域的实际应用。

探索思考

在以前的机械设计课程中，我们都设计过齿轮式减速器，参考齿轮减速器总装配图，试分析此减速器的构造组成、装配工艺流程及如何进行自动化装配。

预备知识

熟悉和复习在 3D CAD 软件(如 AutoCAD、Solid Works 或 ProE 等) 中进行组合体 3D 虚拟装配及生成爆炸视图的方法。

5.1　装配技术基础和装配自动化技术概述

5.1.1　装配的基本概念

所谓装配，就是按照规定的技术要求，通过搬送、连接、调整、检查等操作把具有一定几何形状的零件组合到一起从而成为产品的工艺过程；它是整个生产系统的一个重要组成部分，是整个制造工艺过程的最后一个环节。产品的质量最终是通过装配保证的，装配质量在很大程度上决定产品的最终质量。

为了方便制造和装配，通常将一个完整的产品从结构上分解为由零件、套件、组件和部件组成，然后进行分别设计、制造和装配，最后总装成为产品。零件是组成产品的最小单元，一般不能再进行结构上的分解。有的零件具有配合基准面，可作为装配基础件，使装配在它上面的零件具有正确的相对位置和姿态。装配的第一步是基础件的准备。基础件是整个装配过程的第一个零件。在一个基准零件上，装上一个或若干个零件就构成了一个套件，这是最小的装配单元。每个套件只有一个基准零件，为套件而进行的装配工作称为套装。组件由一个或若干个套件和零件装配而成，但不具有独立的功能。如活塞连杆组是一个组件，它由连杆、活塞、活塞销等零件装配而成，但它必须与缸体、缸盖和曲轴等协调起来才能进行工作。每个组件只有一个基准零件，它连接相关零件和套件并确定它们的相对位置。为形成组件而进行的装配工作称为组装。有时组件中没有套件，由一个基准零件和若干个零件所组成，组件与套件的区别在于前者可拆，而套件在以后的装配中一般为一个零件不再拆开。部件是由若干个组件、套件和零件装配而成的，在结构上和功能上具有独立性。一个部件也只能有一个基准零件，由它来连接各个组件、套件和零件，确定它们之间的相对位置。为形成部件而进行的装配工作称为部装。在一个基准零件上，装上若干个部件、组件、套件和零件就成为产品。一部产品也只有一个基准零件。为形成产品而进行的装配工作称为总装。

5.1.2　装配精度

装配精度是装配作业必须满足的首要技术条件，高精度的装配是保证产品功能、性能要求，提高产品质量的关键。

装配作业存在两种误差。一种是功能误差，指零部件装配到一起并且能够实现规定功能所允许的偏差。另一种是装配过程误差，它是与操作过程相关的由装配机械造成的位置和方向误差。

装配精度包括几何精度和运动精度。

几何精度是指尺寸精度和相对位置精度。尺寸精度反映了装配中各有关零件的尺寸和装配精度的关系，相对位置精度反映了装配中各有关零件的相对位置精度和装配相对位置精度的关系。

运动精度是指回转精度和传动精度。回转精度是指回转部件的径向跳动和轴向窜动，主要和轴类零件轴颈处的精度、轴承的精度、箱体轴孔的精度有关。传动精度是指传动件之间的运动关系，例如，转台的分度精度、车削螺纹时车刀与工件间的关联运动精度。

零件精度与装配精度密切相关。零件的技术要求须按照装配条件及在运转状态所应起的作用来确定。装配精度往往和几个零件有关，要控制装配尺寸链来保证该项装配精度。相关零件的相关精度的确定又与生产量和装配方法有关。一般来说，零件的精度越高越容易保证装配精度，但过分要求零件精度会大大增加生产成本。

装配精度与零件之间的配合要求和接触状态也密切相关。零件之间的配合要求是指配合面间的间隙量或过盈量，它决定了配合性质。零件之间的接触状态是指配合面或连接表面之间的接触面积大小和接触位置要求，它既影响接触刚度，也影响配合性质。

此外，零件在机械加工和装配中，由于力、热、内应力等所产生的变形，以及旋转零件的动态不平衡等，对装配精度也有很大影响。

5.1.3　连接方法及其自动化

装配工作中可以采用的连接方式多种多样，各种连接方法的使用因行业而异。在机械制造和车辆制造行业中，各种连接方法所占比例约为：螺纹连接 68%；铆接 16.5%；压接 10.5%；

销接 1.6%；弹性涨入 1.3%；粘接 1%；其他 1.1%。可见，其中螺纹连接的比例最大。结构复杂的产品，可能结合采用多种不同的连接方法(图 5-1)。

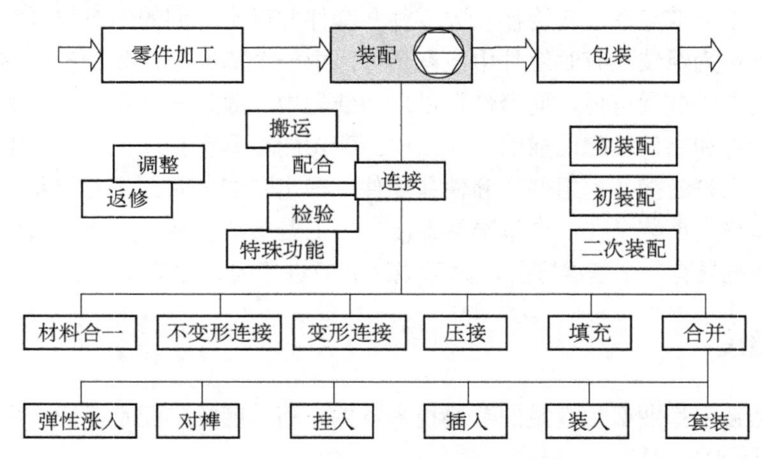

图 5-1　装配过程中的连接方法框图

各种连接方法各有特点，如可不可拆卸、接头形式、连接位置剖面形状、结合的种类、实现自动化的难易程度等方面都有差异、表 5-1 列举了常见连接方法的原理说明。

表 5-1　连接方法原理

连接方法	原理	说明
拆边	F B	形状耦合连接，把管形零件的边缘折弯
镶嵌、插入	B B	把小零件嵌入大零件
熔入	T T	铸造大零件时植入小零件
涨入	F	通过预先的变形嵌入
翻边、咬接	F	通过板材的边缘变形形成的连接
填充、倾注	P	注入流体或固体材料

续表

连接方法	原理	说明
开槽	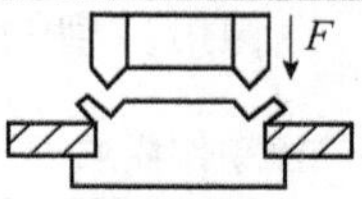 F	配合件插入基础件，挤压露出的配合件端部向外翻
钉夹	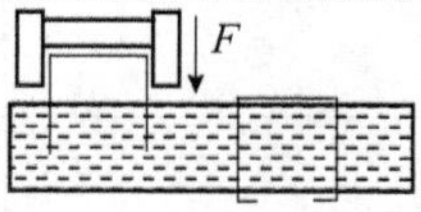 F	用扒钉穿透两个物体并折弯，形成牢固连接
粘接	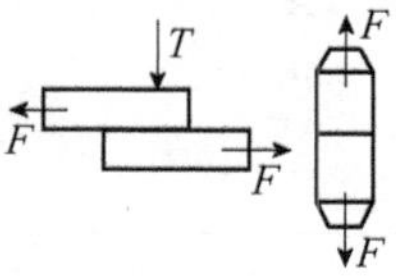 T F F F F	用黏结剂粘合在一起，有些需要加热
压入	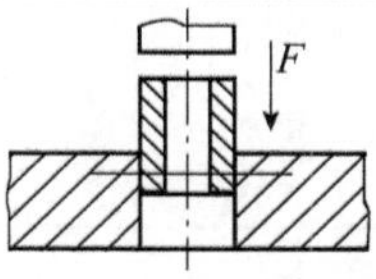 F	通过端部施加压力把一个零件插入另一个零件
凸缘连接	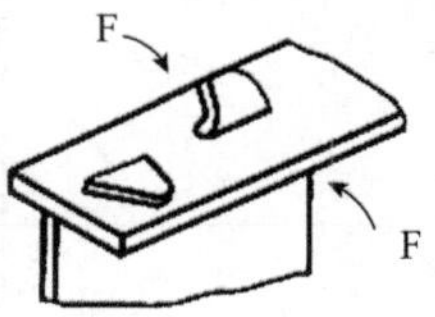 F F	使一个零件的凸缘插入另一个零件并折弯
铆钉	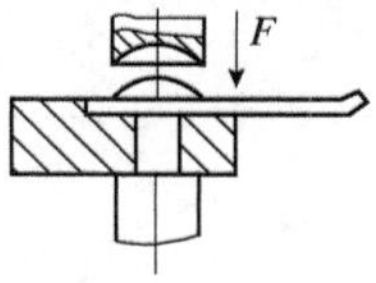 F	用铆钉连接
螺纹连接	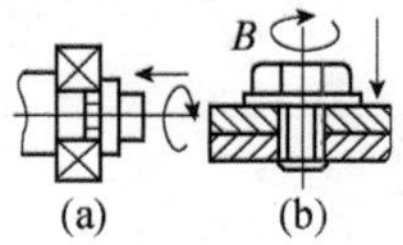 B (a) (b)	用螺钉、螺母或其他螺纹连接件连接
焊接	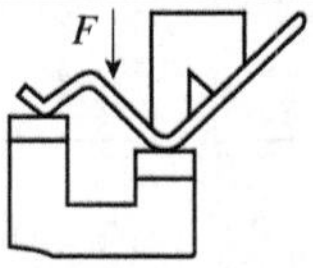 F	有压焊、熔焊、超声波焊等
合缝、铆合	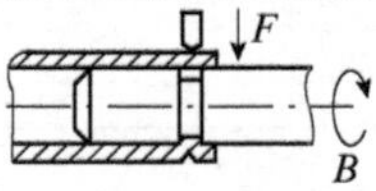 F B	使薄壁材料变形挤入实心材料的槽形成连接
铰接	 B	把两种材料铰合在一起形成连接

注：B 为运动；F 为力；P 为压力；T 为温度

若按照自动化的可实现性从小到大依次排列各种连接方法，其结果为：压接、翻边、搭接、收缩、焊接、铆接、螺纹连接、对茬接、挂接、咬边、钎焊、粘接。

装配动作过程决定了装配机械的运动模式。几种最典型的动作要求见表 5-2。

表 5-2　典型的连接动作要求

名称	原理	运动	说明
插入（简单连接）	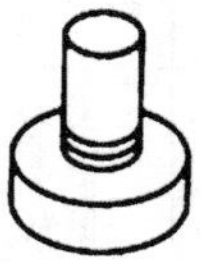		有间隙连接，靠形状定心
插入并旋转	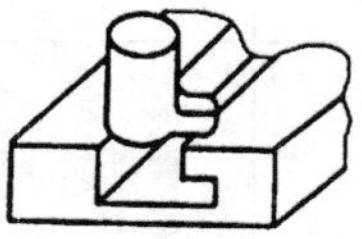	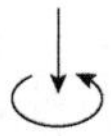	属形状耦合连接
适配	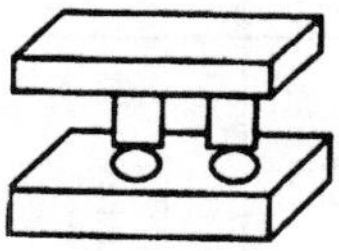		为寻找正确的位置精密地补偿
插入并锁住	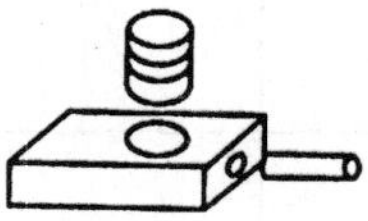		顺序进行两次简单连接
旋入	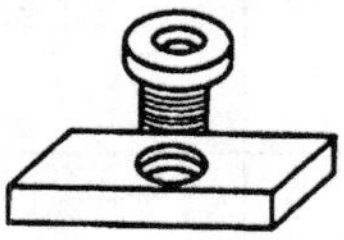	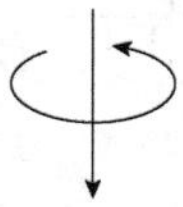	两种运动的复合，一边旋转一边按螺距往里钻
压入	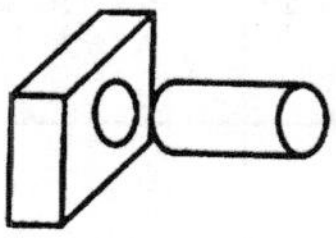	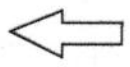	过盈连接
取走	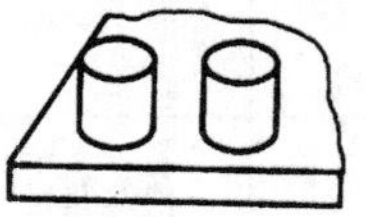		从零件储备仓取走零件
运动	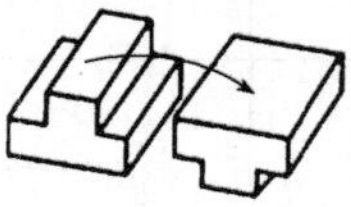		零件位置和方向的变化

续表

名称	原理	运动	说明
变形连接	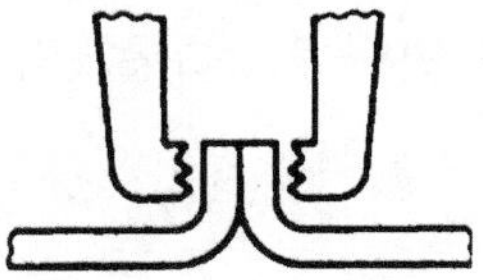		通过方向相对的压力来连接
通过材料流连接		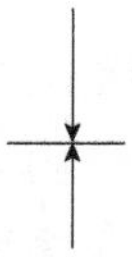	钎焊、熔焊等
临时连接	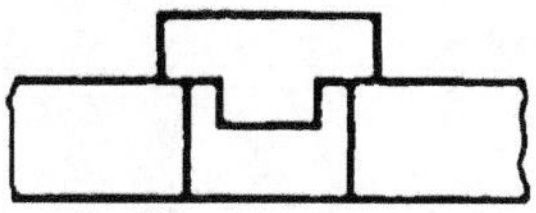		为搬送做准备

在连接过程中，连接工具是否可以不受任何阻碍地到达要求的位置也是决定装配动作能否实现的重要因素。

5.1.4　装配自动化的意义及现状

装配工艺过程自动化是机器制造生产系统自动化的一个重要环节。装配自动化的目的在于提高生产率、降低成本、保证产品质量与可靠性，完成某些手工无法胜任的含微小零件的产品装配，以及需在洁净空间内进行的精密产品装配。自动装配技术则是研究取代依赖人工技巧和判断力进行各种复杂操作的系统工程，它对产品质量和生产效率及生产过程综合自动化有重大影响。因此，自动装配技术是机械制造自动化的一个战略目标。

装配技术的发展经历了由手工装配到圆台式自动装配机、自动装配线装配，再到柔性自动化装配的发展过程。机械化、自动化装配最初是采用传统的机械开环控制单元，把运动行程和操作时间信息记录在机械装置上。其后的控制单元采用了预调顺序控制器，或者采用可编程控制器，摆脱了对操作时间分配和运动行程的机械刚性控制，由于各种信息都编制在控制程序中，故调整方便并提高了系统可靠性。发展到第三阶段，采用了装配伺服系统，控制单元配备了智能化的可编程控制器，能根据程序命令和反馈信息，使操作条件或动作维持在最佳状态。再进一步发展出现的柔性自动化装配中心可对装配工具、夹具、托盘、供料装置和机械控制单元直线快速更换，特别适应于多品种小批量产品。

机器的装配作业比其他加工作业复杂得多。相对现代加工技术的发展，装配工艺技术的发展滞后，已成为现代化生产的薄弱环节。在工业发达国家，自动装配机与金属切削机床之比也只有百分之几，而装配费用和装配工人数占到机器总成本和总生产人员的一半。目前我国产品装配自动化仅占 10%～15%，大多数装配是劳动密集型的手工装配操作过程，其劳动量在产品制造总劳动量中占相当高的比例。对一些典型产品的有关数据统计表明，其装配时间占总生产时间 53%左右，如果所有的装配都依靠人工，则生产率可能降低到 40%左右，而随着装配自动化水平的提高，生产率可上升到 85%～97%。此外还应看到，先进制造技术的发展使零件加工劳动量的下降速度比装配劳动量下降速度快得多，如果没有装配自动化的快速发展，两者之间的差别还会进一步加大。

5.1.5 装配自动化的内容和条件

与制造加工过程自动化一样，装配自动化的基本内容也包括两个方面，即装配过程中物流的自动化和信息流的自动化，但具体内容有差别。

装配过程中的物流自动化包括以下方面：

(1)装配零部件和给料自动化；

(2)零件的定向和定位自动化；

(3)装配作业自动化；

(4)装配前后零件和相配件配合尺寸精度的检验及选配自动化；

(5)产品质量的最终检验和试车自动化；

(6)产品的清洗、油漆、涂油、包装自动化；

(7)产品的运输和入库自动化。

装配过程中的信息流自动化包括以下方面：

(1)市场预测、订货要求与生产计划之间信息数据的汇集、处理和传送自动化；

(2)外购件、加工件的存取及仓库的配发等管理信息流自动化；

(3)自动装配机或装配线与自动运输、自动装卸机及仓库工作协调的信息流自动化；

(4)装配过程中的监测、统计、检查和计划调度的信息流自动化。

在决策采用自动化装配系统前，应考虑以下问题：产品的生产量与自动化装配系统是否相适应；产品结构和装配工艺是否稳定和具有先进性；采用自动化装配能否保证产品的装配质量；采用自动化装配系统在经济上是否合理，是否有利于提高产品竞争力。只有对这些问题都得出肯定答案，才可能采用自动化装配系统。

多品种小批量生产装配具有产品变更频繁、每种产品产量少的特点，故不适合采用流水作业的装配工艺，只适合采用通用性大、便于更换品种和工艺的装配工具及设备实现局部、部分装配工作自动化，或采用柔性装配系统、万能性好的装配机器人。自动装配机、自动供料机、输送机、装卸机、检验机都应具有可调性和易于重编程，所建立的自动装配系统用于不同装配工艺和产品时，应具有自动纠正相配合件定向误差和定位误差的功能，需能方便、迅速地重新调整。

大批量生产装配具有产品单一、生产量大的特点，适合采用流水作业装配工艺，要求采用各种专用的高效率装配自动化工具及设备，实现完全程度的自动化装配。常常由专用自动装配机、自动输送机、自动装卸机、自动检验机组建装配自动线和自动装配车间，以提高装配生产率和产品质量以及装配自动化程度、降低装配成本。

知识小结：装配自动化基础

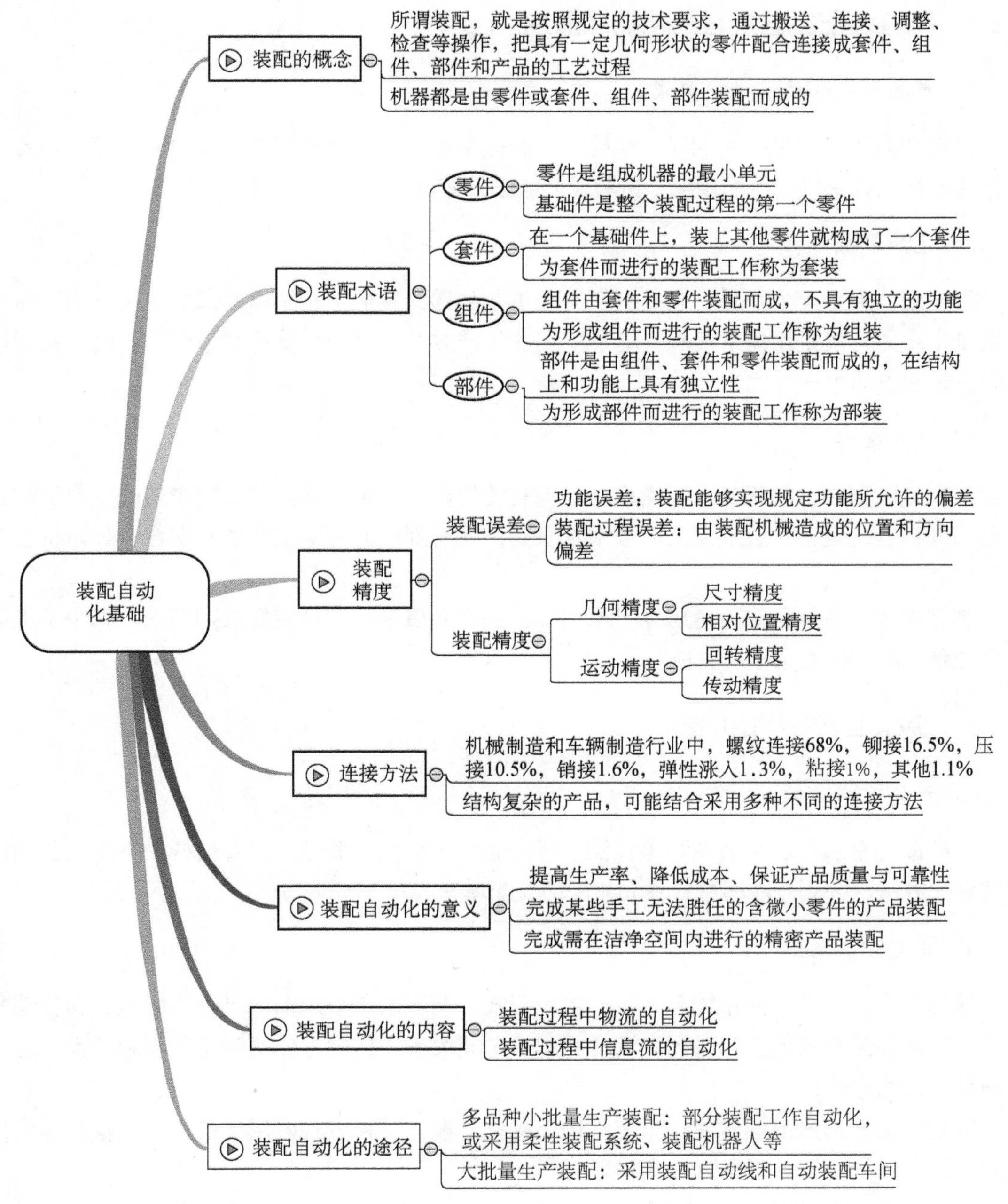

5.2 自动装配工艺

5.2.1 制订装配工艺规程的依据和原则

1. 产品图纸和技术性能要求

根据产品图纸制订装配顺序、装配方法和检验项目，设计装配工具和检验、运输设备。根据技术性能要求确定装配精度、试验及验收条件等。

2. 生产纲领

生产纲领就是年生产量，它是制订装配工艺和选择装配生产组织形式的主要依据。对于大批量生产，可以采用流水线和自动装配线的生产方式；对于小批量和单件生产的产品，可采用固定地点的生产方式。

3. 生产条件

在制订装配工艺规程时，要考虑工厂现有的生产和技术条件，如装配车间的生产面积、装配工具和装配设备、装配工人的技术水平等，使所制订的装配工艺能够切合实际，符合生产要求。

制订装配工艺规程时应考虑以下原则：保证产品质量、满足装配周期要求、减少手工装配劳动量、降低装配工作所占成本。

5.2.2 装配工艺规程的内容

1. 产品图纸分析

从产品的总装图、部装图和零件图了解产品结构和技术要求，审查结构的装配工艺性，研究装配方法，并划分能够进行独立装配的装配单元。

2. 确定生产组织形式

根据生产纲领和产品结构确定生产组织形式。装配生产组织形式可分为固定式和移动式两类。按照装配对象的空间排列和运动状态、时间关系、装配工作的分工范围和种类，可有多种具体组织形式。

固定式装配即产品固定在一个工作地上进行装配。这种方式多用于机床、汽轮机等成批生产中。

移动式装配流水线工作时产品在装配线上移动，有自由节奏和强迫节奏两种。采用自由节奏时各工位的装配时间不固定，而强迫节奏是定时的，各工位的装配工作必须在规定的节奏时间内完成，装配中如出现故障则立即将装配对象调至线外处理，以避免流水线堵塞。其中又可分为连续移动和断续移动两种方式。连续移动装配时，装配线作连续缓慢的移动，工人在装配时随装配线走动，一个工位的装配工作完毕后工人立即返回原地。断续移动装配时，装配线在工人进行装配时不动，到规定时间，装配线带着被装配的对象移动到下一工位。移动式装配流水线多用于大批量生产，产品可以是小仪器仪表，也可以是汽车、拖拉机等大产品。

随着装配机器人的发展出现了一些新的组织方式。原先的一些只能由熟练装配工实施的装配工作现在完全可以由机器人来实现。例如，由移动式机器人所执行的固定工位装配。装配工人和装配机器人共同组成的柔性装配系统也在中批量生产中得到应用。

3. 装配顺序的决定

在划分装配单元的基础上，决定装配顺序是制订装配工艺规程中最重要的工作。根据产品结构及装配方法划分出套件、组件和部件，划分的原则是先难后易、先内后外、先下后上，最后按零件的移动方向画出网络连线而得到装配系统图。例如，从图 5-2 的流程图可以知道哪些装配工作(1)可以先于其他步骤(3，4，5)开始，在此步骤中哪些零件被装配到一起；一种装配操作(如 2)最早可以在什么时间开始，什么步骤(如 3，4)可以与此平行地进行；在哪个装配步骤(如 5)中另一零件(D)的前装配必须事先完成。

可以用配合面来描述装配零件之间的关系。配合面即装配时各个零件相互结合的面。每一对配合面 f 构成一个配合 e。如图 5-3 所示部件的装配关系可以描述为

$$(e1\ [f_1, f_3])(e2\ [f_2, f_5])(e3\ [f_4, f_6])$$

可以看出，从功能上两次出现的表面是配合面。图 5-3 所示的部件包括 3 个配合，即

$$(bg1\ [e1, e2, e3])$$

用这种方法容易描述装配操作。在图 5-3 中有两个装配操作：

$$(OP1\ [f_1, f_3])\ (OP2\ [f_2, f_4, f_5, f_6])$$

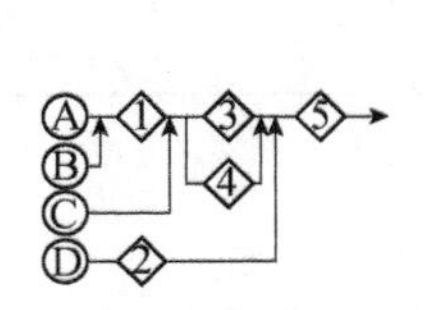

图 5-2　流程图

A、B、C、D-零件；1～5-连接过程

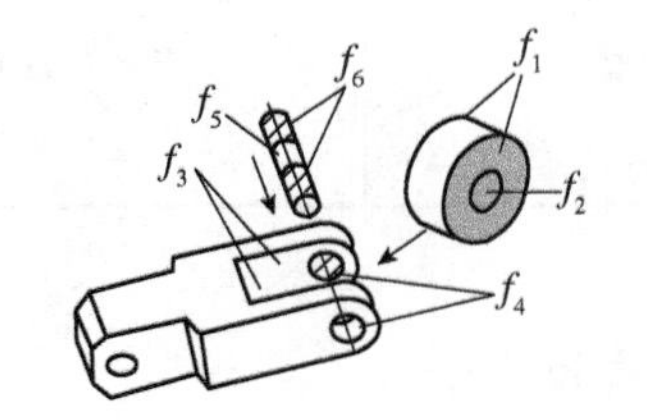

图 5-3　一个部件上的各个配合面

确定装配顺序时，除了考虑配合面，还要考虑装配对象、组织和操作工艺条件。表 5-3 给出了操作过程和功能优先权的说明。

表 5-3　在确定最佳装配顺序时优先权的导出

<table>
<tr><td rowspan="6">配合过程的优先权</td><td>连接方法</td><td colspan="3">特点</td></tr>
<tr><td>弹性涨入</td><td>弹性变形</td><td colspan="2">常规连接</td></tr>
<tr><td>套装
插入
推入</td><td>配合公差</td><td colspan="2">被动连接</td></tr>
<tr><td>电焊
钎焊
粘接</td><td>材料
结合</td><td rowspan="2">不可拆卸的连接</td><td rowspan="3">主动连接</td></tr>
<tr><td>压入铆接</td><td>形状
结合</td></tr>
<tr><td>螺纹连接、夹紧</td><td>力结合</td><td>可拆卸的连接</td></tr>
<tr><td rowspan="4">从技术功能考虑的优先权</td><td>功能</td><td>说明</td><td colspan="2">例子</td></tr>
<tr><td>准备支点</td><td>构成几何布局</td><td colspan="2"></td></tr>
<tr><td>定位</td><td>确定连接之前的相对位置</td><td colspan="2"></td></tr>
<tr><td>固定紧固</td><td>零件位置被固定</td><td colspan="2"></td></tr>
</table>

4. 合理装配方法的选择

装配方法的选择主要是根据生产大纲、产品结构及其精度要求来确定的。大批量生产多采用机械化、自动化的装配手段；单件小批生产多采用手工装配。大批量生产多采用互换法、分组法和调整法等来达到装配精度的要求；而单件小批生产多用修配法来达到要求的装配精度。某些要求很高的装配精度在目前的生产技术条件下，仍靠高级技工手工操作及经验来得到。

5.2.3　零件结构对装配自动化的影响

1. 零件实现自动装配的难易程度分级

适合装配的零件形状对于经济的装配自动化是个基本前提，其原则是使装配成本尽量降低。可以近似地用数字来评价零件实现自动装配的难易程度。由包含在一个部件里的所有零件的装配难度可以推断出此部件自动化装配的难易程度。按表 5-4 所示的方法划分为 4 个等级。每个配合件所构成的编码构成了一个 7 位数的关键字。这个关键字各位编码数字的总和称为装配工艺性评价标准。

表 5-4　零件实现自动化装配的难易程度分级

困难度	各位编码数之和	特点
1	<10	可以整理、传递、运输；容易实现自动化；技术方案也容易选择
2	10～20	自动化的实现属中等难度。整理、传递、运输要通过实验选定适当的设备
3	20～25	自动化的实现属较高难度。零件的可搬运性需要具体分析是否可靠和经济
4	＞25	由于搬运技术和装配技术方面的原因，自动化不能实现。必须改变零件的设计才能实现自动化装配

例如，一个不带孔也没有其他特征的塑料圆柱体

第一位数不对称的外形，非金属	2000000
第二位数没有不规则表面	000000
第三位数非铁磁性材料	20000
第四位数横截面为圆形，纵截面为矩形	2000
第五位数一个回转轴，一个对称平面	100
第六位数无中心孔，外轮廓直	10
第七位数无附加特征	0

编码　2022110

各位编码数字之和是 8。按照表 5-5，它的困难度是 1，也就是容易实现自动化传送和自动化装配。

图 5-4 给出了零件的自动化装配的工艺特征，据此可以判断哪些特征在成组装配中是有利的。图 5-5 举出了一个钢件实例，其编码为 1012227，困难度是 2。

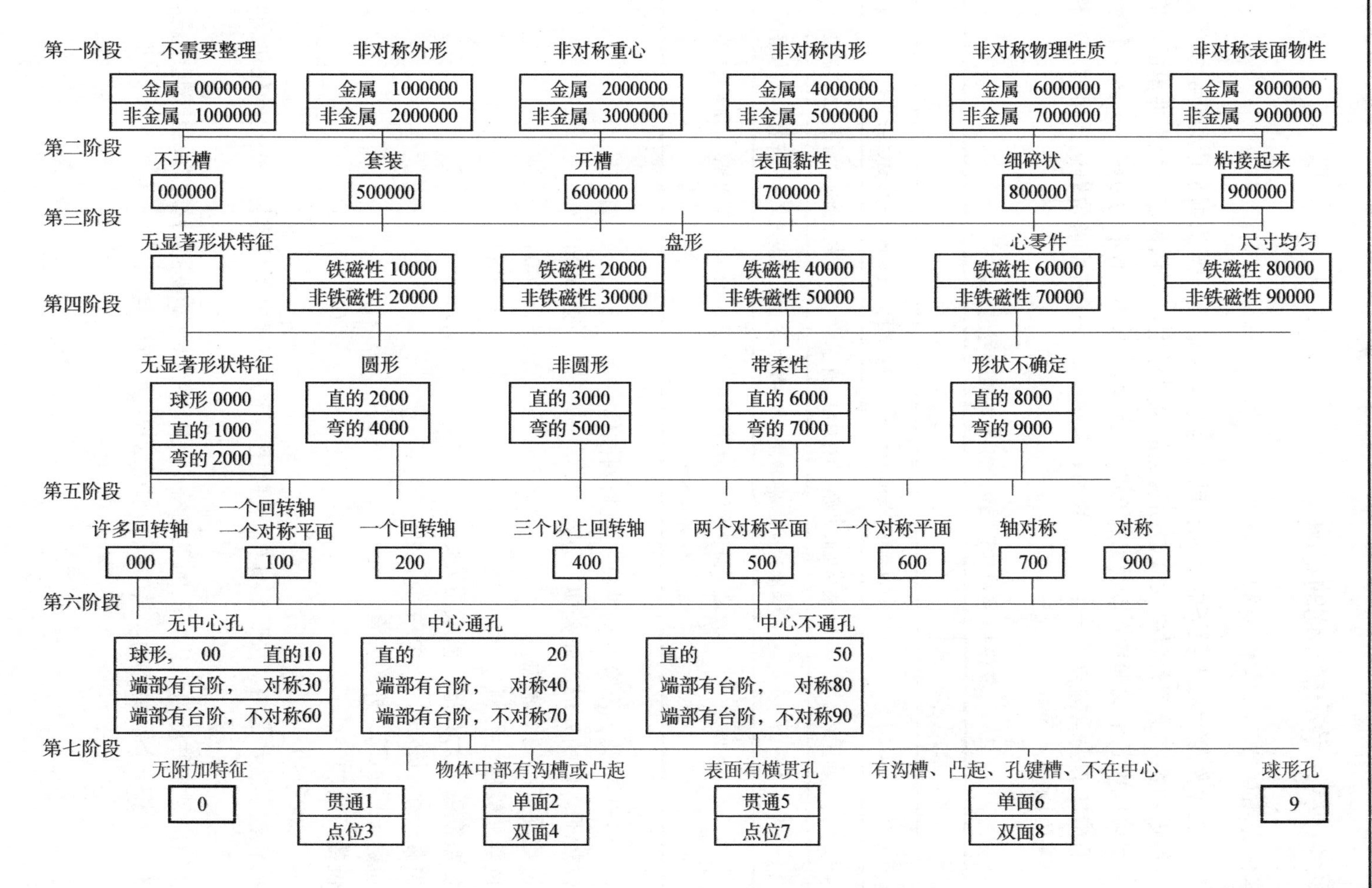

图5-4　零件的自动化装配工艺特性判断

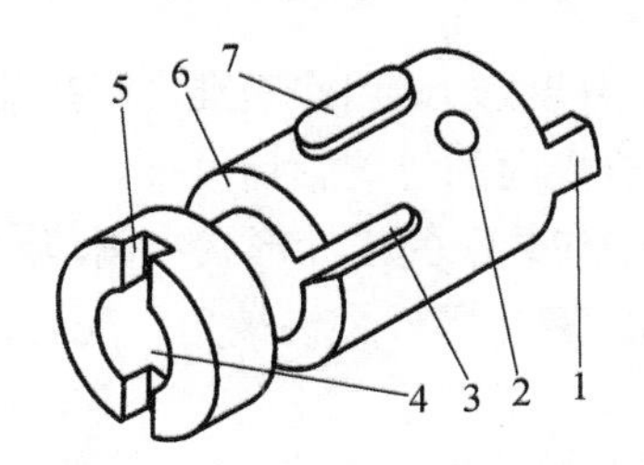

图 5-5　具有几种结构特征的钢件装配实例

1-非对称凸起；2-横贯开口；3-非对称开口；4-中孔；
5-中心对称端面键槽；6-环形槽；7-外缘凸起

2. 自动装配对零件结构的要求

1) 便于自动供料

(1) 零件的几何形状力求对称，便于定向处理；

(2) 如果零件由于产品本身结构要求不能对称，则应使其不对称程度按其物理和几何特性(重量、外形、尺寸)合理扩大，以便于自动定向；

(3) 使零件的一端成圆弧面而易于导向；

(4) 某些零件自动供料时须防止互相嵌套，例如，对有槽的零件宜将槽错开，对具有内外锥度表面的零件应使其内外锥度不等，以防嵌套卡住；

(5) 装配零件的结构形式应便于自动输送。

2) 利于零件在装配工位之间的自动传送

(1) 零件除具有装配基准面外，还需考虑其装夹基准面，供传送装置的装夹或支承；

(2) 零部件的结构应带有加工的面和孔，供传送中定位；

(3) 零件应尽量外形简单、规则、尺寸小、重量轻。

3) 便于自动装配作业

(1) 零件的尺寸公差及表面几何特征应保证能完全互换装配；

(2) 要装配的零件数量尽量少；

(3) 尽量采用适应自动装配条件的连接方式，如减少螺纹连接，用粘接、过盈连接、焊接等方式替代；

(4) 零件上尽可能采用定位凸缘，以减少自动装配中的测量工作，如用阶梯轴替代过盈配合的光轴；

(5) 基础件设计应留有适应自动装配的操作位置；

(6) 尽量不用易碎材料；

(7) 零件装配表面增加辅助面，使其容易定位；

(8) 最大限度地采用标准件；

(9) 避免采用易缠绕或叠套的零件结构，不得已时应设计可靠的定量隔离装置；

(10) 产品结构应能以最简单的运动把零件安装到基础零件上，最合理的结构是能使零件按同一方向安装；宜采用垂线装配方向，尽量减少横向装配；

(11) 如果装配时配合的表面不能成功地用作基准，则在此表面的相对位置必须给出公差，且在此公差条件下基准误差对配合表面的位置影响很小。

表 5-5 中列出了一些适合传送和装配的工件形状实例。除此以外，还要考虑使配置路径短、抓取部位与配合部位有一定距离、避免零件尖锐棱角、配合部件与参考点之间的距离要保证一定公差等问题。

表 5-5　适合传送和装配的工件形状实例

不　　好	较　　好	说　　明
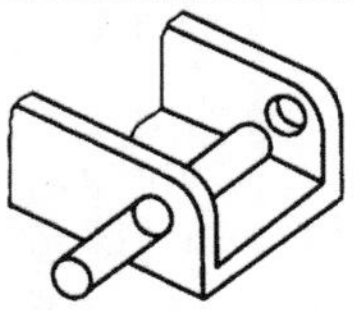	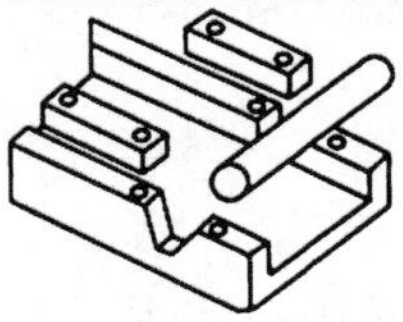	由于两孔可能不同心，左图连接方式应避免
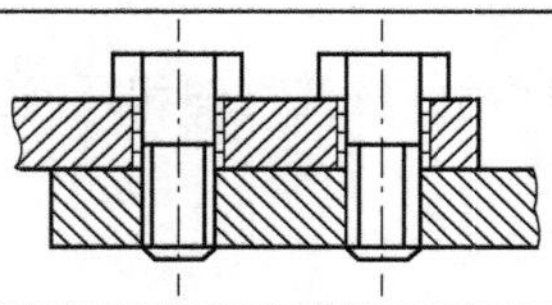	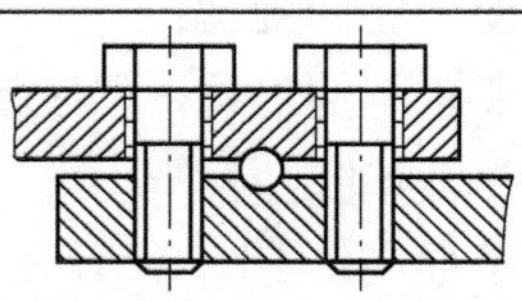	右图调整定位简单
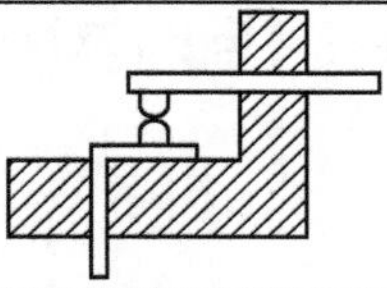	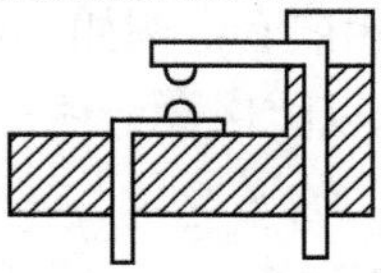	应该避免从不同方向连接
		减少件数
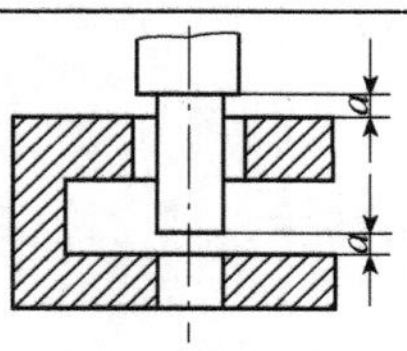	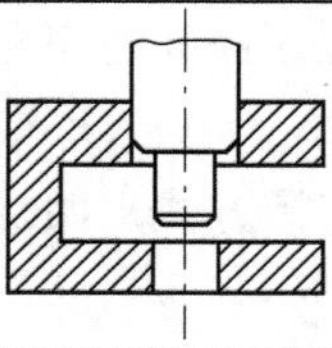	避免两处同时连接
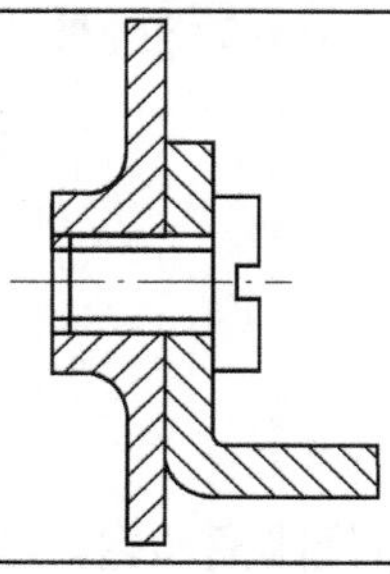	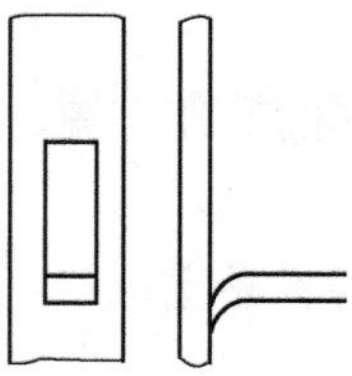	避免用短螺钉连接薄板件
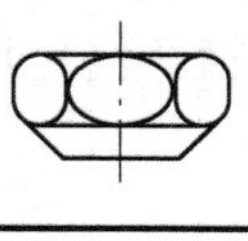	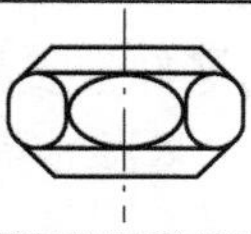	对称螺母更好

续表

不　　好	较　　好	说　　明
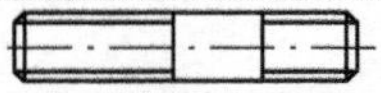		两端对称的螺栓便于调整
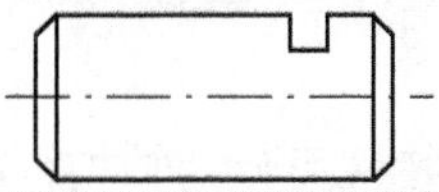	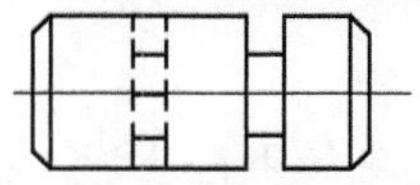	环槽零件便于调整
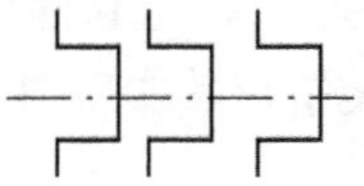	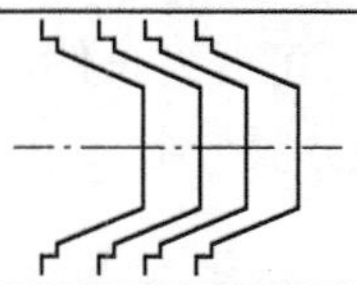	便于零件储存，可以扩大料仓储存能力
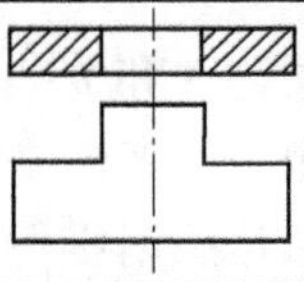	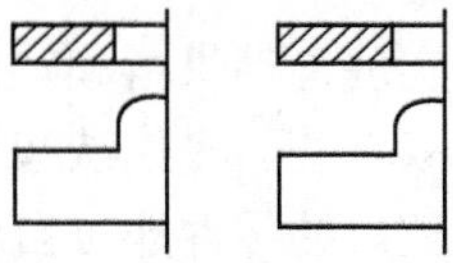	有倒角容易连接
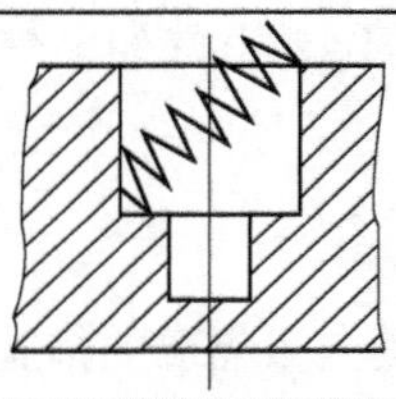	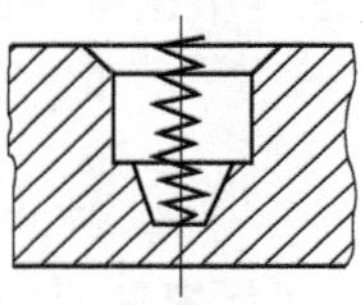	有同心锥孔容易装配
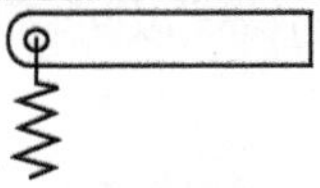	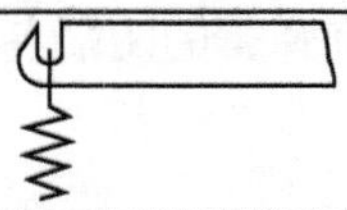	针孔不如豁口容易装配
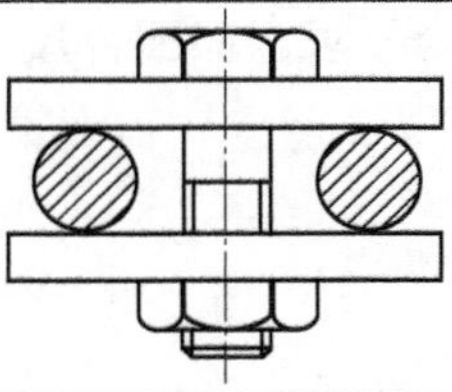	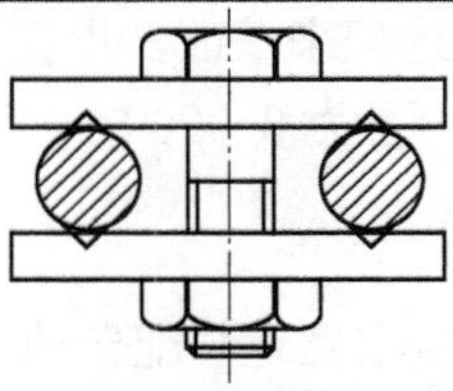	成形零件容易定位

5.2.4　自动装配工艺设计的一般要求

1. 自动装配工艺的节拍

自动装配设备中，多个装配工位同时进行装配作业。使各工位工作协调并提高装配工位和生产场地效率，必须使各工位同时开始和工作节拍相等。对装配工作周期较长的工序，可分散在几个工位装配。

2. 避免或减少装配中基础件的位置变动

自动装配中通常装配基础件需要在传送装置上自动传送，并要求在每个装配工位上准确定位。因此，需要合理设计自动装配工艺，减少装配基础件在自动装配过程中的位置变动，如翻转、升降，以避免重复定位。

3. 合理选择装配基准

合理选择装配基准面才能保证装配定位精度。装配基准面通常是精加工面或面积大的配合面，同时应考虑装配夹具所必需的装夹面和导向面。

4. 对装配件进行分类

为提高装配自动化程度，需要对装配件进行分类。按装配件几何特性可分为轴类、套类、平板类和小杂件四类，每类按尺寸比例又可分为长件、短件、匀称件三组，每组零件还可分为四种稳定状态，故总共有 48 种状态。经分类分组后，采用相应的料斗装置使其实现自动供料。

5. 装配件的自动定向

对形状规则的多数装配零件可以实现自动供料和定向，还有少数关键件和复杂件往往难以实现自动供料和定向，可以考虑用概率法、极化法和测定法解决问题。概率法是基于送到分类口的零件呈各种位置，能通过分类口的零件即可自动排列；极化法是利用零件的形状和重量的明显差异而使其自动定向；测定法是根据零件的形状，将其转化为电气的、气动的或机械的量，由此确定零件的排列位置。

6. 易缠绕零件的定量隔离

装配中的螺旋弹簧、纸箔垫片等都是易缠绕粘连件，需考虑解决其定量隔离的措施。如采用弹射器将绕簧机与装配线衔接；在螺旋弹簧的两端各加两圈紧密相接的簧圈以防相互缠绕。

7. 精密配合副的分组选配

自动装配中精密配合副的装配由选配来保证。根据配合副的配合要求，如配合尺寸、中立、转动惯量来确定分组选配，一般可分为 3～20 组。

8. 装配自动化程度的确定

根据工艺成熟程度和实际经济效益来确定装配自动化程度。

(1) 在螺纹连接工序中，因多轴工作头对螺纹孔位置偏差的限制较严，又往往要求检测和控制拧紧力矩，使自动装配机构十分复杂，故多用单轴工作头。

(2) 形状规则、对称面数量多的装配件易于实现自动供料，其装配自动化程度较高；复杂件难以实现自动定向，其装配自动化程度较低。

(3) 考虑装配零件送入储料器的动作以及装配完成后卸下产品或部件的动作，取其中较低的自动化程度。

(4) 装配质量检测和不合格件的调整、剔除等工作的自动化程度宜较低，以免自动检测工作头的机构过分复杂。

(5) 品种单一的装配线，其自动化程度较高；多品种装配的自动化程度较低。

(6) 对于不成熟的装配工艺，可考虑采用半自动化甚至采用人工监视或操作。

(7) 在自动装配线上对下列工作一般应优先达到较高自动化程度：装配基础件的工序间传送；装配夹具的传送；形状规则、数量多的装配件供料和传送；清洗作业、平衡作业、过盈连接作业、密封检测等工序。

9. 提高装配自动化水平的技术措施

(1) 自动化装配线日益趋向机构典型化，形式统一，部件通用，仅需要更换或调整少量装配工作头和装配夹具即可适应系列产品或多品种产品轮番装配，扩大和提高装配线的通用化程度。

(2) 由小型产品面向大中型产品发展，由单一的装配工序向综合自动化发展，形成由装配线下线到产品下线的综合制造系统，即把加工、检测等工序与装配工序结合，采用通用性强而又易于调整的程序控制装置进行全线控制，实现更大规模的自动化生产。

(3) 向自动化程度较高的数控装配机或装配中心发展，通过装配工位实现数控化和具有自动更换工具的机能，能同时适应自动装入、压合、拧螺纹等，使自动装配线适应系列产品装配的需要。

(4) 扩大和推广应用非同步自动装配线，充分利用其可调整性，使复杂的装配工序在应用自动装配的同时，可少量采用人工装配，扩大装配线的通用程度。

(5) 采用带存储装置的软装配线并采用电子计算机控制，扩大装配线的柔性程度。

(6) 应用具有触觉和视觉的智能装配机器人，适应装配件传送和从事各种装配操作，进而还可发展为能看图装配的高级智能装配系统。

知识小结：自动装配工艺

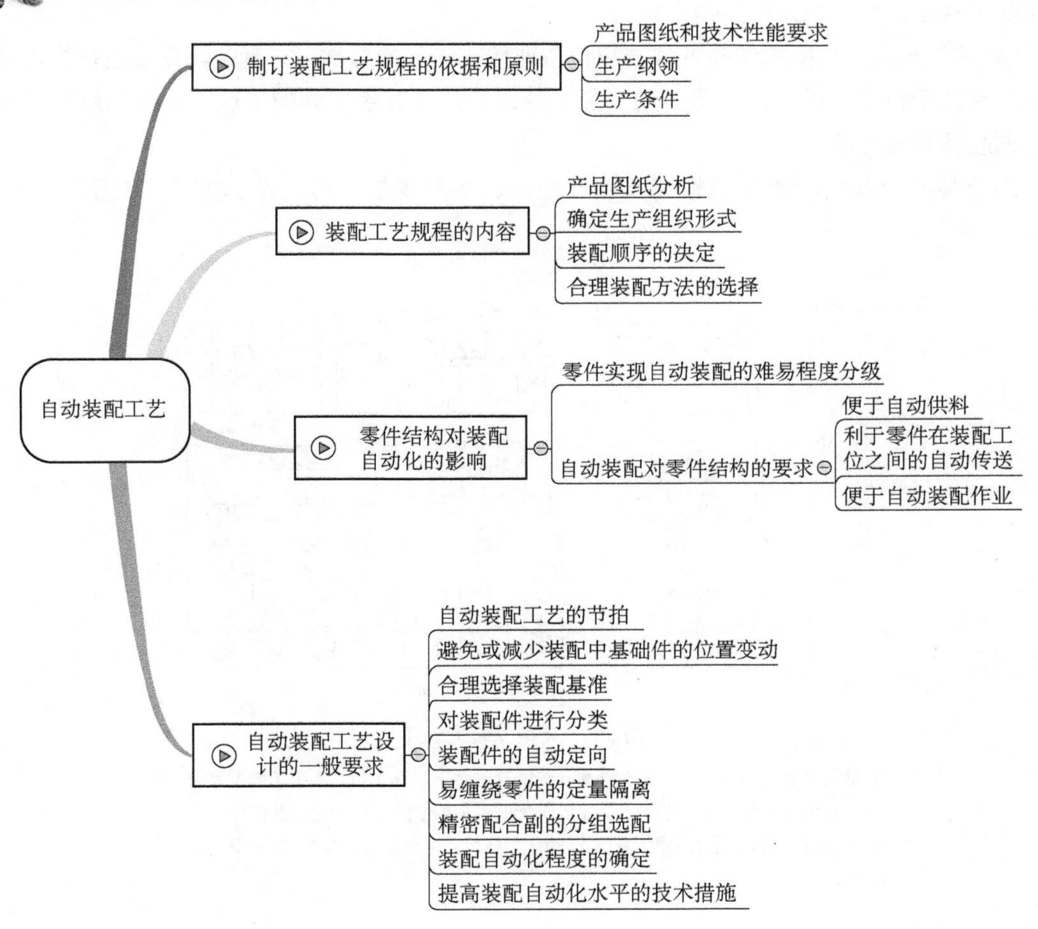

5.3 自动化装配设备

5.3.1 装配设备分类

装配设备就是用来装配一种产品或不同的产品以及产品变种的设备。如果要装配的是复杂的产品就需要若干台装配设备协同工作。产品的变种对装配设备提出了柔性化的要求。现代化的装配设备都要具有一定柔性，因为产品的变更越来越频繁。企业希望装配设备不经过大的改装就能适应新产品的装配。在装配设备中，传送系统一直发挥着重要的作用。在今天的自动化装配设备中传送系统的投资仍然占总投资的 50%。

装配设备可以分为以下几类。

(1) 装配工位。装配工位是装配设备的最小单位，是为了完成一个装配操作而设计的。自动化的装配工位一般用来作为一个大的系列装配的一个环节，程序是事先设定的。

(2) 装配间。装配间是一个独立的柔性自动化装配工位，它带有自己的搬送系统、零件准备系统和监控系统作为它的物流环节和控制单元。装配间适合中批量生产的工件装配。

(3) 装配中心。装配间和外部的备料库(按产品搭配好的零件，放在托盘上)、辅助设备以及装配工具结合在一起统称为装配中心。

(4) 装配系统。装配系统是各种装配设备连接在一起的总称。一套装配系统包括物流和信息流，有装配机器人的介入，除自动装配工位之外，还有手工装配工位，装配系统中的设备的排列经常是线形的。

划分装配设备的种类主要根据其生产能力、相互连接的可能性和方法，见图 5-6 和表 5-6。

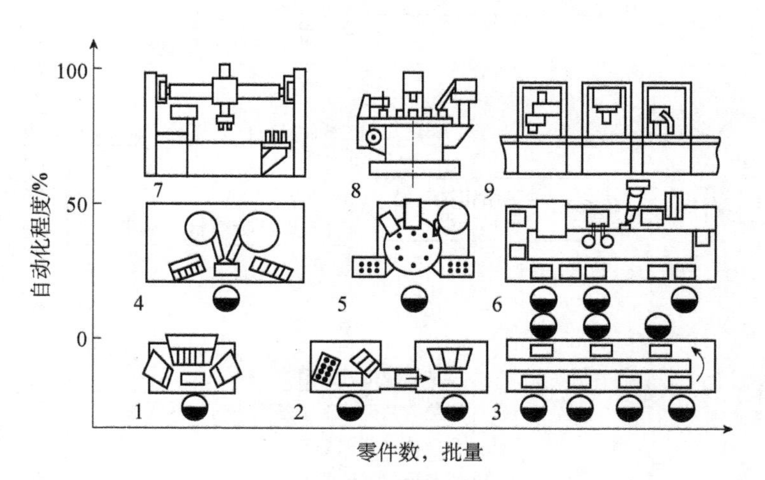

图 5-6　典型的装配设备

1-单独的手工装配工位；2-有缓冲的传送链的手工装配工位；3-手工装配系统；
4-机械化装配站；5-半自动化的装配站；6-柔性的半自动化的装配站；
7-柔性的自动化的装配间；8-自动化装配机；9-全自动非柔性的装配设备

表 5-6　装配设备的分类

<table>
<tr><td colspan="8">机械化的装备设备、专用装备设备、单工位装配机、多工位装配机</td></tr>
<tr><td rowspan="2">自动化、非柔性的装配机</td><td colspan="2">非节拍式</td><td colspan="5">节拍式</td></tr>
<tr><td>转盘式自动装配机</td><td>纵向自动装配机</td><td colspan="3">转盘节拍式自动装配机</td><td colspan="2">纵向节拍自动装配机</td></tr>
<tr><td>特种装配机</td><td>转子式装配机</td><td>纵向移动式装配机</td><td>圆台式自动装配机</td><td>环台式自动装配机</td><td>鼓形装配机</td><td>纵向节拍式自动装配机</td><td>直角节拍式自动装配机</td></tr>
<tr><td colspan="8">通用（多用途）装配设备</td></tr>
<tr><td colspan="2">装配工位</td><td colspan="2">装配间</td><td colspan="2">装配中心</td><td colspan="2">装配系统</td></tr>
<tr><td colspan="2">使用装配机器人的自动化装配工位</td><td colspan="2">使用装配机器人的一个或几个装配工位</td><td colspan="2">用传送设备把装配间与自动化仓库连接到一起</td><td colspan="2">把装配工位、装配间、装配中心连接到一起称为装配系统</td></tr>
</table>

5.3.2　装配机

装配机是一种按一定时间节拍工作的机械化装配设备，其作用是把配合件往基础件上安装，并把完成的部件或产品取下来。装配机需要完成的任务包括：配合和连接对象的准备、配合和连接对象的传送、连接操作与结果检查。装配机有时候也需要手工装配的配合。

1. 装配机的结构形式

装配机组成单元是由几个部件构成的装置，根据其功能可以分为基础单元、主要单元、辅助单元和附加单元 4 种。基础单元是具备足够静态和动态刚度的各种架、板、柱，主要单元是指直接实现一定工艺过程(如螺纹连接、压入、焊接等)的部分，它包括运动模块和装配操作模块。辅助单元和附加单元是指控制、分类、检验、监控及其他功能模块。

基础件的准备系统或装配工位之间的工件托盘传送系统一经确定，一台装配机的结构形式也就基本确定了。基础件的准备系统通常有直线型传送、圆形传送或复合方式传送几种。基础件的传送可以是连续的或按节拍的、固定的或变化步长的，还要考虑基础件的哪些面在通过装配工位时不被遮盖或阻挡，可以让配合件和装配工具通过。因为基础件要放在工件托盘上传送，需用夹具固定，故要考虑夹紧和定位元件的可通过性，既不能在传送过程中与其他设备相碰，又不能影响配合件和装配工具通过。表 5-7 和表 5-8 分别列出了圆形传送和直线型传送的几种可能性。

自动装配机一般不具有柔性，但其中的基础功能部件、主要功能部件和辅助功能部件等都是可购买的通用件。

表 5-7　带工件托盘时圆形传送的几种可能性

作用方向 主要部分				
圆形回转台				
水平鼓				
垂直鼓				

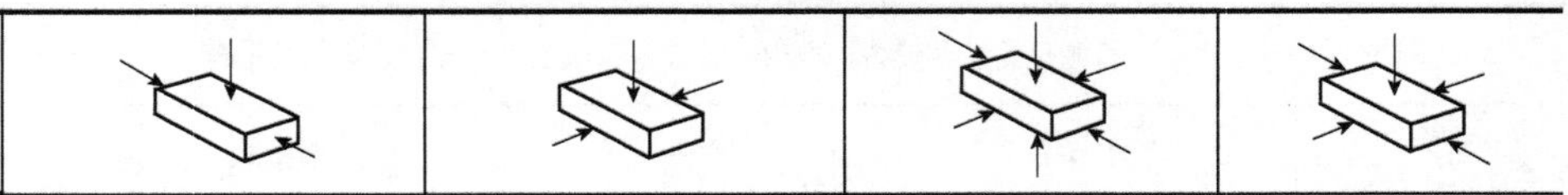

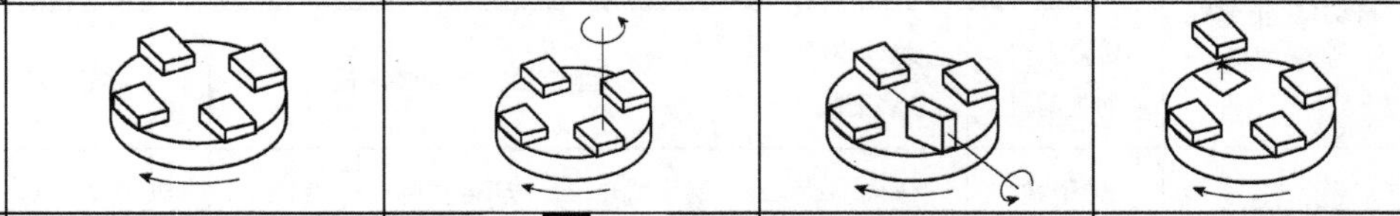

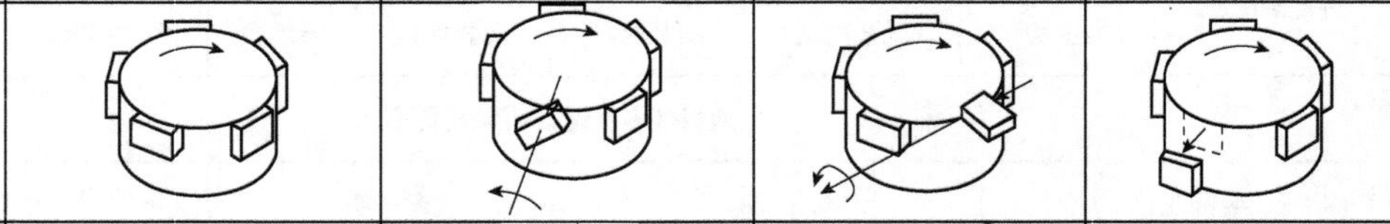

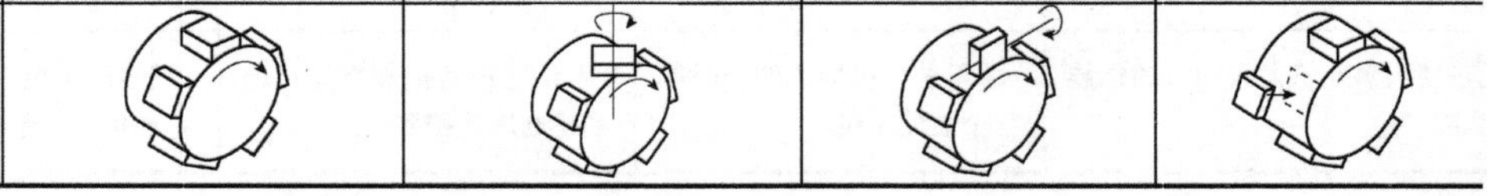

表 5-8　带工件托盘时直线型传送的几种可能性

作用方向 主要部分						
边缘循环，垂直						
边缘循环，水平						
托盘传送，垂直						
托盘传送，水平						
循环传送带，工件水平						
循环传送带，水平						
循环传送带，垂直						

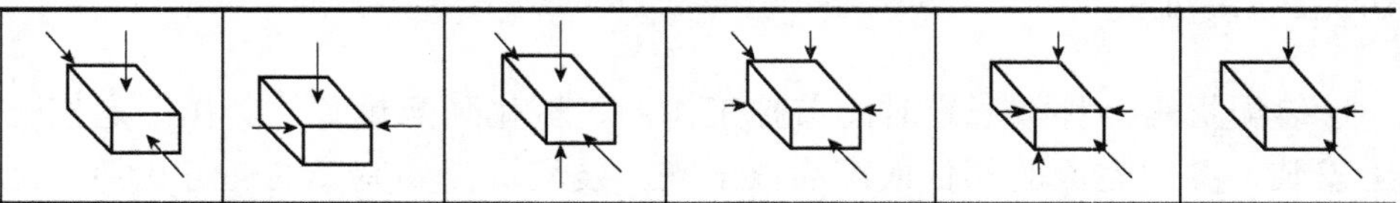

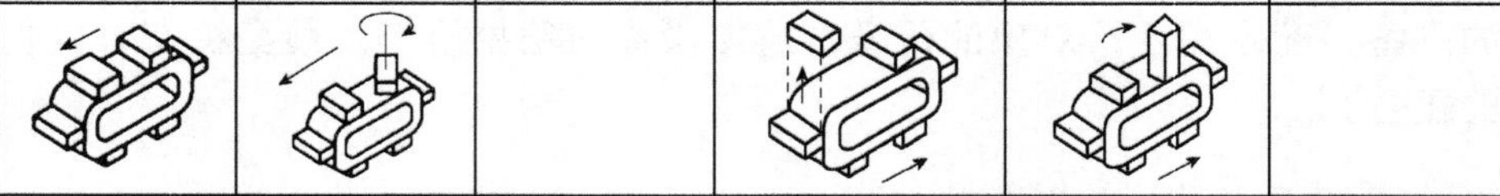

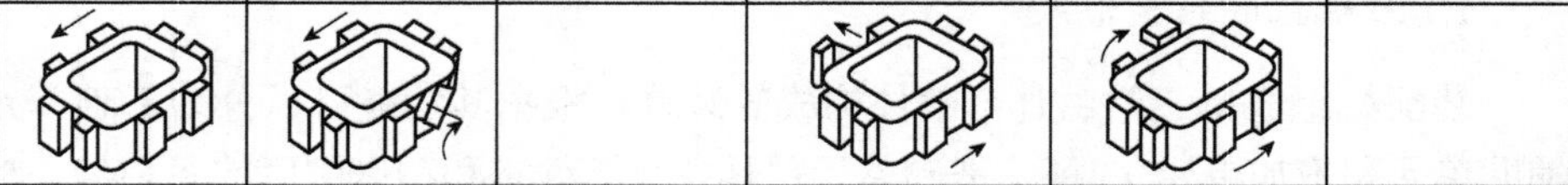

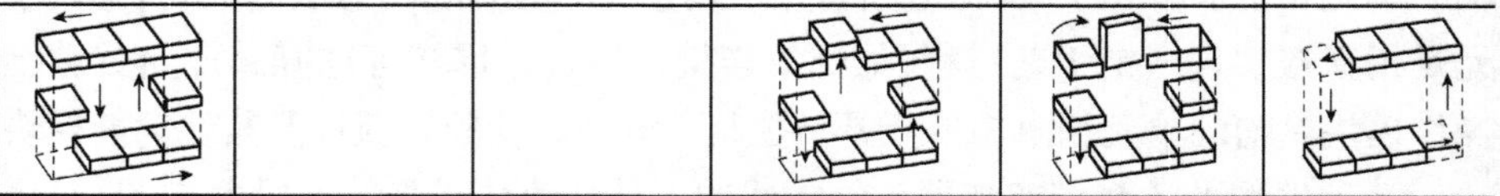

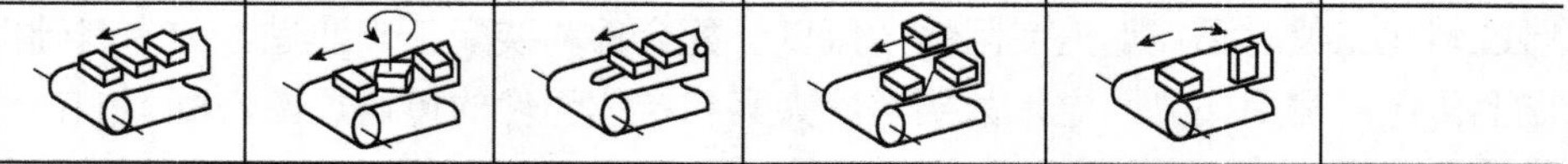

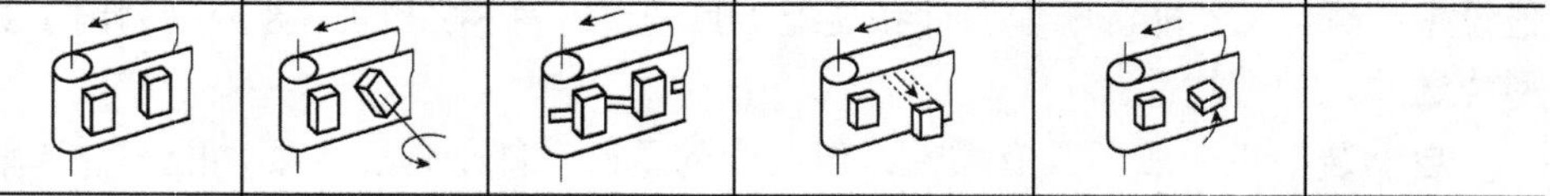

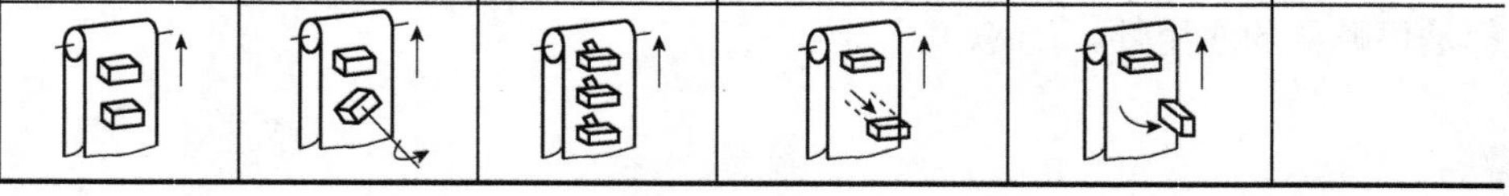

2.单工位装配机

单工位装配机是指工位单一通常没有基础件的传送，只有一种或几种装配操作的机器，其应用多限于装配只由几个零件组成、装配动作简单的部件。在这种装配机上可同时进行几个方向的装配，工作效率可达到每小时30～12000个装配动作。这种装配机用于螺钉旋入、压入连接的例子，见图 5-7。

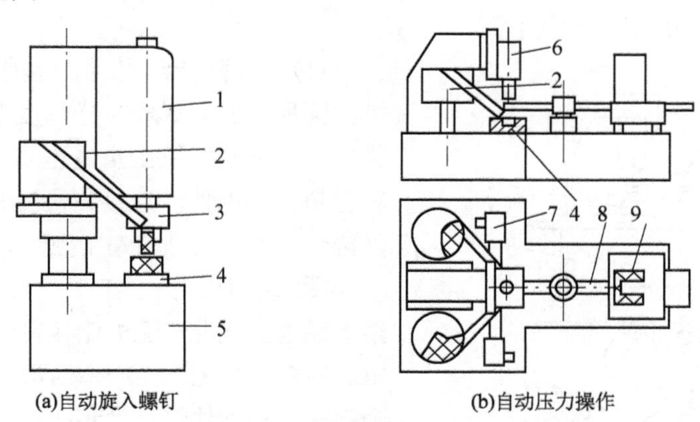

(a)自动旋入螺钉　　(b)自动压力操作

图 5-7　单工位装配机

1-螺钉；2-送料单元；3-旋入工作头和螺钉供应环节；4-夹具；5-机架；6-压头；7-分配器和输入器；8-基础件送料器；9-基础件料仓

可以同时使用几个振动送料器为单工位装配机供料。这种布置方式见图 5-8，所有需要装配的零件先在振动送料器里整理、排列，然后输送到装配位置。基础件 2 经整理之后落入一个托盘，它保留在那里直至装配完毕。滚子 3 和套 4 被作为子部件先装配，然后送入基础件 2 的缺口中，同时螺钉 8 和螺母 7 从下面连接。

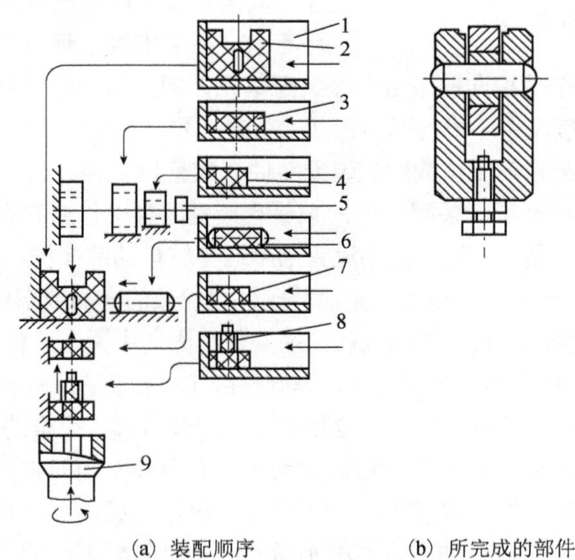

(a) 装配顺序　　(b) 所完成的部件

图 5-8　在单工位装配机上所进行的多级装配

1-供料；2-基础件；3-滚子；4-套；5-压头；6-销子；7-螺母；8-螺钉；9-旋入器头部

3. 多工位装配机

多工位装配机是指在几个工位上完成装配操作，工位之间用传送设备连接的机器。

1) 多工位同步装配机

同步是指所有的基础件和工件托盘都在同一瞬间移动，当它们到达下一个工位时传送运动即停止。同步传送可以连续进行。这类多工位装配机因结构所限装配工位不能很多，一般只能适应区别不大的同类工件的装配。

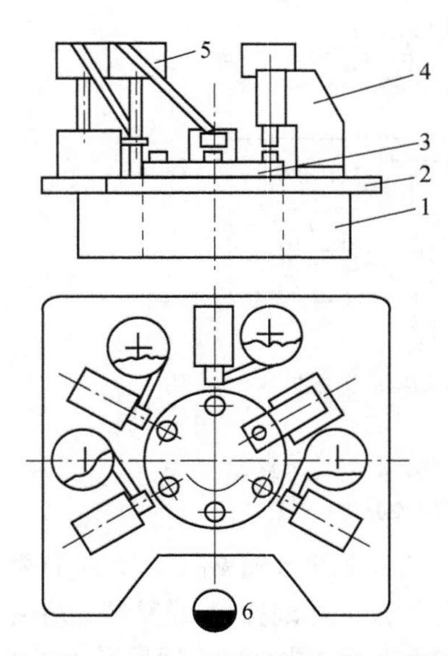

图 5-9　手工方式上下料的圆形回转台式装配机

1-机架；2-工作台；3-回转台；4-连接工位；5-上料工位；6-操作人员

(1) 圆形回转台式装配机。圆形回转台式装配机的圆形传送方式和传送精度非常适用于自动化装配。这种装配机由步进驱动机构控制节拍。回转台是核心部件，连接、检验和上下料设备围绕回转台设置，用凸轮集中控制。

图 5-9 所示为手工上下料圆形回转装配机的结构原理。这台装配机能够完成最多由 8 个零件组成的部件装配，生产率为每小时装配 1～12000 个部件。基础件的质量允许 1～1000g，圆形回转台每分钟走 10～100 步，凸轮控制的机械最大运动速度不超过 300mm/s(如果是气动可以达到 1000mm/s 或更高)。若考虑自动上下料及连接，可以通过分离的驱动方式，或从步进驱动系统的轴再经过一个凸轮来实现控制。

圆形回转台式装配机有单步机和双步机两种，其区别在于同时操作的装配单元数是一个还是两个。在单步机上每个节拍只向前进给一个装配单元。在双步机上每个节拍向前进给两个装配单元，即在每一时刻都有两个装配单元平行工作，其每拍转过的角度是单步机的两倍，即一下走两步。

通常圆形回转台装配机的工位数即被装配零件的数量为 2、4、6、8、10、12、16、24 个，而其中检验工位常常占据一半。装配工位的数目直接受圆形工作台直径限制，如果需要的装配工位多或需要装配的产品尺寸大，则不适宜采用这种结构的装配机。

(2) 鼓形装配机。鼓形装配机很适合完成基础件比较长的产品或部件装配工作(图 5-10)。这种装配机的工件托架绕水平轴按节拍回转，基础件牢固地夹紧在工件托架上。

(3) 环台式装配机。在环台式装配机上，基础件或工件托盘在一个环形的传送链上间歇地运动，环内、环外都可设置工位，故总工位数比圆形回转台式装配机的多(图 5-11)。

在环台式装配机上基础件或工件托盘的运动可以有两种不同的方式：第一种是所有的基础件或工件托盘同步前移；第二种是当一个工位上的操作完成以后，基础件或工件托盘才能继续往前运动、环台表面向前运动则是连续不断的。各个装配工位的任务应尽可能均匀地分配，以使它们的操作时间大体上一致。

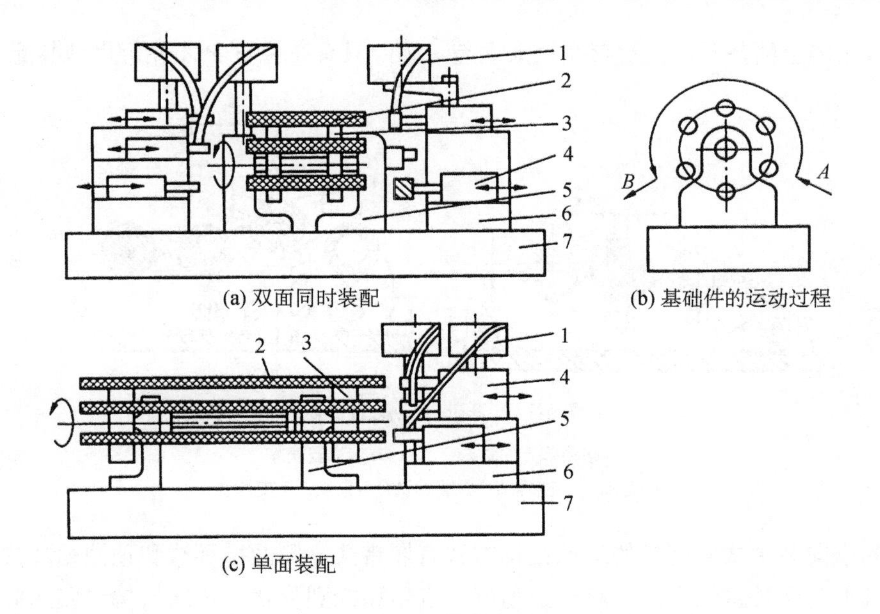

(a) 双面同时装配　　　　(b) 基础件的运动过程

(c) 单面装配

图 5-10　鼓形装配机

1-振动送料器；2-基础件；3-有夹紧位置的盘；4-滑动单元；
5-鼓的支架及传动系统；6-台座；7-装配机底座

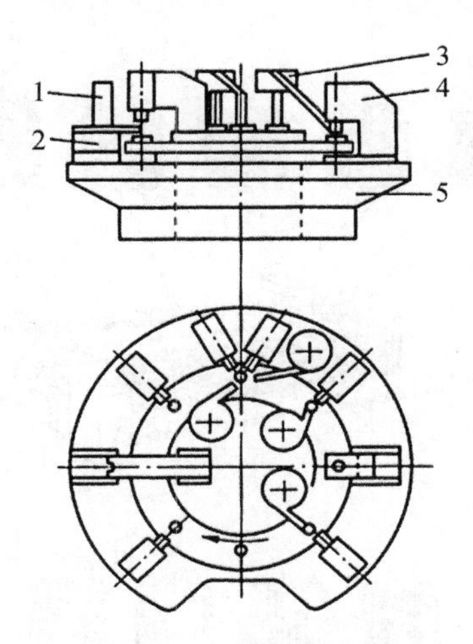

图 5-11　环台式装配机

1-料仓；2-连接工位；3-振动送料器；4-压入工位；5-底座

(4) 纵向节拍式装配机。纵向节拍式装配机就是把各工位按直线排列，并通过一个连接系统连接各工位，工件流从一端开始，在另一端结束，可以按需设置工位数量(最多达 40 个)。但是，如果在装配过程中使用托盘输送，则需要考虑托盘返回问题。

由于纵向节拍式装配机长度较大，可能使基础件的准确定位产生困难，往往需要把工件或工件托盘从传送链上移动到一个特定的位置才能使基础件准确定位。如图 5-12 所示，若欲在一管状基础件的侧面压入一配合件，由于步距误差、链误差、支撑件的磨损等，可能造成位于节拍传送链上的基础件位置存在很大误差，因此只有在位置 P 才能可靠地装配。

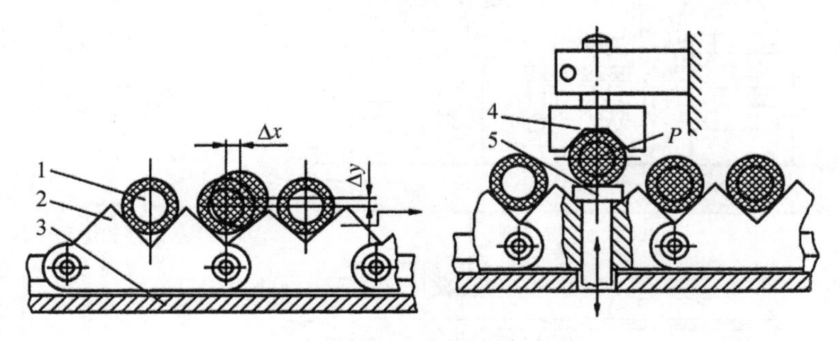

图 5-12　基础件位置的误差

P-连接单元的轴心；Δx、Δy-位置误差

1-基础件；2-链环节；3-链导轨；4-夹块；5-支撑块

典型的纵向节拍式装配机的运动结构方式有履带式、侧面循环式和顶面循环式。纵向节拍式装配机不一定是直线形的，有一定角度、直角和椭圆形状的传送机构也归入此类。自行车的踏板的装配机是直角装配机的一个实例，如忽略空工位，其装配流程如图 5-13 所示。该机生产率为每小时 650 件。

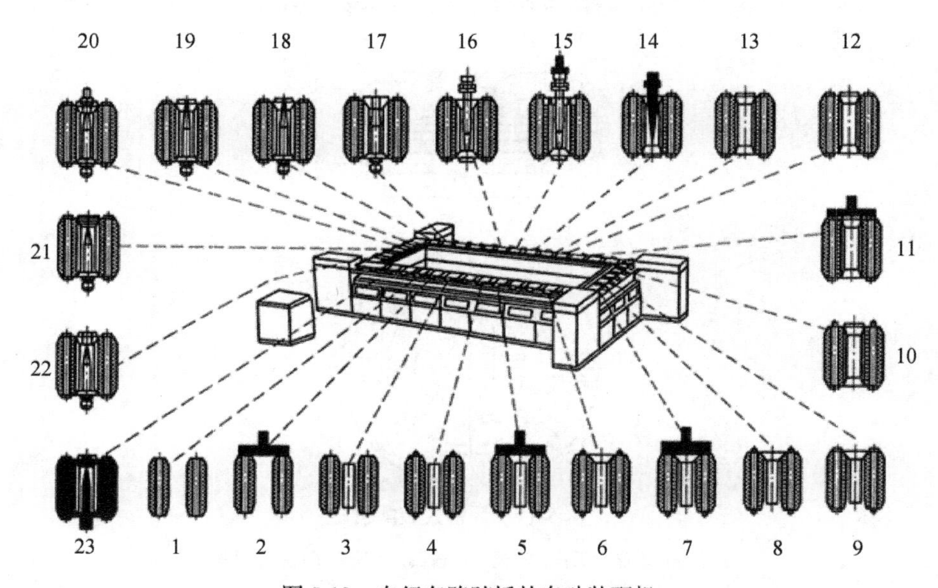

图 5-13　自行车路踏板的自动装配机

1-插入橡皮模压块并夹紧；2-检测橡皮块是否存在；3-插入金属管；4-把小轴推入橡皮块；5-检测小轴是否存在；6-推上一侧件(轴碗、垫片)；7-检测侧件是否存在；8、9-拧上 M5 的螺母；10-推上另一侧轴碗；11-检测是否存在；12、13-拧上 M5 的螺母；14-部分推入中轴；15-检测中轴是否存在；16、17-装配 11 个滚珠并加黄油(双侧)；18-拧入一个轴挡；19-检测轴挡是否存在；20-轴挡稍微退回，通过旋转一定的角度以获得适当的间隙；21-推上一端垫片；22-拧上螺母；23-装配完毕的脚踏板

(5) 转子式装配机。转子式装配机是专为小型简单而批量较大的部件装配而设计的(基础件的质量在 1～50g) 其效率可达每小时 600～6000 件。工作转子连续旋转作传输运动，几台工作转子联在一起就构成一条固定连接的装配线。一般是每一台转子只装配一种零件，几个工位使用相同的工具同步运转。用凸轮控制所有的操作。

一个工作转子可以安置在装配线的任何位置。在每台转子式装配机上的工作又可以分成几个区域(图 5-14)。在图 5-14 所示的区域 I 里每个工件托盘得到一个基础件和一个配合件。在区域 II 装配机执行一种轴向压缩的操作(工作域)。在区域III装配好的部件被送出，或由传送转子送到下一个工作转子。区域IV可用作检查清洗工件托盘的工位。

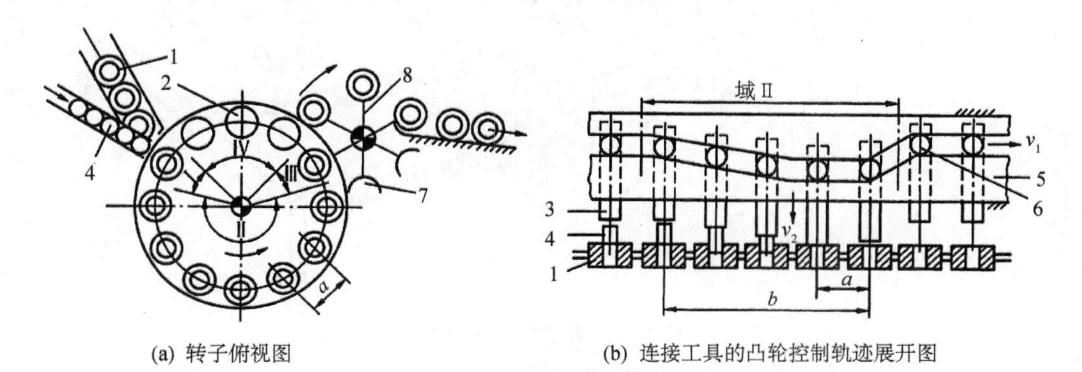

(a) 转子俯视图　　(b) 连接工具的凸轮控制轨迹展开图

图 5-14　转子式装配机的结构原理

a-两配件之间的距离；b-连接操作的路径；v_1-连接工具的圆周速度；v_2-连接工具的垂直运动速度

1-基础件；2-基础件接收器；3-压头；4-配合件；5-固定凸轮；6-滚子；7-抓钳；8-传送转子

2) 多工位异步装配机

固定节拍传送的装配机工作中，当一个工位发生故障时，将引起所有工位的停顿，这个问题可以通过异步传送得到解决。

异步传送的装配机工作中不强制传送工件或工件托盘，而是在每一个装配工位前面都设有一个等待位置以产生缓冲区。传送装置对其上的工件托盘连续施加推力，每一个装配工位只控制距它最近的工件托盘的进出。柔性的装配机还配有外部旁路传送链输送工件托盘。采用这种结构可以同时在几个工位平行地进行相同的装配工序，当一个工位发生故障时不会引起整个装配线的停顿。

图 5-15 为一种采用椭圆形通道传送工件托盘的异步装配机。全部装配工作由四台机器人完成，另外有一台检测设备来检出没有真正完成装配的部件并放入箱子里等待返修，把成品放上传送带输出。

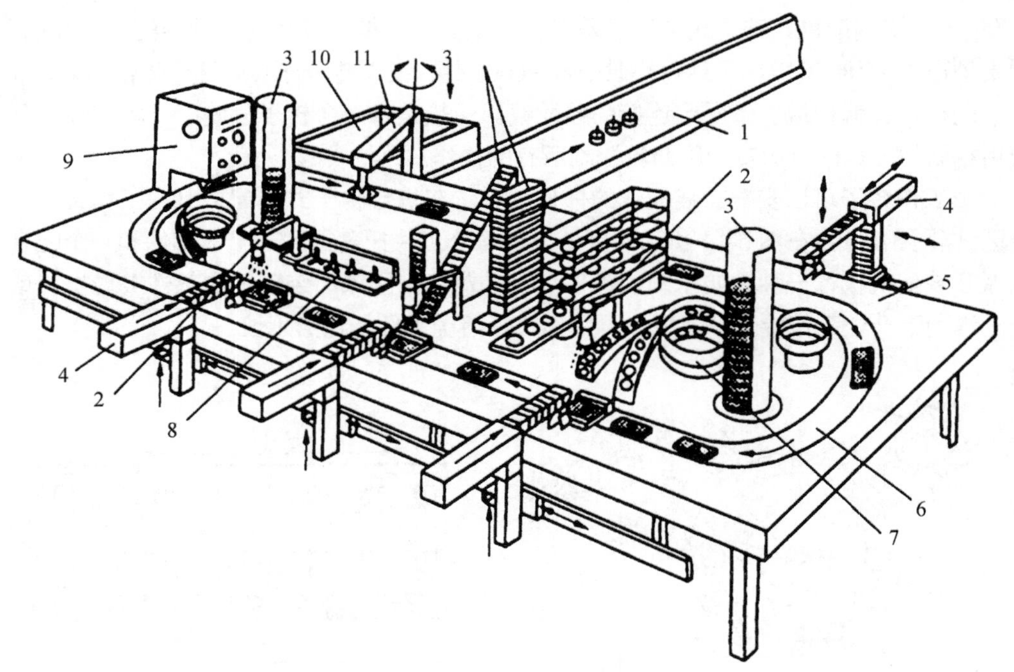

图 5-15　异步传送的装配系统

1-装载部件的传送带；2-灯光系统；3-配合件料仓；4-装配机器人；5-工作台；6-异步传输系统；7-振动送料器；8-抓钳和装配工具的仓库；9-检测站；10-需返修部件的收集箱；11-用来分类与输出的设备

5.3.3　装配工位

装配工位是装配设备的最小单位。它一般是为了完成一个装配操作而设计的。自动化的装配工位一般用来作为一个大的系列装配的一个环节。程序是事先设定的。它的生产效率很高，但是当产品变化时它的柔性较小。

柔性装配工位以装配机器人为主体，根据装配过程的需要，有些还设有抓钳或装配工具的更换系统以及外部设备。可自由编程的机器人的控制系统可以同时控制外设中的夹具。图 5-16 示出了一个装配工位的例子。

对于节拍式装配系统来说，当选择一种方案的时候，节拍时间是个非常重要的考虑因素，而对于一个柔性装配工位来说并没有一个事先规定的节拍时间。这是因为各种传感器信息的反应时间是有区别的。例如，当两个齿轮装配在一起的时候，如果一个齿轮的齿正对另一齿轮的齿槽，就不需要附加时间，可以直接进行装配，如果一个齿轮的齿正对另一齿轮的齿，就必须先让一个齿轮转动一个小角度，才能进行装配。在使用传感器的情况下循环周期的调整要更容易些。当我们预先确定节拍时间的时候要把节拍时间元素分解开来考虑，以使得所有的影响因素都变得明显而且可以估算。下列元素都对节拍时间有影响。

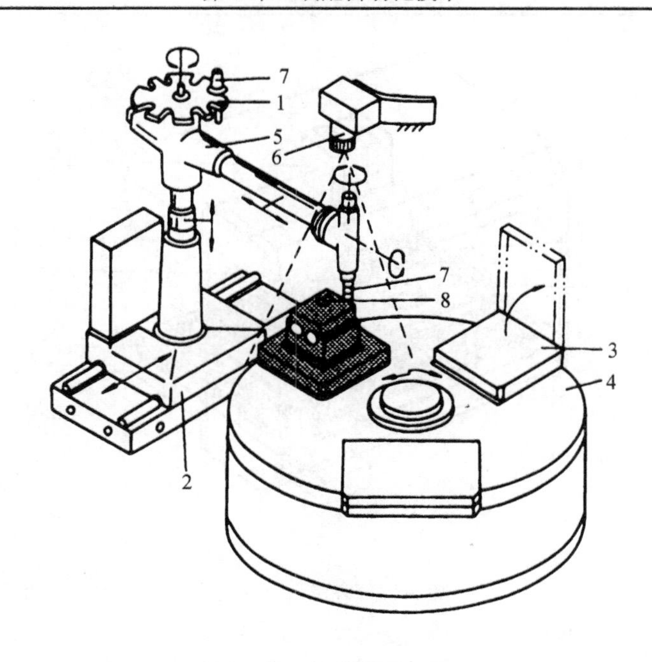

图 5-16 一个装配工位

1-工具库；2-行走单元；3-可翻转式工件托盘；4-圆形回转工作台；
5-装配机器人；6-图形识别摄像机；7-连接工具；8-编码标记

(1) 抓紧 / 放开：抓取时间是抓取路径和程序的函数。

(2) 抓钳更换：所需要的时间取决于更换和锁紧的原理，装配机器人的动力学特性，抓钳库的启动特性。

(3) 连接：连接时间是连接运动的速度和配合间隙的函数。

(4) 运动：配合件从备料点输送到连接点所需的时间距离、速度、允许的位置误差(即装配机器人的动态特性)以及配合件的数量的函数。

(5) 反应时间：传感器系统的反应时间，尤其是费时间较多的图形识别过程所需的时间。

(6) 检查、控制时间：例如，螺钉开始拧入之前检查螺钉质量是否完好，方向、位置是否正确。

(7) 等待时间：主要是等待基础件到来的时间。

使用装配机器人的柔性装配的每个装配操作的平均节拍时间在 10～20s。

装配工位应该加入一个大的系统，一种通常的应用模式如图 5-17 所示，这是一种相对独立的模式。在这个运输段里，工件托盘经过旁路送至装配工位。

这种模式可以脱离装配设备的主系统单独编程，测试程序然后与主系统连接。这种模式本身构成一个子系统。这种子系统通过内部的工件流系统可以构成一个独立的装配间。

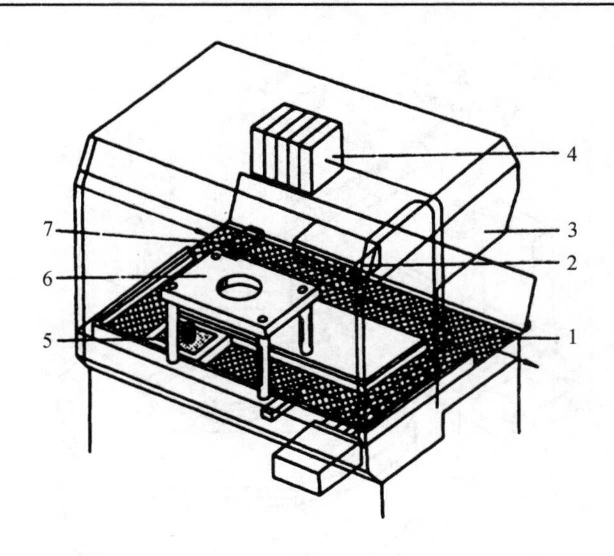

图 5-17　旁路系统模式

1-传送区段；2-显示及操作盘；3-外罩；4-分散控制；
5-工件托盘；6-装配单元的安装位置；7-存在监测传感器

5.3.4　装配间

装配间是一个独立的柔性自动化装配工位。它带有自己的搬送系统、零件准备系统和监控系统作为它的物流环节和控制单元。装配间适合中批量生产的装配工件。

一般来说，一个装配间的中心是一台装配机器人。此外还要有夹具，夹具的位置一般是固定的，以保证整个部件(或一个单元)在一个固定的位置完成全部装配。在这个工作空间里准备好了所有需要装配的零件，机器人使用一只机械手或可更换的机械手以及可更换的装配工具顺序地抓取和安装所有的零件。

也有几台机器人共同工作的装配间。在这种情况下几台机器人的工作空间有可能相交，因而发生干扰或碰撞。一个较好的办法是使用装有若干个抓钳的机械手为各个工位配给零件(图 5-18)。

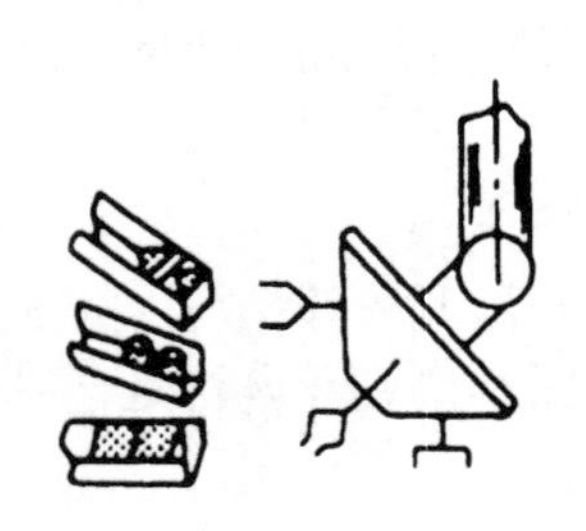

(a) 用转塔式机械手顺序抓取

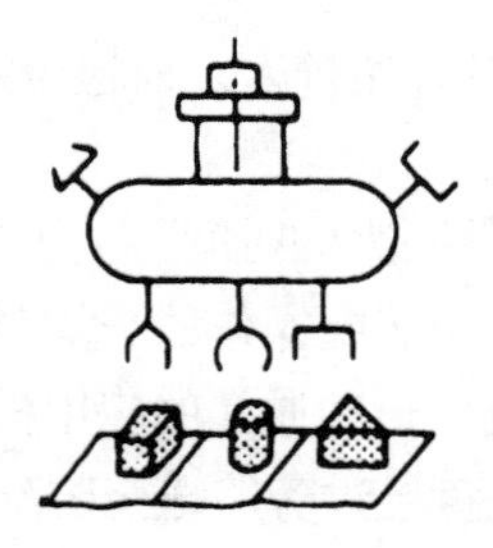

(b)同时抓取一组零件

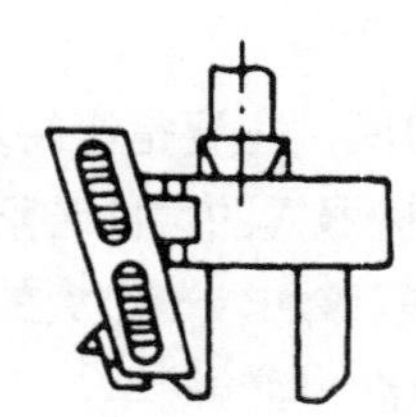

(c) 一只机械手与料仓配合顺序抓取

图 5-18　机器人抓钳中的工件序列

在更换基础件的时间内机械手同时抓取配合件。在装配间里还可以安置黏结、加热、压力等工作单元。图 5-19 中列举出了装配间设计方案的几个变种。选用哪种方案，要根据产品的类型、装配工艺过程、工作空间和节拍时间的要求来具体考虑。

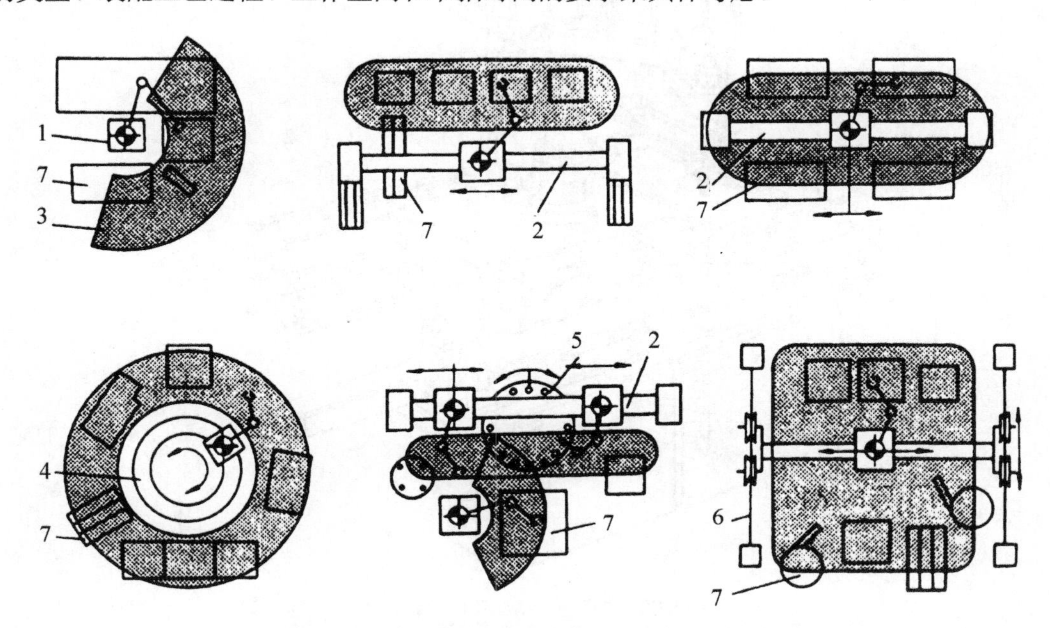

图 5-19　装配机器人在装配间中排列的几种可能性

1-固定位置装配安装的机器人；2-可以让机器人直线运动的门式框架； 3-机器人的工作空间；4-机器人运动的轨道； 5-NC 工作台； 6-可以让机器人平面运动的框架；7-零件准备设备

作为装配间的一个典型例子，图 5-20 示出了 Sony 公司的 SMART(Sony Multi Assembly Robot Technology)。这个装配间的特色在于它的两部分供料系统(2-配合件的备料工段，4-工件托盘的输送工段)。

配合件是装在托盘里向前输送的，所以必须还有一个托盘的返回通道 3。配合件的连接时间 10～35s。这套装配间的一个突出优点是装有一只转塔式机械手，可以一次顺序抓取若干个工件。

现代化的设计方案也往往是“新”与“旧”结合的产物，例如，一台装配机器人与一个回转工作台相结合(图 5-21)。装配机器人位于圆形回转工作台的正中，担负几个工位的连接操作。还有一种与之相似的结构变种，其工作台是 NC 控制的，可以正向或反向回转，按产品的批量大小，装配间可以有不同的结构方案，既可以工作台回转一周完成装配，也可以回转两周完成装配。

这样的工作方式可以限制抓钳更换和连接工具更换的频繁性。如果批量较大，当然几路并行的装配方式是更好的。

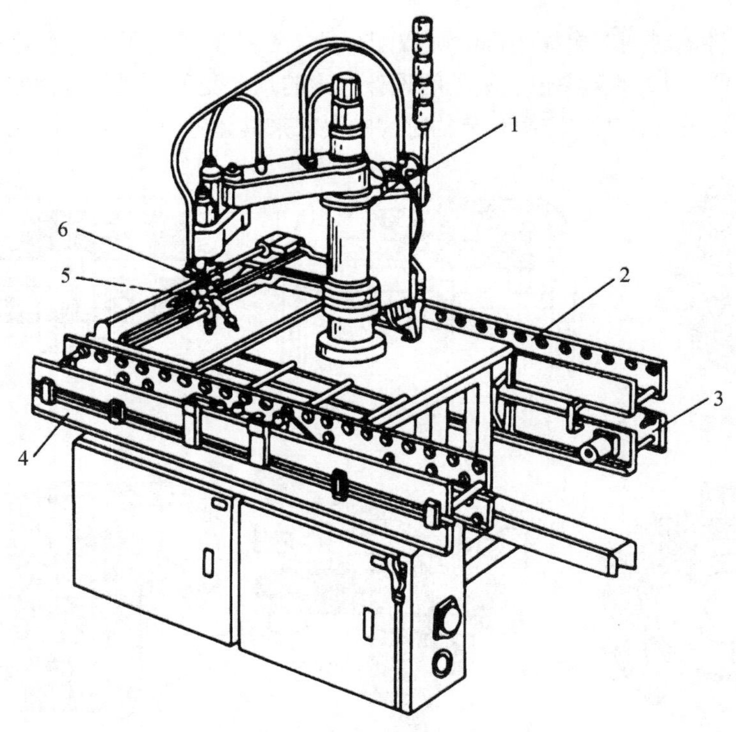

图 5-20　装配间 SMART (Sony)

1-装配机器人；2-配合件的备料工段；3-配合件托盘的返回工段；
4-工件托盘(上有基础件)的输送段；5-转塔机械手；6-转塔的回转机构

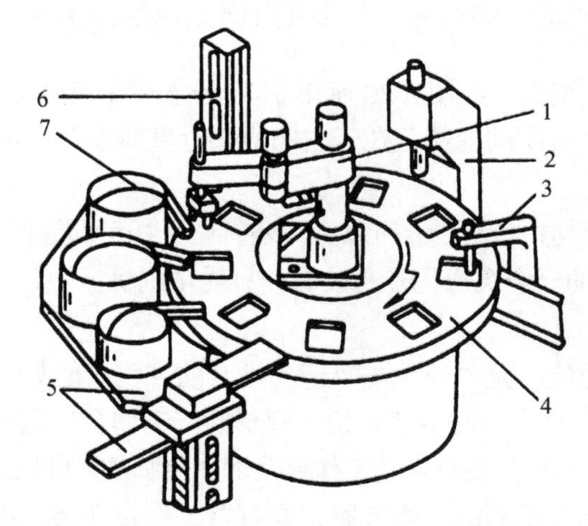

图 5-21　在一座圆形回转工作台基础上构成的柔性装配间

1-SCARA 机器人；2-压入单元；3-输出单元；4-圆形回转工作台；
5-备料单元(按产品的要求装备，可以容易地更换)；
6-开关控制的料仓；7-振动供料器

5.3.5　装配中心

装配间和外部的备料库(按产品搭配好的零件，放在托盘上)、辅助设备以及装配工具结合在一起统称为装配中心。储仓往往位于装配机器人的作用范围之外(图 5-22)，作为一个独立的、自动化的高架仓库。储仓的物流和信息流的管理由一台计算机承担。也可以若干个装配间与一座自动化储仓相连接，组成一套柔性装配系统。

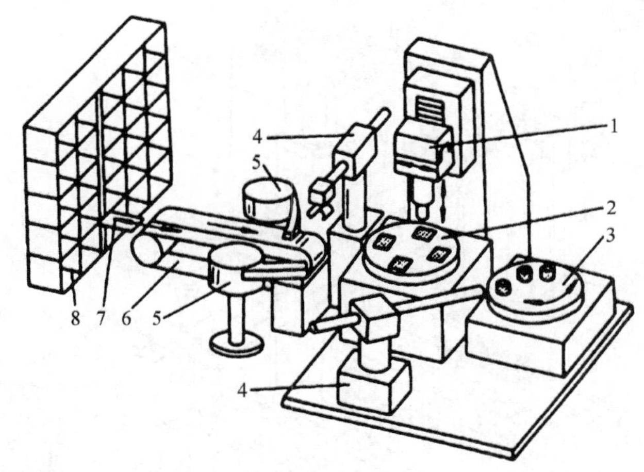

图 5-22　装配中心

1-CNC 压入单元；2-圆形回转工作台；3-NC 回转台；4-装配机器人；5-振动供料器；6-传送带(双路)；7-仓储单元；8-储仓

5.3.6　装配系统

装配系统是各种装配设备连接在一起的总称(图 5-23)。一套装配系统包括物流、能量流和信息流，有装配机器人的介入，除自动装配工位之外，还有手工装配工位，装配系统中的设备的排列经常是线形的。特别是当产品的结构很复杂的时候还不能没有手工装配工位。这种手工与自动混合的系统称为混合装配系统。在这种系统中应该注意，在手工工位和自动化工位之间应该有较大的中间缓冲储备仓。

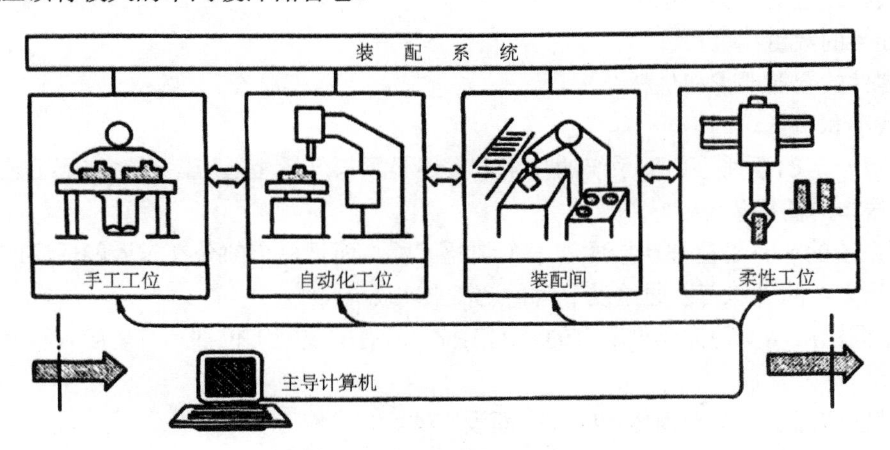

图 5-23　装配系统的组成部分

图 5-24 为一套自动化装配系统的实例。这套系统是用来完成电机的自动化装配的。

柔性装配系统的设计方案是和丰富的生产经验以及专业化的机械制造技术相结合的。首先必须选择一系列装配要求相似的产品，以便装配系统经过调整或简单的改装就能适应新产品的装配工作。如果一套装配系统不能完成一系列产品的全部装配工作，则应该找出它们相似的共同部分。

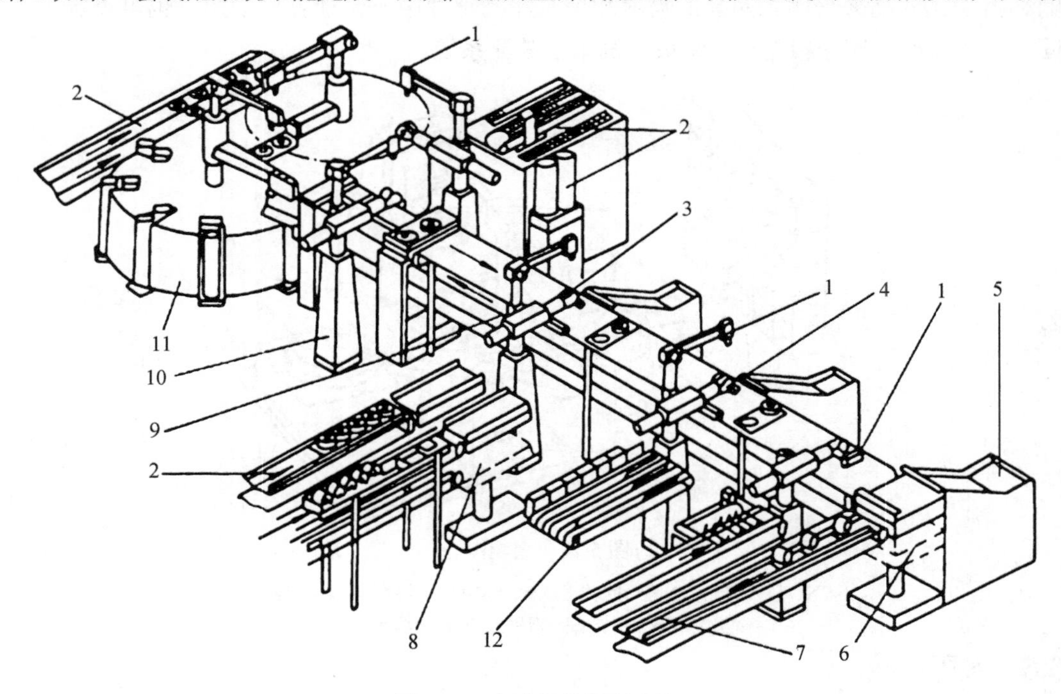

图 5-24　电动机的装配系统

1-可视系统；2-供料系统；3-装配机器人，装备有传感器引导的机械手；4-装有扭转传感器的机械手；5-控制系统；6-用于基础托盘返回的下降机构；7-产品输出传送带；8-用于供料托盘返回的下降机构；9-基础件托盘返回传送带；10-装配机器人；11-中间缓冲储仓；12-可编程送料设备

装配技术方面的相似性表现在以下几个方面。

(1) 装配过程的种类和顺序。

(2) 连接的数量和位置。

(3) 零件的仓储要求和供料要求。

(4) 大小和质量。

尽管有一定的柔性，装配系统的技术方案还必须与产量相适应。当然装配工艺性好的设计是一个根本的前提条件。

装配系统的所有工位被连接成若干个装配工段，而且每个部分都应该能适应产品变种的要求。工艺方案的设计可以通过以下两种途径来实现。

(1) 不同的产品变种都通过所有的装配工位。所有的装配工位都具有适应各种产品变种的柔性。

(2) 某些装配工位是专为特定的产品而设定的。

另外一个重要的问题是：一套大的自动化装配系统如何启动。下面是两种启动方式。

(1)全系统启动：包括半自动启动(如复杂的装配工位的试启动)和全自动启动(如整个圆形回转台式装备设备各部分同时启动)。

(2)部分设备启动：一个工段接着一个工段启动，最后一条装配线全线启动。

5.3.7　自动化装配设备的选用

选择自动化装配设备时首先要考虑的是生产率、产品装配时间，以及产品的复杂性和体积大小。此外，产品的预测越不确定需要装配机的柔性就越高。图 5-25 给出了选择自动装配机结构的几个重要的因素。图 5-26 给出了几种典型装配设备的适用范围，图 5-27 给出了各种自动化装配系统的应用范围。

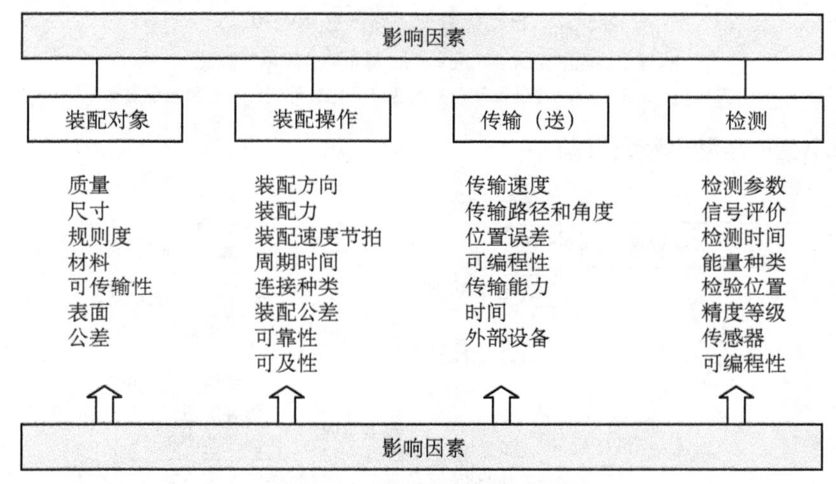

图 5-25　装配设备结构的选择

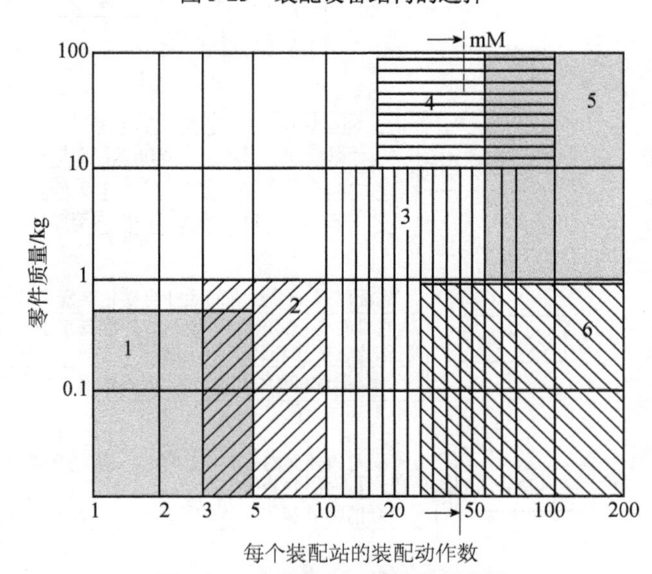

图 5-26　典型装配设备的适用范围

1-凸轮控制的装配机；2-气动装配机；3-组合式柔性自动化装配设备；4-部分自动的装配线；5-用于大件装配的可编程装配系统；6-用于小件装配的可编程装配系统；mM 线-此界限以上一般采用手工装配

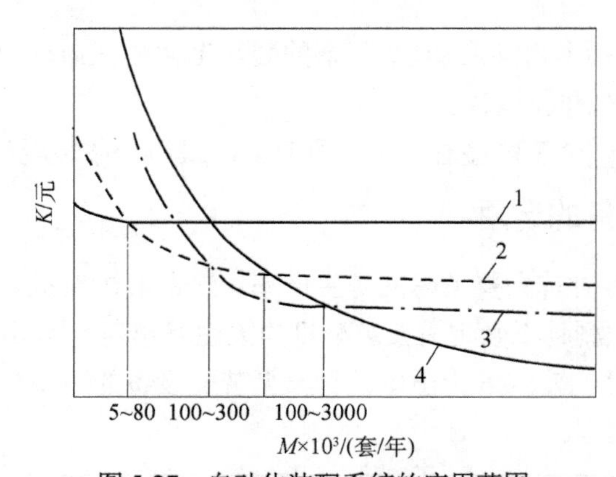

图 5-27　自动化装配系统的应用范围

K-每个装配单元的装配成本；*M*-每年的装配单元数量

1-手工装配；2-柔性自动化装配间；3-柔性自动化装配线；4-专用装配机械

知识小结：自动化装配设备

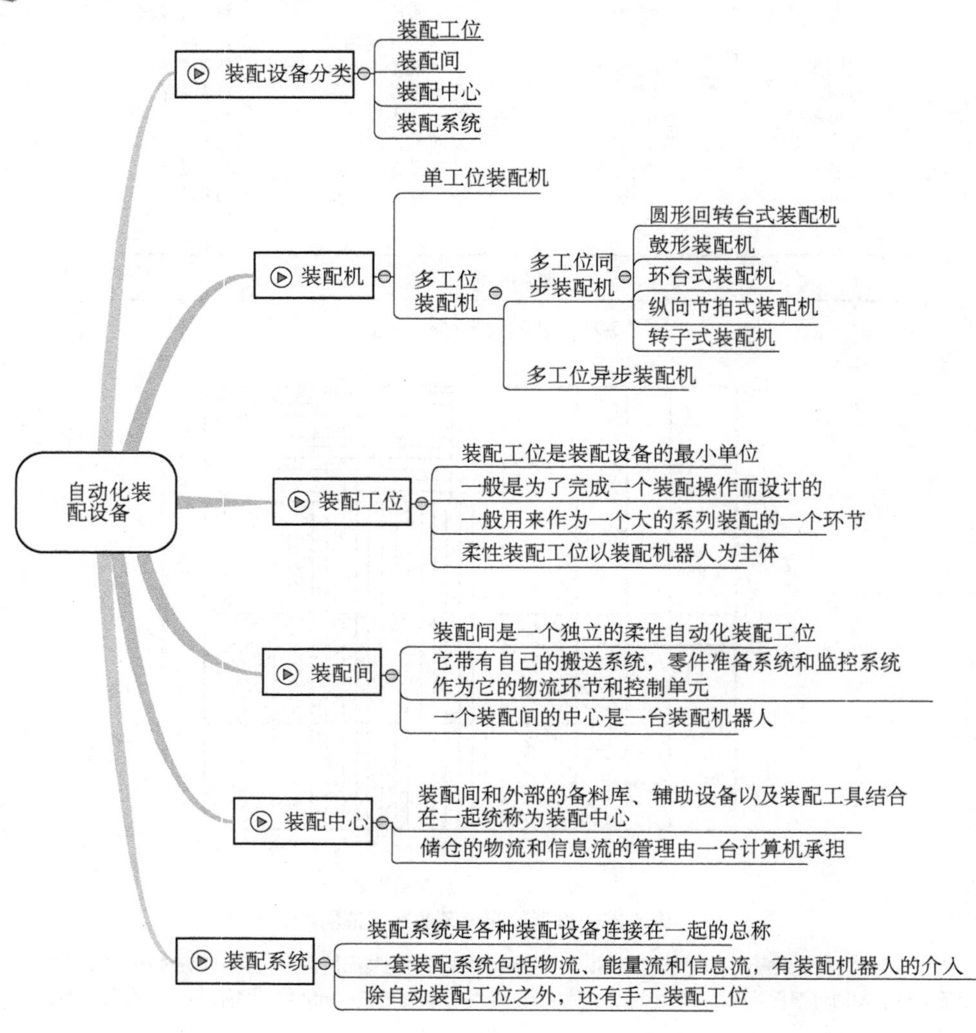

5.4　装配机器人

装配机器人是柔性自动化装配工作现场中的主要部分。它可以在 2s 至几分钟的时间里搬送质量从几克到 100kg 的工件。装配机器人有至少 3 个可编程的运动轴，经常用来完成自动化装配工作。装配机器人也可以作为装配线的一部分按一定的节拍完成自动化装配。

5.4.1　装配机器人的分类

本质上讲，装配机器人是应用于装配作业的工业机器人，它具有工业机器人的一般特征。装配机器人的组成和搬运机器人的结构基本相同，包括机身、手臂、手爪、控制器、示教盒。出于装配工作的需要，装配机器人一般需配用传感器。

但是，由于装配零部件的多样性、装配工艺的复杂性以及装配空间大小的限制等因素，应用于装配的工业机器人必须具有更大的灵活性，更高的精度、更快的速度以及更大的负载能力等。为了特定装配工艺的要求，往往需要对工业机器人配备相应的传感器，借助传感器的感知，机器人可以更好地顺应对象物，进行灵活的操作。同时也可能需要对工业机器人进行一定的改装，为其开发专用末端操纵器或抓取工具。在选用装配机器人时，必须明确下列特征参数的要求：

(1) 工作空间的大小和形状；

(2) 连接运动的方向；

(3) 连接力的大小；

(4) 搬送工件的大小和质量；

(5) 定位误差的大小；

(6) 搬运速度、循环时间、节拍时间等的要求。

根据其运动学结构，装配机器人有各种不同的工作空间和坐标系统。工作空间形状取决于机器人的运动轴和它们之间的连接方式。大部分装配机器人的工作空间是圆柱形或球形，因为在这样的空间容易实现运动速度、运动精度和运动灵活性的最佳化。根据装配机器人在装配作业现场或装配自动线上的应用情况，我们可以按图 5-28 所示对装配机器人进行分类。

5.4.2　装配机器人的结构

图 5-29 为几种典型的装配机器人结构。图 5-29 (a) 所示的 SCARA 机器人由于其运动精度高、结构简单、价格便宜而应用广泛。图 5-29 (b) 所示的悬臂机器人和图 5-29 (c) 所示的“十”字龙门式机器人的工作空间是直角空间，它们的三个执行环节都能直线运动。图 5-29 (d) 所示的摆臂机器人的臂是通过一个万向节悬挂的，它的运动速度极快。图 5-29 (e) 的能够实现 6 轴运动的垂直关节机器人是专为小零件的装配而开发的，它的手臂又称为弯曲臂，其结构特征极像人的手臂。图 5-29 (f) 所示的摆头机器人是通过丝杠的运动带动机械手运动，两边丝杠（螺母旋转）以相同的速度向下运动时，机械手向下垂直运动；如果两边丝杠以不同的速度或方向

运动，机械手则摆动。这种轻型结构只允许较小的载荷，如用于小产品的自动化包装等。同样由于运动部分的质量小，所以运动速度相当高。

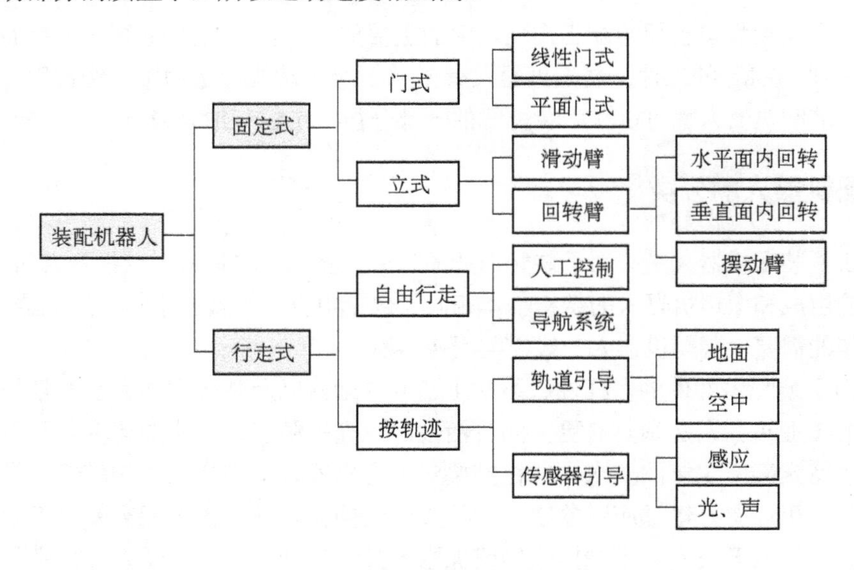

图 5-28　装配机器人的分类

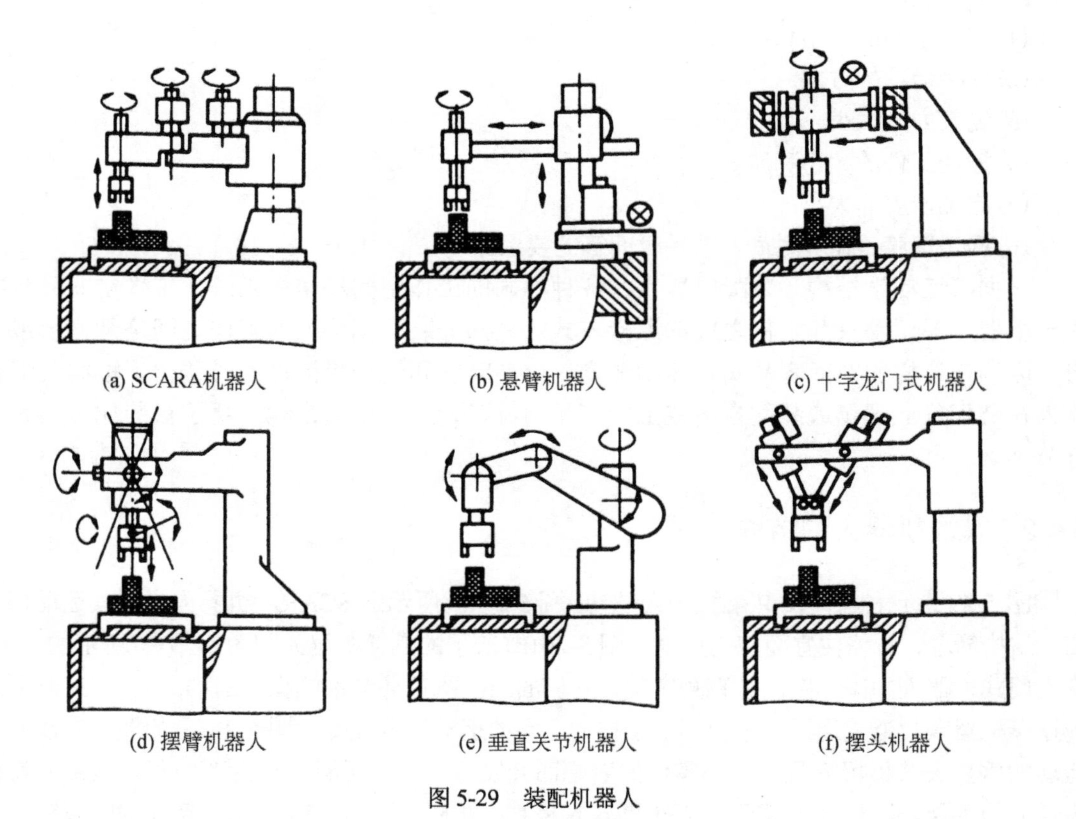

(a) SCARA机器人　(b) 悬臂机器人　(c) 十字龙门式机器人

(d) 摆臂机器人　(e) 垂直关节机器人　(f) 摆头机器人

图 5-29　装配机器人

图 5-30 为 SCARA 机器人的一个应用例子。

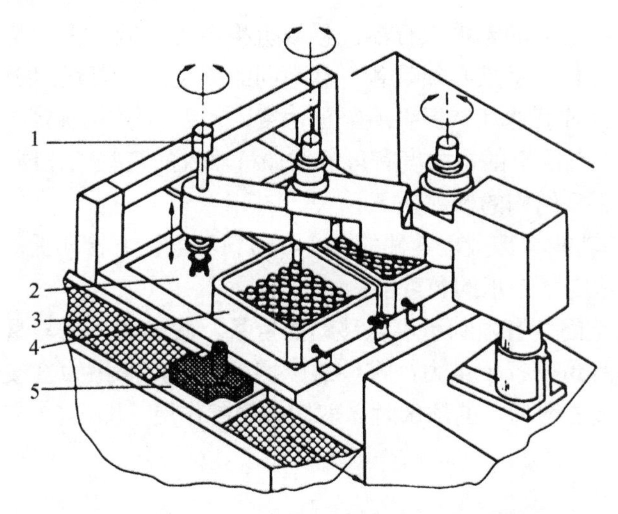

图 5-30　在一个装配间里工作的 SCARA 机器人

1-SCARA 机器人；2-配合件预备位置；3-传送系统；4-配合件储备仓；5-工件托盘

由于在节拍式的装配线上难以实现大型部件或产品的装配，于是有了行走机器人。图 5-31 为这类行走机器人的一个例子。这种机器人有 4 个轮子，其表面为螺纹状，通过 4 个轮子转动方向的组合就可以实现任意方向的运动。

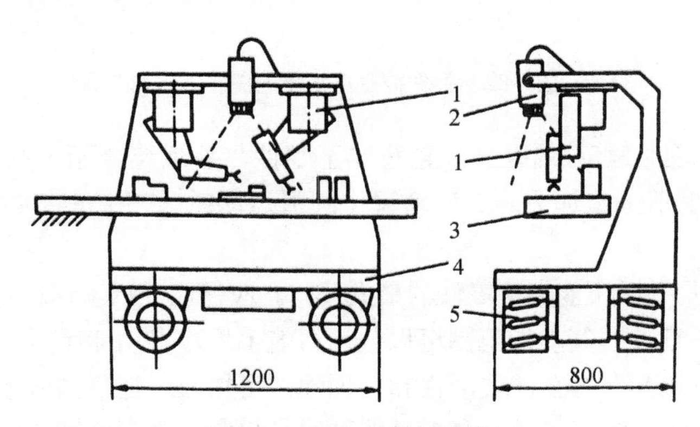

图 5-31　行走式装配机器人

1-垂直关节手臂；2-可视系统；3-工件托盘；4-行走机构；5-多向轮

5.4.3　装配机器人系统

机器人进行装配作业时，除装配机器人本身，装配机器人还需要配备专用手爪(或抓取器)、传感器、零件供给装置、工件搬运装置等周边设备。无论从投资额的角度还是从安装占地面积的角度，这些周边设备往往比机器人主机所占的比例更大，且通常由可编程控制器控制，此外一般还要有台架、安全栏等，它们与装配机器人一起构成了装配机器人系统。

1. 手爪(抓取器)

手爪(抓取器)是机器人的末端执行器。移载机构中的机械手手指及装配机器人手爪，是自动装配系统的重要工具。手爪必须具备一套不同的安装孔，以适用于不同的机器人。通常由机器人的手腕或手臂等其他环节提供所需自由度，而手爪没有独立自由度。不过，当应用某些装置(如钉旋具)，其固有的自由度有可能增加机器人的某些工作能力。

决定装配机器人手爪结构的参数如下。

(1)手爪的尺寸和功能与需搬运零件的大小、材料和重量直接相关。确定手爪结构的第一个参数是静载荷，它决定了手爪的负载能力。

手爪的各爪之间空间位置限制了可以移动的重量。假如两片爪与重力垂直，夹住零件所需的力很小；假如两片爪平行于重力，零件靠摩擦力支承，摩擦力直接作用在两片爪和零件的表面上；而当零件装在两片爪的顶部时，剪切力便起作用。图 5-32 表示上述三种手爪和零件方向间的关系。

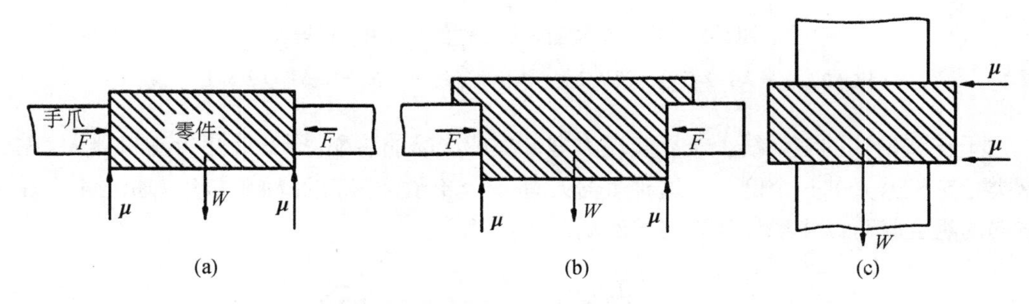

图 5-32　零件被手爪夹持的三种方式

(2)第二个参数是加速度/减速度，它决定了零件与手爪连接面上产生的惯性力。当加速/减速时，零件在手爪上施加力矩。当爪臂作圆弧运动时，产生的离心力与角速度平方成正比。

(3)第三个参数是手爪所能夹持零件的最大尺寸。应保证手爪工作稳定，不互相干涉。

装配机器人的手爪按照其功能范围可以分为万能手爪、多功能手爪、柔性手爪和专用手爪四类。其中柔性手爪具有内在的灵活性和可调性，可抓取一定范围内不同形状和尺寸的工件，因而应用广泛。另一常用的手爪是多功能装置，它有一系列不同的手爪，附加在一个通用基体上，每种手爪都是为某一专门目的或一定范围内的多种零件而专门设计的，需要哪一种手爪就启用该种手爪。

装配机器人的手爪按照其抓取工件的方式又可以分为机械式、电磁吸附式和真空吸附式几种。

1)机械式手爪

机械式手爪采用平行夹爪、钳形夹爪或可伸缩的夹爪依靠摩擦力抓取工件。

(1) 平行夹爪把零件夹在平面或 V 形表面之间。这种手爪可以有一个或两个可移动爪片，如图 5-33 所示。手指上安装有不同夹爪的螺纹孔，气动手指有常开式或常闭式，单动式或双动式。平移式的夹爪可适应内、外夹取，有二指式或三指式。

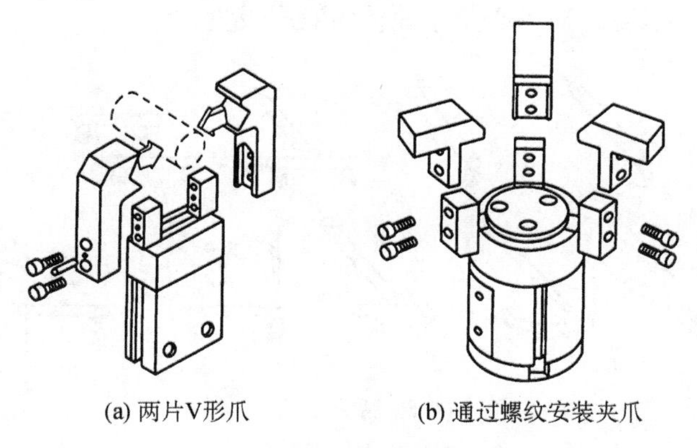

(a) 两片V形爪　　(b) 通过螺纹安装夹爪

图 5-33　平行爪片

(2) 钳形夹爪如图 5-34 所示，是把零件抱夹在手爪内或在夹片的端部抓取零件，用压缩空气操纵拾放动作。当压缩空气系统出现故障时，夹爪仍不会放松零件。对大型零件，抓取的夹持力必须依靠外部能源控制。

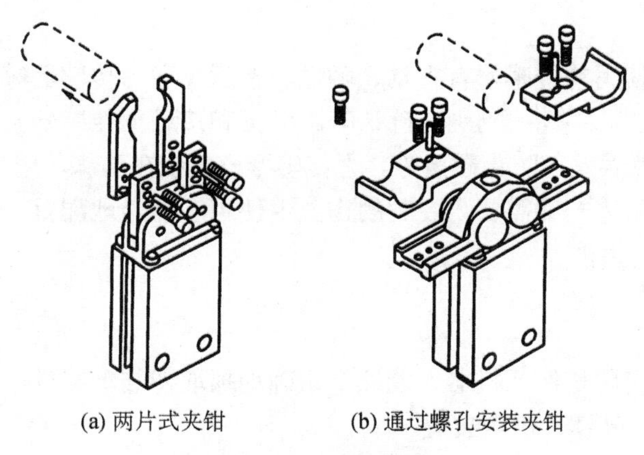

(a) 两片式夹钳　　(b) 通过螺孔安装夹钳

图 5-34　钳形夹爪

(3) 伸长或收缩爪有一个柔性夹持件，如薄膜、气囊等。手爪工作时伸长或收缩，从而对零件施加摩擦力。这种机构在夹持精密零件或被夹持的零件形状特殊，无法应用刚性夹持方法时采用。

2) 电磁吸附式

电磁吸附式手爪依靠通电产生的电磁力抓取工件，它只适合于磁性材料的工件，通电时吸起工件，断电时放下工件。真空吸附式通过对零件施加负压，从而使零件贴紧在夹爪上。电磁吸附式手爪要求工位环境能抵抗电磁场不致受到损伤。这种方法特有的优点是在一定程度上不受零件形状的限制。

3) 真空吸附式

真空吸附式手爪最常用的形式是用按一定方式排列的一组吸盘(图 5-35)，由真空泵产生负压。使用真空保护阀可在其中一个吸盘失灵时，保护同组其他吸盘的真空状态不被破坏。对平整的平面可用单层吸盘，对不平整平面使用双层吸盘。

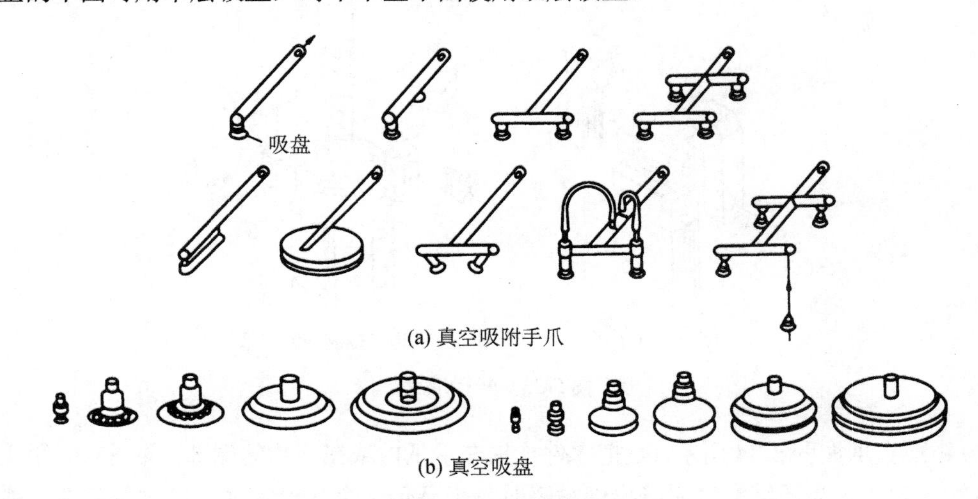

(a) 真空吸附手爪

(b) 真空吸盘

图 5-35　真空吸附抓取器

2. 传感器

装配机器人经常使用的传感器有视觉、触觉、接近觉和力传感器等。视觉传感器主要用于零件或工件位置补偿，零件的判别、确认等。触觉和接近觉传感器一般固定在指端，用来补偿零件或工件的位置误差，防止碰撞等。力传感器一般装在腕部，用来检测腕部受力情况。一般在精密装配或去飞边一类需要力控制的作业中使用。恰当地配置传感器能有效地降低机器人的价格，改善它的性能。

3. 零件供给装置

零件供给装置的作用是保证机器人能逐个正确地抓取待装配零件，保证装配作业正常进行。目前多采用下列几种零件供给装置。

(1) 给料器。用振动或回转机构把零件排齐，并逐个送到指定位置。送料器以输送小零件为主。实际上在引入装配机器人以前，已有许多专用给料设备在小零件的装配线上服务。

(2) 托盘。大零件或易磕碰划伤的零件加工完毕后一般应码放在托盘中运输。托盘装置能按一定精度要求把零件送到给定位置，然后再由机器人一个一个取出。由于托盘容纳的零件有限，所以托盘装置往往带有托盘自动更换机构。

(3) 其他。集成电路的装配，IC 零件通常排列在长形料盘内输送，对薄片状零件也有许多巧妙的办法，如码放若干层，机器人逐个取走装配等。

4. 零件输送装置

在机器人装配线上，输送装置承担把工件搬运到各作业地点的任务。输送装置中以传送带居多。通常零件随传送带一起移动，而作业时工件一般都处于静止状态。因此常用的传送带为分段驱动传输的游离式传送带，这样，装载工件的托盘也容易同步停止。输送装置必须具有装配所要求能够达到的定位精度、抗冲击和减振性能。

5.4.4 装配机器人实例

由日本 Yamanishi 大学 Makino 设计的 SCARA 多臂机器人在自动装配领域得到了广泛应用。这种机器人各臂在水平方向运动，有像人一般的柔顺性，而在垂直插入方向及运动速度和精度方面又具有机器的刚性。

图 5-36 为 SCARA 装配机器人的外形图。这种机器人可实现大臂回转、小臂回转、腕部升降与回转运动。以其中的 ZF--1 型多臂机器人为例，其本体如图 5-37 所示，由左、中、右三只手臂组成，左右手臂结构相同，各有大臂 1(1')、小臂 2(2')和手腕 3(3')；有肩关节回转 θ_1、肘关节回转 θ_2、腕关节回转 θ_3 和腕部升降 Z 等 4 个自由度(图 5-36)。由步进电动机 5(5')、谐波减速器 6(6')和位置反馈用光电编码器 7(7')驱动大臂，步进电动机 8(8')、谐波减速器 9(9')和位置反馈用光电编码器 10(10')驱动小臂。手腕的升降、回转和手间的开闭为气动，因此有相应的气缸、输气管路。第三只手臂(中臂)为拧螺钉装置，位于左、右手臂之间的工作台 17 上，装有摆动臂 14 和气动改锥 15。

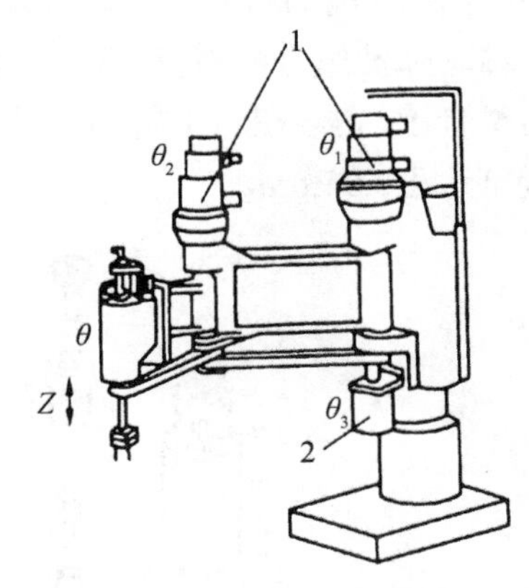

图 5-36 SCARA ZP-1 型装配机器人

1-伺服电动机；2-姿态控制器

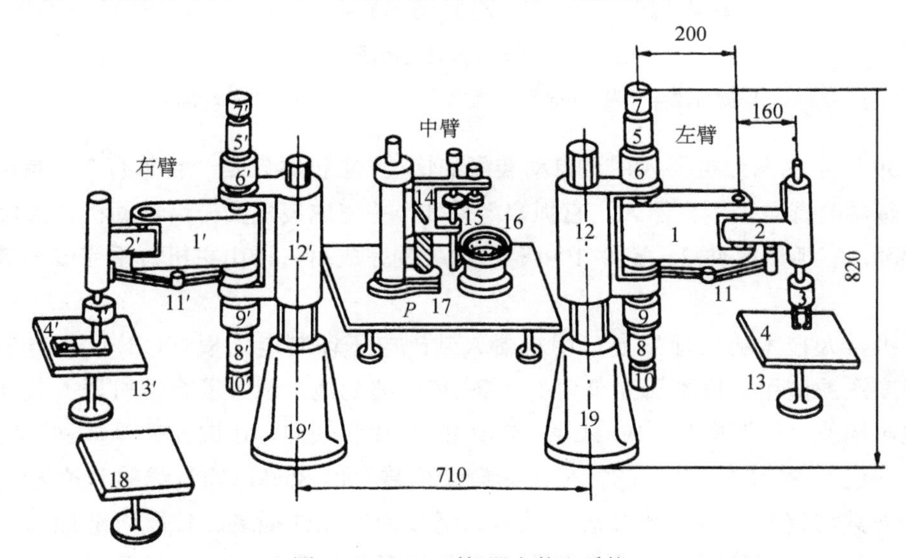

图 5-37 ZP-1 型机器人装配系统

1、1'-大臂；2、2'-小臂；3、3'-手腕；4、4'-手部；5、5'-步进电动机；6、6'-谐波减速器；7、7'-光电编码器；8、8'-步进电动机；9、9'-谐波减速器；10、10'-光电编码器；11、11'-平行四连杆机构；12、12'-支架和立柱；13、13'-料盘；14-摆动臂；15-气动改锥；16-振动料斗；17-工作台；18-料盘；19、19'-基座

ZP-1 型机器人用于易燃易爆的火花式电雷管(图 5-38)装配作业时，代替人完成的工作是：①将导电帽弹簧组合件装配在雷管体上；②将小螺钉拧到雷管体上，把导电帽、弹簧组合体和雷管体联成一体；③检测雷管体外径、总高度及雷管体与导电帽之间是否短路。电雷管重约 100g。装配前，雷管体倒立在 10 行×10 列的料盘 5 上，弹簧与导电帽的组合件插放在另一个 10 行×10 列的料盘 6 上，小螺钉散放在振动料斗 8 中，装配好的成品放在 10 行×10 列的料盘 7 上。装配作业时(图 5-37)，雷管料盘 13’放在机器人右臂右侧，导电帽与弹簧组合件料盘 13 位于左臂左侧，机器人中臂左侧装有供螺钉用的振动料斗 16，成品料盘 18 安装在右手臂的右前方。机器人一次装配过程约需 20s，在装配点的重复定位精度可达±0.05mm。

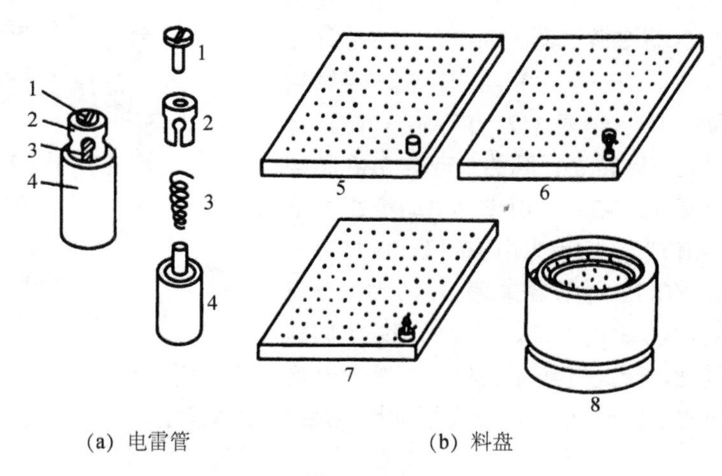

(a) 电雷管　　(b) 料盘

图 5-38　火花式雷管的组成及料盘

1-螺钉；2-导电帽；3-弹簧；4-雷管体；5、6、7-料盘；8-振动料斗

图 5-39 所示为两台机器人用于自动装配的情况，主机器人是一台具有 3 个自由度且带有触觉传感器的直角坐标机器人，它抓取零件 1，并完成装配动作，辅助机器人仅有 1 个回转自由度，它抓取零件 2，零件 1 和零件 2 装配完成后，再由主机械手完成与零件 3 的装配工作。

随着机器人技术的快速发展，用机器人装配电子印制电路板(PCB)已在电子制造业中获得了广泛的应用。日本日立公司的一条 PCB 装配线，装备了各型机器人共计 56 台。可灵活地对插座、可调电阻、IFI 线圈、DIP-IC 芯片和轴向、径向元件等多种不同品种的电子元器件进行 PCB 插装。各类 PCB 的自动插装率达 85%，插装线的节拍为 6s。该线具有自动夹具调整系统和检测系统，机器人组成的单元式插装工位既可适应工作节拍和精度的要求，又使得装配线的设备利用率高，装配线装配工艺的组织可灵活地适应各种变化的要求。

图 5-40 所示为用机器人来装配计算机硬盘的系统，采用 2 台 SCARA 型装配机器人作为主要装备。它具有 1 条传送线、2 个装配工件供应单元(一个单元供应 A～E 五种部件；另一

个单元供应螺钉）。传送线上的传送平台是装配作业的基台。一台机器人负责把 $A \sim E$ 五种部件按装配位置互相装好，另一台机器人配有拧螺钉器，专门把螺钉按一定力的要求安装到工件上。全部系统是在超净间安装工作的。

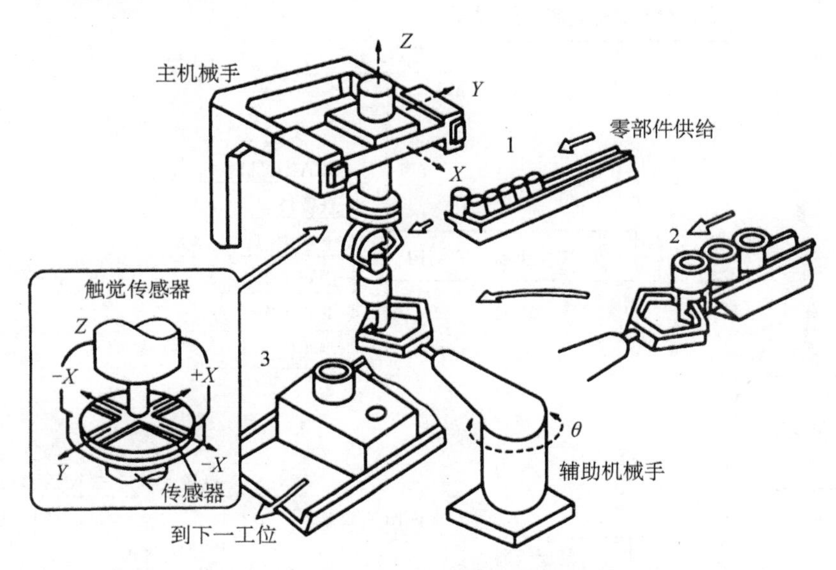

图 5-39　两台机器人用于自动装配的情况

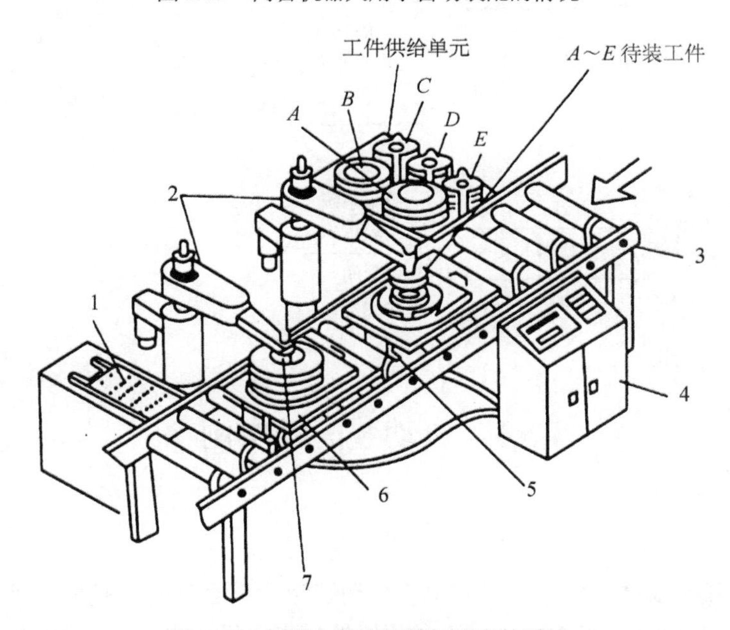

图 5-40　机器人装配计算机硬盘的系统

1-螺钉供给单元；2-装配机器人；3-传送辊道；4-控制器；5-定位器；6-随行夹具；7-拧螺钉器

 知识小结：装配机器人

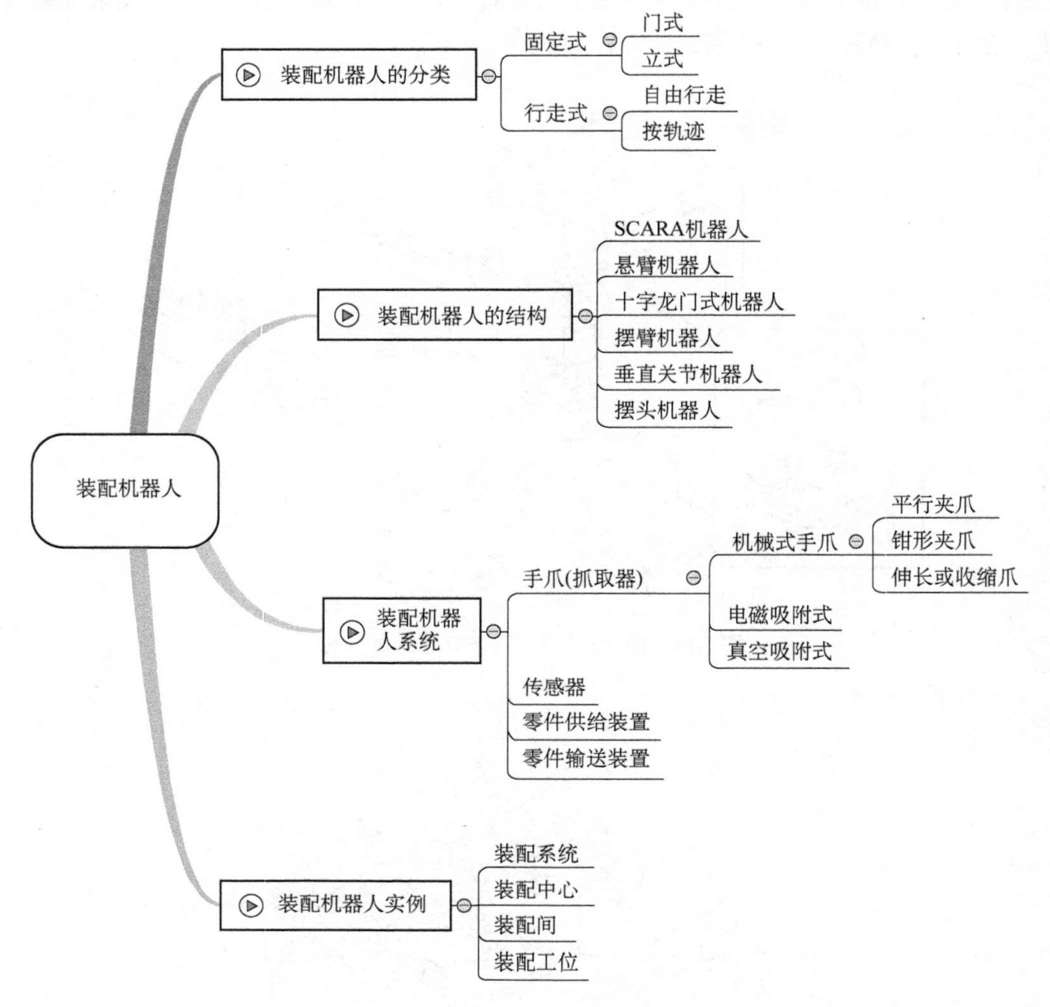

5.5 自动装配线实例

5.5.1 概况

1994 年由华南理工大学完成的吊扇电机自动装配线平面布置如图 5-41 所示，该装配线用于装配 1400mm、1200mm 和 1050mm 三种规格的吊扇电机，生产节拍为 6～8s。吊扇电机结构如图 5-42 所示，其中定子由上下各一个向心球轴承支承。整个电机用三套螺钉垫圈连接，重 3.5kg，外径尺寸为 180～200mm。电机装配包括轴孔嵌套和螺纹装配两种基本操作，其中轴孔嵌套为过渡配合。

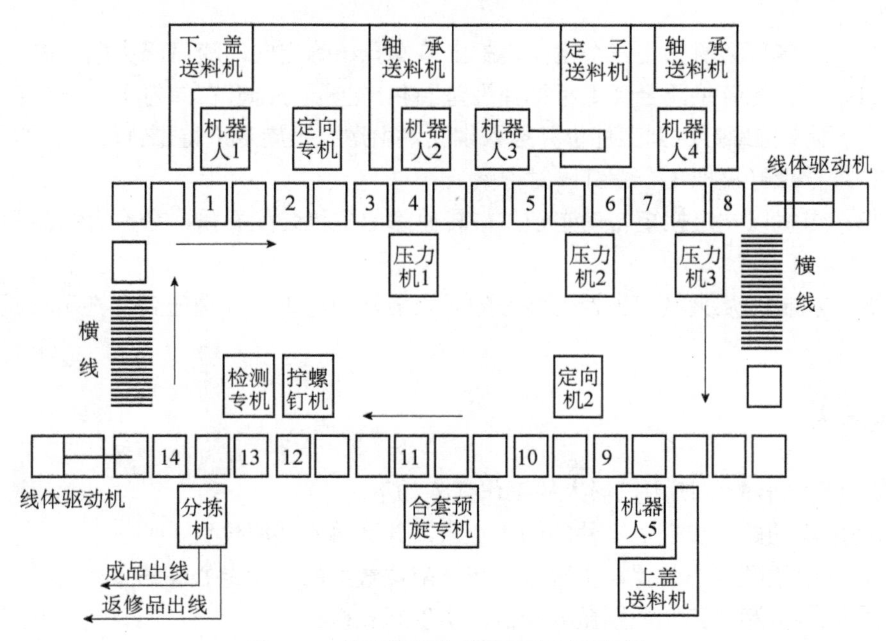

图 5-41　吊扇电机自动装配线平面布置

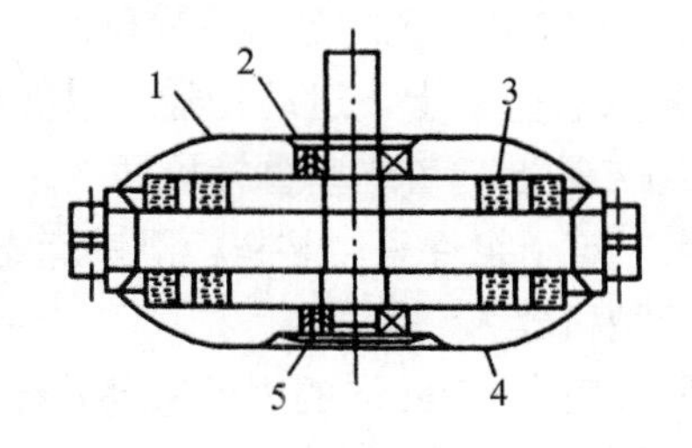

图 5-42　吊扇电机结构

1-上盖；2-上轴承；3-定子；4-下盖；5-下轴承

该装配线呈框形布置，有 14 个工位、3 台压力机、6 台专用设备、5 台装配机器人，每台机器人配有一台自动送料机。分布于线上的 34 套随行夹具按规定节拍同步传送。

工位 1：机器人夹持送料机送来的下盖依靠光电检测螺孔定向，放入夹具内定位夹紧。

工位 2：螺孔精确定位。先松开夹具，利用定向专机的三个定向销校正螺孔位置，重新夹紧。

工位 3：机器人夹持送料机送来的轴承，放入夹具的下盖轴承室。

工位 4：压力机把下轴承压到位。

工位 5：机器人夹持送料机送来的定子，放入下轴承孔中。

工位 6：压力机把定子压到位。

工位 7：机器人夹持送料机送来的上轴承，套入定子轴颈。

工位 8：压力机把上轴承压到位。

工位 9：机器人夹持送料机送来的上盖，依靠光电检测螺孔定位，放到上轴承上面。

工位 10：定向压力机先用三个定向销把上盖螺孔精确定向，随后压头把上盖压到位。

工位 11：三台螺钉垫圈合套专机把弹性垫圈和平垫圈分别套在螺钉上，送到抓取位置，三个机械手分别夹持螺钉送到工件位并插入螺孔，由螺孔预旋专机将螺钉拧入 3 圈。

工位 12：拧螺钉机把 3 个螺钉同时拧紧。

工位 13：专机以一定扭矩转动定子，按转速确定电机装配质量，分成合格品和返修品，然后松开夹具。

工位 14：机械手从夹具中夹持已装好的或未装好的电机，分别送到合格品和返修品运输线上。

5.5.2 机器人

吊扇电机自动装配线所用机器人的工作任务如下。

(1) 利用堆垛功能，实现对零件的顺序抓取，并运输到装配位置。

(2) 配合使用柔顺定心装置，实现零件在装配位置上的自动定心和插入。

(3) 配合光电检测装置和识别微处理器，实现螺孔检测。

(4) 利用示教功能，简化设备安装调整工作。

(5) 具有一定柔性，使装配系统容易适应产品规格变化。

为完成上述任务，要求机器人有垂直上下运动功能，以抓取和放置零件；有水平两坐标运动，以把零件从送料机运送到夹具上；可绕垂直轴旋转，以实现螺孔检测。因此，选择具有四自由度的 SCARA 型机器人。定子组件采用装料板顺序运送，每一装料板上放 6 个零件，选用有较大工作区域的直角坐标型机器人。

根据作业要求，其中两机器人应有 600mm 的平面移动范围。垂直方向上工件装入定子组件前运动行程取 100mm；由于定子轴上端有一个保护导线的套管，故装入定子组件以后，运动行程取 200mm。因此，选用 100mm 和 200mm 行程两种规格的机器人。SCARA 型机器人的第一和第二臂的综合运动速度为 5.2m/s，Z 轴垂直运动速度为 0.6m/s；直角坐标机器人平面运动速度为 1.5m/s，Z 轴垂直运动速度为 0.25m/s。工件中最重的零件为定子组件 2.5kg，考虑到夹具重量，选用持重 5kg 的机器人。SCARA 型机器人的重复定位精度为±0.5mm，直角坐标型机器人为±0.02mm。具体厂家和型号为日本索尼公司的 SRX-3CH 和 SRX-3XB。

机器人自动夹持轴承的夹持器采用形状记忆合金制造，外形为直径 50mm、高 90mm 的圆柱体，重 400g，安装在机器人手臂末端轴上。其工作原理如图 5-43 所示。当夹持轴承时，夹持器先套入轴承，通电加热右侧记忆合金弹簧 SMA1，使其收缩变形，带动杠杆逆时针转动，轴承被夹紧（图 5-43(a)）；松夹时 SMA1 断电而通电加热左侧记忆合金弹簧 SMA2，使其收缩变形而带动杠杆顺时针转动，轴承被松开（图 5-43(b)）。

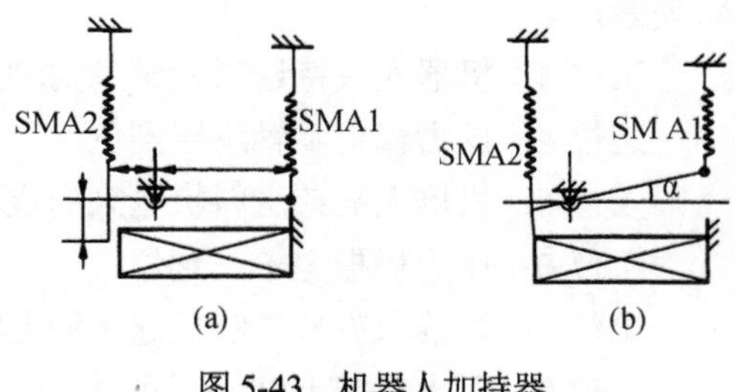

图 5-43　机器人加持器

5.5.3　周边装置

吊扇电机自动装配系统的周边装置包括自动送料装置、螺孔定向装置、螺钉垫圈合套装置等。轴承送料机主要由一级料仓、料道、给油器、机架、行程控制系统和气压传动系统组成。可储备物料 600 件，备料时间间隔 1 小时。为达到这样大的储量，采用多仓分装、多级供料的形式。有 6 个二级堆存的一级料仓，共 6 列 16 层；一个一维堆存的二级料仓(料筒)，1 列 16 层。料筒固定，轴承按工作节拍逐个沿料道由输出气缸送到指定的机器人夹持装置。当料筒耗空，对准料筒的一级料仓在列输送气缸的作用下向料筒送进列轴承。如此重复 6 次之后，该一级料仓耗空，由数字气缸组驱动依次切换一级料仓，至 5 个料仓都耗空后，控制系统发出备料信号。

上盖送料机主要由电磁调速电机及传动机构、转盘、拨料板、送料气缸、定位气缸、导轨、定位板、机架等组成。上盖不宜堆叠，故采用单层料盘，储料 21 个，备料时间 2min。送料机圆转盘面有 3° 锥角，电机带动转盘转动，转盘中的物料在离心力作用下被甩至圆盘周边，利用物料的圆形特征和拨料板的分道作用，使物料在转盘周边自动排序，并沿转盘边缘切线方向进入直线料道，由于物料的推挤力，直线料道可得到连续供料，在其出口由送料气缸按节拍要求做间歇供料。物料被抓取后由定位气缸通过上盖轴承座孔定位。

定子形状复杂，其绕组部分不容碰撞，且无合适的滑移支承面，因此利用定子的下轴颈将之插紧在托盘上，单层托盘在送料机上间歇输送供料，利用机器人的堆垛功能在工作位置的托盘上顺序取料。定子输送机由托盘、输送导轨、托盘换位驱动气缸、机架等组成、采用框架式布置，设 12 个托盘位，其中一个空位用作托盘交替位。矩形框四边各设一个气缸，用于循环推动各边托盘每次移动一个工位。在输出位底部设定位销使工作托盘精确定位，保证机器人与被抓定子的位置关系。该输送机可储存物料 60 件，备料时间 3min。

5.5.4　安全措施

为保证吊扇电机自动装配线上的各设备各自独立完成一定的动作，又按既定程序相互匹配，需对作业状态进行检测与监控，自动防止错误操作，必要时进行人工干预。在该装配线上共设置了数百个检测点，检测初始状态信息、运行状态信息及安全信息，尤其监控关键部位和易出故障部位，防止机构干涉和危险动作发生，如发现异常，能发出报警信号并紧急停机。采用三级分布式控制，可对整个装配过程集中监控且控制系统层次分明、职责分散。采用了多种联网方式保证整个系统运行的可靠性：在监控级计算机和协调级中型 PLC/C200H 之间使用 RS232 串行通信，在协调级和各机器人之间使用 I/O 连接，在协调级和各执行级控制器之间使用光缆通信。在气动系统方面，采用专用稳压气源，空气经过滤和除湿，对执行气缸设有缓冲装置。整条装配线用安全栅栏隔离，规定了上下料路线，禁止非操作人员进入作业区。

该装配线投入使用后，产品质量得到显著提高，返修率降低了 5%～8%。

思 考 题

5-1 装配基本概念是什么？什么是套件？什么是组件？什么是部件？它们之间有什么差别？

5-2 什么是装配精度？装配精度都包括什么？其含义分别是什么？

5-3 常见的装配连接方法有哪些？分别在装配中所占的比例大致为多少？

5-4 通过表 5-1，分析和了解常用装配连接方法的基本原理。

5-5 装配技术的发展经历了怎样的一个发展过程？

5-6 装配自动化的基本内容包括哪两个方面？各有哪些具体内容？在决策采用自动化装配系统前，应考虑哪些问题？

5-7 制订装配工艺规程的依据和原则是什么？

5-8 装配工艺规程的内容有哪些？如何使用流程图来表示装配顺序？

5-9 零件实现自动装配的难易程度是如何分级的？难易程度是如何确定的？

5-10 通过表 5-5，理解什么样的工件形状更适合于传送和装配。

5-11 自动装配工艺设计的一般要求有哪些？

5-12 装配设备通常分为哪几类？各具有什么样的特点？

5-13 装配机通常由哪两种类型？多工位同步装配机与多工位异步装配机有什么区别？通过图 5-9～图 5-14，理解多工位同步装配机都有哪些结构形式？

5-14 在设计一个装配工位时，工位节拍时间的计算应该考虑哪些因素？

5-15 什么是装配间？如何避免位于一个装配间的两个机器人由于工作空间重叠而发生碰撞？

5-16 装配中心和装配系统的基本概念是什么？

5-17 影响自动化装配设备选用的因素有哪些？

5-18 在选用装配机器人时，必须明确哪些特征参数的要求？

5-19 装配机器人是如何分类的？

5-20 装配机器人的典型结构有哪些？装配机器人系统还包括哪些周边设备？

5-21 装配机器人的手爪按照其抓取工件的方式可以分为哪几种？其工作原理是什么？

5-22 通过图 5-37～图 5-40，分析和了解装配机器人在装配作业中的应用。

5-23 通过图 5-41，分析和理解装配自动化生产线的平面布局、结构组成、装配工艺流程、装配工位设计、装配机器人配置以及周边设备的配置及安全技术保障等。

第 6 章　自动化集成技术

本章知识要点

(1) 掌握控制系统的分类及顺序控制系统的分类。

(2) 掌握顺序控制系统的实现方法。

(3) 掌握 PLC 的定义、组成及基本工作原理。

(4) 了解 PLC 常用的编程语言及网络通信，掌握 PLC 的梯形图编程。

(5) 掌握现场总线的基本概念，充分理解现场总线的本质、结构特点及技术特点。

(6) 对现有的现场总线及其应用领域有一个基本的了解。

(7) 重点掌握 CAN 总线、LonWorks 总线及 PROFIBUS 总线的技术特点及应用，重点关注工业以太网发展及应用。

探索思考

试设想如果要使由多台数控机床(加工中心)、工业机器人、中央仓库、物料传输系统组成的制造系统实现自动化集成控制，其关键是什么？PLC 和现场总线在其中的主要作用是什么？

预备知识

复习微机(单片机)原理有关计算机组成、总线、指令等基本概念及其编程方法；通过查阅资料了解校园网(Internet)与现场总线控制网络的区别与联系。

数控机床(加工中心)、工业机器人、中央仓库、物料传输系统都是一些能够实现自我控制、功能自治的“信息化孤岛”，它们构成了自动化制造系统最基本的构造单元，如何将它们进行有效集成，主要是信息集成，以使它们能够互传信息、协调工作，实现从毛坯出库、传输、机床加工、搬运、成品送回仓库等一系列的自动化过程，其核心就是采用可编程逻辑控制器(PLC)技术和现场总线技术。

6.1　可编程逻辑控制器

可编程逻辑控制器(Programmable Logical Controller，PLC)是一种为应用于工业环境而设计的数字计算机控制系统。PLC 是基于计算机技术模仿继电器逻辑控制原理的思想发展起来的。作为一种特殊形式的计算机控制装置，它在系统结构、硬件组成、软件结构以及 I/O 通道、用户界面等方面都有其特殊性。目前，在计算机技术、信号处理技术、控制技术和网络技术的推动下，PLC 的功能得以不断完善，它已不再局限于逻辑控制，在连续闭环控制和复杂的分布式控制领域也得到了很好的应用，在机电一体化系统中发挥着十分重要的作用，是自动化制造系统必不可少的控制装备。

6.1.1 顺序控制系统及其实现

1. 顺序控制系统

根据控制系统的时间特性，可将控制系统分为连续控制系统和离散控制系统。若系统各个环节的输入信号和输出信号都是连续时间信号，则称这种系统为连续控制系统。若系统中有一处或多处的信号是以开关量、脉冲序列或数字编码形式出现的，则称这种系统为离散控制系统。顺序控制系统是典型的离散控制系统。

1) 顺序控制

顺序控制是指根据预先规定好的时间或条件，按照预先确定的操作顺序，对开关量实现有规律的逻辑控制，使控制过程依次进行的一种控制方法。顺序控制的应用非常广泛，如组合机床的动力头控制、搬运机械手的控制、包装生产线的控制等都属于顺序控制的范畴。

2) 顺序控制系统的分类

按照顺序控制系统的特征，可将顺序控制系统划分为时间顺序控制系统、逻辑顺序控制系统和条件顺序控制系统。

(1) 时间顺序控制系统：以执行时间为依据，每个设备的运行与停止都与时间有关。例如，物料的多级输送(图 6-1)。物料经过多级传送带由起始点输送到目的地，在物料的输送过程中，为了防止物料的堵塞，通常要按以下顺序动作。

启动：先启动后级输送带，再启动前级输送带，A→延迟 10s →B→延迟 10s →C。

停止：先停止前级输送带，再停止后级输送带，C→延迟 10s →B→延迟 10s →A。

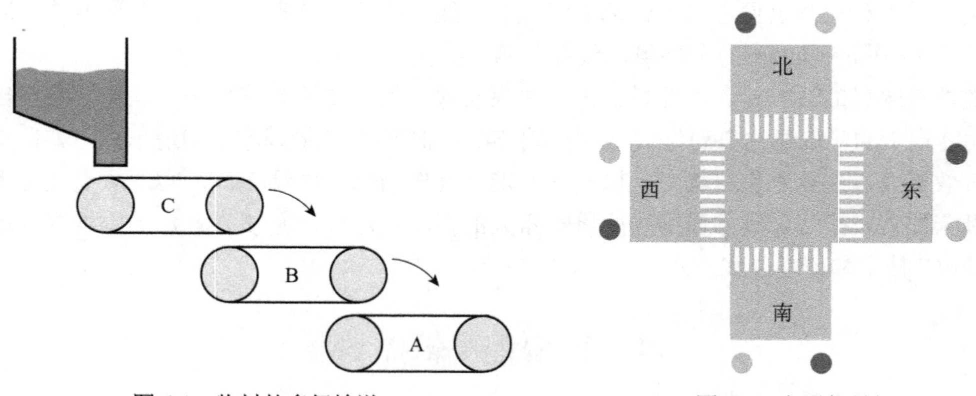

图 6-1　物料的多级输送　　　　图 6-2　交通信号灯

再如，十字路口的交通信号灯(图 6-2)。虽然不同路口的时间设置不同，但对于确定的路口，南北向与东西向的红、绿、黄信号灯点亮的时间顺序是严格确定的。

南北向：绿灯亮(26s)、黄灯亮(5s)、红灯亮(30s)、绿灯亮(26s)……

东西向：红灯亮(30s)、绿灯亮(26s)、黄灯亮(5s)、红灯亮(30s)……

(2) 逻辑顺序控制系统：按照逻辑先后关系顺序执行操作指令，与执行时间无严格关系。例如，化学反应池中的液位控制(图 6-3)。在化学反应池中，基料与辅料以一定的比例，在加热的情况下产生化学反应并生成最终产品。在反应初期，基料泵工作，基料进入，到达液位 1 后，搅拌机启动并开始搅拌；当液位上升到 2 时，基料泵停止工作，辅料泵工作，辅料进入；当液位到达 3 时，辅料泵停止工作，加料完成，开始加热，进行化学反应。

整个加料过程看似也是按照时间先后关系完成的，但仔细分析可知，实际上整个加料过程是按照逻辑先后关系完成的，与时间无严格关系。也就是说，基料从开始加入到停止加入，花 1min 还是 5min，只与生产效率有关，而与结果无关。

(3) 条件顺序控制系统：根据条件是否满足执行相应的操作指令。例如，电梯运行控制(图 6-4)。某层乘客按了向上的按钮，电梯控制器根据电梯的当前层和乘客所在层的位置，来决定上升还是下降。

电梯在乘客层上：下降。

电梯在乘客层下：上升。

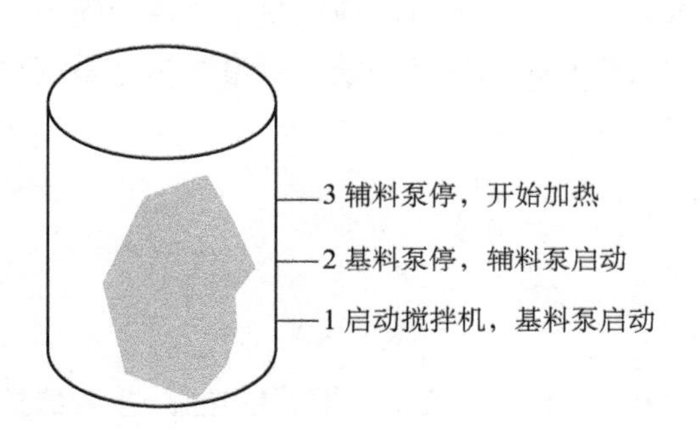

图 6-3　化学反应池中的液位控制

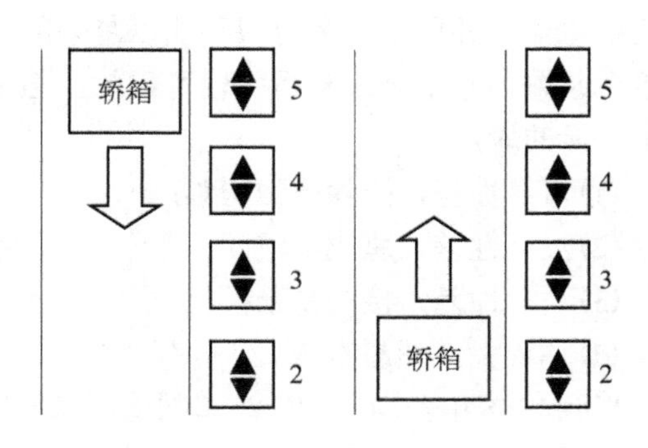

图 6-4　电梯运行控制

2. 顺序控制系统的实现

顺序控制系统有多种实现方法，具体如下。

(1) 由继电器组成的逻辑控制系统(机械式开关)。在继电器组成的逻辑控制系统中，所有的操作和逻辑关系都由硬件来完成，即由继电器的常开、常闭触点，延时断开、延时闭合触点，接触器，开关等元件完成系统所需要的逻辑功能。受继电器机械触点的寿命和可靠性限制，此类系统的可靠性较差，使用寿命短，更改逻辑关系不方便，只用在一些老式的或极其简单的控制系统中。

(2) 由晶体管组成的无触点顺序逻辑控制电路(电子式开关)。采用晶体管、晶闸管等半导体元件代替继电器，组成无触点顺序逻辑控制电路，使逻辑控制系统提高了可靠性和使用寿命，但仍存在更改逻辑关系不方便的缺点，目前也很少使用。

(3) 可编程序控制器(软件开关)。可编程序控制器用存储器代替了机械式开关和电子式开关，用存储器的存储位代替了开关的状态，不仅大大提高了开关的可靠性和使用寿命，而且存储器的存储位可以无限次使用，只要更改控制程序就可以实现更改逻辑关系。

(4) 由微型计算机组成的顺序逻辑控制系统。该系统通常应用于集散控制系统或工控机中，可实现逻辑控制功能，适合于大型系统。

6.1.2 可编程控制器的产生、发展及应用

1. *PLC 的产生与发展*

在制造、过程工业中，有大量的开关量顺序控制，系统按照逻辑条件进行顺序动作，并按照逻辑关系进行联锁保护控制，其中还包含大量离散量的数据采集。20 世纪 20 年代起，人们把各种继电器、定时器、接触器及其触点按一定的逻辑关系连接起来组成控制系统，控制各种制造和工业过程中的各种机械设备，这是传统的继电器控制系统。继电器控制系统能完成逻辑“与”“或”“非”等运算功能，实现弱电对强电的控制，且由于它结构简单、容易掌握，在一定范围内能满足控制要求，因而使用面很广，在工业控制领域中一直占有主导地位。

随着工业的发展，设备和生产过程越来越复杂。复杂的系统可能使用成百上千个各式各样的继电器，并用成千上万根导线以复杂的方式连接起来，执行相应的复杂的控制任务。作为单台装置，继电器本身是比较可靠的。但是，对于复杂的控制系统，继电器控制系统存在几个明显的缺点：

(1) 可靠性差，排除故障困难；

(2) 灵活性差，总成本较高；

(3) 适应性差，接线复杂；

(4) 体积大，不易维修。

直到 1968 年美国最大的汽车制造厂家通用汽车 (GM) 公司提出了取代继电器-接触器控制系统，研制满足下列 10 个要求的可编程序控制器的设想：

(1) 编程简单，可在现场修改程序；

(2) 维护方便，采用插件式结构；

(3) 可靠性高于继电器-接触器控制装置；

(4) 体积小于继电器-接触器控制柜；

(5) 价格可与继电器-接触器控制柜竞争；

(6) 可将数据直接送入计算机；

(7) 可直接用市电交流输入；

(8) 输出采用交流市电，能直接驱动电磁阀、交流接触器等；

(9) 通用性强，扩展时原有系统只需很小变更；

(10) 程序要能存储，存储器容量可扩展到 4KB。

1969 年，美国数字设备公司 (DEC) 根据上述要求研制出了基于集成电路和电子技术的控制装置，使得电气控制功能实现程序化，并在 GM 公司汽车生产线上首次应用成功，实现了生产的自动控制。这时期的可编程序控制器主要用于顺序控制，并只能进行逻辑运算，这就是第一代可编程控制器 (Programmable Controller，PC)。为了与个人计算机 (Personal Computer) 区别，习惯用 PLC (Programmable Logical Controller) 作为可编程控制器的缩写。

早期的 PLC 主要是作为继电器控制装置的替代物而出现的，其主要功能是执行原先由继电器完成的顺序控制、定时等功能，将继电器的"硬接线"控制方式变为"软接线"方式。

早期的 PLC 在硬件上以准计算机的形式出现，在 I/O 接口电路上作了改进以适应工业控制现场的要求。装置中的器件主要采用分立元件和中小规模集成电路，存储器采用磁芯存储器。另外，还采取了一些措施，以提高其抗干扰的能力。在软件编程方面，采用了广大电气工程技术人员所熟悉的继电器控制线路的方式，即梯形图。因此，早期的 PLC 的性能要优于继电器控制装置，其优点包括简单易懂、便于安装、体积小、能耗低、有故障指示、能重复使用等。梯形图作为 PLC 特有的编程语言一直沿用至今。

20 世纪 70 年代初期，出现了微处理器，由于其体积小、功能强、价格便宜，很快被用于 PLC。美国、日本、德国等一些厂家先后开始采用微处理器作为 PLC 的中央处理单元(CPU)，使 PLC 的功能增强、工作速度加快、体积减小、可靠性提高、成本下降。在硬件方面，除了保持其原有的开关模块，中期的 PLC 增加了模拟量模块、远程 I/O 模块、各种特殊功能模块；扩大了存储器的容量，增加了各种逻辑线圈的数量；还提供了一定数量的数据寄存器，使 PLC 应用范围得以扩大。在软件方面，除了保持其原有的逻辑运算、计时、计数等功能，中期的 PLC 还增加了算术运算、数据处理和传送、通信、自诊断等功能，指令系统大为丰富，系统可靠性也得到了提高。

进入 20 世纪 80 年代中、后期，由于超大规模集成电路技术的迅速发展，微处理器的市场价格大幅度下跌，使得各种类型的 PLC 所采用的微处理器的档次普遍提高。而且，为了进一步提高 PLC 的处理速度，各制造厂商还纷纷研制开发了专用逻辑处理芯片。这样使得 PLC 在软、硬件功能上都发生了巨大变化。现代 PLC 不仅能够完全胜任对大量开关量信号的逻辑控制功能，还具有了很强的数学运算、数据处理、运动控制、PID 控制等模拟量信号处理以及人机接口能力等。同时 PLC 的联网通信能力大大增强，PLC 逐渐进入过程控制领域，可以构成功能完善的分布式控制系统，实现工厂自动化管理。在发达的工业化国家，现代 PLC 广泛应用于所有的工业部门。

进入 21 世纪工业个人计算机(IPC)技术和关于现场总线控制系统(FCS)的技术发展迅速，挤占了一部分 PLC 市场，PLC 应用量的增长速度出现渐缓的趋势，但其在工业自动化控制特别是顺序控制中的地位，在可预见的将来，是无法取代的。

2. PLC 的应用

可编程控制器的应用几乎涵盖了所有行业，小到简单的或顺序动作控制，大到整厂的流水线、大型仓储、立体停车场，更大的还有大型的制造行业、交通行业等。

我国在 PLC 生产方面较为薄弱，但在 PLC 应用方面是很活跃的，近年来每年约新投入 10 万台(套)PLC 产品，年销售额约 30 亿人民币。在我国，一般按 I/O 点数将 PLC 分为以下级别：

(1) 微型 PLC，含 32 I/O 点数；

(2) 小型 PLC，含 256 I/O 点数；

(3) 中型 PLC，含 1024 I/O 点数；

(4) 大型 PLC，含 4096 I/O 点数；

(5) 巨型 PLC，含 8192 I/O 点数。

在我国应用的 PLC 系统中，I/O 点数在 64 点以下的 PLC 销售额占整个 PLC 的 47%，64～256 点的占 31%，合计占整个 PLC 销售额的 78%。目前在国内外，PLC 已广泛应用于冶金、石油、化工、建材、机械制造、电力、汽车、轻工、环保及文化娱乐等各行各业，随着 PLC 性价比的不断提高，其应用领域不断扩大。

PLC 在机械制造领域的应用包括：数控机床，自动装卸机，移送机械，工业用机器人控制，自动仓库控制，铸造控制，热处理，输送带控制，自动电镀生产线程序控制等。在汽车制造领域的应用包括移送机械控制、自动焊接控制、装配生产线控制、铸造控制、喷漆流水线控制等。

从应用类型看，PLC 的应用大致可归纳为以下几个方面。

1) 开关量控制

利用 PLC 最基本的逻辑运算、定时、计数等功能实现逻辑控制，可以取代传统的继电器-接触器控制，用于单机控制、多机群控制、生产自动线控制等，如机床、注塑机、印刷机械、装配生产线、电镀流水线及电梯的控制等。这是 PLC 最基本的应用，也是其最广泛的应用领域。因系统控制功能为顺序控制，主要根据系统设计的 I/O 点数来确定 PLC 型号及 I/O 模块的型号。

2) 运动控制(伺服控制)

大多数 PLC 都有拖动步进电动机或伺服电动机的单轴或多轴位置控制模块。这一功能广泛用于各种机械设备，如对各种机床、装配机械、机器人等进行运动控制。根据控制轴的数量、定位精度及所用的 I/O 点数来确定 PLC 及定位模块。

3) 过程控制

大、中型 PLC 都具有多路模拟量 I/O 模块和 PID 控制功能，有的小型 PLC 也具有模拟量 I/O 模块。所以 PLC 可实现模拟量控制，而且具有 PID 控制功能的 PLC 可构成闭环控制，用于过程控制。这一功能已广泛用于锅炉、反应堆、水处理、酿酒以及闭环位置控制和速度控制等方面。根据控制的模拟量信号及模拟量的多少来选择合适的模块，如 A/D 转换模块、D/A 转换模块只能处理-10～10V 的电压信号或-20～20mA 的电流信号；PT 温度模块只能处理铂电阻传感器；TC 温度模块只能处理 K、J 热电偶型传感器。

4) 数据处理

现代的 PLC 都具有数学运算、数据传送、转换、排序和查表等功能，可进行数据的采集、分析和处理，同时可通过通信接口将这些数据传送给其他智能装置进行处理，如计算机数字控制(CNC)设备。

5) 通信联网

PLC 的通信包括 PLC 与 PLC、PLC 与上位计算机、PLC 与其他智能设备之间的通信。PLC 系统与通用计算机可直接或通过通信处理单元、通信转换单元相连构成网络，以实现信息的交换，并可构成“集中管理、分散控制”的多级分布式控制系统，满足工厂自动化(FA)系统发展的需要。从大体上来讲，工厂的网络系统可以分为 3 级。

(1) 底层最低网络等级：现场网络/CC- LINK 网络，如 PLC 与变频器、显示器、智能仪表，用于条形码阅读器及其他现场设备间的通信。

(2) 生产现场链接的中层网络：控制网络/MELSECNET/PLC 与 PLC、PLC 与 CNC，用于在控制设备之间传送直接与机械或设备运行相关的数据，控制网络必须具备最佳的实时能力。

(3) 最高网络等级：信息网络/以太网设计用于在 PLC 或设施控制器和生产控制计算机之间传送生产控制信息、质量控制信息、设施运行状态和其他信息。

3. PLC 的发展趋势

1) 人机界面更加友好

PLC 制造商纷纷通过收购、联合软件企业或发展软件产业，致力于提高自己的软件水平，目前多数 PLC 品牌已拥有与之相应的开发平台和组态软件。软件和硬件的结合，提高了系统的性能，同时为用户的开发和维护降低了成本，更易形成人机友好的控制系统。目前，PLC + 网络+ IPC+CRT 的模式已被广泛应用。

2) 网络通信能力大大加强

PLC 制造商在原来 CPU 模板上提供物理层 RS232/422/485 接口的基础上，逐渐增加了各种通信接口，而且提供完整的通信网络。

3) 开放性和互操作性大大提高

早期的 PLC 发展历程中，各 PLC 制造商为了垄断和扩大各自市场，发展各自的标准，兼容性很差，但各制造商逐渐认识到，开放是发展的趋势。开放的进程可以从以下几个方面反映出来。

(1) IEC 形成了现场总线标准。这一标准包含 8 种标准。

(2) IEC 制定了基于 Windows 的编程语言标准，有指令表(IL)、梯形图(LD)、顺序功能图(SFC)、功能块图(FBD)、结构化文本(ST) 5 种编程语言。

(3) OPC(OLE for Process Control) 基金会推出了 OPC 标准，进一步增强了软硬件的互操作性，通过 OPC 一致性测试的产品，可以实现方便、无缝隙的数据交换。

(4) PLC 的功能进一步增强，应用范围越来越广泛。PLC 的网络能力、模拟量处理能力、运算速度、内存、复杂运算能力均大大增强，不再局限于逻辑控制的应用，而越来越应用于过程控制方面，除了石油、化工过程等个别领域。

(5) 工业以太网的发展对 PLC 有重要影响。以太网应用非常广泛，其成本非常低，为此，人们致力于将以太网引进控制领域，各 PLC 制造商纷纷推出适应以太网的产品或中间产品。

(6) 软 PLC 在中国的发展。所谓软 PLC 实际就是在计算机的平台上、在 Windows 操作环境下，用软件来实现 PLC 的功能。

(7) PAC 的出现。PAC 表示可编程自动化控制器，用于描述结合了 PLC 和计算机功能的新一代工业控制器。传统的 PLC 制造商使用 PAC 的概念来描述他们的高端系统，而计算机控制厂商则用来描述他们的工业化控制平台。

4. PLC 的主要优势

1) 可靠性高，抗干扰能力强

PLC 在恶劣的工业环境下能可靠地工作，具有很强的抗干扰能力。例如，能够抗击电噪声、电源波动、振动、电磁干扰等，能抵抗1000V、1μs脉冲的干扰；能在高温、高湿以及空气中存有各种强腐蚀物质粒子的恶劣环境下可靠地工作；能承受电网电压的变化，可直接由交流市电供电，允许电压波动范围大。一般由直流24V供电的机型，电源电压允许为16～32V；由交流供电的机型，允许电压为115 V/230V(±15%)、47 ～ 63Hz的电源供电。即使在电源瞬间断电的情况下，仍可正常工作。

PLC在设计、生产过程中，除了对元器件进行严格的筛选，硬件和软件还采用屏蔽、滤波、光隔离和故障诊断、自动恢复等措施，有的PLC还采用了冗余技术等，进一步增强了PLC的可靠性。另外，PLC采用微电子技术，内部大量采用无触点方式，使用寿命大大加长，通常PLC的平均无故障时间可达几万小时以上，有的甚至达几十万小时。

2)通用性强、灵活性好、功能齐全

PLC是通过软件实现控制的，对于不同的控制对象可采用相同的硬件进行配置，而通过改变控制程序软件实现不同的控制。例如，一条流水线或一台控制设备按控制要求调试好后，过段时间要更换工艺流程，更换另一种控制，只要对程序部分进行修改，而硬件、线路不需改动，方便、省钱、省时、省力。在这方面，继电器-接触器控制电路是无法比拟的。

目前，PLC产品已系列化、模块化、标准化，能方便灵活地组成大小不同、功能不同的控制系统，通用性强。由于可编程序控制功能齐全，几乎可以满足所有控制场合的需求。

3)编程简单，容易掌握

PLC在基本控制方面采用梯形图语言进行编程，其电路符号和表达式与继电器电路原理图相似，控制电路清晰直观，很容易上手。PLC还可以采用面向控制过程的控制系统流程图编程和语句表方式编程。梯形图、流程图、语句表之间可有条件地相互转换，使用极其方便。这是PLC能够迅速普及和推广的重要原因之一。

4)模块化结构

PLC的各个部件，包括CPU、电源、I/O(包括特殊功能I/O)等均采用模块化设计，由机架和电缆将各模块连接起来。系统的功能和规模可根据用户的实际需求自行配置，从而实现最佳性能价格比。由于配置灵活，扩展、维护方便。目前，PLC具有数字量、模拟量I/O，逻辑、算术运算，定时，记数，顺序控制，通信，人机对话，自检，记录，显示等功能模块。

5)安装简便、调试方便

PLC安装简便，只要把现场的I/O设备与PLC相应的I/O端子相连就完成了全部的接线任务，缩短了安装时间。

PLC的调试工作分为室内调试和现场调试。室内调试时，用模拟开关模拟输入信号，其输入状态和输出状态可以观察PLC上相应的发光二极管。可以根据PLC上的发光二极管和编程器提供的信息方便地进行测试、排错和修改。室内模拟调试后，即可到现场进行联机调试。

6)维修工作量小，维护方便

PLC的故障率很低，且有完善的自诊断和显示功能。PLC或外部的输入装置和执行结构发生故障时，可以根据 PLC 上的发光二极管或编程器提供的信息迅速地查明故障的原因，更换相应的故障模块。

7) 体积小、能耗低

对于复杂的控制系统，使用 PLC 后，可以减少大量的中间继电器和时间继电器，小型 PLC 的体积仅相当于几个继电器的大小，极大地减小了开关柜的体积。另外，PLC 的配线比继电器控制系统的配线少得多，节省了大量的配线和附件，因此可以节省大量的费用。PLC 体积小、能耗低，便于设备的机电一体化控制。

6.1.3　PLC 的定义、系统组成及工作原理

1. PLC 的定义

可编程控制器从产生到现在，随着各种新技术的加入，仍处于不断的发展过程当中，因此它还没有一个最终的、明确的定义。国际电工委员会(International Electrical Committee，IEC)在 1987 年颁布的 PLC 标准中对 PLC 做了如下的定义："可编程控制器是专门为工业环境下应用而设计的数字运算操作的电子装置。它采用可编程序的存储器作为内部指令记忆装置，具有逻辑运算、顺序控制、定时、计数与算术运算等功能，并通过数字或模拟式输入/输出控制各种类型的机械或生产过程。"

PLC 及其有关外部设备都按易于与工业控制系统连成一个整体，易于扩充其功能的原则设计。上述 PLC 的定义强调了 PLC 应直接应用于工业环境，因此必须具有很强的抗干扰能力、广泛的适应能力和应用范围。1992 年又对硬件和软件做了修订。

2. PLC 系统的组成

PLC 的硬件结构如图 6-5 所示。由图中可以看出，PLC 主要包括中央处理器(CPU)、输入 / 输出(I/O)、存储器、电源等。

(1) CPU。CPU 是 PLC 的核心，主要由运算器、控制器、寄存器及实现它们之间联系的数据、控制及状态总线构成。CPU 速度和内存容量是 PLC 的重要参数，它们决定着 PLC 的工作速度、I/O 数量及软件容量等，因此限制着控制系统的规模。

(2) 输入 / 输出(I/O)模块。PLC 与外部设备的接口是通过输入 / 输出(I/O)部分完成的。输入模块是将电信号变换成数字信号进入 PLC 系统，输出模块则相反。常见的 I/O 的种类有开关量输入(DI)、开关量输出(DO)、模拟量输入(AI)、模拟量输出(AO)。开关量是指只有开和关(或 1 和 0)两种状态的信号，如按钮、转换开关、限位开关、数字开关、光电开关等。模拟量是指连续变化的量，如温度、电压、电流、流量、压力等数据变化的量。除了上述通用 I/O，还有特殊 I/O 模块，如热电阻、热电偶、脉冲、通信等模块。

(3) 存储器。存储器主要用于存储系统程序、用户程序及数据，是 PLC 不可缺少的组成单元。不同机型的 PLC 其内存大小也不尽相同。

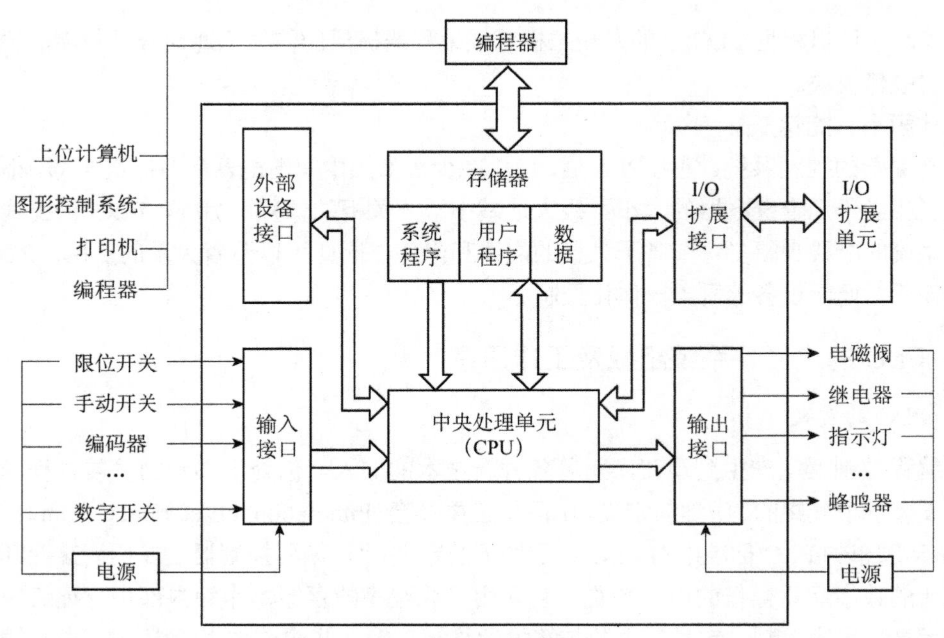

图 6-5　PLC 的硬件结构

(4) 电源模块。PLC 电源用于为 PLC 各模块的集成电路提供工作电源。同时，有的还为输入电路提供 24V 的工作电源。电源输入类型有交流电源(AC220V 或 AC110V)、直流电源(常用的为 DC24V)。

(5) 底板或机架。大多数模块式 PLC 使用底板或机架、其作用是：电气上，实现各模块间的联系，使 CPU 能访问底板上的所有模块；机械上，实现各模块间的连接，使各模块构成一个整体。

(6) PLC 系统的其他设备。编程设备、手持型编程器、计算机、人机界面等。

3. PLC 的工作原理

在分析 PLC 工作方式之前，首先分析一下继电器控制系统的工作方式。一种继电器控制系统如图 6-6 所示，它有三条支路。当按下按钮 SB_1，中间继电器 K 得电，中间继电器 K 的两个触点闭合，接触器 KM_1、KM_2 同时得电动作，所以继电器控制系统采用的是并行工作方式。

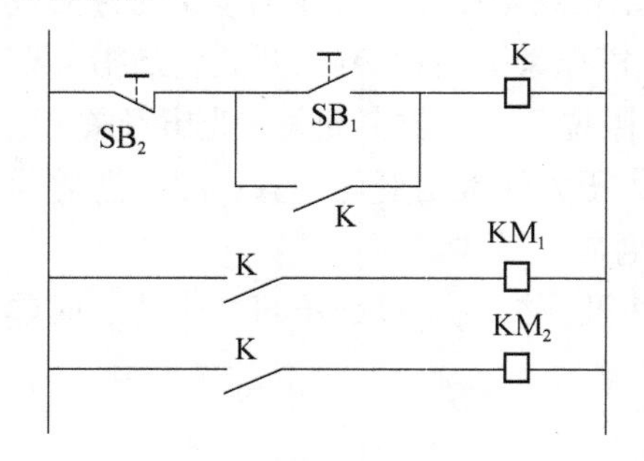

图 6-6　继电器控制系统简图

与继电器控制系统相比，PLC 的工作原理是建立在计算机工作原理基础上的，是通过执行反映控制要求的用户程序来实现的。CPU 是以分时复用的操作方式来处理各项任务的，计算机在每一瞬间只能做一件事，所以程序的执行是按程序顺序依次完成相应各个动作，在时间上形成串行工作方式。PLC 的工作方式是一个不断循环的顺序扫描工作方式。每一次扫描所用的时间称为扫描周期或工作周期。如图 6-6 所示的继电器控制系统可以用如图 6-7 所示的 PLC 控制系统来实现同样功能。

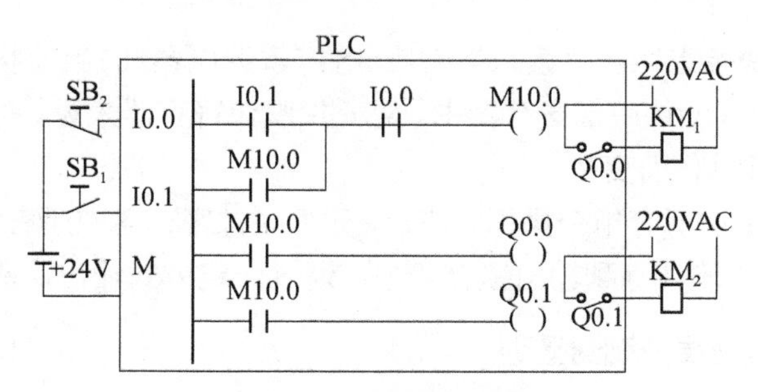

图6-7　PLC控制系统简图

CPU从第一条指令开始，按顺序逐条地执行用户程序直到用户程序结束，然后返回第一条指令开始新的一轮扫描。PLC就是这样周而复始地重复上述循环扫描的。由于CPU运算速度极高，各电器的动作似乎是同时完成的，但实际I/O的响应是有滞后的。图6-7中，左边是PLC的输入端，PLC采集现场的各种控制信息。右边是PLC的输出端，将程序执行的结果按照顺序完成相应的电器动作。

PLC的工作过程如图6-8所示。

当PLC处于正常运行时，它将不断重复图6-8中的扫描过程，不断循环扫描地工作。为方便进一步分析上述扫描过程，我们暂不考虑远程I/O特殊模块和其他通信服务，这样扫描工作过程就只剩下输入采样、程序执行、输出刷新三个阶段，并用图6-9表示。

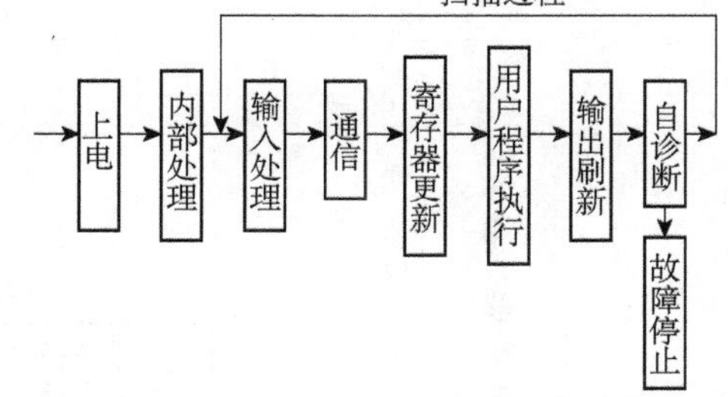

图6-8　PLC工作过程示意图

(1)输入采样阶段：PLC在输入采样阶段，首先扫描所有输入端子，并将各输入状态存入内存中各对应的输入映像寄存器中。此时，输入映像寄存器被刷新。接着，进入程序执行阶段，在程序执行阶段和输出刷新阶段，输入映像寄存器与外界隔离，无论输入信号如何变化，其内容保持不变，直到下一个扫描周期的输入采样阶段，才重新写入输入端的新内容。

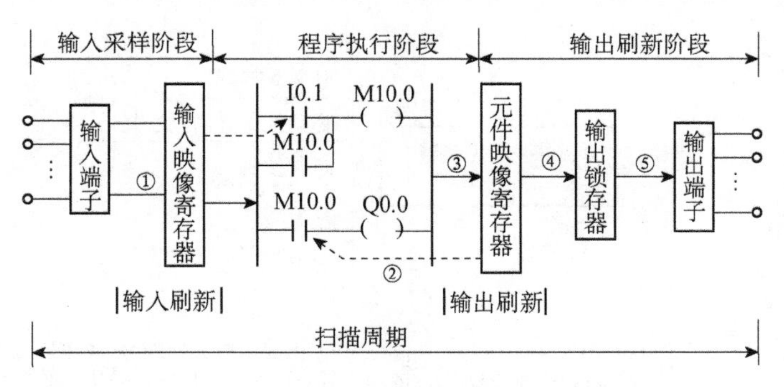

图6-9　PLC循环扫描工作过程

(2)程序执行阶段：根据PLC梯形图程序扫描原则，PLC按先左后右、先上后下的顺序逐句扫描，但遇到程序跳转指令，则根据跳转条件是否满足来决定程序的跳转地址。

当指令中涉及I/O状态时，PLC就从输入映像寄存器中“读入”上一阶段采入的对应输入端子状态，从元件映像寄存器“读入”对应元件(软继电器)的当前状态。然后，进行相应的运算，运算结果再存入元件映像寄存器中。对元件映像寄存器来说，每一个元件(软继电器)的状态会随着程序执行过程而变化。

(3)输出刷新阶段：在所有指令执行完毕后，元件映像寄存器中所有输出继电器的状态(接通／断开)在输出刷新阶段转存到输出锁存器中，通过一定方式输出，驱动外部负载。

知识小结：可编程控制器基础

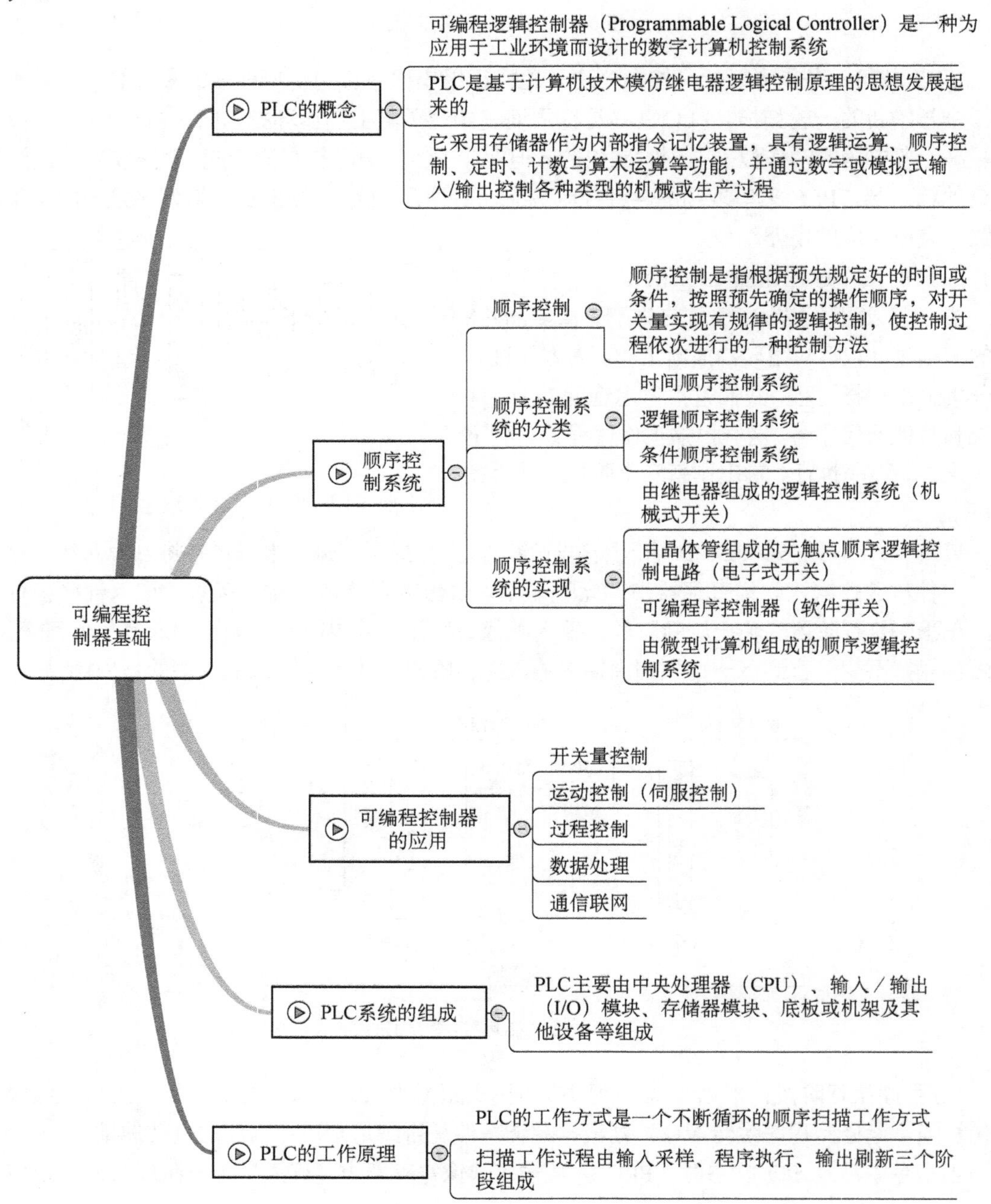

6.1.4　PLC 编程控制

1. PLC 的编程语言

PLC 提供了完整的编程语言，以适应 PLC 在工业环境中的使用。

IEC61131-3 是 PLC 编程语言的国际标准，它规定了 PLC 的五种编程语言：指令表语言(IL)、梯形图语言(LD)、功能块图语言(FBD)、结构化文本语言(ST)和顺序功能图语言(SFC)。

1) 指令表编程

指令表编程是用一个或几个容易记忆的字符来代表 PLC 的某种操作功能。指令表语言类似于计算机中的汇编语言，它是 PLC 最基础的编程语言。

PLC S7-200 系列 PLC 的基本指令包括“与”“或”“非”以及定时器、计数器等。图 6-10 是实现电动机启动和停止控制的编程示例，图的左边是梯形图，右边是对应的指令表。

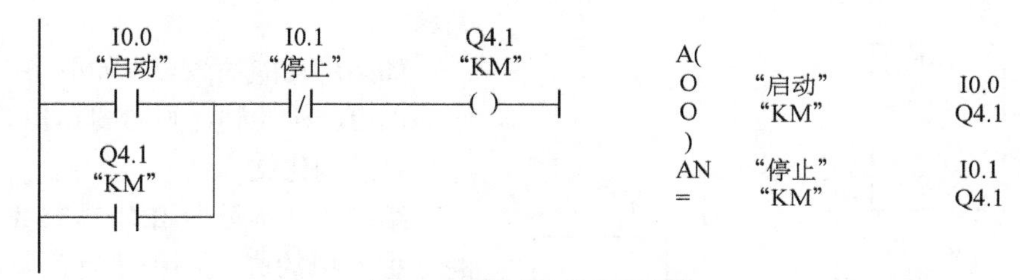

图 6-10　指令表编程示例

2) 梯形图编程

梯形图沿用了继电器的触点、线圈、连线等图形与符号，是一种类似于继电器控制线路图的语言。PLC 梯形图使用的是内部继电器、定时 / 计数器等，都是由软件实现的。其特点是使用方便、修改灵活。

图 6-11 是典型的梯形图示意图。左右两垂直的线称作母线。在左右两垂线之间，不同的元件以特定的图形和符号形式相互串联或并联。水平方向的串联相当于“与”，例如，图中第一条线，A、B、C 三者是“与”逻辑关系。垂直方向的并联，相当于“或”，如 D、E、F 三者是“或”逻辑关系。

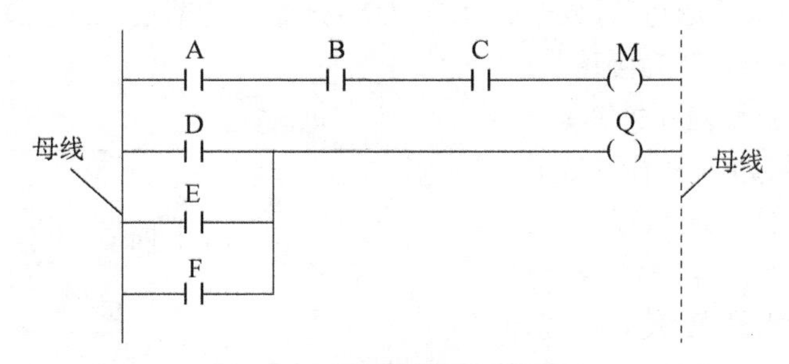

图 6-11　典型的梯形图示意图

PLC 梯形图的一个关键概念是“能流”(Power Flow)。这仅是概念上的“能流”。在图 6-11 中，把左边的母线假想为电源“火线”，而把右边的母线(虚线所示)假想为电源“零线”。

如果有“能流”从左至右流向线圈，则线圈被激励。如没有“能流”，则线圈未被激励。“能流”可以通过被激励(ON)的常开接点和未被激励(OFF)的常闭接点自左向右流动，也可以通过并联接点中的一个接点流向右边。在图 6-11 中，当 A、B、C 接点都接通后，线圈 M 才能接通(被激励)，只要其中一个接点不接通，线圈就不会接通；而 D、E、F 接点中任何一个接通，线圈 Q 就被激励。

由图 6-11 可看出，梯形图是由一段一段组成的。每段的开始用 LD(LDN)指令，触点的串 / 并联用 A(AND)/O(OR)指令，线圈的驱动总是放在最右边，用=(OUT)指令，用这些基本指令，即可组成复杂逻辑关系的梯形图及指令表。

3) 功能块图

功能块图与电子线路中的信号流图非常相似，使用类似于布尔代数的图形逻辑符号表示控制逻辑，复杂的功能用图框表示，适合有数字电路基础的编程人员使用，普遍用于过程控制领域。

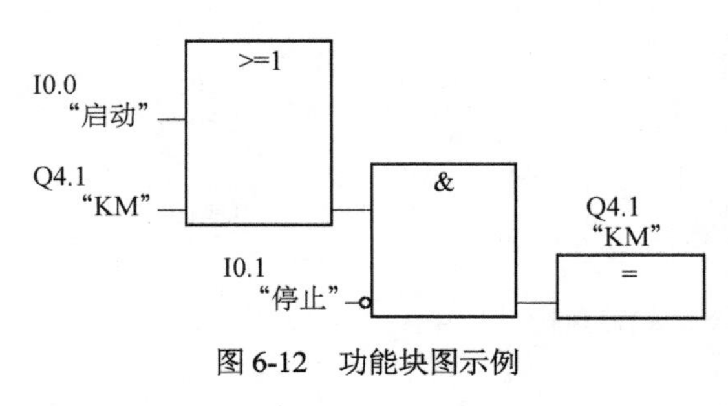

图 6-12　功能块图示例

如果用功能块图表示如图 6-10 所示的电动机启、停控制，则如图 6-12 所示。

4) 结构化文本

结构化文本是为 IEC61131-3 标准创建的一种专用的高级编程语言。与梯形图相比，它能够实现复杂的数学运算，编写的程序非常简洁和紧凑。

5) 顺序功能图编程

顺序功能图又称为状态转移图或状态流程图，是适用于顺序控制的标准化语言。它包含步、动作和转换三个要素。顺序功能编程法可将一个复杂的控制过程或任务分解为小而简单的工作状态，对这些小的工作状态进行编程后，再依一定的顺序控制要求连接组合，形成整体、复杂的控制程序。顺序功能图体现了一种编程思想，对于编制复杂程序有重要意义。

图 6-13 是组合机床的动力头运动控制示意图。在加工过程中，动力头的工作过程是：按下启动按钮后，动力头从原点(行程开关 SQ_1 ON)开始快速前进(S_{20}，快进 1)；至行程开关 SQ_2(行程开关 SQ_2 ON)，转为慢速前进(S_{21}，工进 1)，加工至行程开关 SQ_3(行程开关 SQ_3 ON)，转为慢速退回(S_{22}，慢退 1，目的是排屑)；退至行程开关 SQ_2(行程开关 SQ_2 ON)，转为快速前进(S_{23}，快进 2)；至行程开关 SQ_3(行程开关 SQ_3 ON)，转为慢速前进(S_{24}，工进 2)；加工完成(行程开关 SQ_4 ON)后，快速退回(S_{25}，快退 2)至原点(行程开关 SQ_1 ON)，等待下一次加工命令。

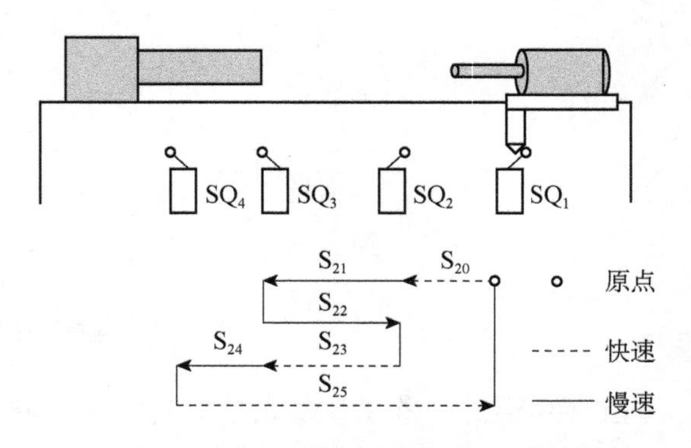

图 6-13　组合机床动力头运动控制示意图

图 6-14 是组合机床的动力头运动控制的 SFC 图，方框内表示步，左侧是转换到该步的条件，右侧是该步的动作。

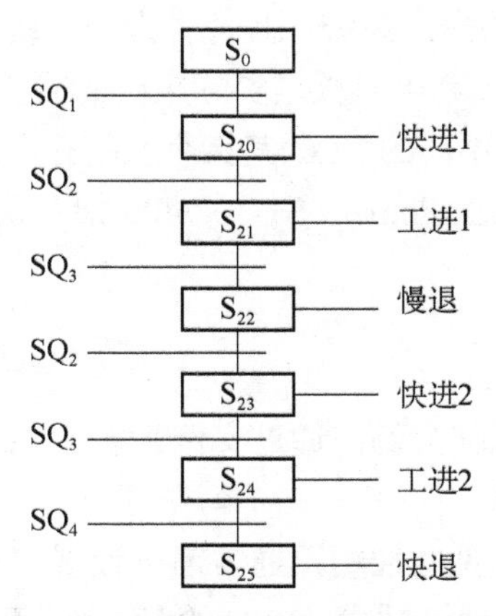

图 6-14　组合机床的动力头运动控制 SFC 图

几乎所有厂商的 PLC 都支持三种以上类型的编程语言，而且不同类型的 PLC 编程语言之间通常可以相互转换。

除了上述几种编程语言，有些 PLC 会支持更多类型的编程语言。以 S7-300/400 系列 PLC 为例，它通常支持指令表、梯形图、功能块图三种编程语言，而其 S7 专业版软件包中还附加了对 GRAPH(顺序功能图)、SCL(结构化控制语言)、HiGraph(图形编程语言)、CFC(连续功能图)等编程语言的支持。不同的编程语言可供不同知识背景的人员采用。

2. PLC 的编程指令

任何计算机程序都是由若干条指令顺序排列而成的，而指令是程序的最小单元。PLC 本质上是一种工业控制计算机，它的操作也是通过向其发送特定的指令来实现的。值得注意的是，不同厂家的 PLC，通常具有不同的指令系统，甚至同一厂家的不同型号的 PLC，其指令系统也有所差别，因此，为一种 PLC 开发的程序并不能不加修改地运行在另一种 PLC 上。但是，不论是哪个厂家的哪种 PLC，通常都按不同的类型组织其指令系统，常见的指令类型包括：位逻辑指令、定时器与计数器指令、数据处理功能指令、数据运算指令、控制指令、通信控制指令等，其中每种类型下都包含若干条具体的功能指令。为便于用户在编写用户程序时，按照类型快速查找和使用这些指令，这些指令在集成编程环境下通常都被组织为指令块的形式。以 S7-300/400 系列 PLC 为例，其指令系统在 STEP7 V5.5 软件中被组织为如图 6-15 所

位逻辑
比较器
转换器
计数器
DB 调用
跳转
整数函数
浮点数函数
移动
程序控制
移位/循环
状态位
定时器
字逻辑
FB 块
FC 块
SFB 块
SFC 块

图 6-15　S7-300/400 系列 PLC 的指令块

示的指令块形式。在实际编程时，可以根据指令类型，单击图 6-15 中对应指令块前的“+”号，通过双击展开列表中需要的特定指令，就可以将相应的指令加入到用户程序中。

由于不同的 PLC 具有不同的指令系统，且每种指令系统都有上百条不同的指令，本书并不打算就具体的指令展开描述，读者可以根据实际应用的需要，有针对性地去学习特定的 PLC 指令系统。值得庆幸的是，尽管不同的 PLC 其指令系统存在差异，但其指令大同小异。为了本书的需要，建议读者学习和熟悉 Siemens S7-300/400 指令系统及编程。在此基础上，可以快速掌握其他的 PLC 指令系统和编程。

3. PLC 指令应用示例

下面就以 S7-300/400 指令系统为例，通过实例来展示 PLC 的指令应用及编程方法。

1) 电动机的启动与停止控制

电动机的启动与停止是最常见的控制，通常需要设置启动按钮、停止按钮以及对接触器进行控制，热继电器用于防止电动机过载。PLC 的 I/O 点分配表如表 6-1 所示。

表 6-1　PLC 的 I/O 点分配表

<table>
<tr><th colspan="2">输入点</th><th colspan="2">输出点</th></tr>
<tr><td>启动按钮 SB1</td><td>I0.0</td><td rowspan="3">接触器 KM</td><td rowspan="3">Q0.0</td></tr>
<tr><td>停止按钮 SB2</td><td>I0.1</td></tr>
<tr><td>热继电器</td><td>I0.2</td></tr>
</table>

电动机启动与停止控制梯形图和指令表如图 6-10 所示。

2) 电动机的正、反转控制

电动机的正、反转控制是常用的控制方式，输入点有停止按钮 SB1、正向启动按钮 SB2、反向启动按钮 SB3，输出点有正向、反向接触器 KM1、KM2，PLC 的 I/O 点分配表见表 6-2。

表 6-2　PLC 的 I/O 点分配表

<table>
<tr><th colspan="2">输入点</th><th colspan="2">输出点</th></tr>
<tr><td>停止按钮 SB1</td><td>I0.0</td><td rowspan="2">正向接触器 KM1</td><td rowspan="2">Q0.1</td></tr>
<tr><td rowspan="2">正向启动按钮 SB2</td><td rowspan="2">I0.1</td></tr>
<tr><td rowspan="2">反向接触器 KM2</td><td rowspan="2">Q0.2</td></tr>
<tr><td>反向启动按钮 SB3</td><td>I0.2</td></tr>
</table>

电动机可逆运行方向的切换是通过改变电源相序，具体操作时可通过两个接触器 KM1、KM2 的切换来实现。电路中加入定时器的作用是防止在接触器转换瞬间，主触点产生电弧引起电源短路。

电动机正、反转梯形图和指令表如图 6-16 所示。

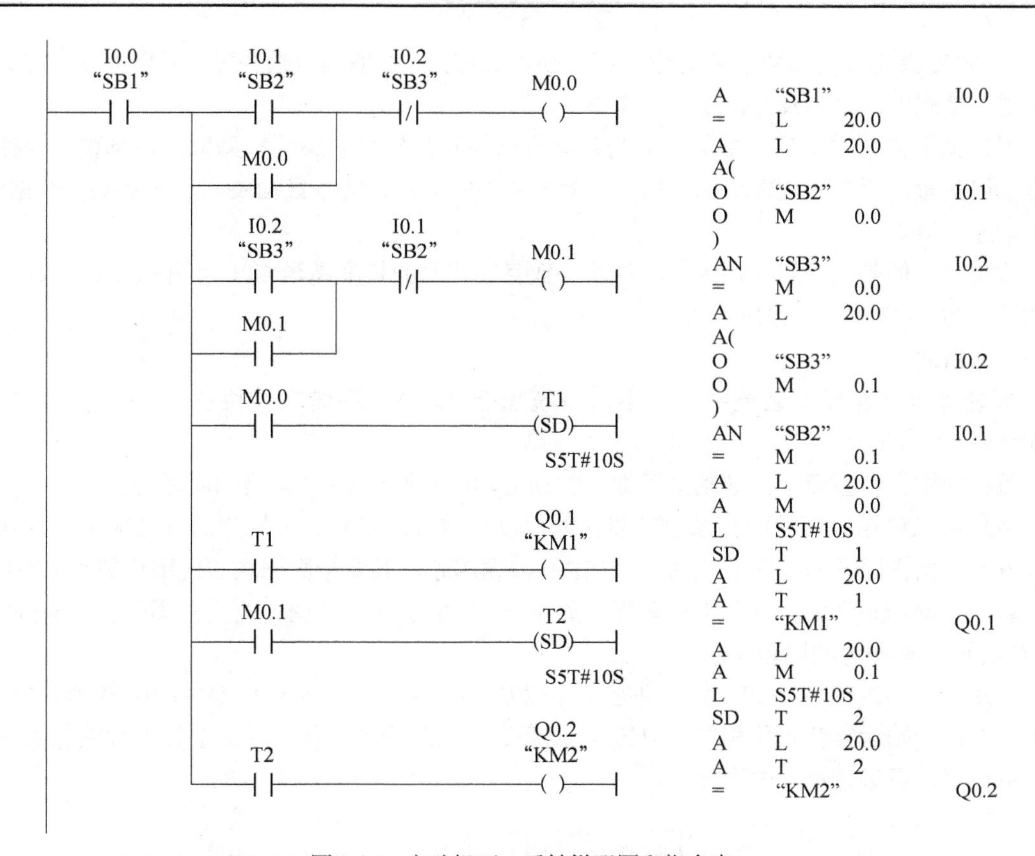

图 6-16　电动机正、反转梯形图和指令表

4. PLC 程序结构

为了便于阅读和理解，在编程中常常将程序分成若干个组成部分，每个部分实现一种技术或具有一定的功能，在 STEP 7 编程语言中，我们将这些组成部分称为“块”。块是程序中真正有用的部分，包括用户块和系统块，它们在功能、使用方法和结构上各不相同。

1) 用户块

根据逻辑功能的不同，用户块分为组织块(OB)、功能块(FB)、功能(FC)和数据块(DB)。

(1) 组织块(OB)。组织块是操作系统和用户程序之间的接口。组织块只能由操作系统来启动。各种组织块由不同的事件启动，且具有不同的优先级，而循环执行的主程序则在组织块 OB1 中，因此，OB1 块是用户必须编程实现的程序块。

(2) 功能块(FB)。功能块是用户所编写的具有固定存储区的块，功能块是通过数据块参数来调用的，它有一个数据结构与功能参数表完全相同的数据块(DB)，称为背景数据块。当功能块被执行时，数据块被调用。功能块结束，调用随之结束。存放在背景数据块中的数据在 FB 块结束之后，仍能继续保持。一个功能块可以有多个背景数据块，使功能块可以被不同的对象使用。

(3) 功能(FC)。功能没有指定的数据块，因而不能存储信息。功能常常用于编制重复发生且复杂的自动化过程。

(4) 数据块(DB)。数据块中包含程序所使用的数据。在编制数据块时，用户可以决定数据的类型、格式、次序以及存储在什么块中。

根据使用方式的不同，数据块分为共享数据块和背景数据块两种类型。共享数据块存储的是全局变量，所有的逻辑块都可以共享数据块中的数据，背景数据块则从属于某个数据块，用于传递参数。

值得注意的是：除组织块外，其他块的数目和代码的长度是与 CPU 不相关的，而组织块的数目则与 CPU 和操作系统相关。

2) 系统块

系统块包含在操作系统中，包括：系统功能(SFC)、系统功能块(SFB)和系统数据块(SDB)。

系统块中包含重要的系统功能函数，如通信功能、操纵 CPU 的内部时钟等。

用户可以调用系统功能和系统功能块，但没有修改的权利。在用户的存储区中，这两个块本身不占据程序空间，而系统功能块(SFB)被调用时，其背景数据块占用用户的存储空间。

那么，操作系统如何调用上述块呢？如图 6-17 所示为块的调用关系。图中上半部分 FB 和 FC 的调用有一定的嵌套关系。

在系统启动过程中，CPU 如何动态工作呢？如图 6-18 所示为 CPU 动态扫描过程。首先，系统上电，开始运行初始化程序 OB100，之后进入可编程的工作周期：进行过程映像输入，运行主程序，再进行过程映像输出。

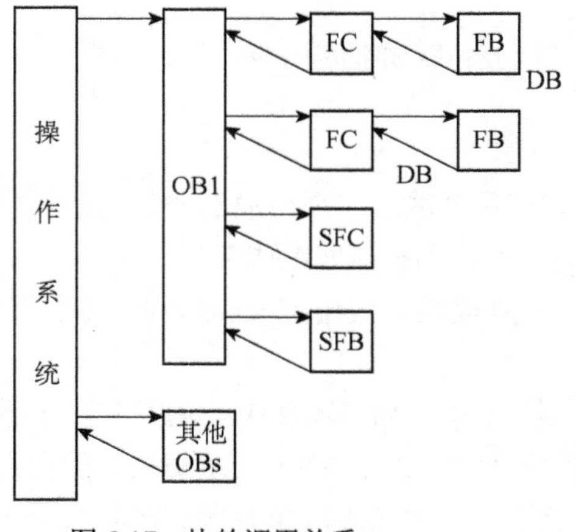

图 6-17　块的调用关系

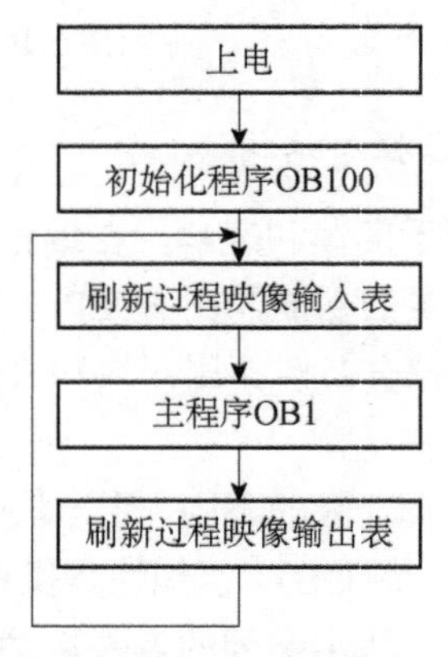

图 6-18　CPU 动态扫描过程

6.1.5　PLC 网络通信

1. Siemens PLC 网络通信概述

Siemens 公司作为全球知名 PLC 厂商，正在不断改进和提高其 PLC 产品的通信能力和组网能力；为此，Siemens 公司推出了大量的具有不同功能的通信模块，甚至某些 PLC 自身即集成了许多通信接口，用户通过简单的组态，即可组建基于 PROFIBUS 的现场总线网络或者

ProfiNet 的工业以太网络。

目前，Siemens PLC 及其外围扩展设备主要支持 ASI(执行器传感器接口)、MPI(多点接口)、PPI(点对点接口)、自由通信、PROFIBUS、ProfiNet 等常见的通信协议，许多 PLC 本身就同时支持 MPI、PROFIBUS、ProfiNet 协议。以 S7-315-2PN/DP PLC 为例，该 PLC 不仅集成了 ProfiNet 接口还集成了 PROFIBUS-DP、MPI；利用 S7-315-2PN/DP PLC 既可以组建一个工业以太网，还可以组建 PROFIBUS-DP 的现场总线网。

在 Siemens 工业控制网络中，使用了许多通信技术，下面进行简要介绍。

1) MPI(Multi Point Interface，多点接口)协议

MPI 是为 S7 系统提供的多点接口，多用于对 PLC 进行编程、连接上位机和少量 PLC 之间的近距离通信。MPI 通信的物理传输介质与 PROFIBUS 通信所用的紫色电缆线和网络连接器相同，几个 CPU 通过 MPI 编程接口相连，也可以与上位机中的 MPI/DP 接口连接。MPI 网络的通信速率支持 19.2Kbit/s～12Mbit/s。

2) PROFIBUS 总线

PROFIBUS 符合国际标准 IEC61158，是目前国际上通用的现场总线标准之一，是用于控制级的通信网络。PROFIBUS 以其独特的技术特点、严格的认证规范、开放的标准、众多厂商的支持和不断发展的应用行规，成为现场级通信网络的最优解决方案。其网络节点数已突破 1000 万个，在现场总线领域遥遥领先。PROFIBUS 网络拓扑形式有总线型、星形、冗余环型，每个网段可以连接多达 32 个节点，PROFIBUS 的传输速率是 1.5Mbit/s，在总线上可以连接远程 I/O(ET200M、ET200B 等)，还可以连接智能从站(S7-300、S7-400)。

PROFIBUS 协议包括三个主要部分。

(1) PROFIBUS-DP：支持分布式外设的通信协议，主站和从站之间采用轮询的通信方式，支持高速的循环数据通信，主要应用于制造业自动化系统中现场级的通信。

(2) PROFIBUS-PA：支持过程自动化的通信协议，电源和通信数据通过总线并行传输，主要用于面向过程自动化系统中本质安全要求的防爆场合。

(3) PROFIBUS-FMS：定义了主站和从站之间的通信模型，主要用于自动化系统中车间级的数据交换。

3) 工业以太网(Industrial Ethernet)

工业以太网是目前工控领域中最为流行的网络技术，支持 TCP/IP、UDP、ISO 协议。工业以太网适用于大量数据的传输和长距离通信。在物理连接上，网络的传输介质可以是同轴电缆、双绞线、光纤和无线通信。在 SIMATIC 网络中，PLC 站须通过通信模块 CP(CP343-1、CP443-1 等)连接至工业以太网，PC 须通过网卡(Siemens CP1613 或普通网卡)连接至以太网。工业以太网的通信速率为 10Mbit/s 和 100Mbit/s，目前已经有千兆工业以太网交换机，其推广指日可待。

4) 点对点连接(Point-to-Point)

点对点连接通信简称为 PtP 通信，使用带有 PtP 通信功能的 CPU 或通信处理器，可以与 PLC、计算机或别的带串口的设备通信，如打印机、机器人控制器、调制解调器、扫描仪和条形码阅读器等连接。通信处理器 CP340 或 CP341 可以实现 S7-300 模块的点对点通信。S7-400

模块的点对点通信使用通信处理器 CP440 或 CP441 实现。

5) 传感器/执行器接口 (AS-Interface)

传感器/执行器接口用于自动化系统最底层的设备级通信网络，它被专门设计用来连接二进制的传感器和执行器，每个从站的最大数据是 4bit/s。

2. Siemens PLC 的 MPI 通信

MPI 是指多点接口通信协议，通过它可组成一个小型 PLC 通信网络，实现 PLC 之间的少量数据交换，它不需要额外的硬件和软件就可网络化。每个 S7-300 CPU 都集成了 MPI 通信协议。MPI 的物理层是 RS-485。通过 MPI，PLC 可以同时与多个设备建立通信连接，这些设备包括编程器 PG 或运行 STEP7 的 PC、人机界面(HMI) 及其他 SIMATIC S7、 M7 和 C7。同时连接通信对象的个数与 CPU 型号有关。

对于连接站点少，通信速率要求不高的场合，MPI 是一种简单经济的通信方式。通过 MPI 组建的网络，其站点连接数量最多 32 个，每段最长为 50m，增加 RS-485 中继器后可以扩大传输距离；两个中继器之间若没有其他节点，则最大可达 1km。

MPI 与 PROFIBUS 协议的物理接口标准使用的都是 RS-485，属于串行、异步、半双工通信。传输速率一般为 19.2Kbit/s、187.5 Kbit/s、1.5 Mbit/s 等。通常，在应用中不要改变 MPI 的通信速率，而且在整个 MPI 网络中通信速率必须保持一致，注意 MPI 站地址也不能冲突。

MPI 网络上的每个节点都分配了一个唯一的 MPI 地址，用于标识站点的身份。编程设备(如 PC)、人机接口(如触摸屏) 和 CPU 的默认地址分别为 0、1、2。用户在组建 MPI 网络的过程中，一般不要轻易改动这些默认值。

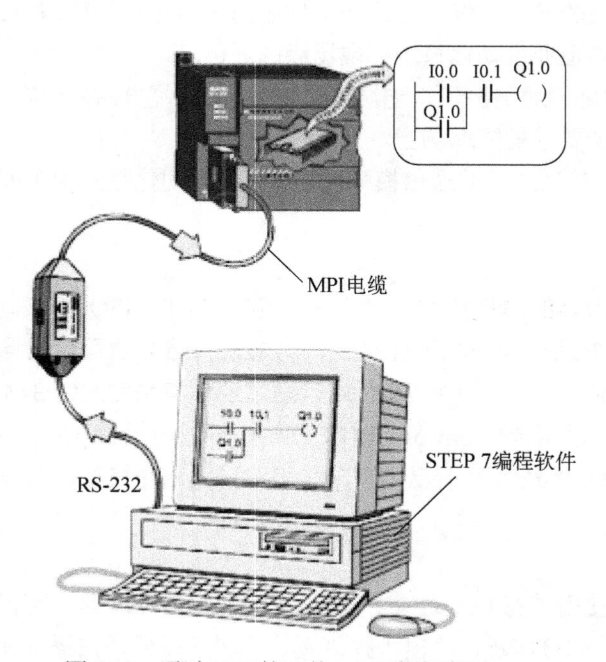

图 6-19　通过 MPI 接口从 PC 下载程序到 PLC

S7-200 的 CPU 可以通过自身集成的 RS-485 接口连接到 MPI 网络，实现与 S7-300/400 的通信。但是在MPI网络S7-200是作为智能从站存在的，它们之间不能直接进行通信，一般通过 S7-300/400 站作为中转。

由于多数 Siemens PLC 集成了一个“MPI/DP”接口，因此，在实际应用中，根据需要用户可以选择是配置 MPI 网络，还是配置 PROFIBUS 网络。而在系统调试时，MPI 多用于从 STEP 7 编程设备(通常是PC) 将PLC 程序下载到PLC站点，如图 6-19 所示。

3. Siemens PLC 的 PROFIBUS 通信

随着通信技术的发展，结构简单、成本低廉、可远程传输的串行通信方式在工业控制领域得到了广泛的应用。具有串行通信接口的设备如果采用统一的通信协议，便可以通过一对双绞线来实现现场信号的传输。现场总线连接方式如图 6-20 所示，基于此，现场总线的概念提出并逐渐被广泛应用。现场总线实现了数字和模拟输入 / 输出模块、智能信号装置和过程调节装置与 PLC 和 PC 之间的数据传输。

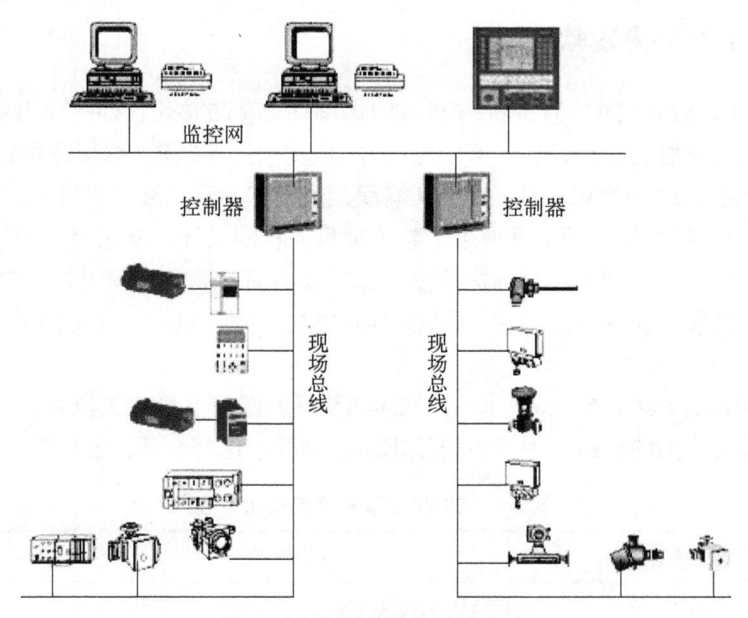

图 6-20　现场总线的连接方式

从用户角度考虑，PROFIBUS 有 PROFIBUS-DP、PROFIBUS-FMS 和 PROFIBUS-PA 三种通信协议类型。在这三种 PROFIBUS 协议中，PROFIBUS-DP 解决的是分布式现场设备与控制器之间的数据交换，应用范围最为广泛。所以，本书将重点介绍基于 PROFIBUS-DP 的通信网络的组建与应用。

PROFIBUS-DP 和 PROFIBUS-FMS 使用的是 RS-485 传输技术，传输介质可以采用屏蔽双绞线和光纤等。使用屏蔽双绞线的传输速率有 9.6Kbit/s、19.2Kbit/s、93.75Kbit/s、187.5Kbit/s、500Kbit/s、1500Kbit/s、12000Kbit/s。随着通信速率的增加，传输距离也相应地降低为 1200m、1200m、1200m、1000m、400m、200m、100m。

基于 PROFIBUS-DP 的网络可以构建主从(MS)模式和直接数据交换(DX)通信方式。直接数据交换方式通信在工程实际中应用较少，主从模式是 PROFIBUS 网络的典型结构。PROFIBUS 主站可以是带有集成 DP 口的 CPU，或者用 CP342-5 扩展的 S7-300 站、IM467、CP443-5 Extend 的 S7-400 站，上位机中插有 CP5411、CP5511、CP5611 等通信卡，也可以作为 PROFIBUS-DP 主站，这些通信卡加入 PROFIBUS 驱动程序就可以当作 PROFIBUS 网卡并支持 PROFIBUS 协议。PROFIBUS 从站有 ET200 系列、调速装置、S7-200/300/400 站及第三方设备等。

根据数据传输速率、数据的吞吐量等相关要求，可以组建不同的 PROFIBUS-DP 网络以实现不打包通信和打包通信。

(1)打包通信需要调用系统功能(SFC)。STEP 7 提供了两个系统功能(SFC15 和 SFC14)来完成数据的打包和解包功能。

(2)不打包通信可直接利用传送指令实现数据的读写，但是每次最大只能读写 4 字节(双字)。

6.1.6 STEP 7 系列开发软件

STEP 7 是用于 SIMATIC 可编程序控制器的组态和编程的标准软件包，其用户接口是基于当前最新水平的人机控制工程设计，可以轻松方便地使用。STEP 7 编程软件适用于 SIMATIC S7、M7、C7 和基于 PC 的 WinAC，是供其编程、监控和参数设置的标准工具。

SIEP 7 是一个强大的工程工具，用于整个项目流程的设计。从项目实施的计划配置、实施模块测试、集成测试调试到运行维护阶段，都需要不同功能的工程工具。STEP 7 工程工具包含了整个项目流程的各种功能要求：CAD/CAE 支持、硬件组态、网络组态、仿真、过程诊断等。

针对不同系列的 PLC，Siemens 提供了不同版本的 STEP 7 软件工具包，表 6-3 是 STEP 7 系列软件及其适用范围的总结，用户可以根据实际需要，选择合适的 STEP 7 软件。

表 6-3　STEP 7 软件及其适用范围

序号	软件名称	适用范围	最新版本
1	STEP 7-Micro/WIN32	适用于 SIMATIC S7-200	V4.0 SP9
2	STEP 7 Mini	适用于 SIMATIC S7-300 和 C7-620	V5.0 SP4
3	STEP 7	适用于 SIMATIC S7-300/400 及 C7	V5.5 SP4
4	STEP 7 Professional	适用于 SIMATIC S7-1200、S7-300、S7-400 以及基于 WinAC 控制器进行组态和编程	V12
5	S7-PLCSIM	适用于 STEP 7、STEP Micro/WIN32 或 STEP 7 Professional 的仿真工具包	V5.4 SP4

在表 6-3 中，序号 1～4 分别为独立的 STEP 7 标准软件开发工具包，序号 5 是适用于 1～4 的插件。

STEP 7 标准软件开发工具包提供一系列的应用程序(工具)。

1. SIMATIC 管理器

SIMATIC Manager(SIMATIC 管理器)可以集中管理一个自动化项目的所有数据。SIMATIC 管理器窗口是 STEP 7 软件的主窗口，用户可以创建和同时管理自己的多个项目。它是一个在线／离线编辑 S7 对象的图形化用户界面，这些对象包括项目、用户程序、块、硬件站和工具。利用 SIMATIC 管理器可以管理项目和库、启动 STEP 7 的多个工具、在线访问 PLC 和编辑存储器卡等。

2. 硬件组态

硬件组态工具可以为自动化项目的硬件进行组态和参数设置。可以对机架上的硬件进行配置，设置其参数及属性。硬件组态工具为用户提供组态实际 PLC 硬件系统的编辑环境，将电源、CPU 和信号模块等设备安装到相应的机架上，并对 PLC 各个硬件模块的参数进行设置和修改。当用户需要修改模块的参数或地址，需要设置网络通信，或者需要将分布式外设连接到主站的时候，都要做硬件组态。硬件组态在 S7 PLC 应用中是必要的，是完成编程的第一步。

3. 程序编辑器

程序编辑器实现对程序块的编辑、变量与符号定义等操作，其中包括：

(1) Organization Block (组织块)；

(2) Function Block (功能块)；

(3) Function (功能)；

(4) Data Block (数据块)；

(5) Data Type (用户定义的数据类型)；

(6) Variable Table (变量表)。

STEP 7 支持三种基本的编程语言：梯形图、语句表、功能块图。此外，还有四种编程语言作为可选软件包使用，分别是 S7-SCL (结构化控制) 编程语言；S7-GRAPH (顺序控制) 编程语言；S7-HiGraph (状态图) 编程语言；S7-CFC (连续功能图) 编程语言。这四个编程语言软件包需要从 Siemens 单独购买并获取授权。

4. 诊断硬件

诊断硬件功能可以提供可编程序控制器的状态概况。其中可以显示符号，指示每个模板是否正常或有故障。双击故障模板，可以显示有关故障的详细信息。例如，显示关于模板的订货号、版本、名称和模板故障的状态，显示来自诊断缓存区的报文等。

5. 网络组态

网络组态工具用于组态通信网络连接，包括网络连接的参数设置和网络中各个通信设备的参数设置。选择系统集成的通信或功能块，可以轻松实现数据的传送。

6. 仿真

通过为 STEP 7 软件安装或利用 STEP 7 软件集成的 PLCSIM 仿真软件包，可以在没有 PLC 硬件的情况下在编程器上或运行 STEP 7 软件的 PC 上，模拟 S7 系列 CPU 的运行。使用 PLCSIM 时，使用者可以像对真实硬件一样，对模拟 PLC 进行程序下载和测试，具有方便和安全的特点，因此非常适合前期的工程测试。此外，对于不具备硬件设备的使用者，学习时也可使用

PLC SIM 进行仿真。

由于表 6-3 所示的几种不同版本的 STEP 7 软件的硬件配置、编程环境、使用方法等各不相同，用户可以根据需要选择相应版本的 STEP 7 软件。这里建议读者熟悉和掌握适用于 S7-300 的 STEP 7 V5.5 软件。关于如何使用 STEP 7 软件，鉴于本书篇幅的限制，读者可以参考其他书籍或资料。

知识小结：可编程控制器应用

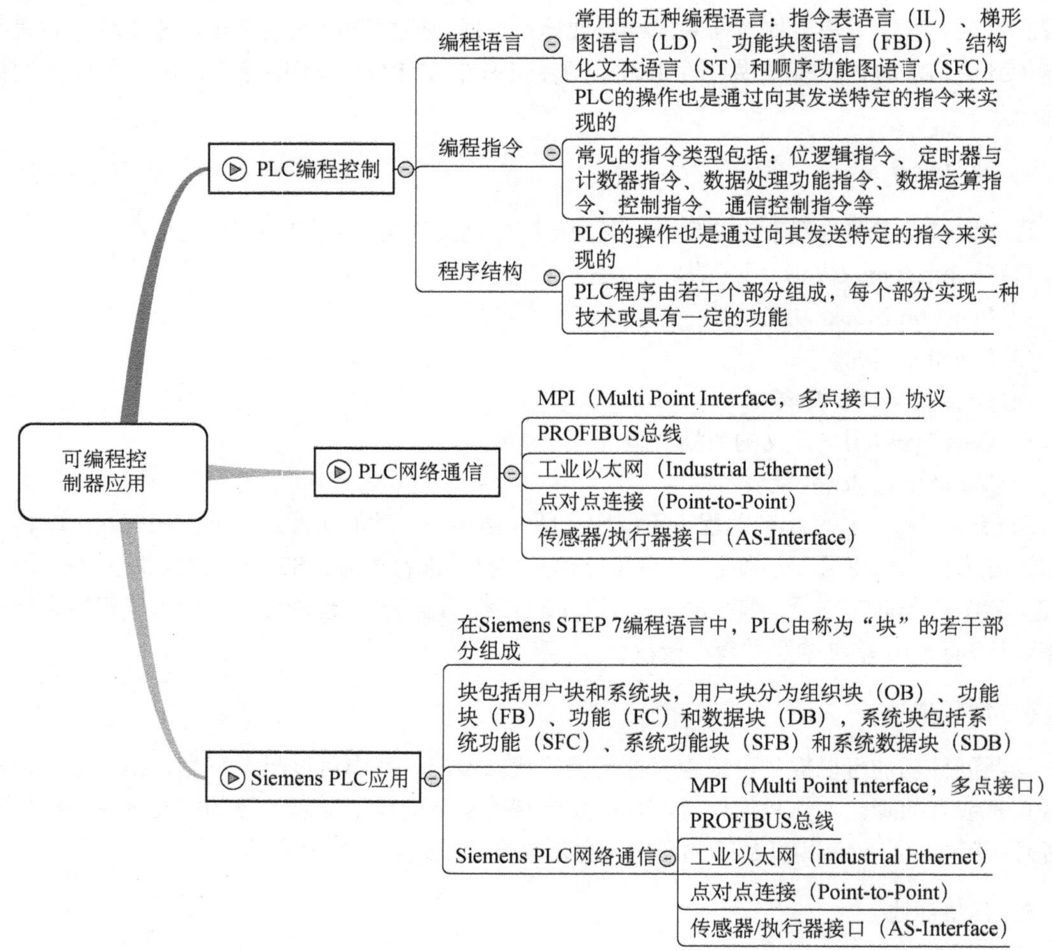

6.2　现场总线控制网络

6.2.1　现场总线综述

1. 现场总线的基本概念

随着控制、计算机、通信、网络等技术的发展，信息交换沟通的领域正在迅速覆盖从工厂的现场设备层到控制、管理的各个层次，覆盖从工段、车间、工厂、企业乃至世界各地的市场。信息技术的飞速发展，引起了自动化系统结构的变革，逐步形成以网络集成自动化系统为基础的企业信息系统。现场总线(Fieldbus)就是顺应这一形势发展起来的新技术。

现场总线技术将专用微处理器置入传统的测量控制仪表，使它们各自都具有了数字计算和数字通信能力，采用可进行简单连接的双绞线等作为总线，把多个测量控制仪表连接成的网络系统，并按公开、规范的通信协议，在位于现场的多个微机化测量控制设备之间以及现场仪表与远程监控计算机之间，实现数据传输与信息交换，形成各种适应实际需要的自动控制系统。

简而言之，它把单个分散的测量控制设备变成网络节点，以现场总线为纽带，把它们连接成可以相互沟通信息、共同完成自控任务的网络系统与控制系统。

它给自动化领域带来的变化，正如众多分散的计算机被网络连接在一起，使计算机的功能、作用发生变化。

现场总线则使自控系统与设备具有了通信能力，把它们连接成网络系统，加入信息网络的行列。因此把现场总线技术说成是一个控制技术新时代的开端并不过分。

现场总线是应用在生产现场、在现场设备之间、现场设备与控制装置之间实现双向、串行、多节点数字通信的技术，也称为开放式、数字化、多点通信的底层控制网络。它在制造业、流程工业、交通、楼宇等方面的自动化系统中具有广泛的应用前景。

现场总线是当今自动化领域技术发展的热点之一，被誉为自动化领域的计算机局域网。它的出现，标志着工业控制技术领域又一个新时代的开始，并将对该领域的发展产生重要影响。

2. *现场总线的产生*

现场自动化发展经历了以下几个阶段。

(1) 20 世纪 50 年代至今：4～20mA 的模拟信号标准。

(2) 20 世纪 70 年代：计算机引入测控系统，集中式控制处理。

(3) 20 世纪 80 年代：微处理器在控制领域得到应用，形成分布式控制系统。

(4) 智能设备(数字智能化仪表)。

现场总线是 20 世纪 80 年代中期在国际上发展起来的。随着微处理器与计算机功能的不断增强和价格的急剧降低，计算机与计算机网络系统得到迅速发展，而处于生产过程底层的测控自动化系统，采用一对一连线，用电压、电流的模拟信号进行测量控制，或采用自封闭式的集散系统，难以实现设备之间以及系统与外界之间的信息交换，使自动化系统成为“信息孤岛”。

要实现整个企业的信息集成，要实施综合自动化，就必须设计出一种能在工业现场环境运行的、性能可靠、造价低廉的通信系统，形成工厂底层网络，完成现场自动化设备之间的多点数字通信，实现底层现场设备之间以及生产现场与外界的信息交换。

现场总线就是在这种实际需求的驱动下应运而生的。它作为过程自动化、制造自动化、楼宇、交通等领域现场智能设备之间的互连通信网络，沟通了生产过程现场控制设备之间及其与更高控制管理层网络之间的联系，为彻底打破自动化系统的信息孤岛创造了条件。

3. 现场总线的发展背景与趋势

1) 现场总线是综合自动化的发展需要

随着计算机、信息技术的飞速发展，20 世纪末世界最重大的变化是全球市场的逐渐形成，从而导致竞争空前加剧，产品技术含量高、更新换代快。处于全球市场之中的工业生产必须加快新产品的开发，按市场需求调整产品的上市时间 T (Time to market)，改善质量 Q (Quality)，降低成本 C (Cost)，并不断完善售前售后服务 S (Service)，才能在剧烈的竞争之中立于不败之地。为了适应市场竞争需要，在追求 TQCS 的过程中逐渐形成了计算机集成制造系统。

随着计算机功能的不断增强，价格急剧降低，计算机与计算机网络系统得到迅速发展。据统计，过去 20 年中，计算机和通信的年增长率不低于 25%，使计算机集成制造系统的实施具备了良好的物质基础。

处于企业生产过程底层的测控自动化系统，要与外界交换信息。

要实现整个生产过程的信息集成，要实施综合自动化，就必须设计出一种能在工业现场环境运行的、性能可靠、造价低廉的通信系统，以实现现场自动化智能设备之间的多点数字通信，形成工厂底层网络系统，实现底层现场设备之间以及生产现场与外界的信息交换。现场总线就是在这种背景下产生的。

2) 智能仪表为现场总线的出现奠定了基础

传输信号数字化是实现数字通信的基础。

1983 年，Honeywell 推出了智能化仪表 Smar 变送器，这些带有微处理器芯片的仪表除了在原有模拟仪表的基础上增加了复杂的计算功能，还在输出的 4～20mA 直流信号上叠加了数字信号，使现场与控制室之间的连接由模拟信号过渡到了数字信号。自此之后的几十年间，世界上各大公司都相继推出了各有特色的智能仪表。如 Rosemount 公司的 1151，Foxboro 的 820、860，Smar 公司的 CD301 等；Rosemount 公司还采用了它自己的 HART 数字通信协议。

这些模拟数字混合仪表克服了单一模拟仪表的多种缺陷，给自动化仪表的发展带来了新的生机，为现场总线的诞生奠定了基础。但这种数字模拟信号混合运行方式只是一种不得已的过渡状态，其系统或设备间只能按模拟信号方式一对一地布线，难以实现智能仪表之间的信息交换，智能仪表能处理多个信息和复杂计算的优越性难以充分发挥，应用需求呼唤着具备通信功能的、传输信号全数字化的仪表与系统的出现。

3) 现场总线将朝着开放系统、统一标准的方向发展

这些以微处理器芯片为基础的各种智能仪表，为现场信号的数字化以及实现复杂的应用功能提供了条件。但不同厂商所提供的设备之间的通信标准不统一，严重束缚了工厂底层网络的发展。

从用户到设备制造商都强烈要求形成统一的标准，组成开放互连网络，把不同厂商提供的自动化设备互连为系统。

这里的开放意味着对同一标准的共同遵从，意味着这些来自不同厂商而遵从相同标准的

设备可互连为一致通信系统。从这个意义上说，现场总线就是工厂自动化领域的开放互连系统。开发这项技术首先必须制定相应的统一标准。

4. 现场总线的本质

(1) 现场总线网络。用于过程以及制造自动化的现场设备或现场仪表互连的通信网络。

(2) 现场设备互联。现场设备或现场仪表是指传感器、变送器和执行器等，这些设备通过一对传输线互连，传输线可以使用双绞线、同轴电缆、光纤和电源线等，并可根据需要因地制宜地选择不同类型的传输介质。

(3) 互操作性。现场设备或现场仪表种类繁多，没有一家制造商可以提供一个工厂所需的全部现场设备，所以，互相连接不同制造商的产品是不可避免的。用户不希望为选用不同的产品而在硬件或软件上花很大气力，而希望选用各制造商性能价格比最优的产品，并将其集成在一起，实现“即插即用”；用户希望对不同品牌的现场设备统一组态，构成所需要的控制回路。这些就是现场总线设备互操作性的含义。现场设备互连是基本的要求，只有实现互操作性，用户才能自由地集成 FCS。

(4) 分散功能块。FCS 废弃了 DCS 的输入 / 输出单元和控制站，把 DCS 控制站的功能块分散地分配给现场仪表，从而构成虚拟控制站。例如，流量变送器不仅具有流量信号变换、补偿和累加输入模块，而且有 PID 控制和运算功能块。调节阀的基本功能是信号驱动和执行，还内含输出特性补偿模块，也可以有 PID 控制和运算模块，甚至有阀门特性自检验和自诊断功能。由于功能块分散在多台现场仪表中，并可统一组态，供用户灵活选用各种功能块，构成所需的控制系统，实现彻底的分散控制。

(5) 通信线供电。通信线供电方式允许现场仪表直接从通信线上获取能量，对于要求本征安全的低功耗现场仪表，可采用这种供电方式。众所周知，化工、炼油等企业的生产现场有可燃性物质，所有现场设备都必须严格遵循安全防爆标准。现场总线设备也不例外。

(6) 开放式互连网络。现场总线为开放式互连网络，它既可与同层网络互连，也可与不同层网络互连，还可以实现网络数据库的共享。不同制造商的网络互连十分简便，用户不必在硬件或软件上花太多力气。通过网络对现场设备和功能块统一组态，把不同厂商的网络及设备融为一体，构成统一的 FCS。

5. 现场总线的结构特点和技术特点

1) 现场总线的结构特点

现场总线系统打破了传统控制系统的结构形式。传统模拟控制系统采用一对一的设备连线，按控制回路分别进行连接。位于现场的测量变送器与位于控制室的控制器之间，控制器与位于现场的执行器、开关、马达之间均为一对一的物理连接。

现场总线系统由于采用了智能现场设备，能够把原来 DCS 系统中处于控制室的控制模块、各输入输出模块置入现场设备，加上现场设备具有通信能力，现场的测量变送仪表可以与阀门等执行机构直接传送信号，因而控制系统功能能够不依赖控制室的计算机或控制仪表，直接在现场完成，实现了彻底的分散控制。现场总线控制系统(FCS)与传统控制系统(如 DCS)的结构对比如图 6-21 所示。

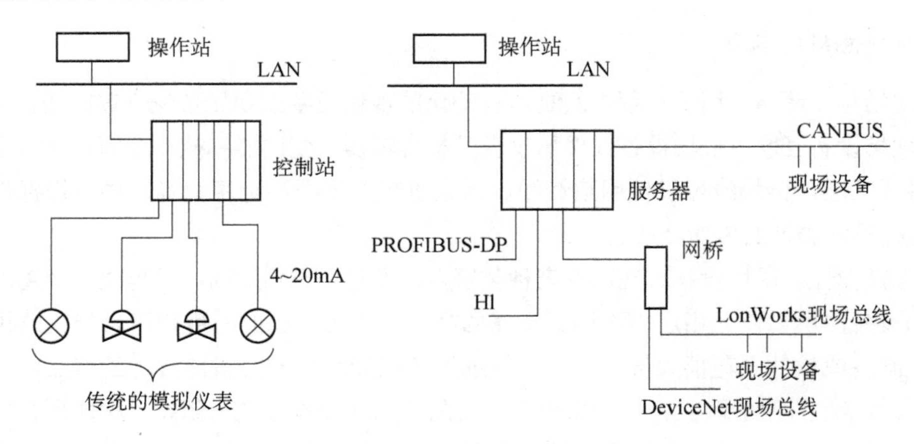

图 6-21　FCS 与 DCS 的比较

由于采用数字信号替代模拟信号，因而可实现一对电线上传输多个信号(包括多个运行参数值、多个设备状态、故障信息)，同时又为多个设备提供电源；现场设备以外不再需要模拟/数字、数字/模拟转换部件。这样就为简化系统结构、节约硬件设备、节约连接电缆与各种安装、维护费用创造了条件。

2) 现场总线的技术特点

现场总线控制系统既是一个开放通信网络，又是一种全分布控制系统。现场总线技术是一项以智能传感器、控制、计算机、数字通信、网络为主要内容的综合技术。现场总线的技术特点主要表现在以下几个方面。

(1) 系统的开放性。开放性是指对相关标准的一致性、公开性，强调对标准的共识与遵从。一个开放系统，是指它可以与世界上任何地方遵守相同标准的其他设备或系统连接。通信协议一致公开，各不同厂家的设备之间可实现信息交换。现场总线开发者就是要致力于建立统一的工厂底层网络的开放系统。用户可按自己的需要和考虑，把来自不同供应商的产品组成大小随意的系统。通过现场总线构筑自动化领域的开放互连系统。

(2) 互可操作性与互用性。互可操作性，是指实现互连设备间、系统间的信息传送与沟通；而互用性则意味着不同生产厂家的性能类似的设备可实现相互替换。

(3) 现场设备的智能化与功能自治性。它将传感测量、补偿计算、工程量处理与控制等功能分散到现场设备中完成，仅靠现场设备即可完成自动控制的基本功能，并可随时诊断设备的运行状态。

(4) 系统结构的高度分散性。现场总线已构成一种新的全分散性控制系统的体系结构。从根本上改变了现有 DCS 集中与分散相结合的集散控制系统体系，简化了系统结构，提高了可靠性。

(5) 对现场环境的适应性。工作在生产现场前端，作为工厂网络底层的现场总线，是专为现场环境而设计的，可支持双绞线、同轴电缆、光缆、射频、红外线、电力线等，具有较强的抗干扰能力，能采用两线制实现供电与通信，并可满足本质安全防爆要求等。

6. 现场总线的优点

由于现场总线的以上特点，特别是现场总线系统结构的简化，使控制系统从设计、安装、投运到正常生产运行及其检修维护，都体现出优越性。

(1) 节省硬件数量与投资。由于现场总线系统中分散在现场的智能设备能直接执行多种传感控制报警和计算功能，因而可减少变送器的数量，不再需要单独的调节器、计算单元等，也不再需要 DCS 的信号调理、转换、隔离等功能单元及其复杂接线，还可以用工控 PC 作为操作站，从而节省了一大笔硬件投资，并可减少控制室的占地面积。

(2) 节省安装费用。现场总线系统的接线十分简单，一对双绞线或一条电缆上通常可挂接多个设备，因而电缆、端子、槽盒、桥架的用量大大减少，连线设计与接头校对的工作量也大大减少。当需要增加现场控制设备时，无需增设新的电缆，可就近连接在原有的电缆上，既节省了投资，也减少了设计、安装的工作量。据有关典型试验工程的测算资料表明，可节约安装费用 60%以上。

(3) 节省维护开销。由于现场控制设备具有自诊断与简单故障处理的能力，并通过数字通信将相关的诊断维护信息送往控制室，用户可以查询所有设备的运行，诊断维护信息，以便早期分析故障原因并快速排除，缩短了维护停工时间，同时由于系统结构简化，连线简单而减少了维护工作量。

(4) 用户具有高度的系统集成主动权。用户可以自由选择不同厂商所提供的设备来集成系统。避免因选择了某一品牌的产品而被“框死”了使用设备的选择范围，不会为系统集成中不兼容的协议、接口而一筹莫展。使系统集成过程中的主动权牢牢掌握在用户手中。

(5) 提高了系统的准确性与可靠性。由于现场总线设备的智能化、数字化，与模拟信号相比，它从根本上提高了测量与控制的精确度，减少了传送误差。同时，由于系统的结构简化，设备与连线减少，现场仪表内部功能加强，减少了信号的往返传输，提高了系统的工作可靠性。

(6) 标准化、模块化。此外，由于它的设备标准化，功能模块化，因而还具有设计简单，易于重构等优点。

7. 现场总线的现状

1) 多种总线协调共存

国际标准 IEC61158 中采用了 8 种协议类型，每种总线都有其产生的背景和应用领域。

在激烈的竞争中出现了协调共存的前景。这种现象在欧洲标准制定时就出现过，欧洲标准 EN50170 在制定时，将德、法、丹麦 3 个标准并列于一卷之中，形成了欧洲的多总线的标准体系，后又将 ControlNet 和 FF 加入欧洲标准的体系。各重要企业，除了力推自己的总线产品，也都力图开发接口技术，将自己的总线产品与其他总线相连接，如施耐德公司开发的设备能与多种总线相连接。在国际标准中，也出现了协调共存的局面。

2) 每种总线各有其应用领域

根据美国 ARC 公司的市场调查，世界范围内各种现场总线的应用领域如下：

(1) 过程自动化 15%(FF、PROFIBUS-PA、WorldFIP)；

(2) 医药领域 18%(FF、PROFIBUS-PA、WorldFIP)；

(3) 加工制造 15%(PROFIBUS-DP、DeviceNet)；

(4) 交通运输 15%(PROFIBUS-DP、DeviceNet)；

(5) 航空、国防 34%(PROFIBUS-FMS、LonWorks、ControlNet、DeviceNet)；

(6) 农业(P-NET、CAN、PROFIBUS-PA/DP、 ControlNet、DeviceNet)；

(7) 楼宇(LonWorks、PROFIBUS-FMS、DeviceNet)。

3) 每种总线各有其国际组织

大多数总线都成立了相应的国际组织，力图在制造商和用户中创造影响，以取得更多方面的支持，同时也想显示出其技术是开放的。如 WorldFIP 国际用户组织、FF 基金会、PROFIBUS 国际用户组织、P-Net 国际用户组织及 ControlNet 国际用户组织等。

4) 每种总线均有其支持背景

每种总线都以一个或几个大型跨国公司为背景，公司的利益与总线的发展息息相关，如 PROFIBUS 以 Siemens 公司为主要支持，ControlNet 以 Rockwell 公司为主要背景，WorldFIP 以 Alstom 公司为主要后台。

5) 设备制造商参加多个总线组织

大多数设备制造商都积极参加不止一个总线组织，有些公司甚至参加 2～4 个总线组织。道理很简单，装置是要挂在系统上的。

6) 多种总线均作为国家和地区标准

每种总线大多将自己作为国家或地区标准，以加强自己的竞争地位。现在的情况是：P-Net 已成为丹麦标准，PROFIBUS 已成为德国标准，WorldFIP 已成为法国标准。上述 3 种总线于 1994 年成为并列的欧洲标准 EN50170，其他总线也都形成了各组织的技术规范。

7) 工业以太网引入工业领域

工业以太网的引入成为新的热点。工业以太网正在工业自动化和过程控制市场上迅速增长，几乎所有远程 I/O 接口技术的供应商均提供一个支持 TCP/IP 协议的以太网接口，如 Siemens、Rockwell、GE Fanuc 等，他们销售各自的 PLC 产品，但同时提供与远程 I/O 和基于 PC 的控制系统相连接的接口。

知识小结：现场总线综述

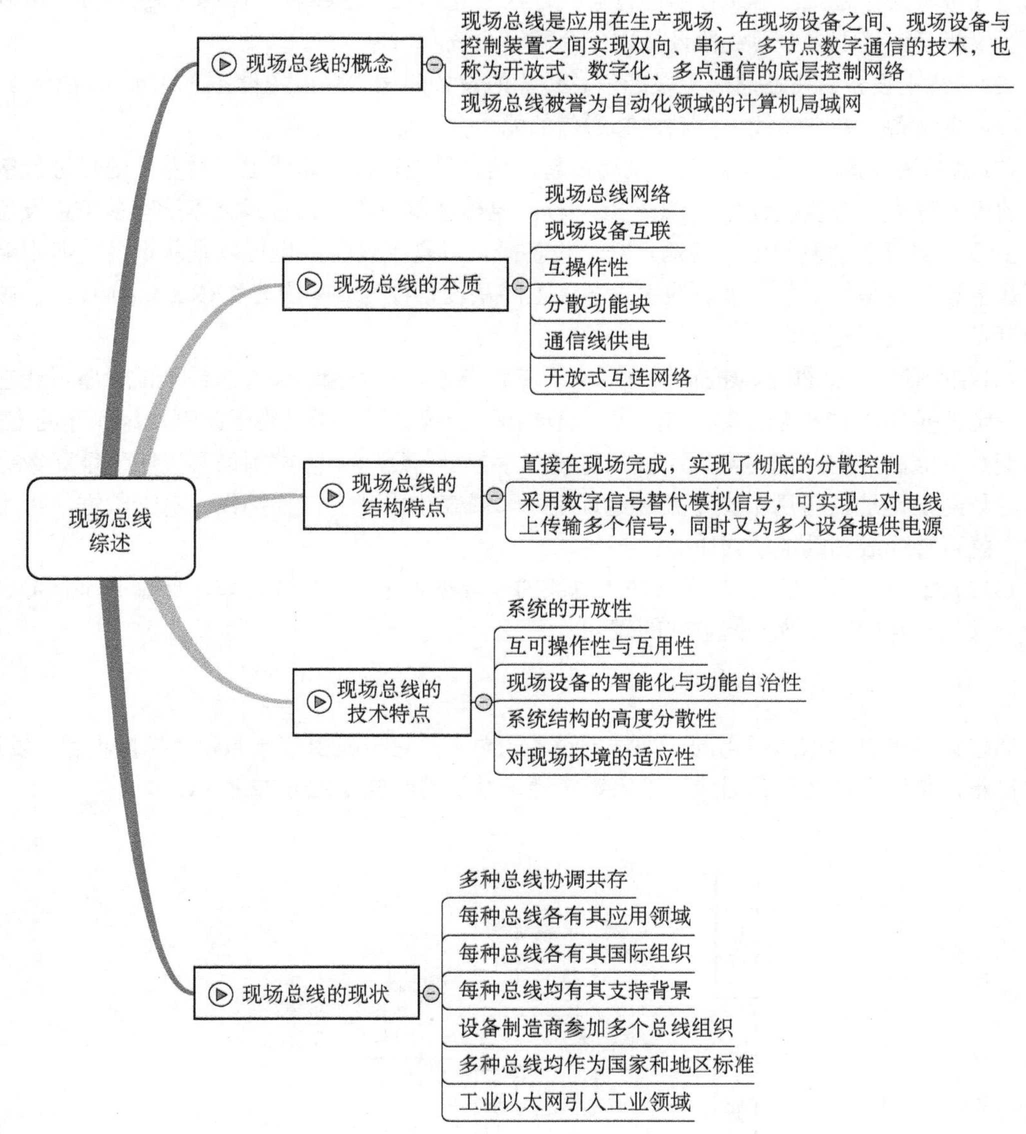

6.2.2　现场总线技术基础

1. 总线的基本概念及术语

现场总线是企业的底层数字通信网络，是连接微机化仪表的开放系统。从一定意义上说，智能仪表就相当于一台计算机，它们以现场总线为纽带，互连成网络系统，完成数字通信任务。可以说现场总线系统实际上就是控制领域的计算机局域网络。因此，在介绍现场总线的主要技术之前，有必要简述关于总线、数字通信、计算机局域网络方面的基础知识。

(1) 总线与总线段。从广义来说，总线就是传输信号或信息的公共路径，是遵循同一技术规范的连接与操作方式。一组设备通过总线连在一起称为“总线段”(Bus Segment)。可以通过总线段相互连接把多个总线段连接成一个网络系统。

(2) 总线主设备。可在总线上发起信息传输的设备叫做“总线主设备”(Bus Master)。也就是说，主设备具备在总线上主动发起通信的能力，又称命令者。

(3) 总线从设备。不能在总线上主动发起通信、只能挂接在总线上、对总线信息进行接收查询的设备称为“总线从设备”(Bus Slaver)，也称基本设备。在总线上可能有多个主设备，这些主设备都可主动发起信息传输。某一设备既可以是主设备，也可以是从设备，但不能同时既是主设备又是从设备。被总线主设备连上的从设备称为“响应者”(Responder)，它参与命令者发起的数据传送。

(4) 控制信号。总线上的控制信号通常有三种类型。一类控制连在总线上的设备，让它进行所规定的操作，如设备清零、初始化、启动和停止等。另一类是用于改变总线操作的方式，如改变数据流的方向，选择数据字段的宽度和字节等。还有一些控制信号表明地址和数据的含义，如对于地址，可用于指定某一地址空间，或表示出现了广播操作；对于数据，可用于指定它能否转译成辅助地址或命令。

(5) 总线协议。管理主、从设备使用总线的一套规则称为“总线协议”(Bus Protocol)。这是一套事先规定的、必须共同遵守的规约。

2. 数字通信系统

通信系统是传递信息所需的一切技术设备的总和。它一般由信息源和信息接收者，发送、接收设备，传输介质几部分组成。单向数字通信系统的结构如图 6-22 所示。

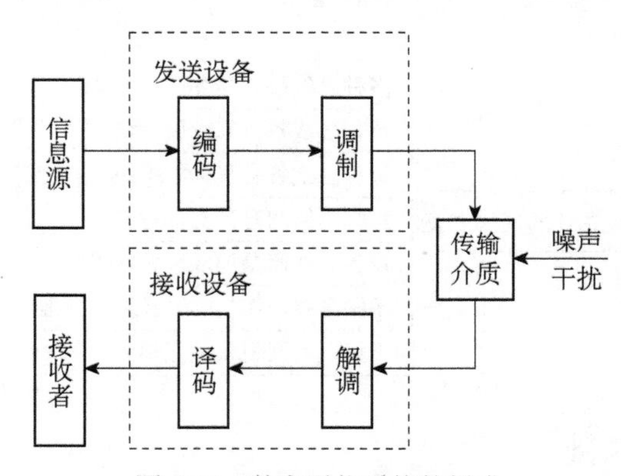

图 6-22 数字通信系统的组成

(1) 信息源和信息接收者。信息源和信息接收者是信息的产生者和使用者。在数字通信系统中传输的信息是数据，是数字化了的信息。这些信息可能是原始数据，也可能是经计算机处理后的结果，还可能是某些指令或标志。

(2) 信息源分类。可根据输出信号的性质不同分为模拟信息源和离散信息源。模拟信息源(如电话机、电视摄像机)输出幅度连续变化的信号；离散信息源(如计算机，输出离散的符号序列或文字)。模拟信息源可通过抽样和量化变换为离散信息源。随着计算机和数字通信技术的发展，离散信息源的种类和数量越来越多。

(3) 发送设备。发送设备的基本功能是将信息源产生的消息信号经过编码，并变换为便于传送的信号形式，送往传输媒介。对于数字通信系统来说，发送设备的编码常常又可分为信道编码与信源编码两部分。信源编码是把连续信号变换为数字信号；而信道编码则是使数字信号与传输介质匹配，提高传输的可靠性或有效性。变换方式是多种多样的，调制是最常见的变换方式之一。发送设备还要包括为达到某些特殊要求所进行的各种处理，如多路复用、加密处理、纠错编码处理等。

(4) 传输介质。传输介质指发送设备到接收设备之间信号传递所经媒介。它可以是无线的，也可以是有线的。介质在传输过程中必然会引入某些干扰，如热噪声、脉冲干扰、衰减等。媒介的固有特性和干扰特性直接关系到变换方式的选取。

(5) 接收设备。接收设备的基本功能是完成发送设备的反变换，即进行解调、译码、解密等。它的任务是从带有干扰的信号中正确恢复出原始信息，对于多路复用信号，还包括解除多路复用，实现正确分路。

(6) 数据编码。计算机网络系统的通信任务是传送数据或数据化的信息。这些数据通常以离散的二进制 0、1 序列的方式表示。码元是所传输数据的基本单位。在计算机网络通信中所传输的大多为二元码，它的每一位只能在 1 或 0 两个状态中取一个。这每一位就是一个码元。

数据编码是指通信系统中以何种物理信号的形式来表达数据。分别用模拟信号的不同幅度、不同频率、不同相位来表达数据的 0、1 状态的，称为模拟数据编码。用高低电平的矩形脉冲信号来表达数据的 0、1 状态的，称为数字数据编码。

3. 现场总线控制网络

现场总线又称现场总线控制网络，或现场控制网络，它属于一种特殊类型的计算机网络，是用于完成自动化任务的网络系统。从现场控制网络节点的设备类型、网络所执行的任务、网络所处的工作环境等方面，现场控制网络都有别于由 PC 或其他计算机构成的数据网络。这些测控设备的智能节点可能分布在工厂的生产装置、装配流水线、发电厂、变电站、智能交通、楼宇自控、环境监测、智能家居等地区或领域。

1) 现场总线控制网络的节点

现场控制网络的节点大都是具有计算与通信能力的测量控制设备，如图 6-23 所示。

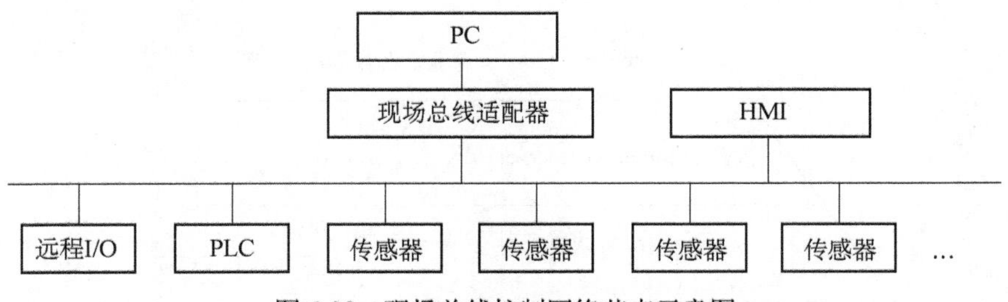

图 6-23　现场总线控制网络节点示意图

常见的现场设备有：

(1) 限位开关、感应开关等各类开关；

(2) 条形码阅读器；

(3) 光电传感器；

(4) 温度、压力、流量、物位等各种传感器、变送器；

(5) 可编程逻辑控制器；

(6) PID 等数字控制器；

(7) 各种数据采集装置；

(8) 监控计算机、工作站及其外设；

(9) 各种调节阀；

(10) 电动机控制设备；

(11) 变频器；

(12) 机器人；

(13) 网络连接设备的中继器、网桥、网关等。

2) 现场总线控制网络的任务

现场控制网络以具有通信能力的传感器、执行器、测控仪表为网络节点，并将其连接成开放式、数字化，实现多节点通信，完成测量控制任务的网络系统。

现场控制网络要将现场运行的各种信息传送到远离现场的控制室，在把生产现场设备的运行参数、状态以及故障信息等送往控制室的同时，又将各种控制、维护、组态等送往位于现场的测量控制设备中，起着现场级控制设备之间数据联系与沟通的作用。

现场控制网络还要在与操作终端、上层管理网络的数据连接与信息共享中发挥作用。

4. 企业网络信息集成系统

1) 企业网络信息集成系统的层次结构

现场总线本质上是一种控制网络，因此网络技术是现场总线的重要基础。统一的企业网络信息集成系统应具有 3 层结构(图 6-24)：过程控制层(PCS)；制造执行层(MES)；企业资源规划层(ERP)。

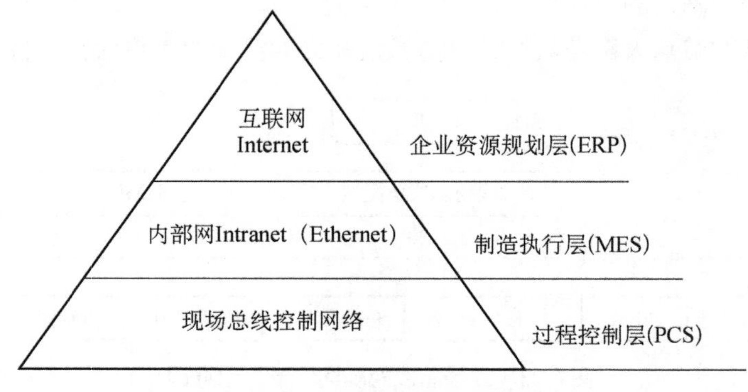

图 6-24　企业网络信息集成系统的层次结构

(1)过程控制层。现场总线控制系统是用开放的现场总线控制通信网络，将自动化最底层的现场控制器和现场智能仪表设备互连为实时网络控制系统。现场设备以网络节点的形式挂接在现场总线网络上，为保证节点之间实时、可靠的数据传输，现场总线控制网络必须采用合理的拓扑结构。常用的形成总线网络拓扑结构有环形网、总线网、树形网、令牌总线网。

过程控制层的通信介质不受限制，可用双绞线、同轴电缆、光纤、电力线、无线、红外线等。

(2)制造执行层。这一层从现场设备中获得数据，完成各种控制、运行参数的监测、报警和趋势分析等功能，另外还包括控制组态的设计和下载。制造执行层的功能一般由上位计算机完成。

(3)企业资源规划层。企业资源规划层的目的是在分布式网络环境下构建一个安全的远程监控系统。

现场总线控制网络处于企业网络的底层，或者说，它是构成企业网络的基础。而生产过程的控制参数与设备状态等信息是企业信息的重要组成部分。企业网络各功能层次的网络类型如图6-25所示。从图中可以看出，除现场的控制网络外，上面的ERP和MES都采用以太网。

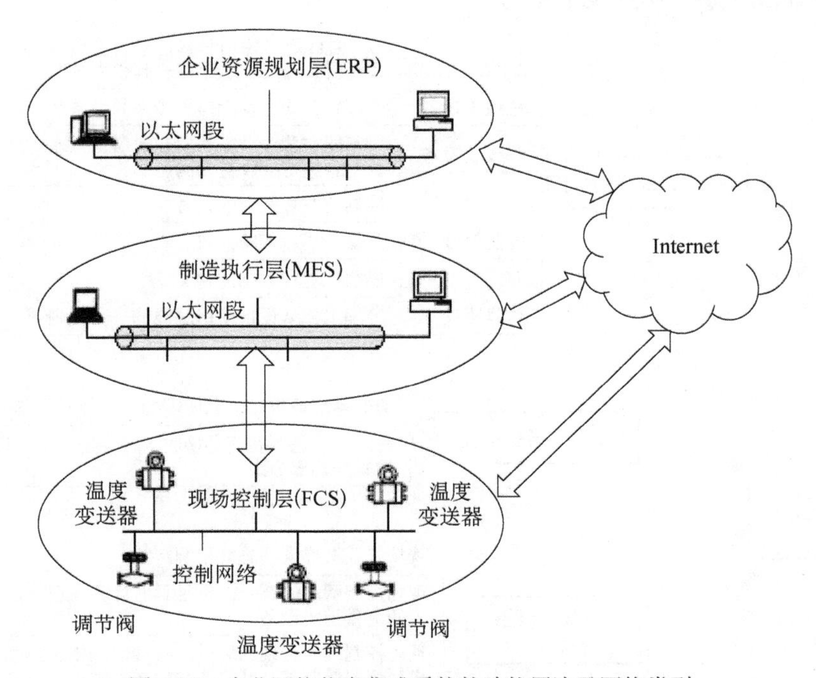

图6-25 企业网络信息集成系统的功能层次及网络类型

2)现场总线的作用

控制网络的主要作用是为自动化系统传递数字信息。它所传输的信息内容主要是生产装置运行参数的测量值、控制值、阀门的工作位置、开关状态、设备的资源与维护信息、系统组态、参数修改、零点量程调校信息等。

现场总线是新型自动化系统，又是低带宽的底层控制网络。它可与互联网(Internet)、企业内部网(Intranet)相连，且位于生产控制和网络结构的底层，因而称为底层网(Intranet)。它作为网络系统最显著的特征是具有开放统一的通信协议，肩负着生产运行一线测量控制的特殊任务。

把微处理器置入现场自控设备、使设备具有数字计算和数字通信能力，一方面提高了信号的测量、控制和传输精度，同时为丰富控制信息的内容，实现其远程传送创造了条件。

在现场总线的环境下，借助设备的计算、通信能力，在现场就可进行许多复杂计算，形成真正分散在现场的完整的控制系统，提高控制系统运行的可靠性。

还可借助现场总线网段以及与之有通信连接的其他网段，实现异地远程自动控制，如操作远在数百公里之外的电气开关等。还可提供传统仪表所不能提供的如阀门开关动作次数、故障诊断等信息，便于操作管理人员更好、更深入地了解生产现场和自控设备的运行状态。

由于现场总线所肩负的是测量控制的特殊任务，因而它具有自己的特点。它要求信息传输的实时性强，可靠性高，且多为短帧传送，传输速率一般为几 Kbit/s 至 10Mbit/s。

知识小结：现场总线技术基础

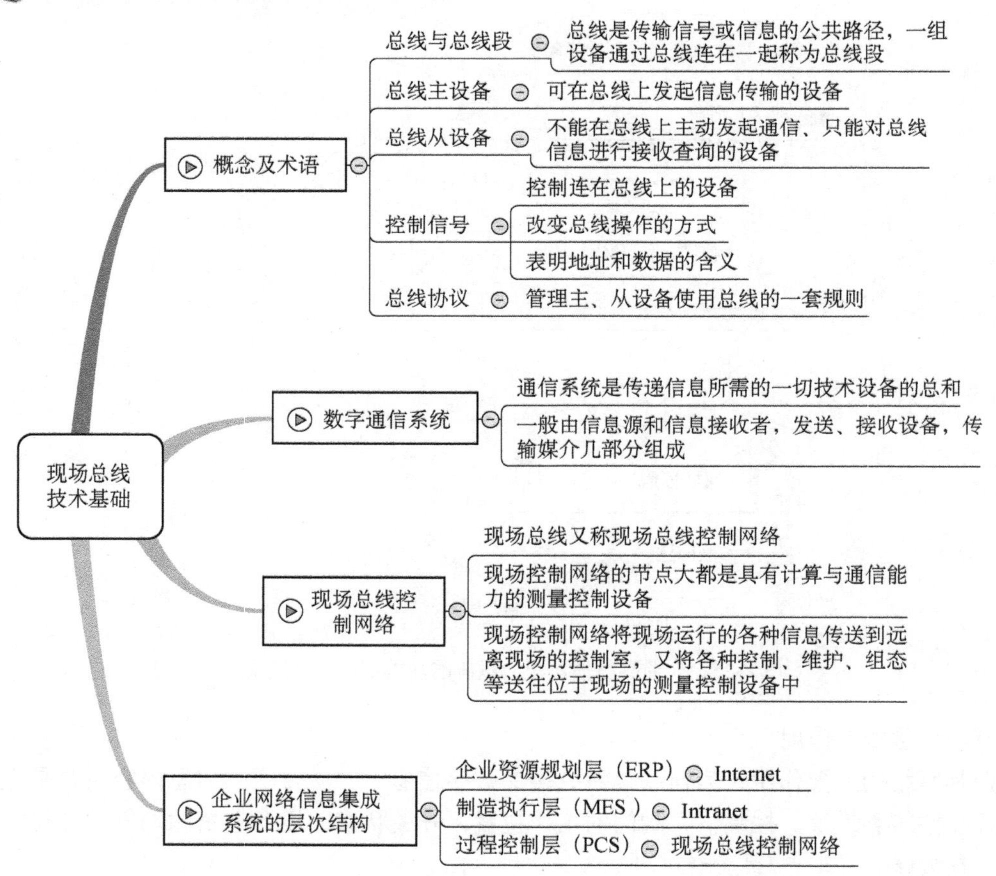

6.2.3 常见的现场总线技术

由于技术和利益等的原因，目前国际上存在着几十种现场总线的标准，比较流行的主要有 CAN、LonWorks、FF、DeviceNet、PROFIBUS、HART、INTERBUS、ControlNet、WorldFIP、CC-Link、P-Net、SwiftNet 等现场总线。在我国，比较常用且流行的现场总线主要包括 CAN、LonWorks、PROFIBUS、DeviceNet 以及工业以太网等。

1. CAN 总线

CAN(Control Area Network)最初是由德国的 BOSCH 公司在 20 世纪 80 年代初为汽车监测、控制系统而设计的，用于汽车内部测量与执行部件之间的数据通信。由于其高性能、高可靠性及独特的设计，CAN 越来越受到人们的重视，国外已有许多大公司的产品采用了这一技术。其总线规范现已被 ISO(国际标准化组织)制定为国际标准。由于得到了 Motorola、Intel、Philip、Siemens、NEC 等公司的支持，它广泛应用在离散控制领域。

众所周知，现代汽车越来越多地采用电子装置控制，如发动机的定时、注油控制，加速、制动控制(ASC)及复杂的抗锁定制动系统(ABS)等。由于这些控制需检测及交换大量数据，采用硬接信号线的方式不但烦琐、昂贵，而且难以解决问题，采用 CAN 总线上述问题便得到很好的解决。据资料介绍，世界上一些著名的汽车制造厂商，如 BENZ(奔驰)、BMW(宝马)、PORSCHE(保时捷)、ROLLS-ROYCE(劳斯莱斯)和 JAGUAR(美洲豹)等都已开始采用 CAN 总线来实现汽车内部控制系统与各检测和执行机构间的数据通信。

由于 CAN 总线本身的特点，其应用范围目前已不再局限于汽车行业，而向过程工业、机械工业、纺织机械、农用机械、机器人、数控机床、医疗器械及传感器等领域发展。

CAN 已经形成国际标准，并已被公认为几种最有前途的现场总线之一。

CAN 信号传输介质为双绞线。CAN 总线上任意两个节点之间的最大传输距离与其位速率有关，如表 6-4 所示。通信速率最高可达 1Mbit/s/40m，直接传输距离最远可达 10km/5Kbit/s。可挂接设备数最多可达 110 个。

表 6-4　CAN 总线系统任意两点之间的最大距离

位速率/(Kbit/s)	1000	500	250	125	100	50	20	10	5
最大距离/m	40	130	270	530	620	1300	3300	6700	10000

CAN 的信号传输采用短帧结构，每一帧的有效字节数为 8 个，因而传输时间短，受干扰的概率低。

当节点严重错误时，具有自动关闭的功能，以切断该节点与总线的联系，使总线上的其他节点及其通信不受影响，具有较强的抗干扰能力。

2. LonWorks 总线

LonWorks 是一种具有强劲实力的现场总线技术。它是由美国 Echelon 公司推出并与摩托罗拉、东芝公司共同倡导，于 1990 年正式公布而形成的。LON(Local Operating Networks)总线是该公司 1991 年推出的局部操作网络，为集散式监控系统提供了很强的实现手段。为支持 LON 总线，Echelon 公司开发了 LonWorks 技术，它为 LON 总线设计、成品化提供了一套完整的开发平台。

目前采用 LonWorks 技术的产品广泛地应用于过程控制、电梯控制、楼宇自动化、能源管理、环境监测、污水处理、火灾报警、采暖通风和空调控制、交通管理、家庭网络等自动化领域，LON 总线也成为当前最为流行的现场总线之一。

它采用了 ISO/OSI 模型的全部七层通信协议，采用了面向对象的设计方法，通过网络变量把网络通信设计简化为参数设置，其通信速率从 300bit/s～1.5Mbit/s 不等，直接通信距离可达 2700m(78Kbit/s，双绞线)；支持双绞线、同轴电缆、光纤、射频、红外线、电力线等多种通信介质，并开发了相应的本质安全防爆产品，被誉为通用控制网络。

LonWorks 使用的开放式通信协议 LonTalk 为设备之间交换控制状态信息建立了一个通用的标准。网络拓扑可以是总线形、星形、环形和混合形，还可实现自由组合。通信介质支持双绞线、同轴电缆、光纤、射频、红外线和电力线等。应用程序采用面向对象的设计方法，通过网络变量把网络通信的设计简化为参数设置，大大缩短了产品开发周期。

神经元芯片(Neuron Chip)是 LonWorks 技术的核心，它不仅是 LON 总线的通信处理器，同时也可作为采集和控制的通用处理器，LonWorks 技术中所有关于网络的操作实际上都是通过它来完成的。

LonWorks 通信的每帧有效字节为 0～228B。通信速率可达 1.25MBit/s，此时有效距离为 130m；78Kbit/s 的双绞线，直接通信距离长达 2700m。LonWorks 网络控制技术在一个测控网络上的节点数可达 32000 个。

提供强有力的开发工具平台：LonBuilder 与 NodeBuilder。

图 6-26 所示为应用两个 LonWorks 节点的 LonWorks 网络的例子，每个节点连接一个开关和一个发光二极管，使用一个节点的开关控制另一个节点的发光二极管，开关按下，发光二极管亮，再一次按下，发光二极管灭，如此循环。

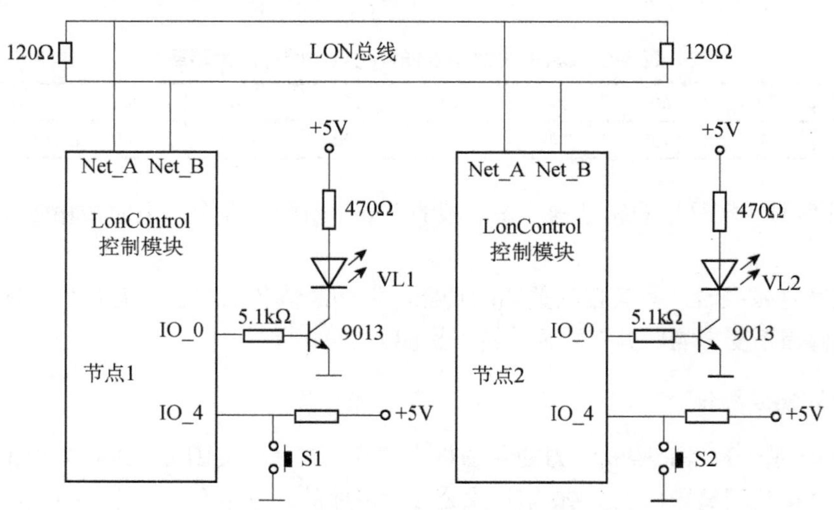

图 6-26 具有两个节点的电灯控制 LonWorks 网络

3. PROFIBUS 总线

PROFIBUS 是 1987 年由 Siemens 公司等 13 家企业和 5 家研究机构联合开发的，是德国国家标准 DIN19245 和欧洲标准 EN50170 的现场总线标准，2001 年批准成为中国的行业标准 JB/T 10308.3—2001。

PROFIBUS 总线的传输速率为 9.6Kbit/s～12Mbit/s，最大传输距离在 12Mbit/s 时为 100m，1.5Mbit/s 时为 400m，可用中继器延长至 10km。其传输介质可以是双绞线，也可以是光缆。最多可挂接 127 个站点。可实现总线供电与本质安全防爆。

PROFIBUS 是一种国际化、开放式、不依赖于设备生产商的现场总线标准。广泛适用于制造业自动化、流程工业自动化和楼宇、交通、电力等其他领域自动化。

PROFIBUS 是一种用于工厂自动化车间级监控和现场设备层数据通信与控制的现场总线技术。可实现现场设备层到车间级监控的分散式数字控制和现场通信网络，从而为实现工厂综合自动化和现场设备智能化提供了可行的解决方案。

PROFIBUS 由 PROFIBUS-DP、PROFIBUS-FMS、PROFIBUS-PA 组成。

DP（Distributive Peripheral，H2）型用于分散外设间的高速数据传输（数据传输速率 9.6Kbit/s～12Mbit/s），适合加工自动化领域的应用，主要用于现场控制器与分散 I/O 之间的通信。

FMS（Fieldbus Message Specification）意为现场信息规范，主要解决车间级通信问题，完成中等传输速度的循环或非循环数据交换任务，PROFIBUS-FMS 适用于纺织、楼宇自动化、可编程控制器、低压开关等。

PA（Process Automation，H1）则是用于过程自动化的总线类型，是 PROFIBUS 的过程自动化解决方案，专为过程自动化设计，可使传感器和执行机构连在一根总线上。

为了方便 PROFIBUS 在不同行业的应用，考虑不同行业设备的要求和应用需求，保证现场设备的互换性和互操作性，PROFIBUS 在其标准协议规范的基础上，还定义了 PROFIBUS 行规。

1）PROFIBUS-DP 行规

(1) NC/RC 行规（3.052）：介绍了人们怎样通过 PROFIBUS-DP 对操作机床和装配机器人进行控制。

(2) 编码器行规（3.062）：介绍了回转式、转角式和线性编码器与 PROFIBUS-DP 的连接。

(3) 变速传动行规（3.071）：具体规定了传动设备怎样参数化，以及设定值和实际值怎样传递，这样不同厂商生产的传动设备就可以互换。

(4) 操作员控制和过程监视行规（HMI）：具体说明了通过 PROFIBUS-DP 把设备与更高一级自动化部件的连接。

2）PROFIBUS-FMS 行规

(1) 控制器间的通信（3.002）：定义了用于 PLC 之间通信的 FMS 服务。

(2) 楼宇自动化行规（3.001）：对楼宇自动化系统使用 FMS 进行监视、闭环和开环控制、操作控制、报警处理及系统档案管理作了描述。

(3) 低压开关设备（3.032）：面向行业的 FMS 应用行规，具体说明了通过 FMS 在通信过程中低压开关设备的应用行为。

3) PROFIBUS-PA 行规

过程自动化行规(3.042): PROFIBUS-PA 行规的任务是选用各种类型现场设备真正需要的通信功能，并提供这些设备功能和设备行为的一切必要规范，也包括适用于各种类型设备的组态信息的设备数据单。这些设备包括：压力、液位、温度和流量用测量变送器，数字量输入和输出，模拟量输入和输出，阀门和定位器等。

4. 工业以太网

工业以太网是应用于工业控制领域的以太网(Ethernet)技术，在技术上与商用以太网(即IEEE 802.3 标准)兼容，但是实际产品和应用却又完全不同。这主要表现在普通商用以太网的产品设计时，在材质的选用、产品的强度、适用性以及实时性、可互操作性、可靠性、抗干扰性、本质安全性等方面不能满足工业现场的需要。故在工业现场控制应用的是与商用以太网不同的工业以太网。

工业以太网技术具有价格低廉、稳定可靠、通信速率高、软硬件产品丰富、应用广泛以及支持技术成熟等优点，已成为最受欢迎的通信网络之一。近些年来，随着网络技术的发展，以太网进入了控制领域，形成了新型的以太网控制网络技术。这主要是由于工业自动化系统向分布化、智能化控制方面发展，开放的、透明的通信协议是必然的要求。以太网技术引入工业控制领域，将以太网技术发展作为现场总线技术，具有如下明显的优势。

(1) Ethernet 是全开放、全数字化的网络，遵照网络协议不同厂商的设备可以很容易实现互联。

(2) 以太网能实现工业控制网络与企业信息网络的无缝连接，形成企业级管控一体化的全开放网络。

(3) 软硬件成本低廉，由于以太网技术已经非常成熟，支持以太网的软硬件受到厂商的高度重视和广泛支持，有多种软件开发环境和硬件设备供用户选择。

(4) 通信速率高，随着企业信息系统规模的扩大和复杂程度的提高，对信息量的需求也越来越大，有时甚至需要音频、视频数据的传输，当前以太网的通信速率为 10M、100M 的快速以太网开始广泛应用，千兆以太网技术也逐渐成熟，10G 以太网也正在研究，其速率比现场总线快很多。

(5) 可持续发展潜力大，在这信息瞬息万变的时代，企业的生存与发展将很大程度上依赖于一个快速而有效的通信管理网络，信息技术与通信技术的发展将更加迅速，也更加成熟，由此保证了以太网技术不断地持续向前发展。

但传统的以太网，具有如下的局限。

(1) 商用以太网采用 CSMA/CD 碰撞检测方式，在网络负载较重时，网络的确定性未能满足工业控制的实时要求。

(2) 以太网所用的插接件、集线器、交换机和电缆等是为办公室应用而设计的，不符合工业现场恶劣环境的要求。

(3) 以太网还不具备通过信号线向现场设备供电的性能。

因此，要将商用以太网发展成为工业以太网，需要解决下列问题。

(1) 通信实时性问题。

(2) 对环境的适应性与可靠性问题。

(3) 总线供电。

(4) 本质安全。

由于商用计算机普遍采用的应用层协议不能适应工业过程控制领域现场设备之间的实时通信，所以必须在以太网和TCP/IP协议的基础上，建立完整有效的通信服务模型，制定有效的实时通信服务机制，协调好工业现场控制系统中实时与非实时信息的传输，形成被广泛接受的应用层协议，也就是所谓的工业以太网协议。目前已经制定的工业以太网协议有MODBUS/TCP、HSE、EtherNet/IP、ProfiNet、EtherCAT等。所有这些工业以太网协议都是在现有的现场总线标准协议的基础上结合以太网和TCP/IP协议而形成的。

由于以太网具有应用广泛、价格低廉、通信速率高、软硬件产品丰富、应用支持技术成熟等优点，目前它已经在工业企业综合自动化系统中的资源管理层、执行制造层得到了广泛应用，并呈现向下延伸直接应用于工业控制现场的趋势。从目前国际、国内工业以太网技术的发展来看，目前工业以太网在制造执行层已得到广泛应用，并成为事实上的标准。未来工业以太网将在工业企业综合自动化系统中的现场设备之间的互连和信息集成中发挥越来越重要的作用。

总的来说，工业以太网技术的发展趋势将体现在以下几个方面。

1) 工业以太网与现场总线相结合

工业以太网技术的研究还只是近几年才引起国内外工控专家的关注。而现场总线经过十几年的发展，在技术上日渐成熟，在市场上也开始了全面推广，并且形成了一定的市场。就目前而言，全面代替现场总线还存在一些问题，需要进一步深入研究基于工业以太网的全新控制系统体系结构，开发出基于工业以太网的系列产品。因此，近一段时间内，工业以太网技术的发展将与现场总线相结合，具体表现在如下方面：

(1) 物理介质采用标准以太网连线，如双绞线、光纤等；

(2) 使用标准以太网连接设备(如交换机等)，在工业现场使用工业以太网交换机；

(3) 采用IEEE 802.3物理层和数据链路层标准、TCP/IP协议组；

(4) 应用层(甚至是用户层)采用现场总线的应用层、用户层协议；

(5) 兼容现有成熟的传统控制系统，如DCS、PLC等。

这方面比较典型的应用有如法国施耐德公司推出的基于嵌入式Web的“透明工厂”，系统中以太网、嵌入式Web等商用互联网技术应用于信息管理层、监控层、现场设备层。国内如浙大中控的Web Field ECS系列控制系统。

2) 工业以太网技术直接应用于工业现场设备间的通信已成大势所趋

随着以太网通信速率的提高、全双工通信、交换技术的发展，为以太网的通信确定性的解决提供了技术基础，从而消除了以太网直接应用于工业现场设备间通信的主要障碍，为以太网直接应用于工业现场设备间通信提供了技术可能。

为此，国际电工委员会IEC正着手起草实时以太网(Real-Time Ethernet，RTE)标准，旨在推动以太网技术在工业控制领域的全面应用。

目前，工业以太网还处在研究与开发的黄金阶段，并初步获得了实际的应用。浙江大学、浙大中控、中国科学院沈阳自动化研究所、清华大学、大连理工大学、重庆邮电学院等单位，在国家“863”计划的支持下，开展了EPA(Ethernet for Plant Automation)技术的研究，重点是研究以太网技术应用于工业控制现场设备间通信的关键技术，通过研究和攻关，以太网应用于现场设备间通信的关键技术获得重大突破，如实时通信技术、总线供电技术、远距离传输技术、网络安全技术、可靠性技术等，并以工业现场设备间通信为目标，以工业控制工程师(包括开发和应用)为使用对象，基于以太网、无线局域网、蓝牙技术+TCP/IP 协议，起草了“用于工业测量与控制系统的 EPA (Ethernet for Plant Automation) 系统结构和通信标准”的我国的 EPA 国家标准，还开发出了基于以太网的现场总线控制设备及相关软件原型样机，并在化工生产装置上成功应用。

知识小结：常见的现场总线技术

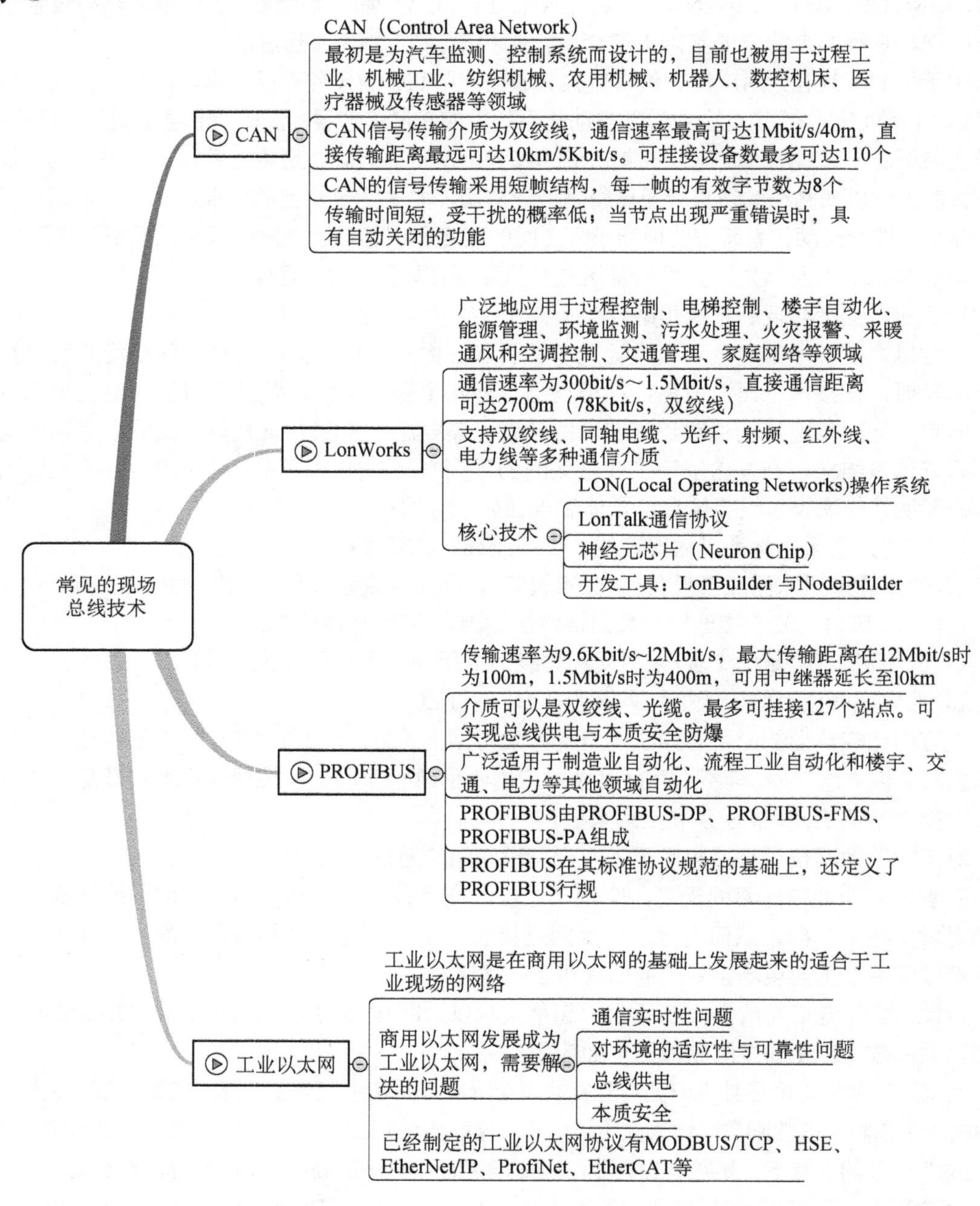

6.2.4　PROFIBUS 总线在制造系统中的应用

图 6-27 为一个典型的柔性制造系统的结构图。传统的柔性制造系统使用单个的 PLC 对整个制造系统进行控制，由一台上位 PC 和一台下位 PLC 控制器来实现对整个柔性制造系统的协调控制，通过一对一的方式将系统中各设备的控制信号全部连接到 PLC 中，作为系统人机界面的上位 PC 对系统进行监控，并通过 PC 的 RS232 串口实现对各工作站程序的双向传输，其系统控制方式如图 6-28 所示。

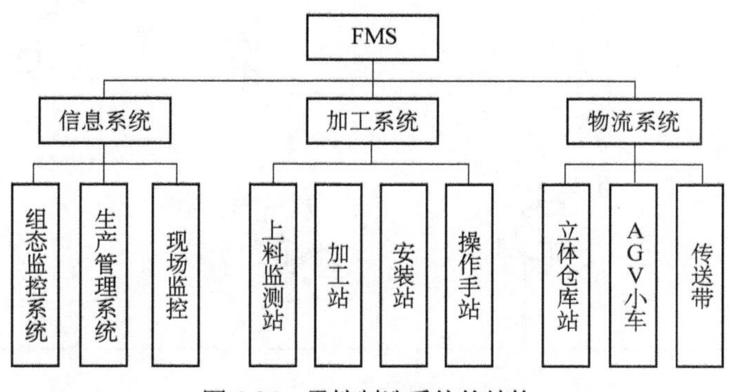

图 6-27　柔性制造系统的结构

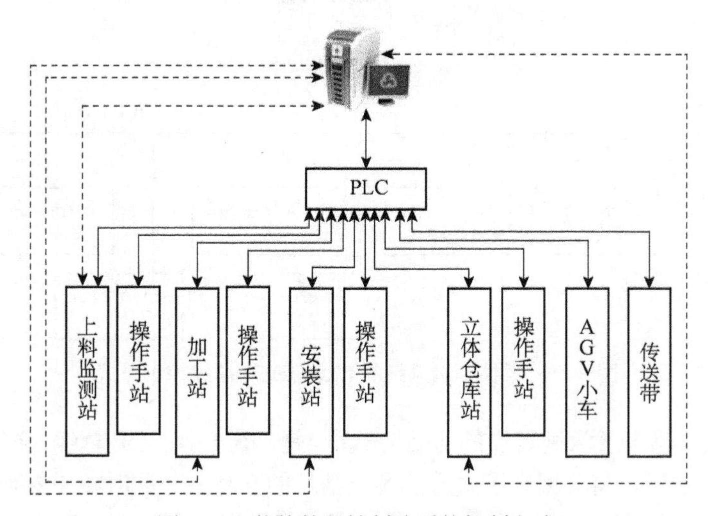

图 6-28　传统的柔性制造系统控制方式

在此控制方式下，柔性制造系统是通过一对一的连接将各设备的控制信号并行地接入到主控 PLC 上，整个系统呈现的是星型拓扑结构。系统中上位计算机通过 RS232 串口来控制机械手和数控机床的程序传输。上位计算机实现对系统的调度、配置、监控等功能。

此传统控制系统的缺点主要表现在以下几个方面。

(1) 由一台 PLC 集中控制整个系统，并使用星型网络拓扑结构，风险相对比较集中，而且系统规模受到极大的受限。

(2) 所有信号都是通过一对一的硬线进行连接，这就导致信号传输容易受到干扰，同时由于整个系统布线太多，无形中增加了工作量，而且维护起来也极不方便。

(3) DOS 系统下开发的人机界面，界面不友好，不能充分将信息显示出来。

(4) 由于采用点对点的 RS-232 串口实现机械手和机床数控程序的传输，导致传输距离受到限制。

相对于传统的柔性制造系统，这里增加了若干台计算机和西门子 PLC，以及 PROFIBUS-DP 总线。与之相对应的柔性制造系统网络拓扑结构如图 6-29 所示。

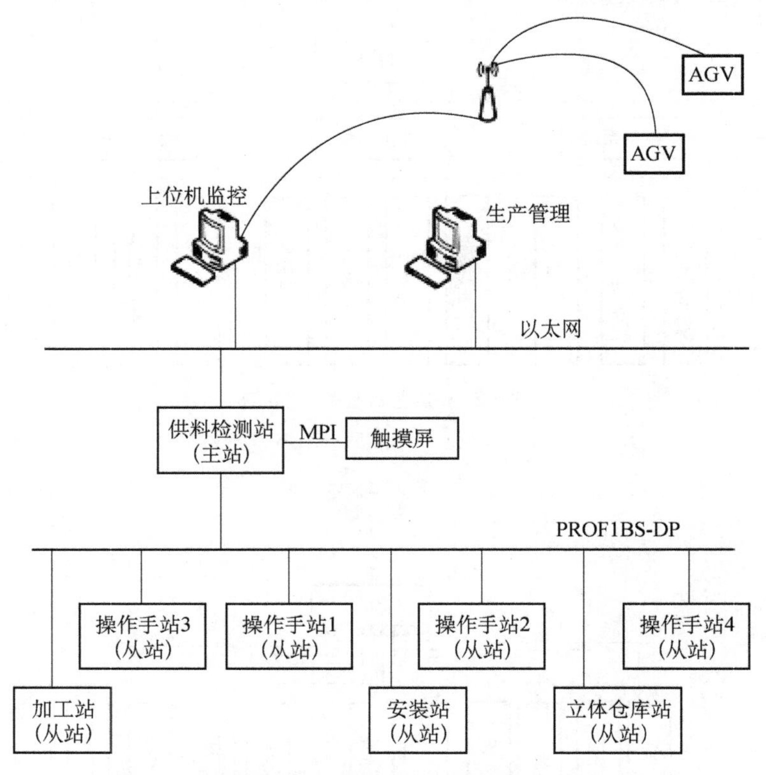

图 6-29　柔性制造系统的 PROFIBUS 总线控制方式

在这种方案中，包含了两种重要的通信方式。一是 PROFIBU-DP 总线，介于 PROFIBUS-DP 总线的普遍性和先进性，将其用在了底层的各个基站的互联中，同时将 PROFIBUS-DP 总线连接到作为主控单元的上料检测站 S7-300 PLC 和作为上位机的计算机上。通过 PROFIBUS-DP 总线可以实现 PLC 对各个基站设备的协调控制，PC 作为友好的人机界面组态王实现对现场设备的实时监控。二是以太网，在这里 PC 还作为服务器与上层的以太网连接，从而使得局域网中的 PC 可以在 Web 浏览器里查看系统运行的实时情况和各种数据流，同时还能完成远程操控。

思　考　题

6-1　按照控制系统的时间特性，控制系统如何分类？

6-2　什么是顺序控制系统？顺序控制系统如何分类？试分别举例说明。

6-3 顺序控制系统有哪几种实现方法？各具有什么特点？

6-4 与继电器控制系统相比，可编程序控制器有哪些特点？

6-5 可编程序控制器主要应用在哪些方面？

6-6 PLC 的优势主要体现在哪些方面？

6-7 PLC 的定义是什么？PLC 主要由哪些部分组成？

6-8 PLC 通常有哪些典型的输入模块和输出模块？

6-9 结合图 6-7 和图 6-9，说明 PLC 的工作原理。PLC 的工作过程主要分为哪几个阶段？

6-10 PLC 的编程语言有哪些？梯形图是一种什么样的编程方法？以图 6-11 所示，理解梯形图的编程原理。

6-11 通过查阅相关参考书或编程手册，了解 S7-300/400 系列 PLC 编程指令的分类、用法及对应的梯形图表示。

6-12 通过表 6-2 及图 6-16 的电动机正反转控制，理解和掌握 PLC 编程的基本方法。

6-13 在 STEP 7 编程语言中，以块来组织 PLC 程序，包括用户块和系统块，用户块和系统块又分别由哪些块组成？哪个块是用户必须编程实现的程序块？

6-14 在 Siemens 工业控制网络中，使用了许多通信技术，即支持多种通信协议和接口，这些通信协议和接口都有哪些？

6-15 Siemens PLC 的 MPI 通信和 PROFIBUS 通信分别主要应用在什么样的场合？其通信各有什么样的特点？

6-16 STEP 7 系列软件都有哪些？其适用范围有哪些不同？STEP 7 标准软件开发工具包都包含了哪些工具？

6-17 现场总线的基本概念是什么？现场总线的发展背景是什么？现场总线的本质有哪些？

6-18 与传统控制系统(如 DCS)相比，现场总线在结构上有哪些特点？

6-19 现场总线有哪些技术特点？现场总线有哪些优点？当前，现场总线的现状是什么样的？

6-20 什么是总线与总线段？什么是总线主设备与总线从设备？总线上的控制信号通常有哪三种类型？什么是总线协议？

6-21 数字通信系统是怎样组成的？

6-22 什么是数据编码？模拟数据编码和数字数据编码各有哪些形式？

6-23 什么是现场总线控制网络？举例说明哪些测量控制设备可以作为现场总线控制网络的节点？

6-24 现场总线控制网络的任务是什么？

6-25 企业网络信息集成系统具有哪三层结构？现场总线位于哪一层？现场总线的作用是什么？

6-26 常见的现场总线技术有哪些？

6-27 CAN 的基本含义是什么？CAN 总线主要应用于哪些领域？CAN 总线的传输速率和传输距离具有什么样的对应关系？

6-28 LonWorks总线主要应用于哪些领域？LonWorks总线的传输速率和传输距离具有什么样的对应关系？LonWorks的节点数可以达到多少？神经元芯片的组成是怎样的？其作用是什么？LonWorks的开发工具有哪些？

6-29 PROFIBUS总线主要应用于哪些领域？PROFIBUS总线的传输速率和传输距离具有什么样的对应关系？PROFIBUS的节点数可以达到多少？

6-30 PROFIBUS由哪三大部分组成？其分别针对什么样的应用？在PROFIBUS标准协议规范的基础上，还定义了哪些PROFIBUS行规？

6-31 什么是工业以太网？将以太网技术发展作为现场总线技术，具有哪些明显的优势？

6-32 要将商用以太网发展成为工业以太网，需要解决哪些问题？

6-33 以图6-29为例，分析和理解PROFIBUS总线在自动化制造系统中的地位和作用。

第 7 章　自动化制造系统

本章知识要点

(1) 掌握成组技术的基本概念和零件的相似性分类。

(2) 掌握零件分类编码方法，熟悉 OPITZ 零件分类编码系统和 JLBM-1 零件分类编码系统。

(3) 熟练掌握应用排序聚类分析法进行零件分组和划分加工单元。

(4) 熟练掌握应用 Hollier 方法进行机床排序。

(5) 理解相似性原理。

(6) 理解复合零件的基本思想。

(7) 了解常见的加工单元布局形式。

(8) 掌握 FMC、FMS 的基本组成，FMC 与 FMS 的区别与联系；掌握 FMS 加工系统和物流系统组成，加工系统配置方法及物流系统的布局方法；了解 FMS 的特点及应用。

(9) 掌握计算机集成制造系统的功能组成及集成方法，了解企业数字化的基本概念及 CIMS 的发展和应用。

探索思考

制造装备从自动化单机发展到多机自动化制造系统，制造技术正在从自动化制造发展到智能制造，目前，我国提出了“中国制造 2025”，其核心是什么？“五项重大工程”和“十大重点领域”分别都是什么？

预备知识

查阅资料，了解技术与系统之间的关系，了解从制造技术是如何发展到制造系统的。

柔性制造单元、柔性制造系统、计算机集成制造系统都是典型的自动化制造系统，是柔性制造技术和计算机集成制造技术的集中体现，而成组技术是柔性制造技术的工艺基础。本章将成组技术、柔性制造单元、柔性制造系统、计算机集成制造系统分别展开详细论述。

7.1　成 组 技 术

7.1.1　成组技术的基本原理和概念

成组技术(Group Technology，GT)是一种制造的哲学和理念，其理论基础是相似性。它从 20 世纪 50 年代出现的成组加工，到 60 年代发展为成组工艺，出现了成组生产单元和成组加工流水线，其范围也从单纯的机械加工扩展到整个产品的制造过程。70 年代以后，成组工艺与计算机技术和数控技术结合，发展成为成组技术，出现了用计算机对零件进行分类编码，以成组技术为基础的柔性制造系统，并被系统地运用到产品设计、制造工艺、生产管理等诸多领域。本节主要介绍成组技术的基本原理、零件族的概念、零件分组成组方法以及单元制造。

成组技术按零件的相似性分类成组，在零件的设计和制造中充分利用这种相似性。相似零件的组合称为零件族，这种相似性包括设计属性的相似和制造属性的相似。例如，一个工厂生产的 10 000 种不同的零件，就有可能按相似性分成 30～40 种不同的零件族。如果按照零件族制订工艺进行生产制造，这样就扩大了批量，减少了品种，便于采用高效率的生产方法，从而提高了劳动生产率，为多品种、小批量生产经济效益的提高开了一条途径。如果按照零件族来组织生产，将零件族加工所需的机床组成一个加工单元，这种加工方式称为单元制造(Cellular Manufacturing)。

成组技术和单元制造广泛应用于实际生产中。成组技术特别适合以下制造条件。

(1) 工厂采用传统的成批生产方式，机床采用机群式布置。这种方式导致物料运输时间长，库存量大，生产准备时间长。

(2) 零件具有相似性，可以分类成组形成零件族。这是一个必要条件。每一个加工单元都用来加工一个或几个特定的零件族。

一个工厂要实施成组技术，面临着两个技术难题。

(1) 确定零件族。假设工厂生产 10 000 种不同的零件，那么要分析如此多的零件并把它们分类成组形成零件族，这是一项工作量巨大的工作。

(2) 将加工机床布置成加工单元。这也是一个费时费钱的工作，在调整机床期间，工厂的生产就得被迫停止。

尽管实施成组技术要越过上述两个障碍和难题，但它也给实际生产带来不少益处。

(1) 成组技术促进了工厂刀具、夹具、量具的标准化。

(2) 由于被加工零件只限于一个加工单元内的移动，而不是整个工厂，因此物料运输时间大大减少。

(3) 简化了工艺设计和生产计划工作。

(4) 装夹时间减少，生产准备时间也因此减少。

(5) 工人愿意在一个加工单元内合作完成加工任务。

(6) 提高了生产质量。

综上所述，我们可以将成组技术的基本概念概括为：充分利用事物之间的相似性，将许多具有相似信息的研究对象归并成组，并用大致相同的方法来解决这一组研究对象的生产技术问题，这样就可以发挥规模生产的优势，达到提高生产效率、降低生产成本的目的，这种技术统称为成组技术。

7.1.2　零件的相似性与零件族

零件族(Part Family)是一个具有相似属性的零件组合，这种相似性包括零件在尺寸形状、工艺和材料等方面的相似性。尽管零件族内每一个零件都各不相同，但它们之间的相似性又可以把它们集中在一起来考虑其设计和制造。图 7-1 和图 7-2 显示了两个不同特点的零件族。

图 7-1 中零件族中的零件在几何形状和结构上具有很大的相似性，但其制造工艺有很大的差别，因为这两个零件在加工精度、生产批量和材料方面都完全不同。而图 7-2 中包含十个零件的零件族，尽管它们的几何形状不尽相同，单纯从设计角度看它们之间的相似性很差，但从制造角度看，这些零件却具有相似性。它们都可以以棒料为原材料，主要采用车削加工完成，少数零件需要进行钻削或铣削加工。

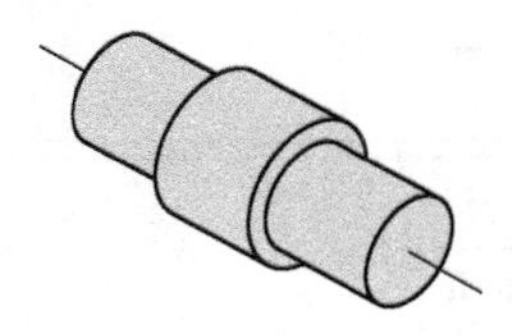

(a) 生产批量1 000 000件/年，公差要求±0.25mm，材料为45钢

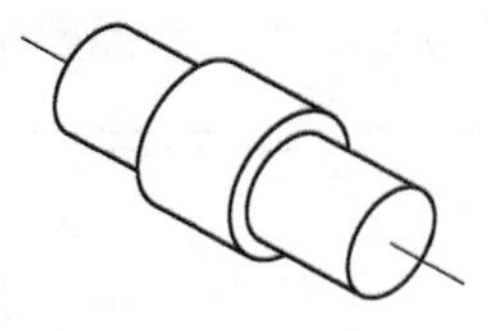

(b) 生产批量100件/年，公差要求±0.025mm，材料为不锈钢

图 7-1　几何形状相同、制造工艺不同的零件族

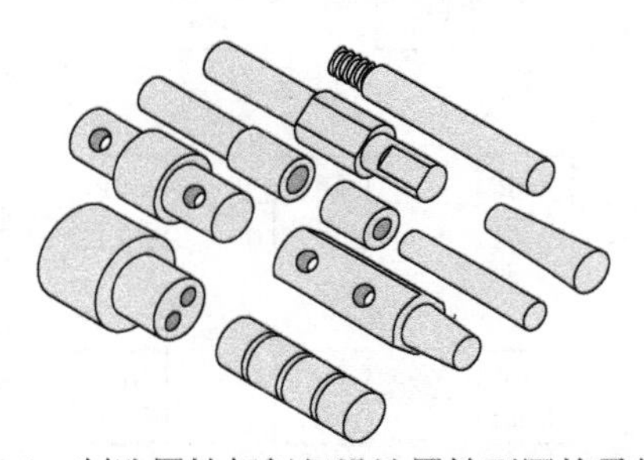

图 7-2　制造属性相似但设计属性不同的零件族

按零件族来组织生产具有很多益处。图 7-3 显示的是一个按照传统机群式布置的车间的加

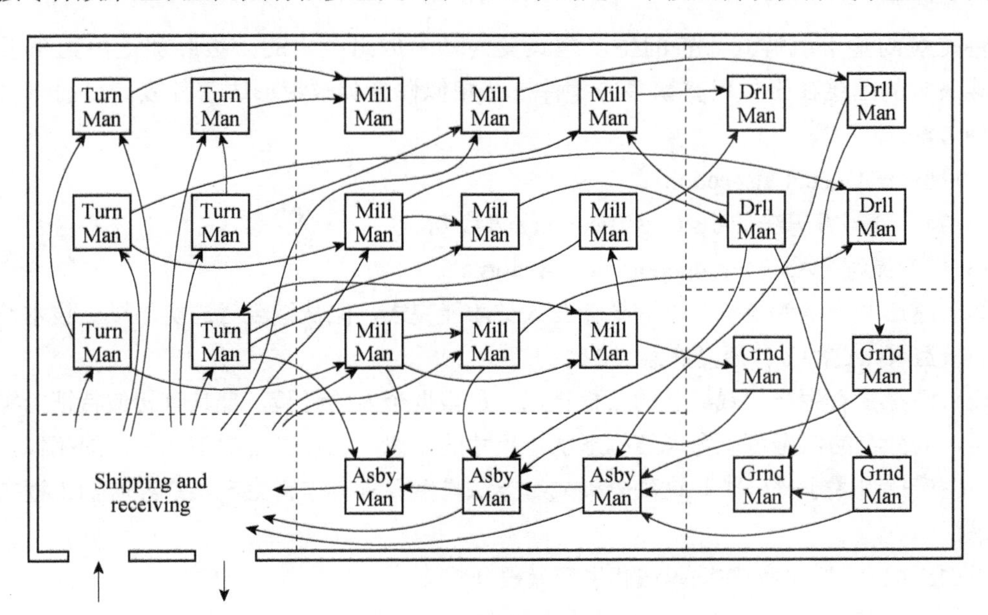

图 7-3　传统的机群式布置

工工艺及其物料流动的情况。这种方式完全是按照机床的功能来布置的，如车床、铣床、钻床等。在这种布置的车间内加工零件时，零件必须在不同的机群中流动，甚至在同一个机群内要穿梭几次。这种方式使物料传输时间加长，在制品数量增加，所需的工艺装备数量也随之增加，从而使得整个生产准备周期加长，成本提高。而图 7-4 显示的是基于成组技术的车间布局包含几个加工单元，每个加工单元完成一个特定零件族的加工，这样物料运输时间缩短、装夹次数减少、在制品数量减少，因而整个生产准备时间减小。

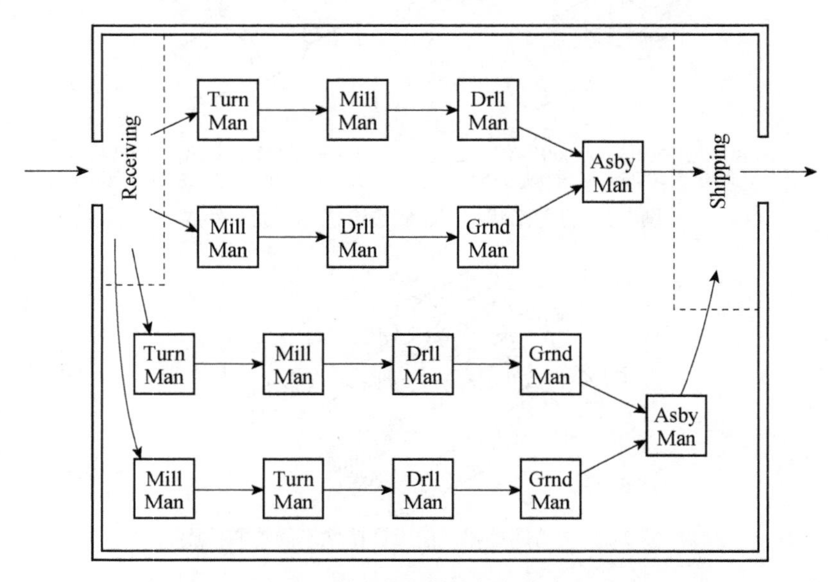

图 7-4　基于成组技术的机床布置

将传统的基于机群式布置的生产模式变为基于成组技术的，按照加工单元来组织生产，其最大的困难在于如何将繁多的零件按照相似性分类成组形成零件族。目前可采用以下三种方法：

(1) 视检法(Visual Inspection)；

(2) 零件分类编码法(Parts Classification and Coding)；

(3) 生产流程分析法(Production Flow Analysis)。

尽管这三种方法都很费时，需要专业人员才能完成，但从综合考虑实施成组技术给企业带来的效益看，这种工作还是有意义的。

视检法是由有生产实践经验的工程技术人员根据个人的经验，把具有相似特征的零件归为一类，其分类的依据可以考虑结构形状、尺寸的相似，也可以考虑工艺特征的相似，甚至可以按生产批量大小来分类。这种分类成组方法显然要求有丰富生产实践经验的工程技术人员来进行。

下面详细介绍零件分类编码法和生产流程分析法。

7.1.3　零件的分类编码技术

1. 基本概念

零件的分类编码就是用字符(数字、字母或符号)对零件的几何形状、尺寸和工艺特征等有关特征进行描述和标识的一套规则和依据，以便于零件的分类成组。在零件的设计、制造与管理中，采用分类码和标识码来表示零件的属性，并唯一表示这个零件。

零件分类是根据零件的特征来进行的，这些特征一般可分为3个方面。

(1)结构特征：零件的几何形状、尺寸大小、结构功能、毛坯类型等。

(2)工艺特征：零件的毛坯形状、加工精度、表面粗糙度、加工方法、材料、定位夹紧方式、选用机床类型等。

(3)生产组织与计划特征：加工批量、制造资源状况、工艺路线跨车间、工段、厂际协作等情况。

2. 零件分类编码系统结构

1)零件的识别码和分类码

零件的编码是一种数学描述。为了标识零件的设计、制造等属性并保证该零件表示的唯一性，在零件的设计、制造和管理中，每个零件具有两个码：识别码和分类码。零件的识别码是唯一的，不能重复，它可以是零件的件号；而零件的分类码表示零件的设计、制造等属性，主要用于零件的分类，它是在推行成组技术时才提出的，它是可以重复的，相同分类码的零件表示了它们是相似的，可以归为一类，即一个零件族。常用于零件分类的设计属性和制造属性如表7-1所示。

表7-1　常用于零件分类的设计属性和制造属性

设计属性	制造属性	设计属性	制造属性
基本外部形状	主要工艺	零件功能	机床
基本内部形状	次要工艺	主要尺寸	生产周期
回转体或非回转体形状	工序顺序	次要尺寸	批量大小
长径比	主要尺寸	公差	年产量
材料	表面粗糙度	表面粗糙度	需要的夹具、刀具

2）零件分类编码系统的结构形式

零件的特征用相应的标志表示，这些标志很多，可由分类编码系统中的相应环节来描述。根据分类环节的数量，零件的分类系统可分为多级和单级两大类。鉴于零件的复杂性，目前多采用多级分类系统，各级又由多个分类环节来描述。

多级分类系统中，有链状、树状和混合 3 种结构，如图 7-5 所示。

(1) 链状结构。横向分类环节之间的关系是链状的，若纵向分类环节为 10 个，则每个横向分类环节有 10 个纵向分类环节，总的分类环节数＝横向分类环节数×纵向分类环节数。横向分类环节用数字表示，它们之间的关系用符号“-”表示。

(2) 树状结构。横向分类环节之间的关系是树状的。若纵向分类环节是 10 个，则横向分类环节的第 I 位有 10 个纵向分类环节，由于每个纵向分类环节又有 10 个下一位纵向分类环节，故横向分类环节的第 II 位就有 10^2 个纵向分类环节，依此类推，第 N 位就有 10^N 个纵向分类环节。总的分类环节数=$M+M^2+\cdots+M^N$，式中 M 为纵向分类环节数，N 为横向分类环节数。横向分类环节之间的关系用符号“＜”表示。

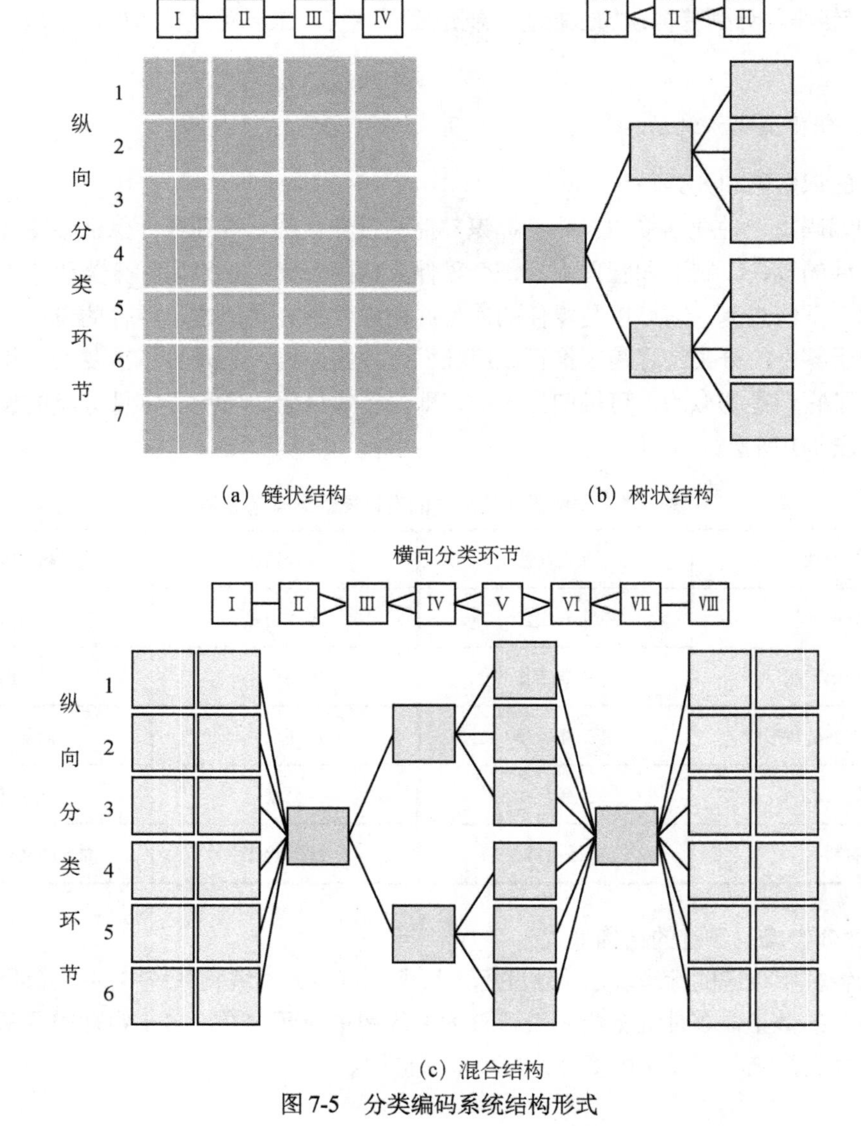

图 7-5　分类编码系统结构形式

(3) 混合结构。它是链状和树状结构的混合，即有些横向分类环节的位置关系是链状的，有些是树状的，视描述特征的标志数量而定。

由于树状结构的分类环节太多，链状结构的分类环节在某些位置又不够用，故采用混合结构较多。

通常横向分类环节称为码位，其位数在4～80，常用的为9～21位。码位越多，可描述的内容越多越细致，但结构就越复杂。纵向分类环节称为码域或码值，一般为10位，用0～9数字表示，具体位数按需要而定。

3. 对零件分类编码系统的基本要求

零件分类编码系统对成组技术实施有重要作用，故应满足以下基本要求。

(1) 系统内各特征代码应含义明确，无多义性；且结构应力求简单，使用方便。

(2) 标识零件几何形状的特征代码应具有永久性，以保持分类编码系统的延续性。

(3) 系统应能满足企业产品零件的使用要求，并为新产品发展留有余地。

(4) 系统要便于用计算机进行处理。

(5) 零件分类编码系统已有国标、部标、应尽量采用，不能满足时可建立本企业或部门的系统。

4. 常用机械加工零件分类编码系统

目前典型的机械加工零件分类编码系统有德国的OPITZ零件分类编码系统和中国的JLBM-1零件分类编码系统，下面重点介绍这两个系统。

1) OPITZ零件分类编码系统

它是在20世纪60年代初由当时联邦德国Aachen工业大学Opitz领导的机床和生产工程实验室开发的，是一个典型的有参考意义的系统，在成组技术中得到广泛应用。

(1) 系统结构。OPITZ零件分类编码系统是一个十进制九位代码的混合结构系统，其基本结构如图7-6所示。其横向分类环节分为主码和辅助码，主码为五位，主要用来描述零件的基本形状要素，其中第I位为零件类别码，将零件分为回转体类零件和非回转体类零件两大类；第II～V位是描述零件的形状细节，按外部形状→内部形状→平面加工→辅助孔、齿形和成型加工的顺序描述。辅助码有四位，主要用来描述与零件的加工工艺有关的信息，而且是公用的，不分零件的类别。图7-8给出了应用OPITZ系统对图7-7所示的两个典型零件进行分类编码的示例。

(2) 系统特点。

①系统的结构较简单，横向分类环节数适中，便于记忆和分类。

②主码虽主要用来描述零件的基本形状要素，但实际上隐含着工艺信息。

③系统的纵向分类环节的信息排列中，有些采用了选择排列法，结构上欠严密，易出现多义性。

④系统通过辅助码考虑了工艺信息的描述，虽粗糙一些，却是一个进步。

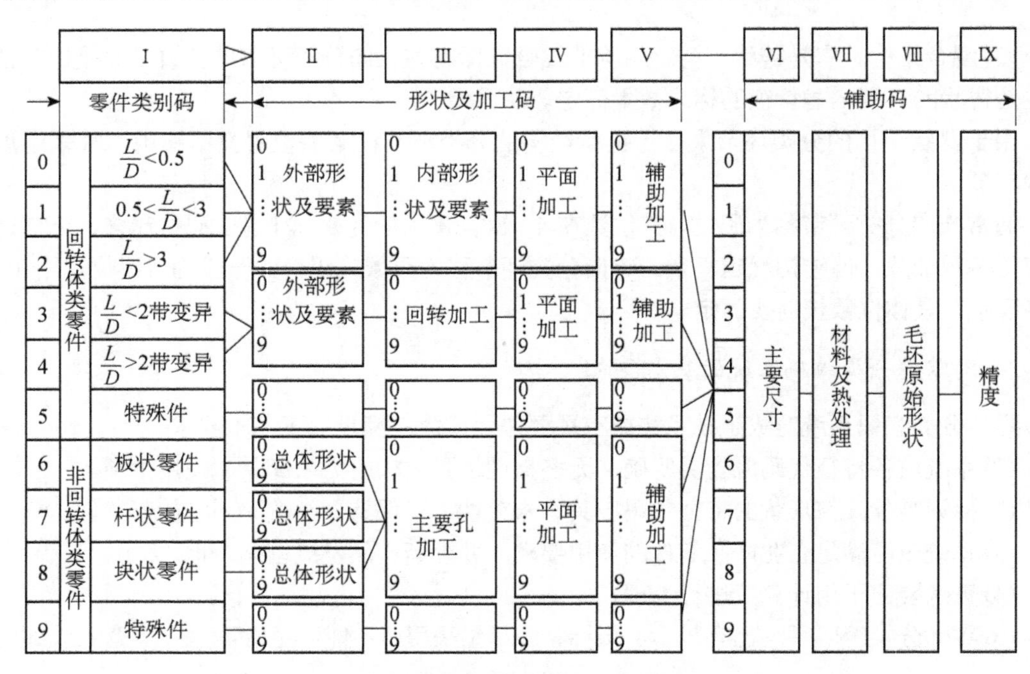

图 7-6 OPITZ 零件分类编码系统基本结构

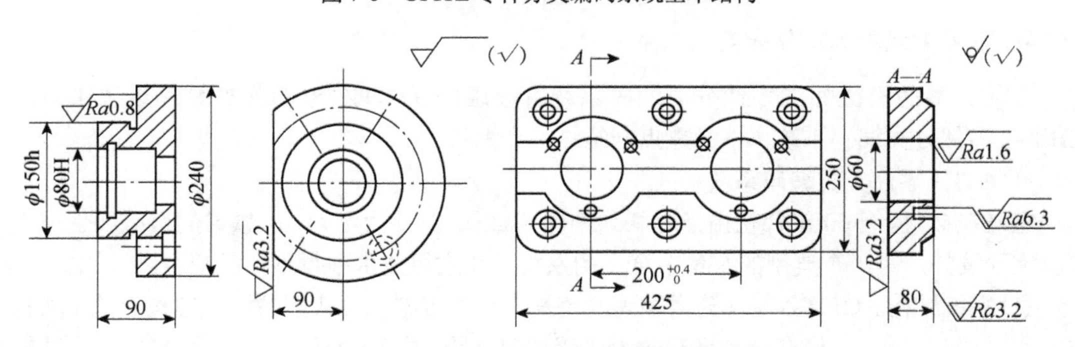

图 7-7 回转体类和非回转体类典型零件示例

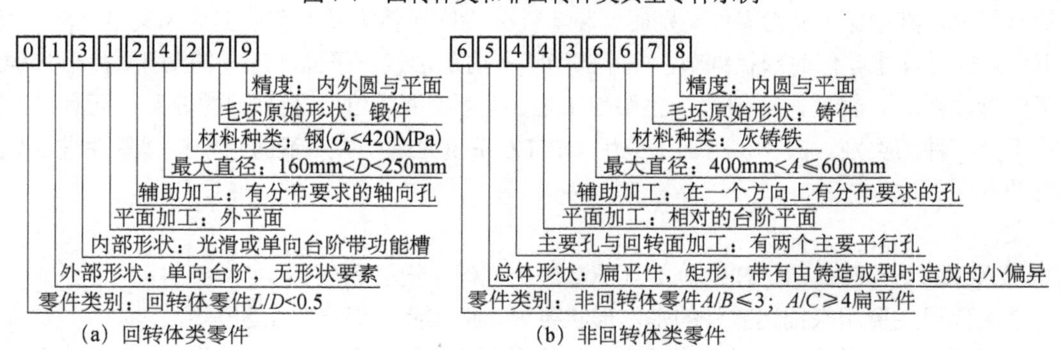

(a) 回转体类零件 (b) 非回转体类零件

图 7-8 按 OPITZ 系统分类编码示例

2) JLBM-1 零件分类编码系统

JLBM-1 零件分类编码系统是由我国原机械工业部组织下属设计研究总院、第五设计研究院等多个单位共同研制完成的，作为部标准于 1986 年 3 月 1 日起实施。它是一套通用零件分类编码系统，适于中等及中等以上规模的多品种、中小批量生产的机械厂使用，为产品设计、制造工艺和生产管理等方面开展成组技术提供了条件。

(1) 系统结构。JLBM-1 零件分类编码系统是一个十进制十五位代码的主辅码混合结构系统，其基本结构如图 7-9 所示。从图中看出，它吸取了 OPITZ 系统零件分类编码系统基本结构的特点。在横向分类环节上，分为零件名称类别码、形状及加工码、辅助码，零件名称类别码表示了零件的功能名称；辅助码表示了与设计和工艺有关的信息。图 7-10 给出了应用 JLBM-1 系统对图中两个典型示例零件进行分类编码的示例。

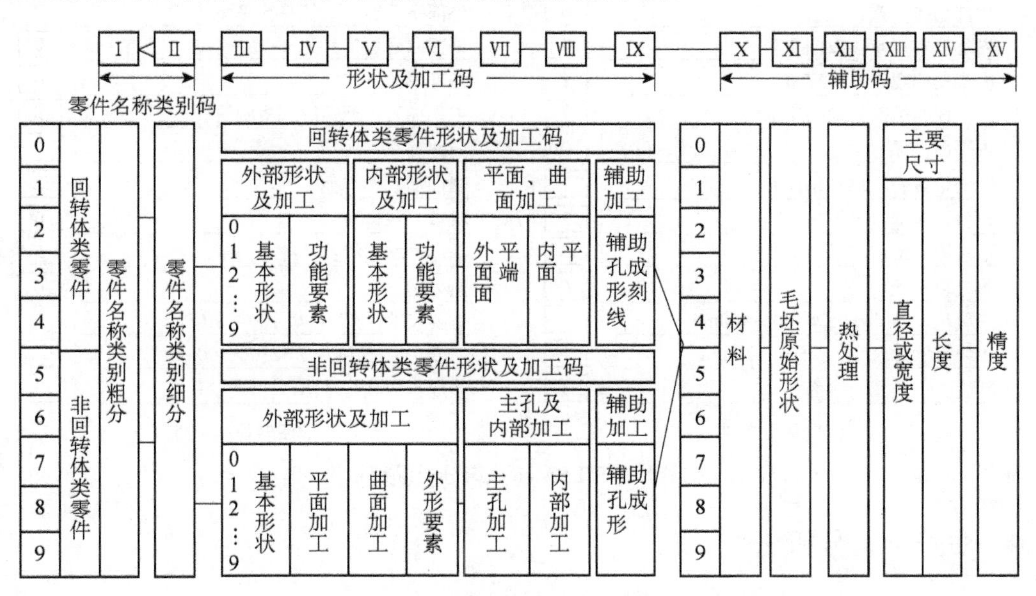

图 7-9　JLBM-1 零件分类编码系统基本结构

(2) 系统特点。

①系统横向分类环节数适中，结构简单明确，规律性强，便于理解和记忆。

②系统力求能够满足在机械行业中各种不同产品零件的分类，因此在形状及加工码上有广泛性，不是只针对某种产品零件的结构和工艺特征。

③系统的零件功能名称分类标志，有利于设计部门使用。但是却将与设计较密切的一些信息放到辅助码中，从而分散了设计检索的环节，影响了设计部门的使用。

④系统只在横向分类环节的第Ⅰ、Ⅱ位间为树状结构，其余均为链状结构，因此虽然比 OPITZ 系统增加了 6 位横向分类环节，但实际上纵向分类环节增加不多，所以系统存在标志不全的现象，如一些常用的热处理组合在系统中无反映。

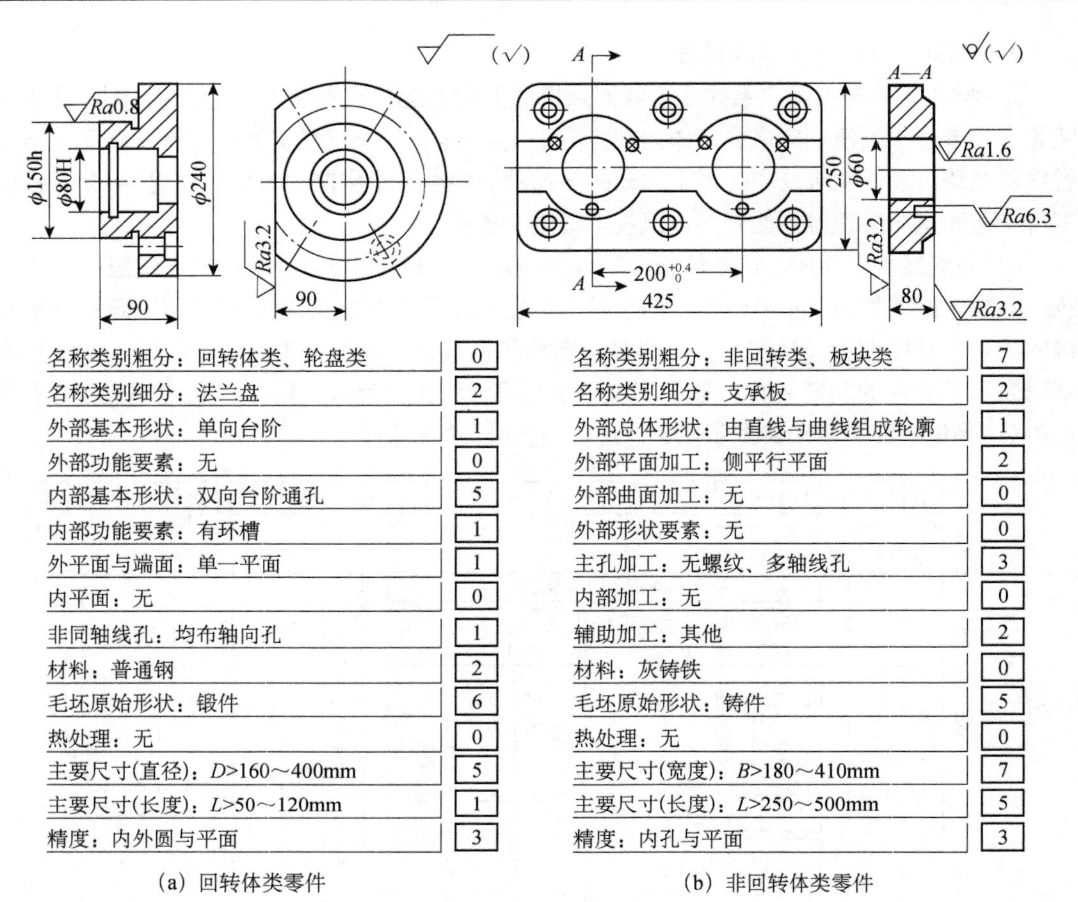

(a) 回转体类零件	
名称类别粗分：回转体类、轮盘类	0
名称类别细分：法兰盘	2
外部基本形状：单向台阶	1
外部功能要素：无	0
内部基本形状：双向台阶通孔	5
内部功能要素：有环槽	1
外平面与端面：单一平面	1
内平面：无	0
非同轴线孔：均布轴向孔	1
材料：普通钢	2
毛坯原始形状：锻件	6
热处理：无	0
主要尺寸(直径)：D>160～400mm	5
主要尺寸(长度)：L>50～120mm	1
精度：内外圆与平面	3

(b) 非回转体类零件	
名称类别粗分：非回转类、板块类	7
名称类别细分：支承板	2
外部总体形状：由直线与曲线组成轮廓	1
外部平面加工：侧平行平面	2
外部曲面加工：无	0
外部形状要素：无	0
主孔加工：无螺纹、多轴线孔	3
内部加工：无	0
辅助加工：其他	2
材料：灰铸铁	0
毛坯原始形状：铸件	5
热处理：无	0
主要尺寸(宽度)：B>180～410mm	7
主要尺寸(长度)：L>250～500mm	5
精度：内孔与平面	3

(a) 回转体类零件　　(b) 非回转体类零件

图 7-10　按 JLBM-1 系统分类编码示例

7.1.4　生产流程分析法

生产流程分析(Production Flow Analysis，PFA)是另一种零件分类成组方法，它以零件的加工工艺过程为依据，把工艺过程相近似的零件归为一类，形成加工族，并安排在一个加工单元内加工。由于生产流程分析法主要依据的是制造工艺数据而非设计数据，所以它可以克服在零件分类编码方法进行零件分类成组时遇到的问题。其一，几何形状不同的零件，其工艺可能完全不同；其二，几何形状相同的零件，其工艺也可能完全不同。

1. 生产流程分析的步骤

应用生产流程分析法进行零件的分类成组时，首先要定义分类成组零件的范围和数量，是生产的所有零件还是一些典型零件需要分析？一旦确定了零件的范围，就可以按照下述步骤来进行分析。

(1)数据收集。所收集的数据包括零件号、加工工艺。这些都可以从工厂现有的工艺规程卡和工序卡中获得。每一个工序都有相应的加工机床，所以确定加工顺序就是确定所采用的加工机床的顺序。此外，生产批量、时间定额等也是确定生产能力的必需数据。

(2)工艺路线分类。即将零件按照其工艺路线的相似性分类。为了简化分类工作，所有加工工序都用代码表示，如表 7-2 所示。对每一个零件，其加工的工序代码按照其加工工艺路线的顺序排列。按照这些方法就可以形成许多零件组。有些零件组只包含一种零件，表明了这种零件的工艺的唯一性；而有些零件组可能包含多个零件，这些零件将组成一个零件族。

表 7-2　用于生产流程分析的工序或机床代码（高度简化）

工序或机床	代码	工序或机床	代码
切断	01	普通钻削	05
普通车床	02	数控钻削	06
转塔车床	03	磨削	07
铣削	04		

(3)绘制 PFA 图。将每个零件的工艺表示在 PFA 图中。表 7-3 就是一个简单的 PFA 图，是一个由机床和零件组成的行列矩阵，故又称为零件-机床关联矩阵(Part-Machine Incidence Matrix)。为了区分，我们以阿拉伯数字 1、2、3 等代表零件，以大写英文字母 A、B、C 等代表机床。矩阵中的元素只能为“0”或“1”。“1”表示此零件需要在对应的机床上加工；“0”表示此零件无需在对应的机床上进行加工。为了使矩阵清晰可见，矩阵只表示出取值为 1 的元素，取值为 0 的地方空。

表 7-3　零件-机床关联矩阵

零件＼机床	A	B	C	D	E	F	G	H
1	1		1			1		1
2	1					1		
3		1			1			1
4	1		1			1		
5				1			1	
6		1			1			1
7					1			1
8	1		1			1		
9				1			1	
10		1					1	

(4)聚类分析。根据零件-机床关联矩阵中数字“1”的分布特点，对矩阵进行行列变换，使具有相似加工顺序的零件组合在一起。表 7-4 就是经过行列变换后的零件-机床关联矩阵，它可分为三个零件或机床组合。有些零件可能不属于任何一个零件组合，则需要修改该零件

的工艺，使其能归入某一个零件组合中。如果这些零件的工艺不能修改，那么它们就只能采用传统的机床布置方式进行加工。聚类分析的量化分析方法主要有单链聚类分析、循环聚类分析、排序聚类分析。其中第三种方法应用非常普遍。

表 7-4　行列变换后的零件-机床关联矩阵

零件＼机床	A	F	C	H	E	B	G	D
1	1	1	1	1				
4	1	1	1					
8	1	1	1					
2	1	1						
3				1	1	1		
6				1	1	1		
7				1	1			
10						1	1	
5							1	1
9							1	1

生产流程分析法的弱点在于它所依据的零件-机床关联矩阵的数据来源于零件的现有加工工艺数据。由于零件的加工工艺往往是由不同的工艺人员制订的，其工艺不一定是最优的、最合理的和必需的。因此，应用生产流程分析法得出的机床组合可能是局部最优。尽管如此，相对于零件分类编码法，应用生产流程分析法进行零件的分类成组具有更高的效率。这也是生产流程分析吸引众多企业将成组技术应用于车间布局中。

2. 生产流程分析的量化方法——排序聚类分析法

生产流程分析的目的就是要将现有机床按照成组技术布置方式组合形成加工单元。排序聚类分析法(Rank Order Clustering)是一种常用的、简单的生产流程量化分析方法，其主要思想是将零件-机床关联矩阵按行列交替排序聚合，即利用二进制权将零件-机床关联矩阵中左边具有“1”的行移到最上部，把上部具有“1”的列移到最左边，从而使零件进行归组。这种方法简单可行。下面通过一个实例介绍排序聚类法。

【例 7.1】已知 10 个零件的工艺路线，如表 7-5 所示。试用排序聚类法分析零件组合及其相应的机床组合。

解：(1)将表 7-5 的 10 个零件工艺路线用零件-机床关联矩阵表示，如表 7-6 所示。表中零件为列排列(纵向)、机床为行排列(横向)。

表 7-5　分组前零件机床矩阵

零件＼机床	A	B	C	D	E	F	G	H
1	●		●			●		●
2	●					●		
3		●			●			●
4	●		●			●		
5				●			●	
6		●			●			●
7					●			●
8	●		●			●		
9				●			●	
10		●					●	

表 7-6　零件–机床关联矩阵

二进制权	2^7	2^6	2^5	2^4	2^3	2^2	2^1	2^0	等效十进制数	排序
零件＼机床	A	B	C	D	E	F	G	H		
1	1		1			1		1	165	1
2	1					1			132	4
3		1			1			1	73	5
4	1		1			1			164	2
5				1			1		18	8
6		1			1			1	73	6
7					1			1	9	10
8	1		1			1			164	3
9				1			1		18	9
10		1					1		661	7

（2）在矩阵的列上给出二进制权，计算每一行按所给出二进制权的等效十进制数，如零件 1 的等效十进制数为 $1\times2^7+1\times2^5+1\times2^2+1\times2^0=165$。将这 10 个等效十进制数依降序排列，得到表 7-7 所示结果。

表 7-7　第 1 次行排序后的零件–机床关联矩阵

零件 \ 机床	A	B	C	D	E	F	G	H	二进制权
1	1		1			1		1	2^9
4	1		1			1			2^8
8	1		1			1			2^7
2	1					1			2^6
3		1			1			1	2^5
6		1			1			1	2^4
10		1					1		2^3
5				1			1		2^2
9				1			1		2^1
7					1			1	2^0
等效十进制数	960	56	896	6	49	960	14	561	
排序	1	5	3	8	6	2	7	4	

（3）在矩阵的行上给出二进制权，计算每一列按所给出二进制权的等效十进制数，将该 8 个等效十进制数依降序排列，得到表 7-8 所示结果。

表 7-8　第 1 次列排序后的零件–机床关联矩阵

零件 \ 二进制权	2^7	2^6	2^5	2^4	2^3	2^2	2^1	2^0	等效十进制数	排序
机床	A	F	C	H	B	E	G	D		
1	1	1	1	1					240	1
4	1	1	1						224	2
8	1	1	1						224	3
2	1	1							192	4
3				1	1	1			28	5
6				1	1	1			28	6
10					1		1		10	8
5							1	1	3	9
9							1	1	3	10
7				1		1			20	7

（4）交替重复上述过程，得到表 7-9 所示结果，这时行排序已完成；继而得到表 7-10 所示结果，表示列排序也已完成。

表 7-9　第 2 次行排序后的零件–机床关联矩阵

零件＼机床	A	F	C	H	B	E	G	D	二进制权
1	1	1	1	1					2^9
4	1	1	1						2^8
8	1	1	1						2^7
2	1	1							2^6
3				1	1	1			2^5
6				1	1	1			2^4
7				1		1			2^3
10					1		1		2^2
5							1	1	2^1
9							1	1	2^0
等效十进制数	960	960	896	568	52	56	7	3	
排序	1	2	3	4	6	5	7	8	

表 7-10　第 2 次列排序后的零件–机床关联矩阵

零件＼二进制权	2^7	2^6	2^5	2^4	2^3	2^2	2^1	2^0	等效十进制数	排序
机床	A	F	C	H	E	B	G	D		
1	1	1	1	1					240	1
4	1	1	1						224	2
8	1	1	1						224	3
2	1	1							192	4
3				1	1	1			28	5
6				1	1	1			28	6
7				1	1				24	7
10						1	1		6	8
5							1	1	3	9
9							1	1	3	10

（5）当行列降序排列均已完成后，即可在零件–机床矩阵上看出零件分组情况。如表 7-10 所示，零件 1、4、8、2，零件 3、6、7，零件 10、5、9 分别形成 3 个组。

在上述实例中，零件和机床可以按照相似性划分成完全独立的三个零件-机床组合，这是一种非常特别的情况，因为此时零件族以及相关的加工单元是完全隔离和独立的。然而，实际情况并非都是如此，因为有时两个机床组合之间会有重叠，也就是说一个给定的零件需要在两个或两个以上的加工单元中加工。下面通过一个实例来看看利用排序聚类分析法如何处理这种问题。

【例 7.2】考虑表 7-11 所示的零件-机床关联矩阵，利用排序聚类分析法划分零件和机床的组合。

解：应用排序聚类分析方法，经过两次迭代就收敛得到最终的聚类结果。其迭代过程和聚类结果分别见表 7-12、表 7-13、表 7-14。

表 7-11　零件-机床关联矩阵

	零件								
机床	A	B	C	D	E	F	G	H	I
1	1	1		1				1	
2					1				1
3			1		1				1
4		1		1		1			
5	1							1	
6			1						1
7		1				1	1		

表 7-12　第 1 次迭代结果

二进制加权	2^8	2^7	2^6	2^5	2^4	2^3	2^2	2^1	2^0	十进制等效值	排序
	零件										
机床	A	B	C	D	E	F	G	H	I		
1	1	1		1				1		418	1
2					1				1	17	7
3			1		1				1	81	5
4		1		1		1				168	3
5	1							1		258	2
6			1						1	65	6
7		1				1	1			140	4

表 7-13　第 2 次迭代结果

机床	A	B	C	D	E	F	G	H	I	二进制加权
1	1	1		1				1		2^6
5	1							1		2^5
4		1		1		1				2^4
7		1				1	1			2^3
3			1		1				1	2^2
6			1						1	2^1
2					1				1	2^0
十进制等效值	96	88	6	80	5	24	8	96	7	
排序	1	3	8	4	9	5	6	2	7	

（列标题“零件”）

表 7-14　最终排序聚类结果

机床	A	H	B	D	F	G	I	C	E
1	1	1	1	1					
5	1	1							
4			1	1	1				
7			1		1	1			
3							1	1	1
6							1	1	
2							1		1

（列标题“零件”）

由表 7-14 所示的聚类结果可以看出，零件 B 和 D 不仅需要在第一个机床组合（加工单元）内加工，还需要在机床 1 上加工。遇到这种情况时，可采用以下几种方式处理。

(1) 增加一台 1 号机床，这样在第一个加工单元和第二个加工单元中都包含 1 号机床，称为 1a 和 1b，如表 7-15 所示。

表 7-15　增加机床后的聚类分析结果

机床	A	H	B	D	F	G	I	C	E
1a	1	1							
5	1	1							
4			1	1	1				
1b			1	1					
7			1		1	1			
3							1	1	1
6							1	1	
2							1		1

（列标题“零件”）

(2) 修改零件 B 和 D 的加工工艺，使其能在最初的机床组合内加工。

(3) 重新设计零件 B 和 D，去掉部分加工工序，使其完全能在最初的机床组合内加工。

(4) 从外协或外购的方式获得零件 B 和 D。

7.1.5 单元制造

不管零件族的获得是通过视检法、分类编码法还是生产流程分析法，采用成组技术的机床布局方式比传统的机群式布置具有更多的优点。当机床组合在一起完成一个零件族的加工时，就可以用单元制造的概念来描述这种加工方式。所谓单元制造就是成组技术的一种具体应用模式，它把不同的机床或工艺组合在一起形成一个加工单元，每一个加工单元用来加工一个零件或一个零件族或几个零件族。实施单元制造模式主要具有以下优点。

(1) 缩短生产准备时间。通过减少装夹时间、物料运输时间、等待时间，可以大大缩短生产准备时间。

(2) 减少在制品的数量。

(3) 提高产品质量。每个加工单元专门加工少量不同零件，这就减少了工艺的变化性。

(4) 简化生产计划。零件族内零件之间的相似性减少了生产计划的复杂程度，零件只是在加工单元内进行生产计划的制订。

(5) 减少装夹时间。利用成组刀具、成组夹具，可以大大减少工艺装备的类型和数量，从而减少了零件之间工艺装备更换的时间。

1. 复合零件(Composite Part)

在一个零件族中，选择其中一个能包含这组零件全部加工表面要素的零件作为该族的代表零件，称为复合零件。

如图 7-11 所示的零件族，由 17 个零件组成，其中的第 9 个零件为复合零件。该零件虽然在结构上与其他零件有差异，如比较零件 9 和零件 15，两者在螺钉孔上正好反向相反，但从加工表面要素来看，零件 9 能包含零件族中所有零件。

如果在零件族(组)中不能选择出复合零件，则可以设计一个假想零件或称虚拟零件，作为复合零件。其具体的方法是先分析零件组内各个零件的型面特征，将它们组合在一个零件上，使这个零件包含了全组的型面特征，即可形成复合零件。图 7-12 表示了复合零件的设计产生过程，该零件组由 4 个零件组成，通过分解共有 6 个型面特征，将它们集中在一起就形成了图示的复合零件。

2. 加工单元设计

加工单元设计是单元制造中的一个非常重要的问题。单元设计在很大程度上确定了加工单元的性能。本节将讨论加工单元的类型、布局形式和关键机床的概念。

1) 加工单元的类型和布局形式

根据加工单元内机床的数量以及机床之间物料流动的自动化程度，成组加工单元可以分为四类。

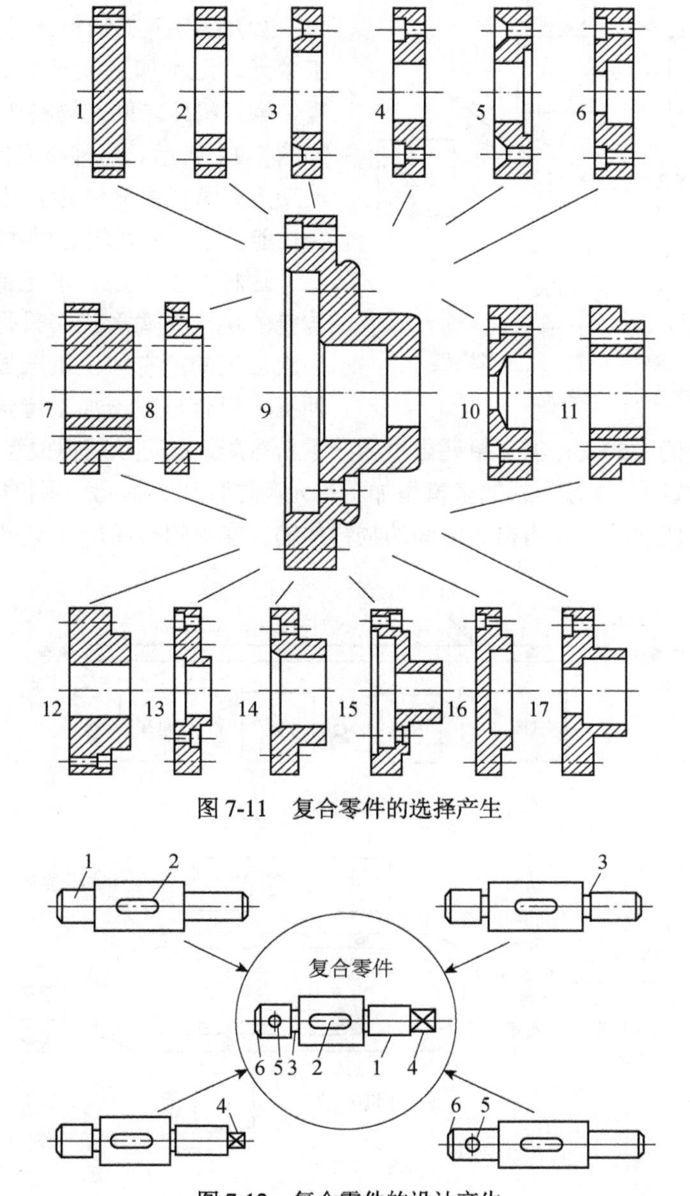

图 7-11　复合零件的选择产生

图 7-12　复合零件的设计产生

(1) 单机型加工单元。这种加工单元只包含一台加工机床以及相应的刀具和夹具，如图 7-13 所示。这种类型的加工单元适应于形状较简单、相似程度较大、能在一台机床(如铣床、车床)上完成的零件。

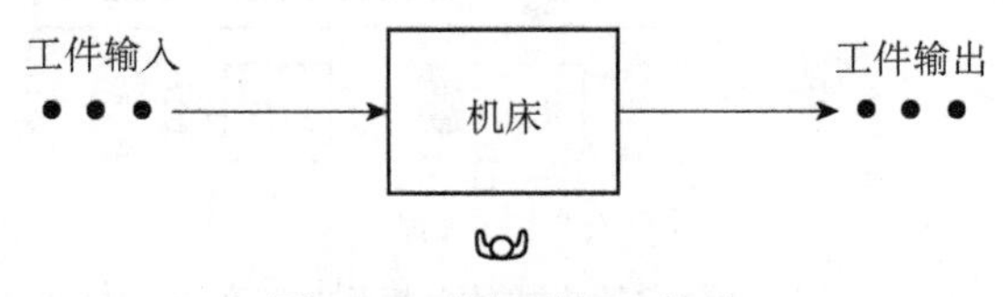

图 7-13　单机型加工单元

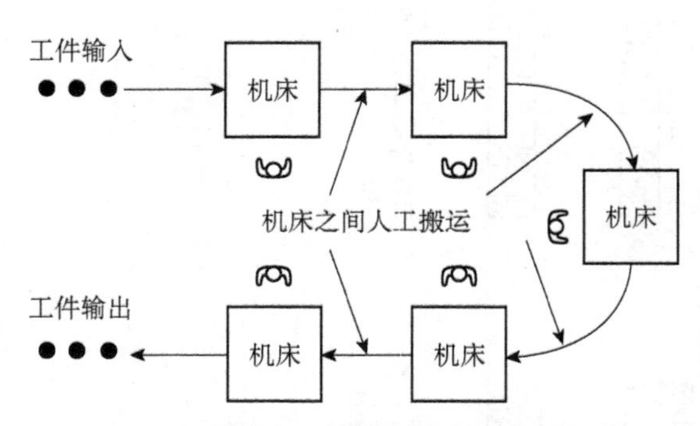

图 7-14　采用手工物料传输方式的多机型加工单元的 U 形布局

(2) 采用手工物料传输方式的多机型加工单元。这种加工单元用于加工一个或几个零件族，机床之间的物料传输为 U 形布局，如图 7-14 所示。这种布局方式很适合于物料流动方式常发生变化的情况，它也允许具有多种技能的工人很方便地同时操作几台机床。

这种类型的加工单元有时也可采用原有传统的机床布局形式，只是需要把适于某零件族加工的所有加工机床放在一起，而且这种机床组合只限于加工特定的零件族。这样无需按照成组技术的方式进行加工单元内机床的重新布局，就可以获得成组技术带来的效益。

(3) 采用半集成物料传输方式的多机型加工单元。这种加工单元采用机械化的传输系统，如传输带等，来完成加工单元内机床之间的物料传输。常用的布局形式如图 7-15 所示。

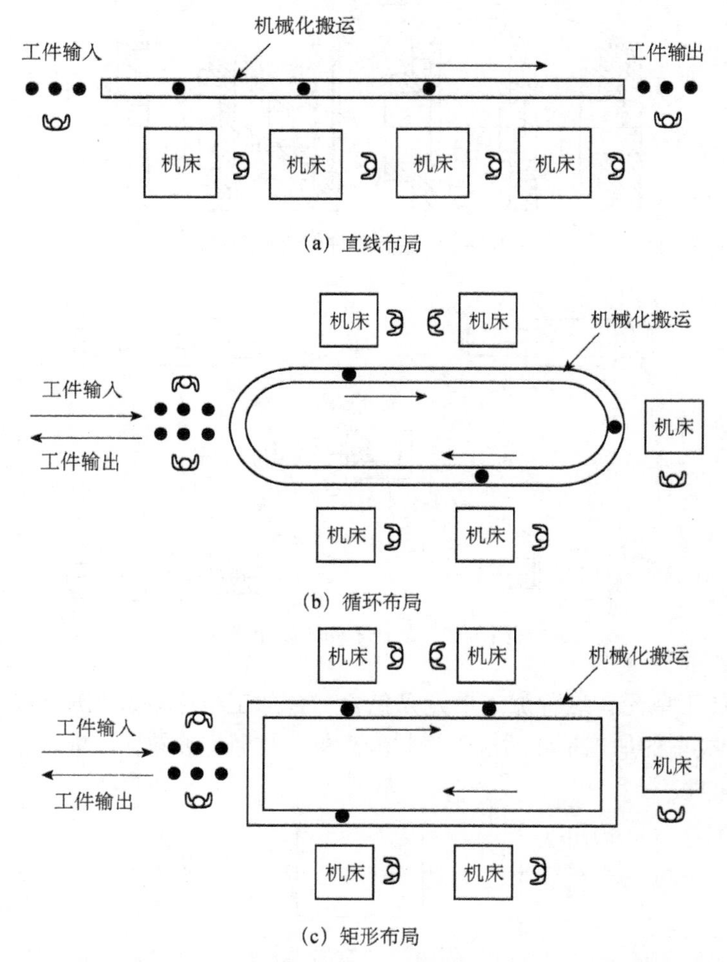

图 7-15　采用半自动物料传输方式的多机型加工单元的机床布局形式

(4) 采用柔性制造系统模式的多机型加工单元。这种加工单元采用自动小车进行物料传输，以及集成的物料传输控制系统，它是成组加工单元中自动化程度最高的一种。

2) 加工单元内零件移动类型

加工单元内机床的排列顺序取决于零件加工工艺路径。一般，在一个加工单元内零件移动主要有四种类型：循环移动、顺序移动、旁路移动和逆序移动，如图 7-16 所示。图中从左至右定义为零件前进(顺序移动)方向。

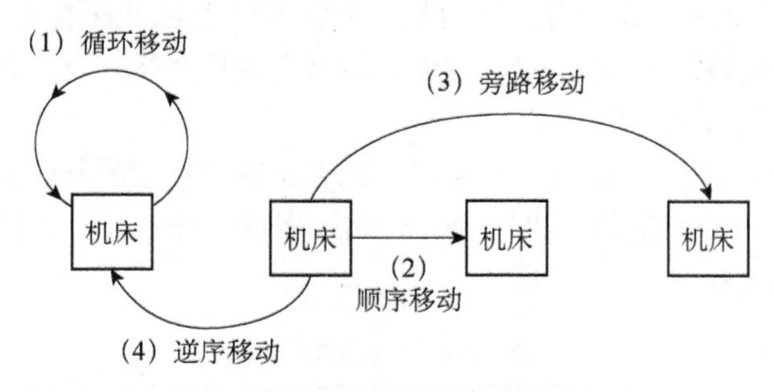

图 7-16　零件移动的四种类型

(1) 循环移动(Repeat Operation)：在同一台机床上完成一个连续的工序操作，零件无需在机床之间移动。

(2) 顺序移动(In-sequence Move)：零件按照前进方向从当前机床移动到相邻的机床。

(3) 旁路移动(By-passing Move)：零件按照前进方向从当前机床移动到相邻机床前方的机床。

(4) 逆序移动(Backtracking Move)：零件按照后退方向从当前机床移动到另一个机床。

当实际应用只需要零件顺序移动时，加工单元内的机床可采用直线布局或 U 型布局形式，其中 U 型布局更便于加工单元内操作工人之间的交流。当实际应用只包括循环工序时，常采用具有多工位的组合机床。对于那些具有旁路移动的加工单元，最合适的机床布局是 U 型布局。如果加工单元内有逆序移动，采用矩阵布局或环形布局可以适应加工单元内零件之间的循环移动。

确定机床的布局形式，除了考虑加工单元内零件的移动类型，还需要考虑以下两个因素。

(1) 加工单元的工作量。包括零件的年生产量，以及在每一个工位的加工或装配时间。这些因素确定了加工单元必须完成的工作负载。由此可以确定机床的数量、工序成本和加工单元的投资。

(2) 零件尺寸、形式、重量以及其他物理特性。这些因素确定了物料运输的大小和类型，以及所需的处理设备。

3) 关键机床(Key Machine)

在某种程度上，成组加工单元的运行就像是一条人工装配线，它要求加工单元内机床之间的负荷尽可能平衡。一方面，加工单元内存在一个或几个特定的机床，其价格比其他机床更为昂贵，或者它们主要用来完成工厂内的关键工序。这类机床称为关键机床，而加工单元内其他的机床称为辅助机床(或支撑机床)。关键机床的使用和维护比辅助机床更为重要。在设计加工单元的运行时，应保证关键机床具有最大的负荷量，以充分发挥其性能。在某种意义上，加工单元设计就是要使关键机床成为系统的瓶颈。利用关键机床的概念进行加工单元设计时，首先要确定哪些零件需要在关键机床上加工，这些零件的其他工序需要在哪些辅助机床上加工。

3. *机床布局的量化分析方法*

利用排序聚类或其他分析方法确定零件-机床组合后，下一步的工作就是合理安排机床顺序。下面介绍两种简单而有效的方法，它们都是由美国学者 Hollier 提出的，故称为 Hollier 法。两种方法都以显示物料移动的 From-To 表中的数据为依据来排列机床顺序，以保证加工单元内零件顺序移动的比例最大。

表 7-16 显示了一个 From-To 表。表中第一列表示物料移动的起始机床，第一行表示物料移动的目的机床，机床分别用数字“1、2、3、4”表示。From-To 表很清楚地表示了加工单元内机床之间的物料流动量。

表 7-16　From-To 实例

		To:	1	2	3	4
From:	1		0	5	0	25
	2		30	0	0	15
	3		10	40	0	0
	4		10	0	0	0

1) Hollier 法 1

这种方法主要利用 From-To 表中每个机床的“From”之和与“To”之和来确定机床顺序。实际上，每个机床的“From”之和表示了从该机床流向加工单元内其他机床的零件数量之和，而“To”之和表示了从加工单元内其他机床分别流向该机床的零件数量之和。利用 Hollier 法 1 确定加工单元内机床顺序的主要步骤如下。

(1) 根据零件加工工艺数据确定 From-To 表。表中数据表示了加工单元内机床之间零件移动的数量。该表并不表示进入和流出加工单元的零件数量。

(2) 计算每个机床的“From”之和与“To”之和。即分别确定每个机床流出零件与流入零件数量之和，具体计算时就是分别计算表中每行和每列元素数据之和。

(3) 根据“From”之和与“To”之和数据的最小值来排列机床。首先选择具有最小“From”之和或“To”之和的机床。如果最小值是一个“To”之和，那么这个机床应安排在加工单元最开始的位置。如果最小值是一个“From”之和，那么这个机床应安排在加工单元最末尾的位置。如果出现两个相等的最小值，应根据以下具体情况具体分析。

①如果两个相等的最小值分别是两个机床的“From”之和或者“To”之和，那么就应该进一步计算这两个机床的“From”之和与“To”之和的比值。比值小的机床放在加工单元的最末尾位置。

②如果两个相等的最小值分别是某个机床的“From”之和与“To”之和，可先不考虑该机床在加工单元中的位置，而是考虑比上述最小值稍大一点的“From”之和与“To”之和。

③如果两个相等的最小值分别是两个不同机床的“From”之和与“To”之和，那么“To”之和最小的机床放在加工单元最开始的位置，而“From”之和最小的机床放在最末尾的位置。

(4) 重排 From-To 表。剔除在加工单元已有确定位置的机床所在的行与列，形成一个新的 From-To 表，再分别计算加工单元内剩下机床的“From”之和与“To”之和。

重复上述步骤(3)和(4)直到加工单元内所有机床顺序排列完成。

下面通过一个实例来介绍 Hollier 法 1 的计算与分析过程。

【例 7.3】假设某个加工单元包含四个机床，分别用“1”“2”“3”“4”表示。该加工单元完成 50 个零件的加工，其 From-To 表如表 7-16 所示。所有加工的 50 个零件都是通过机床 3 进入加工单元的，其中有 20 个零件在机床 1 上加工以后就流出加工单元，30 个零件在机床 4 上加工以后流出加工单元。试利用 Hollier 法 1 确定该加工单元内机床的排列顺序。

解：分别计算表 7-16 中每个机床的“From”之和与“To”之和，如表 7-17 所示。

表 7-17　第一次迭代时的“From”之和与“To”之和

		To:	1	2	3	4	“From” 之和
From:	1		0	5	0	25	30
	2		30	0	0	15	45
	3		10	40	0	0	50
	4		10	0	0	0	10
“To” 之和			50	45	0	40	135

由此可知，最小值是机床 3 的“To”之和，因此将机床 3 放在加工单元的首位。将机床 3 所在的行与列划掉，得到新的 From−To 表，如表 7-18 所示。在这张表中，最小值是机床 2 的“To”之和，因此将机床 2 顺序放在机床 3 之后。

表 7-18　第二次迭代（去掉机床 3）时的“From”之和与“To”之和

		To:	1	2	4	“From” 之和
From:	1		0	5	25	30
	2		30	0	15	45
	4		10	0	0	10
“To” 之和			40	5	40	

划掉表 7-18 中机床 2 所在的行与列，得到新的 From-To 表，如表 7-19 所示，此时最小值是机床 1 的“To”之和，故将机床 1 顺序放在机床 2 之后，这样机床 4 放在加工单元的最末尾位置。因此该加工单元的机床排列顺序为“3→2→1→4”。

表 7-19　第三次迭代（去掉机床 1）时的“From”之和与“To”之和

		To:	1	4	“From” 之和
From:	1		0	25	25
	4		10	0	10
“To” 之和			10	25	

2) Hollier-2

这种方法利用每个机床的 From-To 的比值来确定机床顺序。“From”之和表示从该机床流出零件的总数，“To”之和表示流入该机床的零件的总数。Hollier 法 2 主要有以下三个步骤。

(1) 根据零件加工工艺数据确定 From-To 表。这个步骤与 Hollier 法 1 是一致的。

(2) 确定每个机床的 From-To 的比值。实际上，只要计算每个机床所在行的元素之和就得到“From”之和，计算每个机床所在列之和就得到“To”之和，两者之商即为 From-To 值。

(3) 根据 From-To 比值的大小按降序排列相应机床的顺序。在加工单元内，从 From-To 值大的机床上流出的零件数比较多，而流入的零件数较少。相反，从 From-To 值小的机床流出的零件数较少，而流入的零件数较多。因此，按照 From-To 值降序排序机床，即将 From-To 比值大的机床放在最前面，而比值小的机床放在最后面。当出现 From-To 比值相等时，“From”之和取值大的机床放在“From”之和取值小的机床前面。

下面通过例 7.4 来介绍如何应用 Hollier 法 2 来确定加工单元内机床的顺序。

【例 7.4】 该实例中的原始数据仍为例 7.3 数据，如表 7-16 所示。试用 Hollier 法 2 确定机床顺序。

解： 表 7-20 是在表 7-17 基础上增加了每个机床的 From-To 比值得到的。将每个机床的 From-To 取值按降序排列，即得到机床的顺序为：“3→2→1→4”，与用 Hollier 法 1 的解算结果一致。

表 7-20　例 7.3 中“From”之和、“To”之和以及 From-To 比值

		To:	1	2	3	4	“From” 之和	From-To 比值
From:	1		0	5	0	25	30	0.6
	2		30	0	0	15	45	1
	3		10	40	0	0	50	∝
	4		10	0	0	0	10	0.25
“To”之和			50	45	0	40	135	

为了定量而可视化地表示加工单元内机床之间零件移动情况，可采用数据流图(Chart Diagram)，如图 7-17 所示。数据流图中的始发点和目标点分别用节点表示，用箭头表示数据的流向。

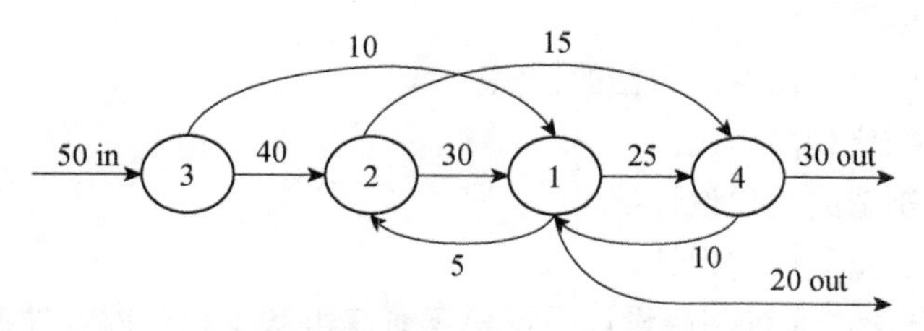

图 7-17　例 7.2 和例 7.3 中加工单元的数据流图

由图 7-17 可以看出，该加工单元内零件流动主要是顺序移动，也有一些逆序移动。设计加工单元的物料传输方式时必须考虑这些问题。对于顺序移动可采用机械化的自动传输装置，对于逆序移动则通过人工方式来传输物料。

对于表 7-16 所示的加工单元原始数据，利用 Hollier 法 1 和 Hollier 法 2 的解算结果是一致的。实际生产中，大多数情况下两种算法的解算结果是一致的。但在极少数情况下，利用两种方法得出的结果不一致。到底哪种方法的解算结果更为合理，要视具体情况而定。有些情况下，Hollier 法 1 的解算结果优于 Hollier 法 2。在另外一些情况下，Hollier 法 2 的解算结果却优于 Hollier 法 1。

当 Hollier 法 1 和 Hollier 法 2 的解算结果不一致时，如何分析和比较两种结果的合理性？可利用以下两个性能指标评价。

(1) 顺序移动百分比：定义为加工单元内顺序移动次数之和与所有移动次数之和的比值。

(2) 逆序移动百分比：定义为加工单元内逆序移动次数之和与所有移动次数之和的比值。

下面通过一个实例来介绍顺序移动百分比和逆序移动百分比的计算方法，以及成组加工单元内机床顺序排列的性能评价。

【例 7.5】计算例 7.4 中顺序移动百分比和逆序移动百分比。

解：由图 7-17 可知：

顺序移动次数＝40＋30＋25＝95

逆序移动次数＝5＋10＝15

总移动次数＝135

因此，顺序移动百分比＝95/135≈0.704=70.4%

逆序移动百分比＝15/135≈0.111=11.1%

7.1.6　成组技术的应用及应用效果分析

1. 成组技术的应用

成组技术被定义为一种制造的哲学和理念。尽管在实施成组技术时要用到各种工具和技术，例如，零件分类编码、生产流程分析，但成组技术仍不是一门特殊的技术，它可以广泛应用于不同的领域。本节主要介绍成组技术在产品设计与制造中的应用。

1) 成组技术在产品设计中的应用

在产品设计中应用成组技术致力于设计合理化，具有以下优点：

(1) 可有效地构成零件族；

(2) 能有效地实现设计信息或数据的检索；

(3) 易于达到标准化和简单化；

(4) 可获得经济制造的优化设计；

(5) 能避免或减少重复性的设计。

基于零件族的概念，通过利用设计数据检索系统可减少企业内零件的种类。有了零件族的系统与数据文件，并利用对所需零件族设计数据的检索功能，就可以将所提出的设计同原有的设计加以比较分析，使设计数据和过程合理化。关于设计的决策，可按下述要求做出：①如原有的设计可完全重复利用，照搬即可；②若已有相似的设计，则修改后再用；③没有相应的零件族，就着手设计新零件。

一般而言，一个企业开发一个新产品的成本范围在 2000～12 000 美元。根据一份美国工业调查报告，一个新产品中大约有 20%的零件可以完全重用以前的零件，40%的零件只需在已有零件基础上进行修改即可获得，只有剩下的 40%的零件需要重新设计。如果一个企业重用现有的零件设计结果而使每年生产 1000 个零件的成本降低 75%，通过修改现有零件设计结果而使成本降低 50%，那么该企业每年成本降低值在 700 000～4 200 000 美元，或企业整个设计成本的 35%。当然要通过一套有效的设计数据检索系统才能实现上述设计成本的降低。现有许多设计数据检索都采用零件分类编码系统。

设计参数，如公差、圆角半径、倒角尺寸、孔尺寸、螺纹尺寸等，它们的简化和标准化简化了设计过程，减少了零件的种类。设计标准化也简化了生产准备工作，如减少钻头的种类与尺寸、车刀刀尖半径尺寸变化等。设计标准化还减少了企业的数据和信息量。新零件越少，设计属性、刀具、紧固件的数量也越少，设计文档、工艺规程以及其他数据记录也将相应减少。

2) 成组技术在产品制造中的应用

成组技术在产品制造中得到最为广泛的应用，其基础是成组工艺，即按零件族制订工艺组织生产，这样可以扩大批量、减少品种，便于采用高效率的制造方法。成组工艺实施的结果就是组成成组加工单元，使加工单元完成一个或几个零件族的加工。然而，并不是所有的企业都需要对他们的机床重新布局。成组工艺实施时主要有三种方式。

(1) 通过选定机床实现相似零件非正式调度和加工工艺。这种方法可以简化装夹，但是要定义正式的零件族，而机床并不按照加工单元要求进行机床物理位置的调整。

(2) 虚拟加工单元。这种方式要建立零件族，并提供相应的加工机床，但机床并不按照加工单元要求进行机床物理位置的调整。虚拟加工单元内的机床仍保持其在工厂内原有的物理位置。利用虚拟加工单元可以实现不同虚拟加工单元之间机床的共享。

(3) 实际加工单元。这是一种传统的成组技术应用方式，一组不同的加工机床按照加工单元要求布局并完成一个或几个零件族的加工。实际加工单元内的机床相距很近，以减小制造过程中的物料运输量。

利用成组工艺的思想，可简化零件工艺设计工作。如果一个新零件与现有某个零件族相似，这个新零件的工艺就可以从这个零件族中某个零件的工艺通过编辑、修改派生出来。

由于相似的零件具有相似的刀具、夹具、量具等工装，这样就可以为每个零件族设计工装，称为成组工装。设计这种成组工装时，主要借助可调件进行调整，使得所设计的工装能满足有关零件族的所有零件。当然要求可调件具有较强的柔性，能适应给定零件族各零件的具体需要和相互差异。采用成组工装，无需为每个零件单独设计工装。同普通的工装相比，大多数可调件的价格较为低廉，因而可以大量节约工装费用和调整费用。

成组技术在制造中的应用还包括零件数控编程，已形成所谓参数化编程。它针对某个零件族准备通用数控程序，然后根据零件族中不同零件的要求，修改相应尺寸，或补充相应属性。参数化编程可以大大节省编程时间和装夹时间。

2. 成组技术的工业实践调查

为了了解成组技术在企业中的应用情况，美国有关部门对美部分企业实施单元制造的情况进行了专门调查。被调查的制造业企业的产品主要包括各类机器、机床、农业和建筑设备、医疗仪器、武器系统、柴油机等。单元制造中的工艺主要包括机加工、焊接、装配、测试、金属成形加工。

调查内容主要包括企业为什么要建立成组加工单元？实施单元制造模式给他们带来了哪些益处？调查结果如表 7-21 所示。其中原因 6、8、9 由于难以量化评价，故未给出具体的提高百分比。

表 7-21　实施单元制造的益处

排序	实施单元制造的原因	提高百分比/%
1	减少生产准备时间	61
2	减少加工时间	48
3	提高产品质量	28
4	减少对客户订单的响应时间	50
5	减少物料移动距离	61
6	增加制造的柔性	
7	降低成本	16
8	简化生产计划与控制	
9	减少人力资源的投入	
10	减少装夹时间	44
11	减少成品的库存	39

1989 年调查的一个问题是使用哪些方法来建立加工单元？调查结果如表 7-22 所示，表明：应用最为普遍的方法是视检法。利用零件-机床关联矩阵建立加工单元的应用不是非常普遍，可能是因为在调查时相应的理论算法如排序聚类分析法还没有得到广泛应用。

表 7-22　企业建立加工单元的方法调查

建立加工单元的方法	应用这种方法的企业数量
视检法	19
关键机床法	11
零件-机床关联矩阵	9
其他方法，如 From-To 表、工艺路线的简单排序	7

调查部门也给出了实施单元制造所需要的成本。表 7-23 给出了一个成本目录以及反映有这项成本的企业数量。报告并没有给出成本的具体值。由表 7-23 可以看出，实施单元制造最大的成本是设备的布置与调整。被调查的企业中有大部分企业实施单元制造时都只是在车间内移动设备，而不是按加工单元的布局来安装新设备。

表 7-23　企业实施单元制造的成本

成本	反映有此项成本的企业数量
机床的调整与安装	16
可行性研究、规划与设计	8
购置新设备	6
培训	6
购置新刀具与夹具	5
购置可编程控制器、计算机及软件	4
配备物料运输设备	2
设备安装过程中生产时间的消耗	2
操作人员的高工资	1

知识小结：成组技术

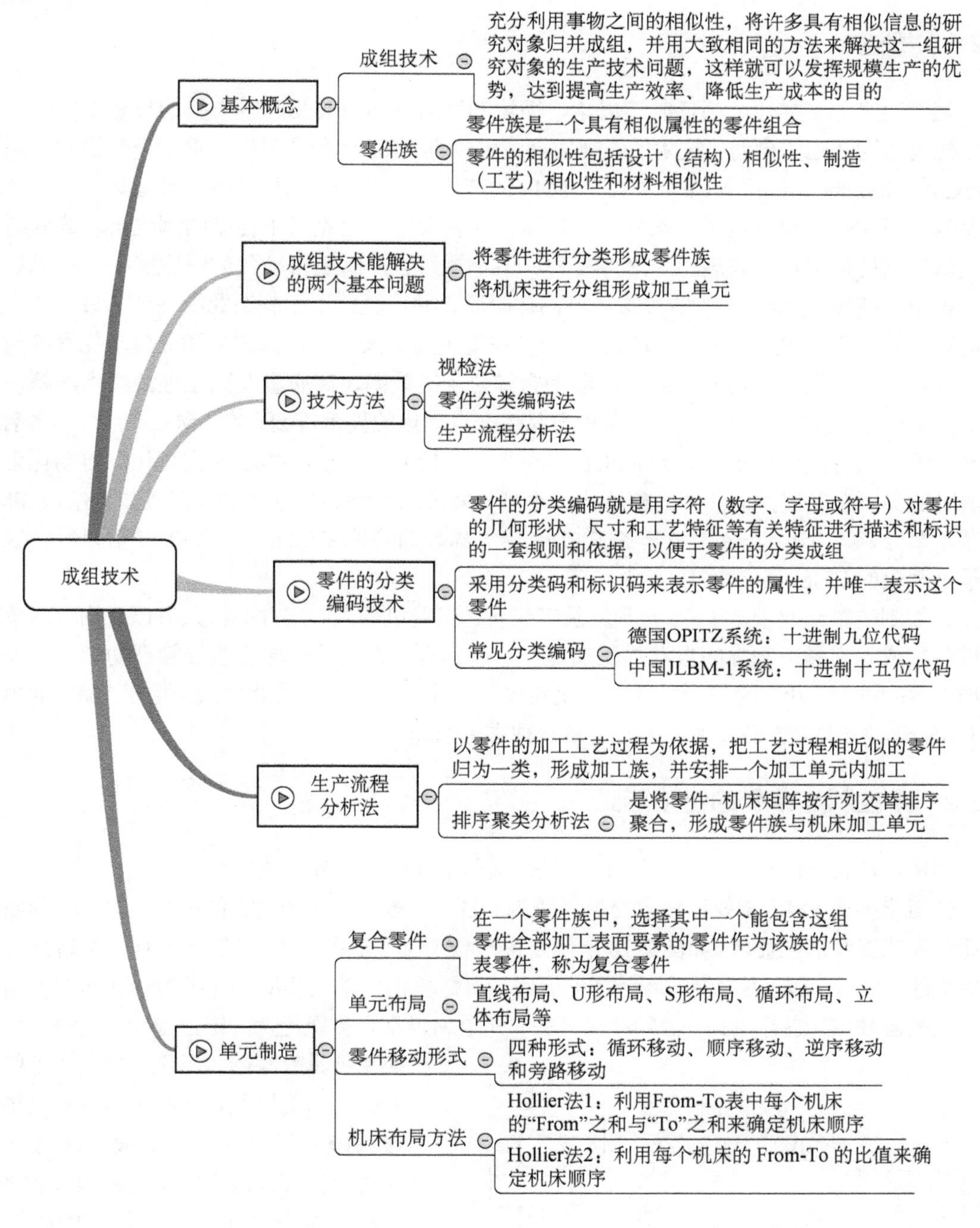
成组技术
基本概念
成组技术
充分利用事物之间的相似性，将许多具有相似信息的研究对象归并成组，并用大致相同的方法来解决这一组研究对象的生产技术问题，这样就可以发挥规模生产的优势，达到提高生产效率、降低生产成本的目的
零件族
零件族是一个具有相似属性的零件组合
零件的相似性包括设计（结构）相似性、制造（工艺）相似性和材料相似性
成组技术能解决的两个基本问题
将零件进行分类形成零件族
将机床进行分组形成加工单元
技术方法
视检法
零件分类编码法
生产流程分析法
零件的分类编码技术
零件的分类编码就是用字符（数字、字母或符号）对零件的几何形状、尺寸和工艺特征等有关特征进行描述和标识的一套规则和依据，以便于零件的分类成组
采用分类码和标识码来表示零件的属性，并唯一表示这个零件
常见分类编码
德国OPITZ系统：十进制九位代码
中国JLBM-1系统：十进制十五位代码
生产流程分析法
以零件的加工工艺过程为依据，把工艺过程相近似的零件归为一类，形成加工族，并安排一个加工单元内加工
排序聚类分析法
是将零件–机床矩阵按行列交替排序聚合，形成零件族与机床加工单元
单元制造
复合零件
在一个零件族中，选择其中一个能包含这组零件全部加工表面要素的零件作为该族的代表零件，称为复合零件
单元布局
直线布局、U形布局、S形布局、循环布局、立体布局等
零件移动形式
四种形式：循环移动、顺序移动、逆序移动和旁路移动
机床布局方法
Hollier法1：利用From-To表中每个机床的“From”之和与“To”之和来确定机床顺序
Hollier法2：利用每个机床的 From-To 的比值来确定机床顺序

7.2 柔性制造单元

7.2.1 概述

随着对产品多样化、降低制造成本、缩短制造周期和适时生产等需要的日趋迫切，以及以数控机床为基础的自动化技术的快速发展，1967 年 Molins 公司研制了第一个柔性制造系统(Flexible Manufacturing System，FMS)。FMS 的产生标志着传统的机械制造行业进入了一个发展变革的新时代，自其诞生以来就显示出强大的生命力。它克服了传统的刚性自动线只适用于大量生产的局限性，表现出了对多品种、中小批量生产制造自动化的适应能力。在以后的几十年中，FMS 逐步从实验阶段进入商品化阶段，并广泛应用于制造业的各个领域，成为企业提高产品竞争力的重要手段。FMS 是一种在批量加工条件下，高柔性和高自动化程度的制造系统。它之所以获得迅猛发展，是因为它综合了高效率、高质量及高柔性的特点，解决了长期以来中小批量和中大批量、多品种产品生产自动化的技术难题。在 FMS 诞生八年之后，出现了柔性制造单元(Flexible Manufacturing Cell，FMC)，它是 FMS 向大型化、自动化工厂发展时的另一个发展方向，即向廉价化、小型化发展的产物。尽管 FMC 可以作为组成 FMS 的基本单元，但由于 FMC 本身具备了 FMS 绝大部分的特性和功能，因此 FMC 可以看作独立的最小规模的 FMS。

柔性制造单元通常由 1～3 台数控加工设备、工业机器人、工件交换系统以及物料运输存储设备构成。它具有独立的自动加工功能，一般具有工件自动传送和监控管理功能，以适应于加工多品种、中小批量产品的生产，是实现柔性化和自动化的理想手段。由于 FMC 的投资比 FMS 小，技术上容易实现，因此它是一种常见的加工系统。

7.2.2 柔性制造单元的组成形式

通常，FMC 有两种组成形式：托盘交换式和工业机器人搬运式。

托盘交换式 FMC 主要以托盘交换系统为特征，一般具有 5 个以上的托盘，组成环形回转式托盘库或直线形托盘库。如图 7-18 所示是由一台加工中心和一个 10 工位的环形回转式托盘库组成的 FMC，导轨由内侧的环链拖动而回转，链轮由电动机驱动。托盘的选择和定位由可编程控制器(PLC)进行控制，借助终端开关、光电编码器来实现托盘的定位检测。这种托盘交换系统具有存储、运送、检测、工件和刀具的归类以及切削状态监视等功能。该系统中托盘的交换由设在环形交换导轨中的液压或电动推拉机构来实现。这种交换首先指的是在加工中心上加工的托盘与托盘系统中备用托盘的交换。如果在托盘系统的另一端再设置一个托盘工作站，则这种托盘系统可以通

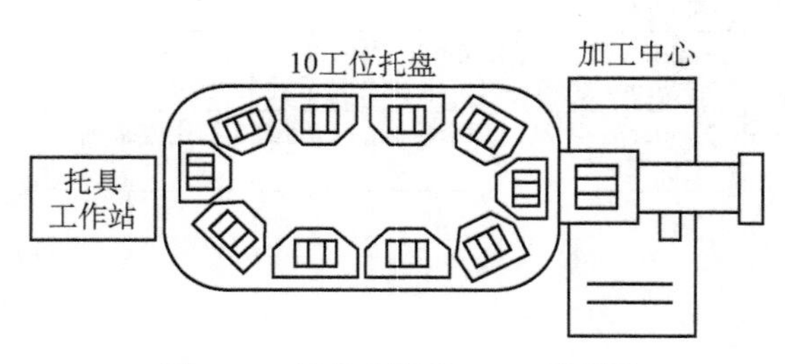

图 7-18 托盘交换式 FMC 示意图

过托盘工作站与其他系统发生联系，若干个 FMC 通过这种方式，可以组成一条 FMS 线。

图 7-19 所示为由一台加工中心和一个能容纳若干个托盘的直线形托盘库组成的 FMC。这种单元的优点是具有可扩展性，需要时可增加加工设备，加长运输轨道，扩展托盘库的容量以组成更大的 FMC 或其他柔性制造系统。

对于回转体零件，通常采用工业机器人搬运的 FMC 形式，如图 7-20 所示。搬运机器人 3 在车削中心和缓冲储料装置(毛坯台 4、成品台 5)之间进行工件的自动交换。工件毛坯及成品到仓库的运输由自动导向小车 6 完成。

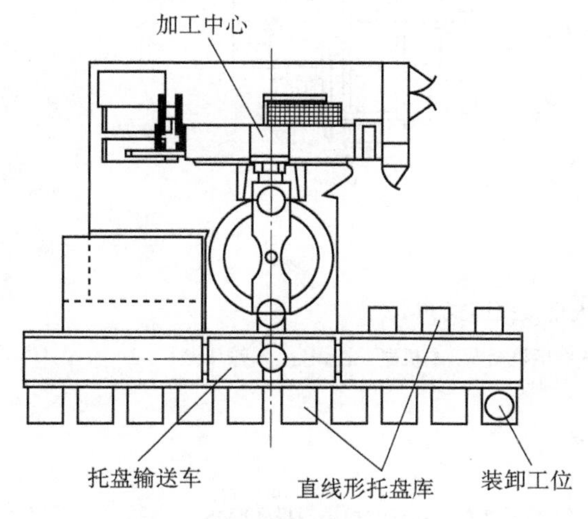

图 7-19　直线形托盘库 FMC

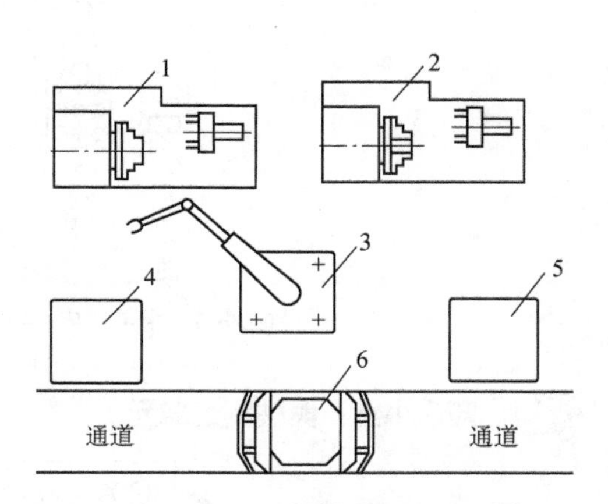

图 7-20　加工回转体零件的 FMC 示意图

1、2-车削中心；3-搬运机器人；4-毛坯台；5-成品台；6-自动导向小车

图 7-21 所示为另一个典型的利用回转机器人搬运的 FMC，由 1～4 台加工中心或数控机床、固定安置的回转式机器人和工件存储台等组成。有些单元还包括清洗设备在内。各设备都布置在机器人周围或两侧，工件在加工过程中的搬运都由机器人自动完成。

机器人搬运式 FMC 的优点是没有托盘及自动交换系统，设备费用低，但由于工业机器人的抓取力和抓取尺寸范围的限制，工业机器人搬运式 FMC 主要适用于小件或回转体零件。

FMC 由于属于无人化自动加工单元，因此一般都具有较完善的自动检测和自动监控功能。如刀尖位置的检测、尺寸自动补偿、切削状态监控、自适应控制、切屑处理以及自动清洗等功能，其中切削状态的监控主要包括刀具折断或磨损、工件安装错误的监控或定位不准确、超负荷及热变形等工况的监控，当检测出这些不正常的工况时，便自动报警或停机。

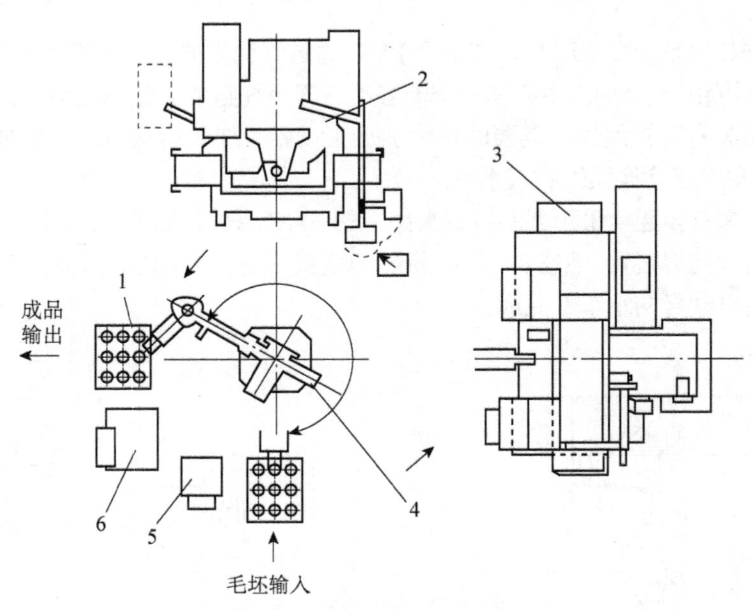

图 7-21　回转机器人直接搬运式 FMC

1-料台；2-加工中心；3-NC 机床；4-回转式搬运机器人；5-机器人控制台；6-液压源

知识小结：柔性制造单元

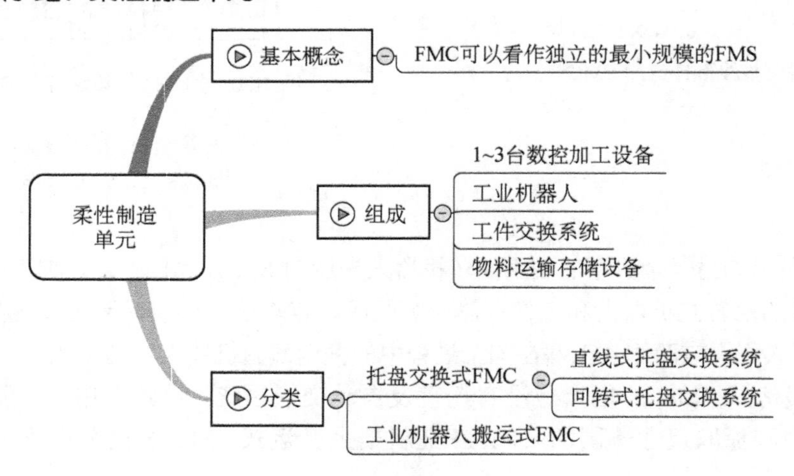

7.3　柔性制造系统

7.3.1　柔性制造技术概述

1. 柔性制造技术的产生和发展

20 世纪 60 年代电子计算机的广泛应用促使人类社会开始从工业社会向信息社会过渡，在机械制造领域，各种新技术如机床数字控制(NC)、计算机数字控制(CNC)、计算机直接控制

(DNC)、计算机辅助设计(CAD)、计算机辅助制造(CAM)、计算机辅助工艺规程设计(CAPP)、工业机器人(ROBOT)等相继涌现，出现了机电一体化的新概念。同时，工业化时期产品品种单一、生命周期长、批量大的生产制造模式已不再适用市场发展的要求，取而代之的是产品的品种日益增多、产品的生命周期和交货期明显缩短，企业面临激烈的竞争。计算机技术的发展和应用使制造业发生了深刻的变化，为柔性制造系统的产生提供了基础。

到 20 世纪 70 年代末 80 年代初开始，随着社会的进步和人们生活水平的逐步提高，社会对产品多样化，低制造成本及短制造周期等需求更加迫切，传统的制造技术、单机自动化的数控机床等已不能满足市场对多品种小批量，更具特色符合顾客个人要求样式和功能的产品的需求，人们开始研究如何将 CNC 技术、CAD/CAM 技术、工业机器人技术、生产管理技术等进行有效集成，开发更加灵活、效率更高的综合自动化制造系统。这个时期，工业机器人和自动上下料机构、交换工作台、自动换刀装置都有很大的发展，出现了自动化程度更高、柔性更强的自动化生产线、柔性制造单元(FMC)。20 世纪 80 年代初，计算机辅助管理物料自动搬运、刀具管理和计算机网络，数据库的发展以及 CAD/CAM 技术的成熟，出现了更加系统化、规模更大的综合自动化制造系统，即柔性制造系统(FMS)。

自 20 世纪 80 年代以来，在工业化国家中，柔性制造系统作为迈向工厂自动化的第一步，已获得了实际的应用。

柔性制造系统是一个由计算机集成管理和控制的、用于高效率地制造中小批量多品种零部件的自动化制造系统，它的应用圆满地解决了机械制造高自动化和高柔性之间的矛盾。一般情况下，只有品种单一、批量大、设备专用、工艺稳定、效率高的生产，才能形成规模经济效益；反之，多品种、小批量生产，设备的专用性低，在加工形式相似的情况下，频繁调整工夹具，工艺稳定难度增大，生产效率势必受到影响。为了同时提高制造工业的柔性和生产效率，使之在保证产品质量的前提下缩短产品生产周期，降低产品成本，最终使中小批量生产能与大批量生产抗衡，柔性自动化系统便应运而生。

实现生产的柔性是 FMS 的直接目标。实际中主要体现在以下方面：

(1) 同一时间内可加工多种零件；

(2) 可按不同顺序制造不同零件；

(3) 生产类型、规格发生变化时，具有较强的适应能力；

(4) 对内部、外部环境的变化做出有效反映。

从以上制造业的产生和发展历程可看出：制造技术总是在市场需求及科技发展这两方面的推动作用下发展演化的，当前制造技术的前沿已发展到以信息密集的柔性自动化生产方式满足多品种、变批量的市场需求，并开始向知识密集的智能自动化方向发展。

2. 柔性制造技术的基本概念

柔性制造技术，是现代先进制造技术的统称。柔性制造技术集自动化技术、信息技术和生产加工技术于一体，把以往工厂企业中相互孤立的工程设计、制造、经营管理等过程，在计算机及其软件和数据库的支持下，构成一个覆盖整个企业的有机系统。

柔性可以表述为两个方面。第一方面是系统适应外部环境变化的能力，可用系统满足新产品要求的程度来衡量；第二方面是系统适应内部变化的能力，可用在有干扰(如机器出现故障)情况下，系统的生产率与无干扰情况下的生产率期望值之比来衡量。“柔性”是相对于“刚性”而言的，传统的刚性自动化生产线主要实现单一品种的大批量生产。其优点是生产率很高，由于设备是固定的，所以设备利用率也很高，单件产品的成本低，且只能加工一个或几个相类似的零件，难以应付多品种中小批量的生产。随着批量生产时代正逐渐被适应市场动态变化的生产所替换，一个制造自动化系统的生存能力和竞争能力在很大程度上取决于它是否能在很短的开发周期内，生产出较低成本、较高质量的不同品种产品的能力。柔性制造技术或柔性制造系统的柔性主要包括下列几个方面的含义。

(1) 设备柔性：指系统中的加工设备具有适应加工对象变化的能力。其衡量指标是当加工对象的类、族、品种变化时，加工设备所需刀、夹、辅具的准备和更换时间，硬、软件的交换与调整时间，加工程序的准备与调校时间等。

(2) 工艺柔性：指系统能以多种方法加工某一族工件的能力。工艺柔性也称加工柔性或混流柔性，其衡量指标是系统不采用成批生产方式而同时加工的工件品种数。

(3) 产品柔性：指系统能够经济而迅速地转换到生产一族新产品的能力。产品柔性也称反应柔性。衡量产品柔性的指标是系统从加工一族工件转向加工另一族工件时所需的时间。

(4) 工序柔性：指系统改变每种工件加工工序先后顺序的能力。其衡量指标是系统以实时方式进行工艺决策和现场调度的水平。

(5) 运行柔性：指系统处理其局部故障，并维持继续生产原定工件族的能力。其衡量指标是系统发生故障时生产率的下降程度或处理故障所需的时间。

(6) 批量柔性：指系统在成本核算上能适应不同批量的能力。其衡量指标是系统保持经济效益的最小运行批量。

(7) 扩展柔性：指系统能根据生产需要方便地模块化进行组建和扩展的能力。其衡量指标是系统可扩展的规模大小和难易程度。

(8) 生产柔性：指系统适应生产对象变换的范围和综合能力。其衡量指标是前述 7 项柔性的总和。

从功能上说，一个柔性制造系统柔性越强，其加工能力和适应性就越强。但过度的柔性会大大地增加投资，造成不必要的浪费。所以在确定系统的柔性前，必须对系统的加工对象(包括产品变动范围、加工对象规格、材料、精度要求范围等)作科学的分析，确定适当的柔性。

3. 柔性制造技术的特点

(1) 柔性制造技术是从成组技术发展起来的，成组技术是柔性制造技术的工艺基础，零件的相似性即结构相似、工艺相似和材料相似是设计柔性制造系统的前提条件。凡符合零件相似性的多品种的柔性制造系统，可以做到投资最省(使用设备最少，厂房面积最小)、生产效率最高(可以混流生产，无停机损失)、经济效益最好(成本最低)。

(2) 多品种中小批量生产时，虽然每个品种的批量相对是小的，多个小批量的总和也可构成大批量，因此柔性生产线几乎无停工损失，设计利用率高。

(3) 柔性制造技术融合当今数控技术、CAD/CAM 技术、计算机技术、网络与数据库技术、监视与检测技术、刀具技术、先进生产管理技术等的精华，具有高质量、高可靠性、高自动化和高效率。

(4) 可缩短新产品的上市时间，转产快，灵活性好，能够适应瞬息万变的市场需求。

(5) 可减少工厂内零件的库存，减少资金积压，有效降低产品成本。

(6) 减少工人数量，减轻工人劳动强度。

(7) 一次性投资大。

7.3.2　柔性制造系统的概念

目前对于柔性制造系统的概念还没有一个统一的定义。根据我国国家军用标准有关“武器装备柔性制造系统术语”的定义，柔性制造系统是由数控加工设备、物料运储设备、装置和计算机控制系统等组成的自动化制造系统，它包括多个柔性制造单元，能根据制造任务或生产环境的变化迅速进行调整，适用于多品种、中小批量生产。该标准还对与 FMS 密切相关的术语的定义作了规定。

美国制造工程师协会的计算机辅助系统和应用协会把柔性制造系统定义为“使用计算机、柔性工作站和集成物料运储装置来控制并完成零件族某一工序或一系列工序的一种集成制造系统”。

还有一种更直观的定义是：“柔性制造系统是由至少两台机床、一套物料运输系统(从装载到卸载具有高度自动化)和一套计算机控制系统所组成的制造系统，它采用简单改变软件的方法便能制造出某些部件中的任何零件。”

综合现有的各种定义可以认为：柔性制造系统是在自动化技术、信息技术和制造技术的基础上，通过计算机软件科学，把工厂生产活动中的自动化设备有机地集成起来，打破设计和制造的界限，取消图纸、工艺卡片，使产品设计、加工相互结合而成，适用于中小批量和较多品种生产的高柔性、高效率的自动化制造系统。

与刚性自动化的工序分散、固定节拍和流水线生产的特征相反，柔性自动化的特征是：工序相对集中，没有固定的生产节拍，物料非顺序输送。柔性自动化的目标是：在中小批量生产条件下，接近大量生产方式刚性自动化所达到的高效率和低成本，并同时具有刚性自动化所没有的灵活性。具体体现为在加工、运储、调度决策、控制等方面具有柔性。

图 7-22 是一个典型的柔性制造系统。在装卸站将毛坯安装在早已固定在托盘上的夹具中。然后物料传送系统把毛坯连同夹具和托盘输送到进行第一道加工工序的加工中心旁边排队等候，一旦加工中心空闲，零件就立即送上加工中心进行加工。每道工序加工完毕后，物料传送系统将该加工中心完成的半成品取出并送至执行下一工序的加工中心旁边排队等候。如此不停地进行，直至完成最后一道加工工序。在完成零件的整个加工过程中除进行加工工序外若有必要还要进行清洗、检验以及压套组装等工序。

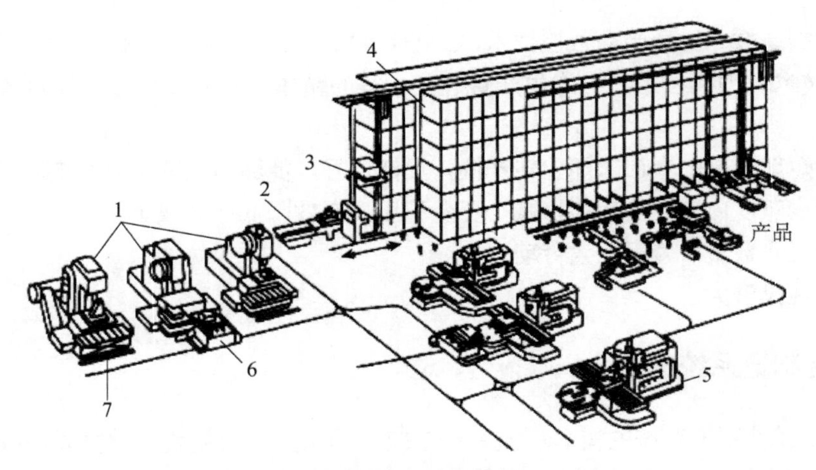

图 7-22　典型的柔性制造系统示意图

1、5-加工中心；2-仓库进出站；3-堆垛机；4-自动化仓库；6-自动导向小车；7-托盘交换站

FMS 具有较好的柔性，但是，这并不意味着一条 FMS 就能生产所有类型的产品。事实上，现有的柔性制造系统都只能制造一定种类的产品。据统计，从工件形状来看，95%的 FMS 用于加工箱体类或回转体类工件。从工件种类来看，很少有加工 20 种产品以上的 FMS，多数系统只能加工 10 多个品种。

7.3.3　柔性制造系统的组成

从生态系统的角度来看，FMS 主要是由物质(流)系统、能量(流)系统和信息(流)系统组成的，而物质(流)系统由加工系统和物流系统组成，如图 7-23 所示。

(1)加工系统。加工系统是 FMS 的主体部分，主要用于完成零件的加工。加工系统一般由两台以上的数控机床、加工中心、工件的上下料装置、自动更换夹具装置、自动换刀装置以及其他的加工设备构成，包括清洗设备、检验设备、动平衡设备和其他特种加工设备等。加工系统的性能直接影响着 FMS 的性能，加工系统在 FMS 中是耗资最多的部分。

(2)物流系统。物流系统是由存储、运输和装卸三个子系统组成的，它也是物质系统的一部分。该系统包括运送工件、刀具、夹具、切屑及冷却润滑液等加工过程中所需“物流”的搬运装置、存储装置和装卸与交换装置。搬运装置有传送带、轨道小车、无轨小车、搬运机器人、上下料托盘等；存储装置主要由设置在搬运线始端或末端的自动仓库和设在搬运线内的缓冲站构成，用以存放毛坯、半成品或成品；装卸与交换装置负责 FMS 中物料在不同设备或不同工位之间的交换或装卸，常见的装卸与交换装置有托盘交换器、机械手、工业机器人等。

(3)能量系统。能量系统自动实现能源的分配、输送及转换，它是 FMS 系统的动力源，包括电能、液压能、气能及其他能量。

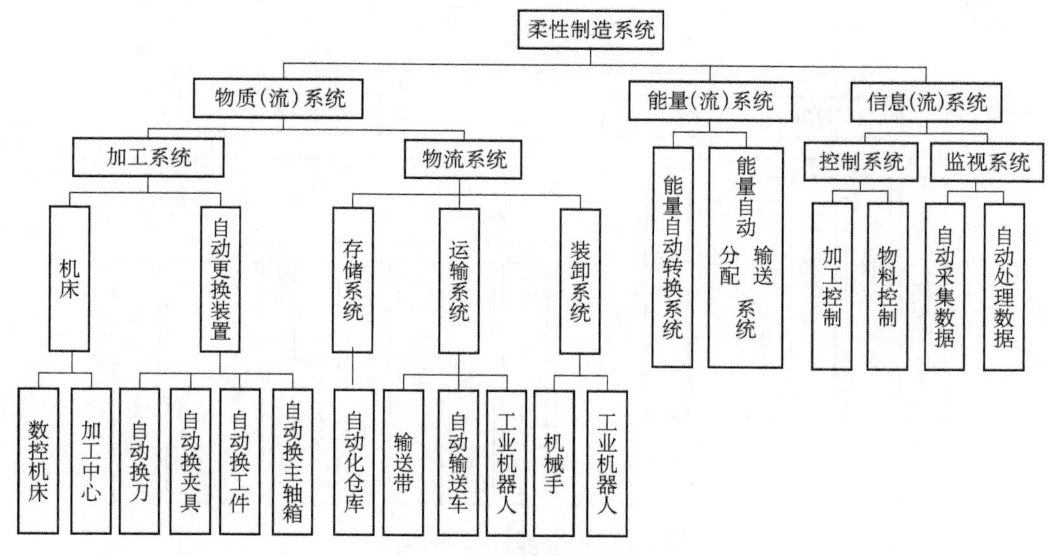

图 7-23　柔性制造系统的组成

(4)信息系统。信息系统由过程控制子系统和过程监视子系统组成。过程控制子系统实现对加工系统和物流系统的自动控制、协调和调度，过程监视子系统实现在线状态数据自动采集和处理。信息系统由计算机、工业控制机、可编程序控制器、通信网络、数据库和相应的控制与管理软件构成，是 FMS 的神经中枢，也是各子系统之间的联系纽带。

7.3.4　柔性制造系统的加工系统

1. 加工系统的组成

加工系统的功能是以任意顺序自动加工各种工件，并能自动地更换工件和刀具。其通常由加工设备、测量设备和辅助设备构成，如图 7-24 所示。

加工系统是实际完成改变零件形状和性质的执行系统，其性能直接影响着 FMS 的性能，且加工系统在 FMS 中又是耗资最多的部分，因此恰当地选用加工系统是 FMS 成功与否的关键。加工系统中的主要设备是实际执行切削等加工，把工件从原材料转变为产品的数控机床和加工中心。

目前 FMS 的加工对象主要有两类工件：棱柱体类(包括箱体形、平板形)和回转体类(长轴形、盘套形)。通常用于加工棱柱体类工件的 FMS 由立、卧式加工中心、数控组合机床(数控专用机床、可换主轴箱机床、模块化多动力头数控机床等)和托盘交换器等构成；用于加工回转体类工件的 FMS 由数控车床、车削中心、数控组合机床和上下料机械手或机器人及棒料输送装置等构成。

因为棱柱体类工件的加工时间较长，且工艺复杂，为实现夜间无人值守自动加工，加工棱柱体类工件的 FMS 首先得到了发展。

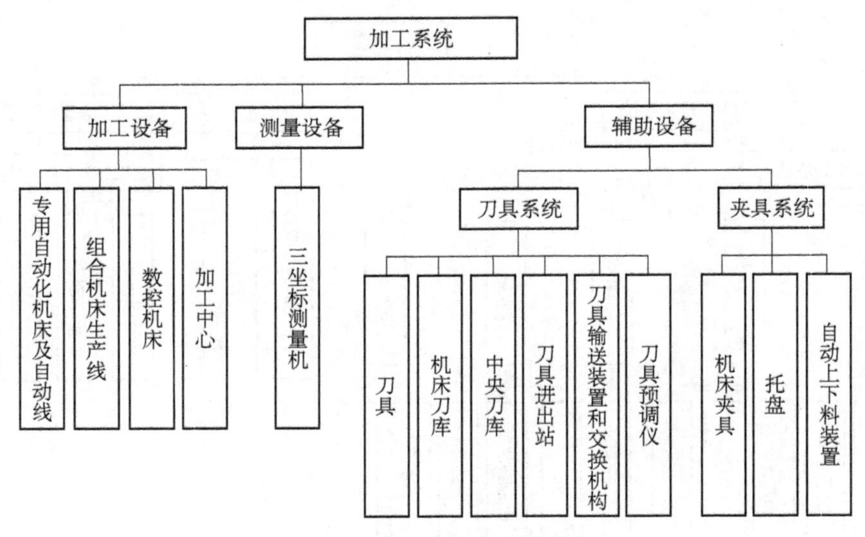

图 7-24　FMS 的加工系统组成

2. 加工系统的配置

在 FMS 设计中，除了要根据待加工生产的零件族决定加工设备的功率、加工尺寸范围和精度，还要根据 FMS 适用于中小批量生产的特点，兼顾对生产率和柔性的要求，考虑系统的可靠性和机床的负荷率，因此，这就要求对这些加工设备以不同的方式进行配置。通常，这些数控加工设备在 FMS 中的配置有互替形式(并联)、互补形式(串联)和混合形式(并串联)三种形式，如表 7-24 所示。

表 7-24　FMS 机床配置形式

特征	互替形式	互补形式	混合形式
简图	输入 → 机床1、机床2、…、机床n（并联）→ 输出	输入 → 机床1 → 机床2 → … → 机床n−1 → 机床n → 输出	输入 → 机床1、机床2、…、机床k（并联）→ 机床k+1、机床k+2、…、机床n（并联）→ 输出
生产柔性	低	中	高
生产率	低	高	中
技术利用率	低	中	高
系统可靠性	高	低	中
投资强度比	高	低	中

互替形式就是纳入系统的机床是可以互相代替的。例如，由数台加工中心组成的柔性制造系统，由于在加工中心可以完成多种工序的加工，有时一台加工中心就能完成工件的全部

加工工序，工件可随机地输送到系统中任何恰好空闲的加工工位。系统又有较大的柔性和较宽的工艺范围，而且可以达到较高的时间利用率。从系统的输入和输出角度来看，它们是并联环节，因而增加了系统的可靠性，系统中的机床具有一定的冗余度，即当某一台机床发生故障时，系统仍能正常工作。

互补形式就是纳入系统的机床是互相补充的，各自完成某些特定的工序，各机床之间不能互相取代，工件在一定程度上必须按顺序经过各加工工位。它的特点是生产率较高，对机床的技术利用率较高，即可以充分发挥机床的性能。从系统的输入和输出角度来看，它们是串联环节，因而减少了系统的可靠性，当某台机床发生故障时，系统就不能正常工作。

现有的柔性制造系统大多是互替机床和互补机床的混合使用，即FMS中的有些设备按互替形式布置，而另一些机床则以互补方式安排，以发挥各自的优点。

在配置和选用FMS的加工系统时，应考虑其可靠性、自动化、高效性、易控制、实用性、匹配性、工艺性，以及满足加工对象的尺寸范围、精度和材质等要求。具体应考虑以下内容。

(1)工序集中。如选用多功能机床、加工中心等，以减少工位数和减轻物流负担，保证加工质量。

(2)控制功能强、扩展性好。如选用模块化结构，外部通信功能和内部管理功能强，有内装可编程序控制器，有用户宏程序的数控系统，以易于与上下料、检测等辅助装置连接和增加各种辅助功能，方便系统调整与扩展，以及减轻通信网络和上级控制器的负载。

(3)高刚度、高精度、高速度。选用切削功能强，加工质量稳定，生产效率高的机床。

(4)使用经济性好。如导轨油可回收，断、排屑处理快速、彻底等，以延长刀具使用寿命。节省系统运行费用，保证系统能安全、稳定、长时间无人值守而自动运行。

(5)操作性、可靠性、维修性好。机床的操作、保养与维修方便，使用寿命长。

(6)自保护性、自维护性好。如设有切削力过载保护、功率过载保护、行程与工作区域限制等。导轨和各相对运动件等无须润滑或能自动加注润滑，有故障诊断和预警功能。

(7)对环境的适应性与保护性好。对工作环境的温度、湿度、噪声、粉尘等要求不高，各种密封件性能可靠、无渗漏，冷却液不外溅，能及时排除烟雾、异味，噪声、振动小，能保护良好的生产环境。

(8)其他因素。如技术资料齐全，机床上的各种显示、标记等清楚，机床外形、颜色美观且与系统协调。

3. 加工系统的夹具系统

FMS系统是自动化的加工系统，零件在进入FMS中进行加工前，就必须装夹在托盘夹具上，通过托盘夹具把工件精确地载入机床坐标系中，保证工件位于机床坐标系中的确定位置，这样，被加工工件只经过一次装夹，就可连续地对其各待加工表面自动完成钻、扩、铰、镗、铣等多道工序的粗、精加工，也就是说，用一个夹具便能完成工件大部分或全部待加工表面的加工。为此在制定柔性制造系统中工件的加工工艺方案时要尽量考虑“工序集中”的原则，其优点在于可减少工件的装夹次数，消除多次装夹的定位误差，提高加工精度，既有利于保证各加工表面的位置精度的要求，又可减少装卸工件的辅助时间，节省大量的专用和通用工艺装备，降低生产成本。

机床夹具是在机床上用以装夹工件的一种装置，其作用是使工件相对于机床或刀具有一个正确的位置，并在加工过程中保持这个位置不变。为此，它需要有定位、导向、夹紧、连接等功能。机床夹具按其使用范围可分为通用夹具(如三爪卡盘、平口台虎钳、回转工作台等)、专用夹具、可调整夹具、成组夹具、随行夹具(托盘及安装在其上的夹具)和组合夹具(也称模块化夹具)。

柔性制造系统中的夹具多采用组合夹具、可调整夹具和成组夹具，有的夹具可装夹两个或更多的零件，有利于缩短刀具的更换时间和传送零件的非生产时间，提高加工效率。

(1)组合夹具。组合夹具是一种由完全标准化的元件组合而成模块化的夹具，由不同形状和尺寸的模块化的基本元件组成，这些基本元件包括：基础件、支承件、定位件、导向件、压紧件、紧固件、组合件及其他件，可根据加工需要拼装成各种不同的夹具，加工任务完成后又可重新拆成单独元件重新使用。组合夹具的特点是：灵活多变，万能性强；可大大缩短生产准备周期；元件可重复使用，制造、管理方便，长期经济性好；易于实现计算机辅助工艺设计。目前使用的组合夹具有两种基本类型，即槽系组合夹具和孔系组合夹具。槽系组合夹具元件间靠键和槽定位，而孔系组合夹具则靠孔与销定位。由于孔系组合夹具与槽系组合夹具相比，具有精度高、刚性好、易组装，可方便地提供数控编程原点(工件坐标系原点)，在 FMS 中得到广泛应用。组合夹具已经形成完整的国家标准(GB)和行业标准(如 JB、HB、QB 等)体系，其元件已经是专业化生产，可在市场上选购，无须自行设计和制造。

(2)可调整夹具。可调整夹具是一种比组合夹具更加灵活的机床夹具，由于其夹具体上设置有多种功能的 T 形槽、台阶式光孔、螺孔，并配制有多种定位和夹紧等元件，在使用时可针对不同类型和尺寸的工件，快速调整夹具上的个别元件，实现对工件的快速精确定位和夹紧。

(3)成组夹具。这是在成组加工技术基础上发展起来的一类夹具。它是根据成组加工工艺的原则，针对一组外形相近的零件族专门设计的系列化组合夹具，也是具有通用基础件和可更换调整元件组成的夹具。这类夹具从外形上看，它和可调整夹具不易区别，但它与可调整夹具相比，使用对象更加明确、结构更紧凑、调整更方便。

(4)数控夹具。自动化数控夹具是能实现夹具元件的选择和拼装以及工件安装定位和夹紧等过程自动化，且其定位、支承、夹紧等元件应能适应工件的各种具体情况的一种新型的夹具。在“工件装夹程序”中存有夹具构件调整所需的数据、行程指令及实现工件装夹控制的指令，在需要时可随时通过控制计算机调用工件装夹程序，实现夹具的自动调整变换。

夹具和托盘是 FMS 加工系统中的重要配套件。尤其是对于棱柱体类工件，在 FMS 中通常都是用夹具将它安装在托盘上，进行存储、搬运、加工、清洗和检验等。因此工件在 FMS 系统的流动过程中，托盘不仅是一个载体，也是各单元间的接口。对加工系统来说，工件被装夹在托盘上，由托盘交换器送给机床并自动在机床支承座上定位、夹紧，这时托盘相当于一个可移动的工作台。又由于工件在加工系统中移动时，托盘及其夹具也跟随着一起移动，故托盘连其安装在托盘上的夹具一起被称为随行夹具。

机械加工领域所应用的托盘按其结构形式可分为箱式和板式两种。图 7-25 为箱式托盘，图 7-26 为板式托盘。

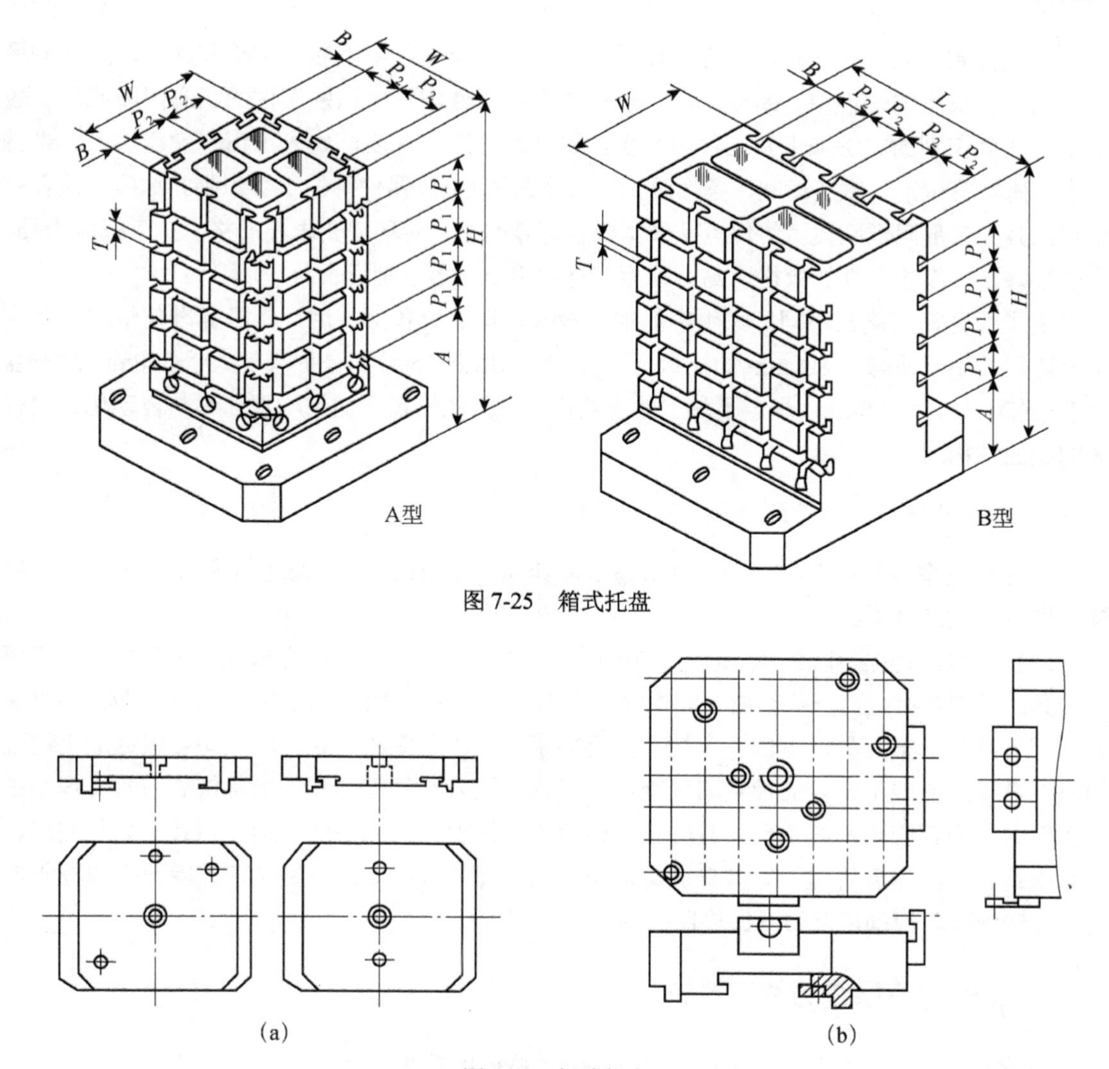

图 7-25　箱式托盘

图 7-26　板式托盘

箱式托盘不进入机床的工作空间，主要用于小型工件及回转体工件的储存和运输。为保证工件在箱中的位置和姿态，箱中设有保持架。为节约存储空间，箱式托盘多叠层堆放。

板式托盘主要用于非回转体类的较大型工件，工件在托盘上通常是单件安装，托盘不仅是工件的输送和存储载体，而且还需进入机床的工作空间，在加工过程中定位夹持工件，承受切削力、冷却液、切屑、热变形、振动等的作用。托盘的形状通常为顶面带有 T 形槽或矩阵螺孔(或配合孔)的正方形或长方形，根据具体需要也可制成圆形或多角形的。托盘应具有输送基面及与机床工作台相连接的定位夹紧基面，其输送基面在结构上应与系统的输送方式、操作方式相适应。另外，也有对托盘的通用性、结构、系统效率、自动化和可靠性、质量(交换精度、形状刚度、抗振性、切削力承受和传递、保护切屑和冷却液侵蚀等)和控制性能的要求。

在柔性制造系统中运行的托盘，伴随着工件在一次安装中不断地传输和加工，工件的形状和性质在加工的过程中不断变化，一般很难通过工件本身去识别工件的状态，因此，一般多采用托盘识别的方法来识别工件的性质。识别的方法有许多，如人工识别键盘输入、光符识别、磁字符识别、磁条识别、条形码识别以及采用 CCD 器件等的机器识别。这些方法各有特点，其中条形码识别技术的优点是成本低、可靠性高，对环境要求不严格，抗干扰能力强，保密性好，速度快及性能价格比高，因而广泛应用于托盘识别场合。

为了保证托盘能在不同厂家生产的加工设备、运储设备上共用，国际标准化组织已制定了公称尺寸小于或等于 800mm 的托盘标准(ISO / DIS 8526-1)和公称尺寸大于 800mm 的托盘标准(ISO / DIS 8526-2)，规定了与工件安装直接有关的托盘顶面结构尺寸和与自动化运储有关的底面结构尺寸。

4. *加工系统的刀具系统*

柔性制造系统是典型的自动化制造系统，其加工系统的刀具系统也主要由中央刀库、机床刀库及其辅助装置组成。

FMS 的刀库包括机床刀库和中央刀库两个独立部分。机床刀库存放加工单元当前所需要的刀具，其容量有限，一般存放 40～120 把刀库，而中央刀库的容量很大，有些 FMS 的中央刀库可容纳数千把刀具，可供各个加工单元共享。机床刀库和中央刀库之间可根据加工过程的需要进行定期或不定期的批量刀具交换。刀具系统刀具的管理和控制是依靠刀具管理系统来实现的，刀具管理系统负责刀具的存储、运输和管理，具体功能包括：刀具预调与编码、刀具识别、刀具信息管理、刀具寿命管理与控制、刀具进出管理与控制、刀库管理与控制、刀具运输管理与控制以及刀具在线监控等。

7.3.5　柔性制造系统的物流系统

物流系统(或称物料储运系统)是柔性制造系统的重要分系统，它负责物料(毛坯、半成品、成品及工具等)的存储、输送和分配及其控制与管理。一个工件由毛坯到成品的整个生产过程中，只有相当一小部分的时间是用在机床进行切削加工上的，而大部分时间是用于物料的传递过程。FMS 中的物流系统与传统的自动线或流水线有很大的差别，它的工件输送系统是不按固定节拍强迫运送工件的，而且也没有固定的顺序，甚至是几种工件混杂在一起输送的。也就是说，整个工件输送系统的工作状态是可以进行随机调度的，而且均设置有储料库以调节各工位上加工时间的差异。统计资料表明：在柔性机械制造系统中，物料的传输时间占整个生产时间的 80%左右，物料传输与存储费用占整个零部件加工费用的 30%～40%。由此可见物流系统的自动化水平和性能将直接影响柔性制造系统的自动化水平和性能。

1. *物流系统的组成*

伴随着制造过程的进行，柔性制造系统中的物流系统主要包括以下三个方面：

(1) 原材料、半成品、成品所构成的工件流；

(2) 刀具、夹具所构成的工具流；

(3) 托盘、辅助材料、备件等所构成的配套流。

其中最主要的是工件、刀具等的流动，这是加工系统中各工作站间的纽带，用以保证柔性制造系统正常有效地运行。

柔性制造系统的物流系统由物料存储系统、物料输送系统和物料搬运系统组成，如图 7-27 所示。

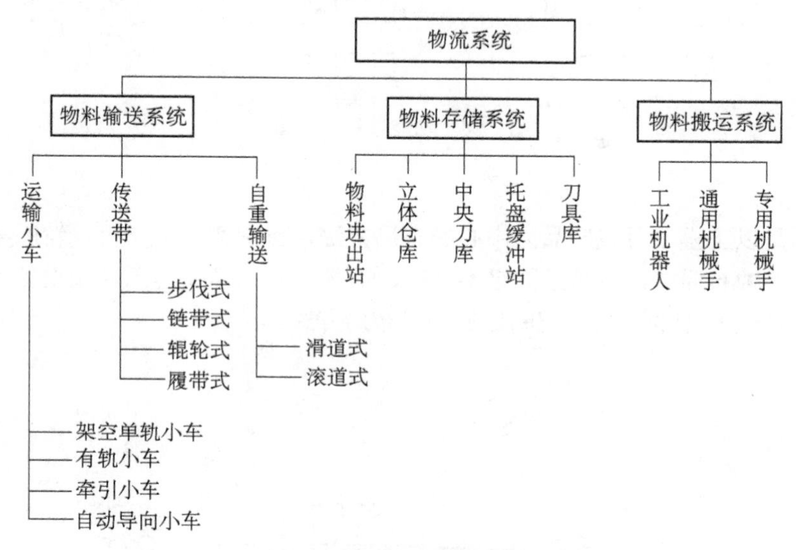

图 7-27　FMS 的物流系统

2. 柔性制造系统的布局方法

FMS 的物流系统首先涉及的是组成 FMS 的设备如何排列和组合，才能使 FMS 在时间上和空间上达到最优化，从而尽可能地减少物流系统的物料传输路径，减少系统对厂房的空间占用，同时提高系统的自治性、协同性和柔性，从而提高整个系统的效率以获取更好的经济效益。

常见制造系统的布局方法包括功能布局(Job Shop)、项目布局(Project Shop)、流水线(Flow Line)布局和成组布局(Cellular System)。

1) 功能布局

功能布局又叫工艺布局，是一种应用工艺原则的布局方法，即是将一组功能相同或相似设备集中排列在一起的布局方法，如图 7-28 所示。传统制造多采用这种布局，如传统的生产车间多以车床、铣床、磨床、钻床等为单位分别集中排放。这种布局虽具有较高的柔性，但物流路径长，生产效率低，只适用于多品种、单件或小批量的生产。

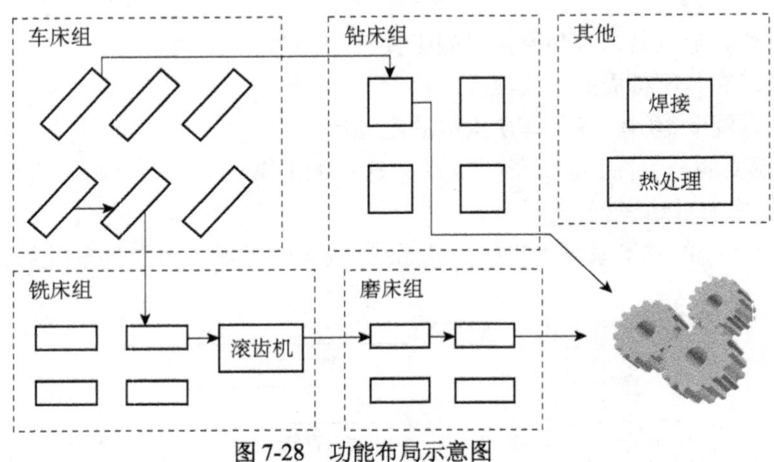

图 7-28　功能布局示意图

2) 项目布局

项目布局是以工程项目或产品为中心的布局方法，特别适合于飞机、轮船等大型装备的装配制造。在这种布局中，产品是固定不动的，而生产制造需要的工人及设备是围绕产品而移动的。图 7-29 为典型的飞机装配制造的项目布局方式。

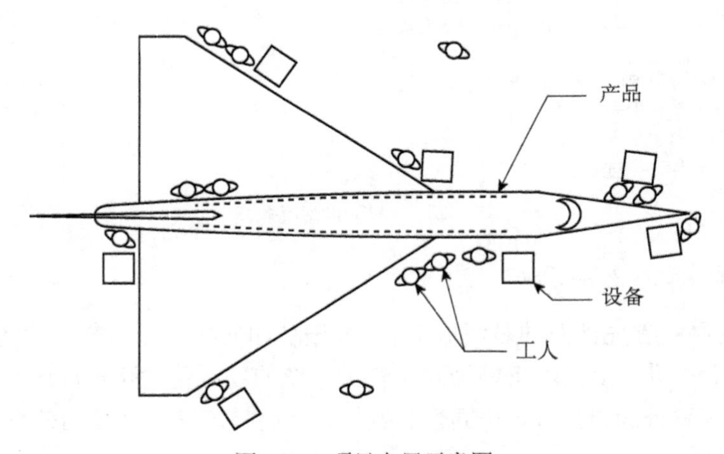

图 7-29　项目布局示意图

3) 流水线布局

流水线布局是按照产品的工艺路线来排列设备，将设备布局为一条或多条相连的线段，从而形成流水生产线或装配生产线的布局方法。这种方法的生产率高，产品质量易于保证，特别适合于批量较大的标准件的生产。但缺点是系统柔性低，仅适用于某类产品和某种特定产品，且生产准备时间长，对故障的容错能力较差。图 7-30 为几种常见的流水线布局。

4) 成组布局

成组布局是一种基于成组技术的布局方法，因此又称为成组技术布局或单元布局，它是将制造系统的设备划分为能够加工相似零件族的若干个生产制造单元，单元内的设备按零件族的工艺路线分布，以单元为基本单位组织生产，单元与单元之间再通过物流系统的某种连接，组成柔性更大、生产能力更强的自动化制造系统，如图 7-31 所示。成组布局是 FMS 最主要，也是应用最多的一种布局方式。

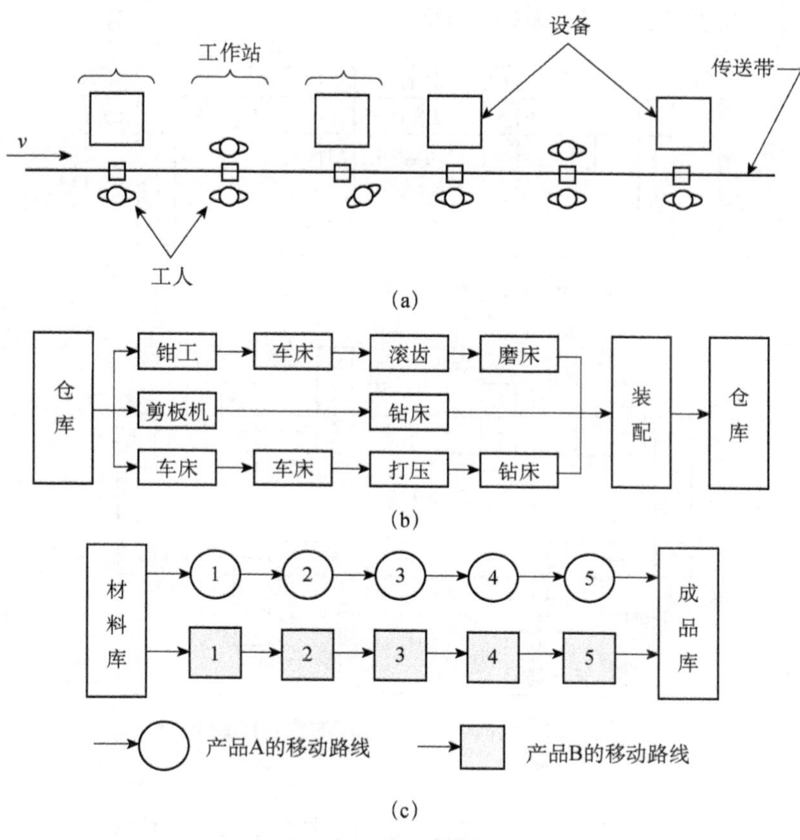

图 7-30　流水线布局示意图

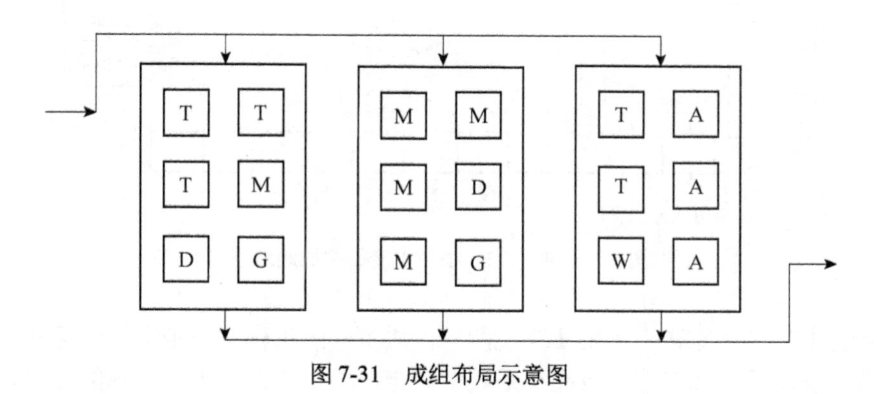

图 7-31　成组布局示意图

3. 柔性制造系统的物流系统自动化

1) 物流系统自动化形式

FMS 物流系统的自动化形式与生产批量密切相关，生产批量越大，物流系统的自动化程度就应该越高，生产批量越小，物流系统的自动化程度就应该越低。图 7-32～图 7-34 分别给出了面向不同生产批量的物料储运系统形式。

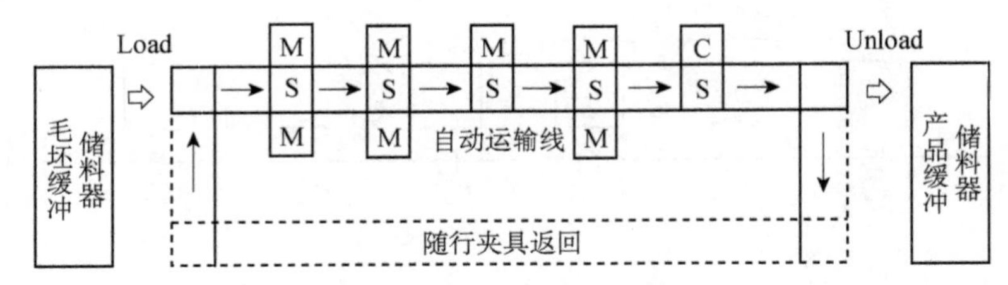

图 7-32　面向大量生产的自动线

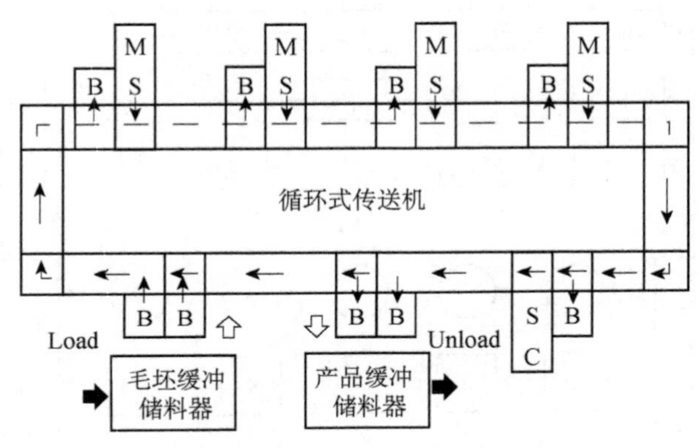

图 7-33　面向大、中量生产的柔性制造线

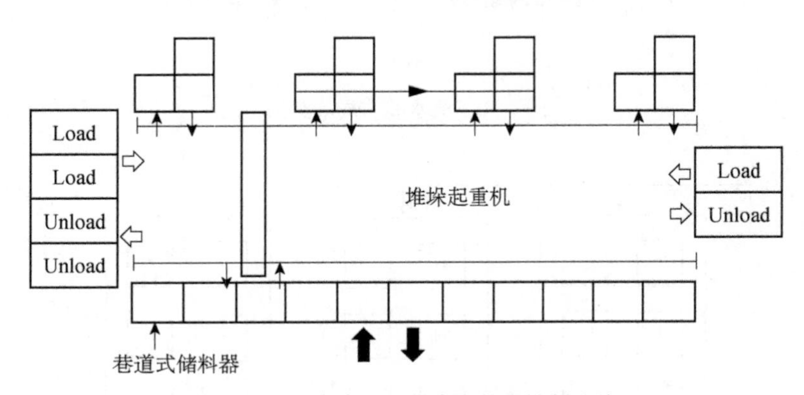

图 7-34　面向中、小量生产的柔性制造线

柔性制造中的工件输送系统主要完成两种性质不同的工作，一是零件的毛坯、原材料由外界搬运进系统以及将加工好的成品从系统中搬走，二是零件在系统内部的搬运。常见的物料输送系统的输送类型有直线型、环型、网型、树型等，如表 7-25 所示。

表 7-25　工件输送系统的输送类型

类型	形式	示例
直线型	单一	
	并行	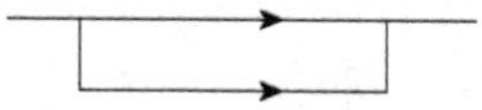
	分支	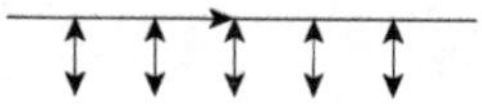
环型	单一	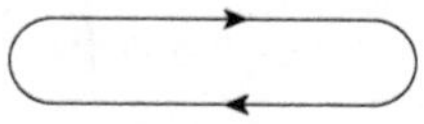
	双	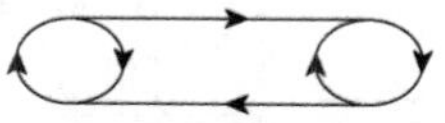
	分支	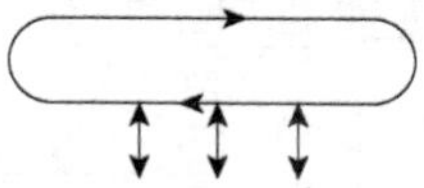
网型		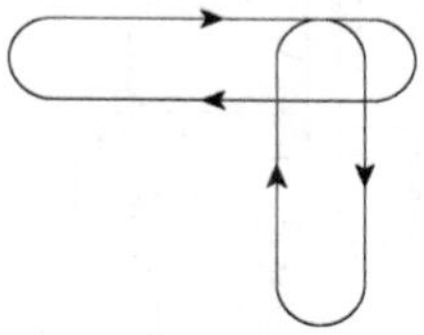
树型		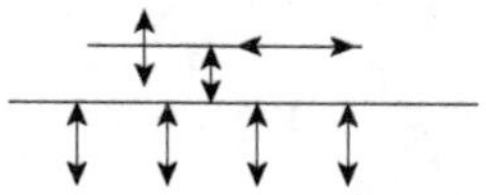

直线型输送主要用于顺序传送，输送工具是各种传送带或自动输送车，这种系统的存储容量很小，常需要另设储料库，一般适用于小型的柔性制造系统。而环型输送时，机床布置在环型输送线的外侧或内侧，输送工具除各种类型的轨道传送带外，还可以是自动输送车或架空轨悬空式输送装置，在输送线路中还设置若干支线作为储料和改变输送路线之用，使系统能具有较大的灵活性来实现随机输送。在环型输送系统中还有用许多随行夹具和托盘组成的连续供料系统，借助托盘上的编码器能自动识别地址以达到任意编排工件的传送顺序。为了将带有工件的托盘从输送线或自动输送车送上机床，在机床前还必须设置穿梭式或回转式的托盘交换装置。输送柔性最大的是网型和树型，但它们的控制系统比较复杂。此外，直线型、网型和树型的输送方式下因工件存储能力很小，一般要设置中央仓库或具有存储功能的缓冲站及装卸站，而环型因工件线内存储能力较大，很少设置中央仓库。

图 7-35 和图 7-36 所示为两种最典型的直线型 FMS 工件输送系统布局，图 7-37 所示为一种最典型的环型 FMS 工件输送系统布局，图 7-38 所示为一种最典型的网型 FMS 工件输送系统布局。

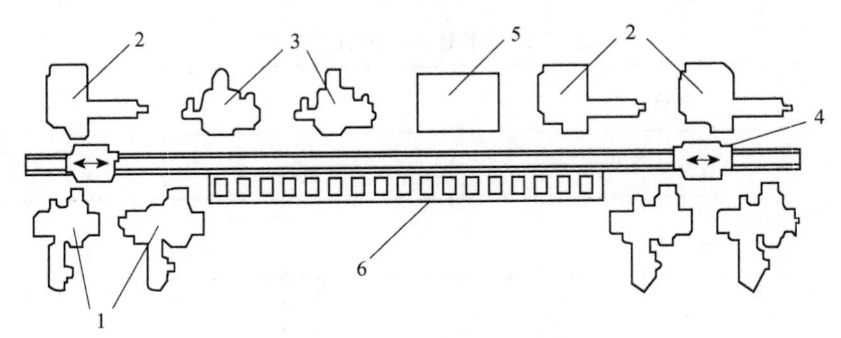

图 7-35　直线型 FMS 输送系统布局 1

1-加工中心；2-钻削中心；3-立式六角车床；4-有轨小车；5-检验站；6-装卸站

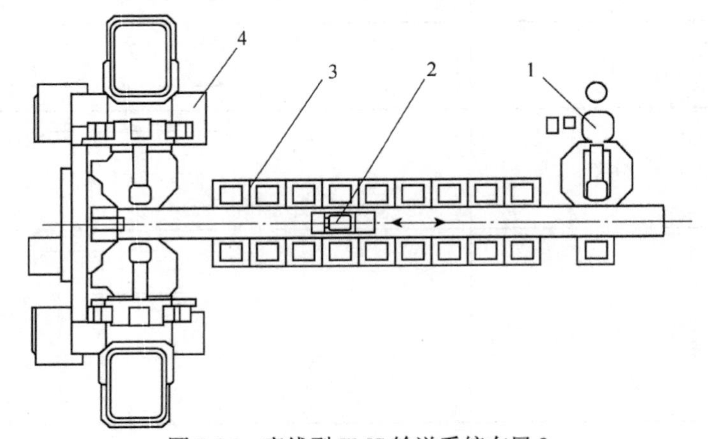

图 7-36　直线型 FMS 输送系统布局 2

1-工件装卸站；2-有轨小车；3-托盘缓冲站；4-加工中心

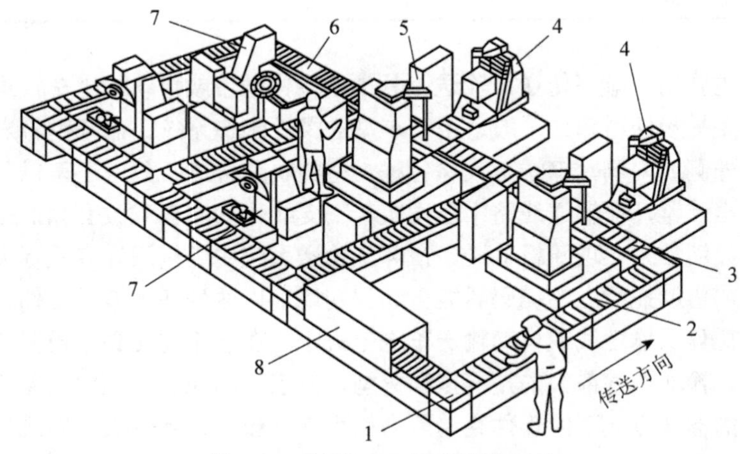

图 7-37　环型 FMS 输送系统布局

1-转台；2-传送机；3-随行夹具待加工位置；4-加工中心；
5-数控转台；6-上料工位；7-数控机床；8-清洗工位

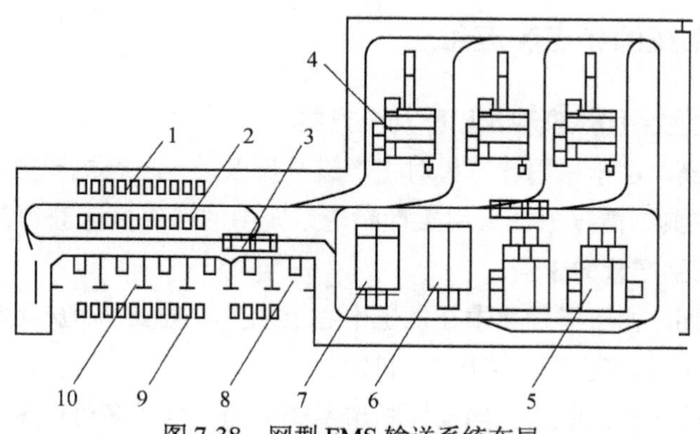

图 7-38　网型 FMS 输送系统布局

1-托盘缓冲站；2-输送回路；3-自动导向小车；4-立式机床；5-加工中心；
6-研磨机；7-测量机；8-刀具装卸站；9-工件存储站；10-工件装卸站

2) 输送装置及其类型

FMS 的物料输送系统的输送装置如图 7-39 所示，这些输送装置有的适合于较长距离的运输，有的适合于较短距离的运输，因此在实际使用时，通常采用长短距离搭配的方法，如表 7-26 所示，即从 FMS 系统之外到 FMS 系统之间的搬运采用长距离的搬运设备，在 FMS 系统内部采用短距离的搬运设备。

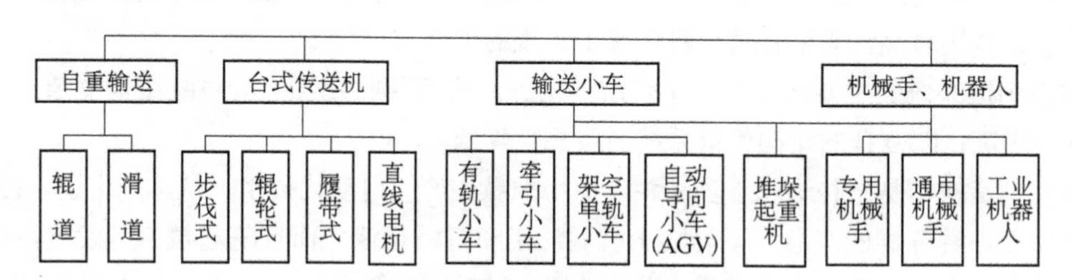

图 7-39　FMS 物料输送系统的输送装置

表 7-26　长短距离搬运设备的搭配组合

长距离搬运设备 \ 短距离搬运设备	桥式吊车	堆垛起重机	架空机器人	自动导向小车	有轨小车
传送机	○	○	○	○	
桥式吊车				○	○
堆垛起重机				○	○
龙门吊车				○	○

7.3.6　柔性制造系统的特点和应用

柔性制造系统的主要优点表现在以下几个方面。

(1) 设备利用率高。由于采用计算机对生产进行调度，一旦有机床空闲，计算机便分配给该机床加工任务。在典型情况下，采用柔性制造系统中的一组机床获得的生产量是单机作业环境下同等数量机床生产量的 3 倍。

(2) 减少生产周期。由于零件集中在加工中心上加工，减少了机床数和零件的装夹次数。采用计算机进行有效的调度也减少了周转的时间。

(3) 具有维持连续生产的能力。当柔性制造系统中的一台或多台机床出现故障时，计算机可以绕过出现故障的机床，使生产得以继续。

(4) 生产具有柔性。可以响应生产变化的需求，当市场需求或设计发生变化时，在 FMS 的设计能力内，不需要系统硬件结构的变化，系统具有制造不同产品的柔性。并且，对于临时需要的备用零件可以随时混合生产，而不影响 FMS 的正常生产。

(5) 产品质量高。FMS 减少了夹具和机床的数量，并且夹具与机床匹配得当，从而保证了零件的一致性和产品的质量。同时自动检测设备和自动补偿装置可以及时发现质量问题，并采取相应的有效措施，保证了产品的质量。

(6) 加工成本低。FMS 的生产批量在相当大的范围内变化，其生产成本是最低的。它除了一次性投资费用较高，其他各项指标均优于常规的生产方案。

柔性制造系统的主要缺点是：①系统投资大，投资回收期长；②系统结构复杂，对操作人员的要求高；③复杂的结构使得系统的可靠性降低。

柔性制造技术是一种适用于多品种、中小批量生产的自动化技术。从原则上讲，FMS 可以用来加工各种各样的产品，不局限于机械加工和机械行业，而且随着技术的发展，应用的范围会越来越广。下面从产品类型、零件类型、材料以及年产量方面对 FMS 的使用范围作简要分析。

目前 FMS 主要用于生产机床、重型机械、汽车、飞机和工业产品等。从加工零件的类型来看，大约 70%的 FMS 用于箱体类的非回转体的加工，而只有 30%的 FMS 用于回转体的加工，其主要原因在于非回转体零件在加工平面的同时，往往可以完成钻、镗、扩、铰、铣和螺纹加工，而且比回转体容易装载和输送，容易获得所需的加工精度。

由于 FMS 要实现某一水平的“无人化”生产，于是，切屑处理就是一个很大的问题，所以大约有一半的系统是加工切屑处理比较容易的铸铁件，其次是钢件和铝件，加工这三种材料的 FMS 占总数的 85% ～ 90%。通常在同一系统内加工零件的材料种类都比较单一，如果加工零件材料的种类过多，会对系统在刀具的更换和各种切削参数的选择方面提出更高的要求，使系统变得复杂。

知识小结：柔性制造系统(FMS)

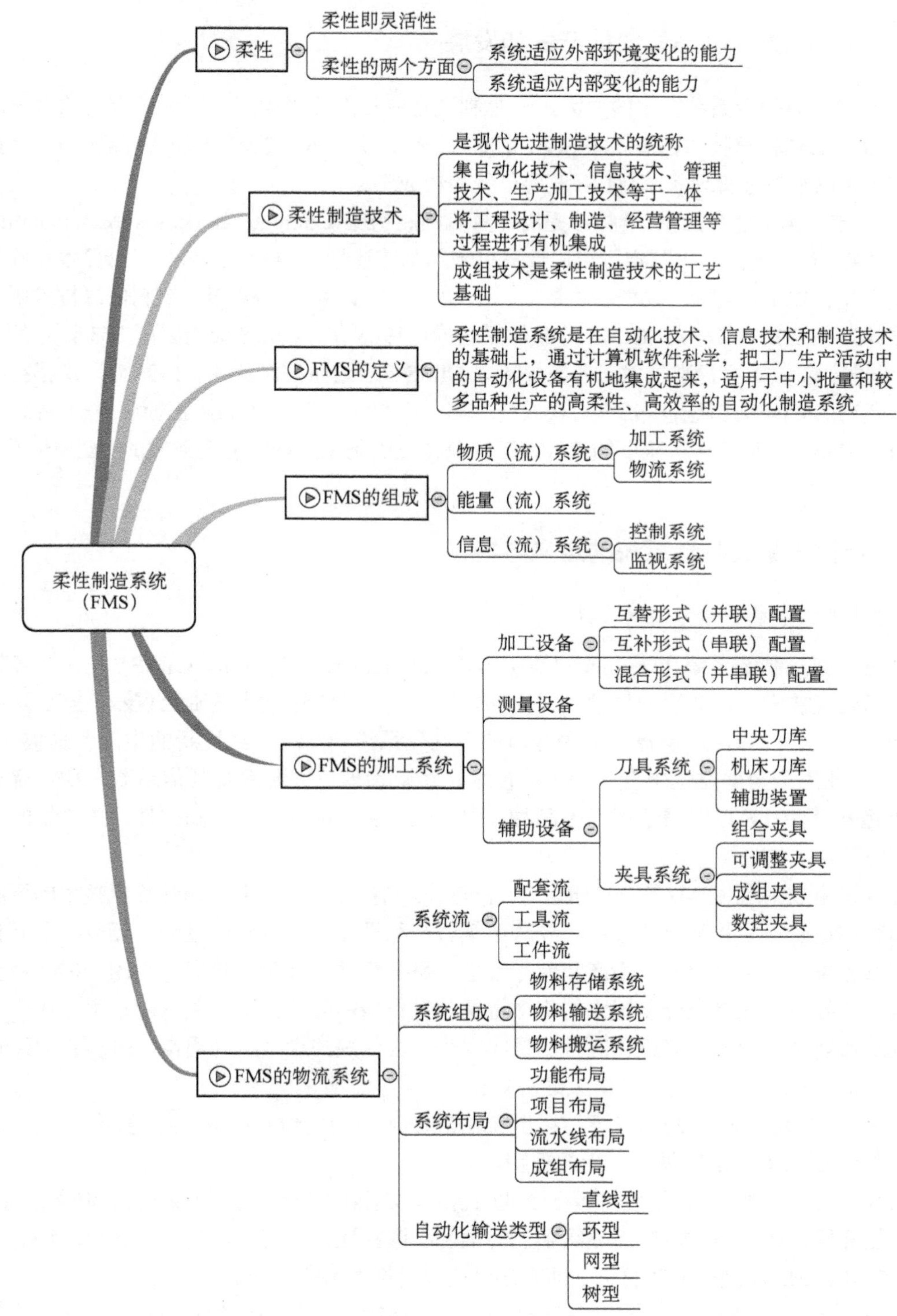

7.4 计算机集成制造系统

7.4.1 计算机集成制造系统的产生和发展

计算机集成制造系统产生的原因，一是制造企业外部环境的变化，全球市场的形成对企业的刺激，二是科学技术的长足发展，由加工中心、机器人、物料储运系统组成的 FMS，CAD/CAM 以及信息管理系统(MIS)发展已经相对成熟。

1974 年，美国学者约瑟•哈林顿提出计算机集成制造(Computer Integrated Manufacturing，CIM)；1976 年，美国空军制定了集成计算机辅助制造计划(ICAM)；1980 年，日本实施包括订货、设计、加工、装配等功能在内的工厂自动化(FA)计划；1984 年，欧洲信息技术研究发展战略计划(ESPRIT)提出了 CIMS 开放体系结构；1986 年，CIMS 成为我国 863 计划的一个主题。同年，美国国家标准技术研究院提出来 CIMS 5 层递阶控制结构；1990 年，道格拉斯飞机公司建立了 CIMS 工程；1992 年，我国建成第一个 CIMS 实验研究应用基地——CIMS 实验工程研究中心；北京第一机床厂的 CIMS 工程获得美国制造工程师协会颁发的“CIMS 工业领先奖”。

7.4.2 计算机集成制造系统的定义与特征

1. 计算机集成制造系统的定义

计算机集成制造系统(Computer Integrated Manufacturing System，CIMS)是在计算机技术、信息处理技术、自动控制技术、现代管理技术、柔性制造技术基础上(技术基础)，将企业的全部生产、经营活动所需的各种分散的自动化系统(对象)，经过新的生产管理模式(手段)，把企业生产全部过程中有关的人、技术、经营管理三大要素及其信息流、物料流有机地集成起来(目的)，以获得适用于多品种、中小批量生产的高效益、高柔性、高质量的制造系统(效果)。

计算机集成制造(CIM)是一种概念、一种哲理。它指出了制造业应用计算机技术的更高阶段。即在制造企业中将从市场分析、经营决策、产品设计，经过制造过程各环节，最后到销售和售后服务，包括原材料、生产和库存管理、财务资源管理等全部运营活动，在一种全局集成规划指导下，在更充分发挥人的集体智慧和合作精神的氛围中，关联起来集合成一个整体，逐步实现全企业的计算机化。目的是实现企业内更短的设计生产周期，改善企业经营管理，适应市场的迅速变化，获得更大经济效益。

CIMS 就是在 CIM 思想指导下，逐步实现企业全过程计算机化的综合人机系统。

下面对 CIM 和 CIMS 做进一步的理解。

(1) CIM 是一种组织、管理与运行企业的哲理。其目的是使企业达到产品上市快、高质、低耗、服务好、环境清洁，进而提高企业的柔性、健壮性、敏捷性，使企业赢得市场竞争。因此，CIM/CIMS 不是企业的目标，而是达到企业目标的手段之一。

(2) 企业生产过程中的各个环节是一个不可分的整体，要以系统的观点进行优化。此处的优化是指对企业生产过程各阶段活动中有关人/组织、经营管理和技术三要素及其信息流、物流和价值流有机集成并优化。

(3) CIM 技术是传统的制造技术与现代信息技术、管理技术、自动化技术、系统工程技术等的有机结合，其包括总体技术、支撑技术、设计自动化技术、制造自动化技术和管理自动化技术。

(4) CIMS 的主要特点是计算机化、信息化、智能化、集成优化，CIM 哲理和相关技术既可用于离散型制造业，也可用于流程和混合型制造业。

(5) CIM 是生产力发展的必然结果；CIM 不是排他的，如 CIM 与 LP。

目前为了更好地理解和实施 CIMS，强调以下几点：①实施 CIMS，要有“全局集成规划指导”；②CIMS 的实施是“逐步实现”的过程，是“一种进程”；③CIMS 的集成重要的是“人的集成”；④CIM、CIMS 不是全盘自动化。

2. 计算机集成制造系统的特征

计算机集成制造系统的特征主要体现在两个重要的方面。

(1) 集成化：反映自动化的广度；从当前的企业内部的功能集成和信息集成，发展到以并行工程为代表的过程集成，并正在步入以敏捷制造为代表的实现企业间组织集成的阶段。

(2) 智能化：体现自动化的深度。智能化是制造系统在柔性化和集成化基础上进一步的发展与延伸，引入各类人工智能和智能控制技术，实现具有自我控制、自我管理、自我运行、自我完善的新一代制造系统。

3. CIMS 的集成

从集成的角度看，早期的计算机集成制造系统侧重于功能集成和信息集成，而现代集成制造系统的集成概念在广度和深度上都有了极大的扩展，除了功能集成和信息集成，还实现了企业产品全生命周期中的各种业务过程的整体优化，即过程集成，并发展到企业优势互补的企业之间的组织集成阶段。

(1) 功能集成优化。功能集成主要通过系统的功能分析，实现 CIMS 各功能子系统之间的功能合并和功能互补，重点保证系统的必要功能，兼顾辅助功能，去除多余功能，调整过剩功能。CIMS 按其功能子系统包括：工程设计自动化子系统、制造自动化子系统、经营管理信息子系统和质量保证子系统。

(2) 信息集成优化。信息集成主要解决企业中各个部门之间、系统各子系统、分系统之间的信息交换与共享。其中，局域网和数据库为信息集成提供基础支撑，企业资源规划(ERP)、产品数据管理(PDM)、集成平台和框架技术为信息集成提供多种实施途径，面向对象技术、软构件技术和 Web 技术的集成框架已成为系统信息集成的重要支撑工具。

(3) 过程集成优化。过程集成是通过建立统一的系统框架、产品数据模型，应用面向并行工程的计算机辅助工具(CAD、CAM、CAE 等)及精益制造等现代管理模式，通过建立支持并行作业的协同工作团队和计算机网络化的协同工作环境，将传统的产品开发制造模式尽可能地转变为并行过程，即过程集成的核心是并行工程。并行工程则强调系统集成与整体优化，它并不完全追求单个部门、局部过程和单个部件的最优，而是追求全局优化，追求产品整体的竞争能力。

(4) 企业间集成优化。企业间集成优化是企业内外部资源的优化利用，实现敏捷制造，以适应知识经济、全球经济、全球制造的新形势。从管理的角度，企业间实现企业动态联盟(Virtual Enterprise)，形成扁平式企业的组织管理结构，克服“小而全”“大而全”，实现产品型企业，增强新产品的设计开发能力和市场开拓能力，发挥人在系统中的重要作用等。企业间集成的关键技术包括信息集成技术、并行工程技术、虚拟制造技术、敏捷制造技术、网络制造技术以及资源优化和供应链管理等技术。

7.4.3 计算机集成制造系统的组成

1. CIMS 的三要素

人/机构、技术和经营管理构成了 CIMS 的三要素。根据三要素之间的关系需解决四类集成问题(图 7-40)：①使用技术以支持经营；②利用技术以支持企业中各种人员的工作；③通过改进组织机构、培训人员及提高人员素质，以支持企业开展经营活动，达到经营目标；④统一管理并实现经营、人/机构及技术三者的集成。

图 7-40 CIMS 的三要素

2. 计算机集成制造系统的组成

计算机集成制造系统由功能分系统和支撑分系统两大分系统的总共六个子系统组成，其中功能分系统由工程设计自动化子系统、制造自动化子系统、经营管理信息子系统和质量保证子系统构成，而支撑分系统由数据库子系统和计算机网络子系统构成，如图 7-41 所示。

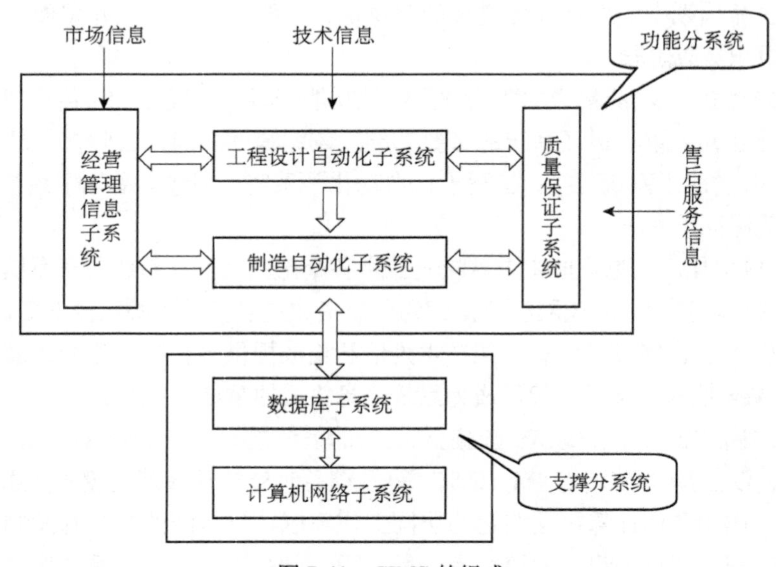

图 7-41 CIMS 的组成

CIMS 的经营管理信息子系统以 MRP Ⅱ为核心，功能覆盖了市场销售、物料供应、生产计划、生产控制、财务管理、成本控制、库存管理、技术管理等，系统以营销计划、主生产计划、物料需求计划、能量需求计划、车间计划、车间调度与控制为主体形成闭环的一体化生产经营与管理信息系统。

CIMS 的工程设计自动化子系统以 CAD 技术为主体，包括产品结构设计、定型产品的变型设计、模块化结构的产品设计等。

CIMS 的制造自动化子系统以 CAPP 和 CAM 技术为主体，其中 CAPP 包括毛坯设计、加工方法选择、工序设计、工艺路线设计、工艺路线制订、工时定额计算等，而 CAM 包括刀具路径规划、刀位文件的生成、刀具轨迹仿真、NC 代码生成。制造自动化子系统是信息流与物料流的结合点，它以柔性制造系统为基础，功能涵盖系统监控和故障诊断处理。

CIMS 的质量保证子系统采集、存储、评价、处理存在于设计、制造过程中与质量有关的大量数据，构成一系列质量控制环节，保证和促进产品质量的提高。

CIMS 的计算机网络子系统提供各功能子系统信息互通的硬件支撑，是信息集成的关键技术之一。CIMS 的数据库及数据库管理是保证各功能应用系统之间信息交换和共享的基础，是实施产品数据管理(PDM)的平台，其可存储的数据既包括结构化数据又包括非结构化数据。

3. CIMS 输入输出

计算机集成制造系统的输入主要是市场信息、技术信息、原材料和销售服务信息，而输出主要是具有应用价值的产品，如图 7-42 所示。

4. CIMS 相关技术

计算机集成制造系统涉及的相关技术可用图 7-43 表示，CIMS 的技术集成主要是这些相关技术的有机集成。

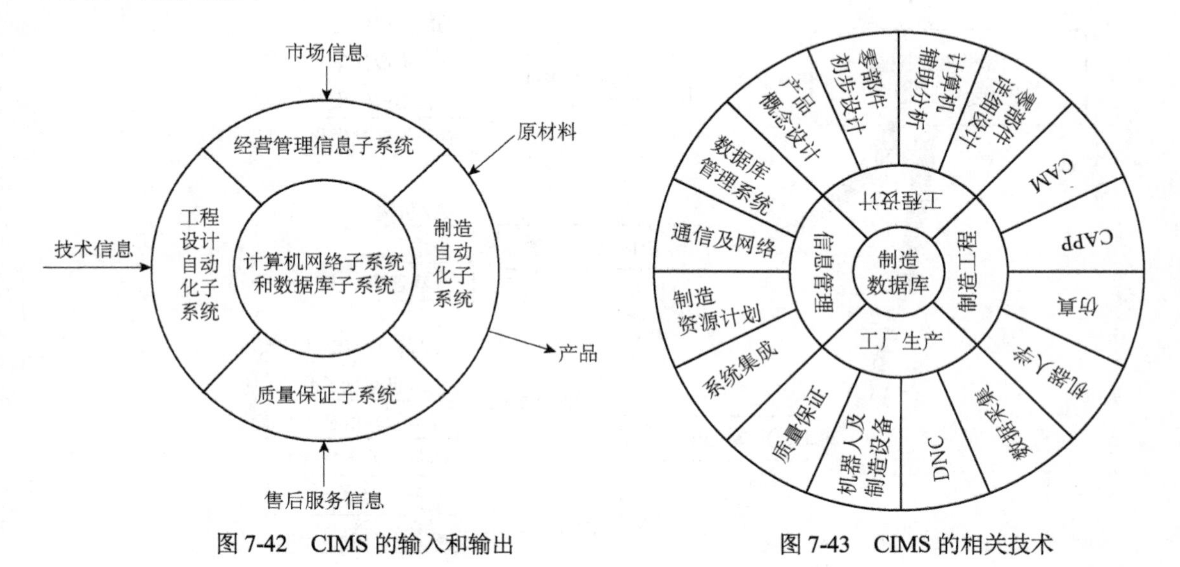

图 7-42　CIMS 的输入和输出

图 7-43　CIMS 的相关技术

7.4.4 计算机集成制造系统的集成技术

计算机集成制造系统的集成是以计算机网络和数据库为载体，将人、技术和经营管理纳入统一的计算机集成制造系统平台，实现物质流、能量流和信息流的统一管理，其难点是人的集成。

计算机集成制造系统的计算机网络具有通信距离短、通信实时性强、异构环境下通信、通信系统可扩展、异种机进程间通信的特点，因此要求其具有开放性、实时性、标准化。

企业级的计算机网络分为办公网络、厂级网络和制造车间级网络，办公网络和厂级网络通常是基于 Internet 的数据网络，而制造车间级网络是基于各种现场总线的自动化控制网络。计算机集成制造系统的计算机网络通常是数据网络与现场总线控制网络的有机集成。

知识小结：计算机集成制造系统

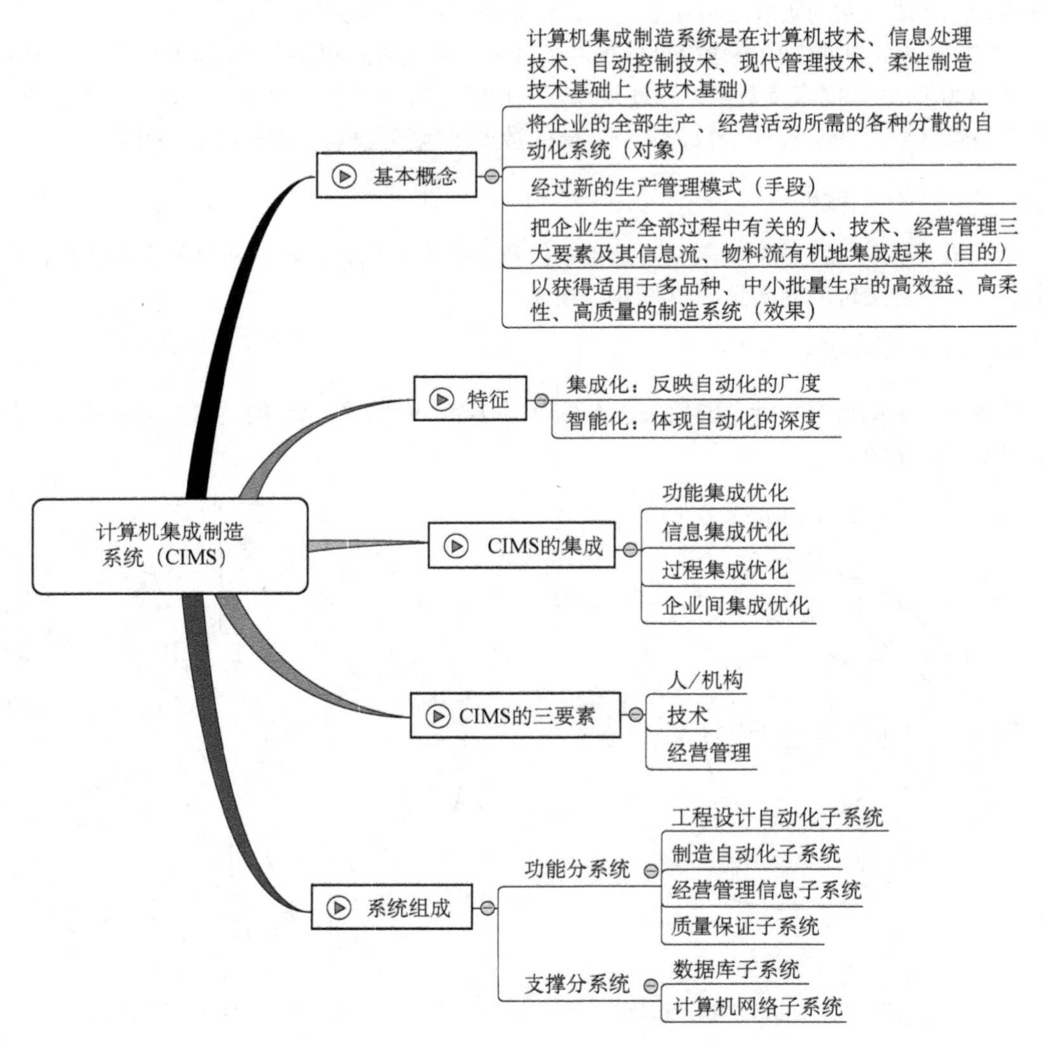

思 考 题

7-1　成组技术的基本概念是什么？实施成组技术具有什么样的意义？实施成组技术，必须解决哪两个技术难题？

7-2　零件的相似性是如何划分的？什么是零件族？形成零件族有哪三种方法？

7-3　什么是零件的分类编码？什么是零件的识别码和分类码？零件分类编码的结构有哪些？

7-4　常用的机械加工零件分类编码系统有哪些？

7-5　OPITZ 零件分类编码系统的结构组成是怎样的？JLBM-1 零件分类编码系统具有什么样的结构特点？结合图 7-8 和图 7-10，通过 OPITZ 零件分类编码系统和 JLBM-1 零件分类编码系统掌握对零件分类编码的基本方法。

7-6　什么是生产流程分析法？生产流程分析法的基本步骤有哪些？

7-7　排序聚类分析法的基本思想是什么？

7-8　图(a)～(d)分别为零件-机床矩阵，试应用排序聚类分析法分别确定相应的零件族及其机床组合。

零件＼机床	1	2	3	4	5
1	1		1		
2		1		1	
3				1	
4			1		1
5		1			

(a)

零件＼机床	1	2	3	4	5	6
1	1		1			
2			1		1	
3				1		1
4		1		1		1
5	1				1	
6		1				1

(b)

零件＼机床	1	2	3	4	5	6	7	8
1	1						1	
2		1		1				
3			1		1			1
4							1	
5					1			1
6				1		1		
7		1		1		1		
8			1		1			
9	1							

（c）

零件＼机床	1	2	3	4	5	6	7	8
1		1		1			1	
2		1		1		1		1
3	1				1		1	
4	1			1			1	
5	1				1			
6			1					1
7		1	1					
8		1	1			1		1
9		1				1		1

（d）

7-9　单元制造的基本概念是什么？单元制造具有哪些优点？

7-10　什么是复合零件？

7-11　加工单元的类型和布局形式有哪些？试绘图说明。

7-12　加工单元内零件的移动形式有哪些？试绘图说明。

7-13　关键机床的基本概念是什么？如何确定关键机床？

7-14　确定机床布局的量化分析方法有哪些？

7-15 下列表格给出了在某车间加工单元加工的10个零件的周生产量和加工路线，零件用字母A～J表示，机床用数字1～7表示。

零件	周生产量	加工路线	零件	周生产量	加工路线
A	50	3→2→7	F	60	5→1
B	20	6→1	G	5	3→2→4
C	75	6→5	H	100	3→2→4→7
D	10	6→5→1	I	40	2→4→7
E	12	3→2→7→4	J	15	5→6→1

(1) 写出零件-机床矩阵；

(2) 应用排序聚类分析法确定零件族和机床组合。

7-16 四个机床组成一个GT加工单元进行某零件族加工。From-To数据如下表所示。

From	To			
	1	2	3	4
1	0	10	0	40
2	0	0	0	0
3	50	0	0	20
4	0	50	0	0

(1) 利用Hollier法1确定最合理的机床顺序；

(2) 利用Hollier法2确定最合理的机床顺序；

(3) 构造数据流程图，以显示有多少零件在何处进入和退出系统；

(4) 分别计算顺序移动次数和逆序移动次数占总移动数的百分比；

(5) 确定一个适合该加工单元的机床布局。

7-17 针对思考题7-15中的每一个机床组合，完成下列任务：

(1) 利用Hollier法1确定最合理的机床顺序；

(2) 利用Hollier法2确定最合理的机床顺序；

(3) 建立数据流图；

(4) 分别计算顺序移动次数和逆序移动次数占总移动数的百分比。

7-18 某成组加工单元由五台机床组成，机床的From-To数据如下表所示。

From	To				
	1	2	3	4	5
1	0	10	80	0	0
2	0	0	0	85	0
3	0	0	0	0	0
4	70	0	20	0	0
5	0	75	0	20	0

(1) 利用 Hollier 法 1 确定最合理的机床顺序，并建立数据流图显示在何处有多少零件进入和退出加工系统。

(2) 利用 Hollier 法 2 确定最合理的机床顺序，并建立数据流图显示在何处有多少零件进入和退出加工系统。

(3) 分别计算两种方法所得结果中的顺序移动次数和逆序移动次数占总次数的百分比，并由此比较哪种方法更好。

(4) 根据上述比较结果，确定一个可行且优化的机床布局。

7-19　成组技术在产品设计和产品制造中的实际应用有哪些？

7-20　什么是柔性制造单元(FMC)？柔性制造单元通常有哪两种形式？

7-21　柔性制造系统的生产柔性主要体现在哪些方面？

7-22　什么是柔性制造技术？“柔性”可以表述为哪两个方面？柔性制造技术有哪些特点？

7-23　柔性制造系统的基本概念是什么？柔性自动化的目标是什么？

7-24　柔性制造系统是由什么组成的？

7-25　柔性制造系统的加工系统由哪些设备组成？加工系统的功能有哪些？柔性制造系统的加工对象主要有哪两类？

7-26　柔性制造系统的加工系统的配置有哪三种形式？在选择和配置加工系统时，应考虑哪些要素？

7-27　柔性制造系统通常采用哪些种类的夹具？这些夹具各有什么样的特点？

7-28　柔性制造系统的刀具管理系统通常应该具有哪些功能？

7-29　柔性制造系统的物流系统的作用是什么？柔性制造系统的物流系统是由哪些子系统组成的？分别包括哪些设备？

7-30　常见制造系统的布局方法有哪些？各有什么特点？

7-31　柔性制造系统常见的物料输送系统的输送类型有哪些？输送装置有哪些？长短距离的搬运设备如何搭配使用？

7-32　柔性制造系统的优点和缺点主要表现在哪些方面？柔性制造系统主要应用于哪些领域？适合于加工何种类型的零件？

7-33　计算机集成制造系统产生的原因主要有哪两点？

7-34　计算机集成制造系统(CIMS)的定义是什么？如何更好地理解和实施计算机集成制造系统？

7-35　计算机集成制造系统的特征主要体现在哪几个重要方面？

7-36　CIMS 的集成主要包括哪些方面的集成？

7-37　CIMS 的三要素是什么？

7-38　CIMS 是由哪些功能分系统和功能子系统构成的？

7-39　CIMS 的相关技术都有哪些？

7-40　计算机集成制造系统集成的基本概念是什么？其难点是什么？

参 考 文 献

陈海霞，柴瑞娟，任庆海，2012．西门子 S7-300/400 PLC 编程技术及工程应用．北京：机械工业出版社

范狄庆，杜向阳，2010．现代装备传输系统．北京：清华大学出版社

郭洪红，2012．工业机器人技术．2 版．西安：西安电子科技大学出版社

黄玉美，王润孝，梅雪松，2008．机械制造装备设计．北京：高等教育出版社

李梦群，庞学慧，王凡，2005．先进制造技术导论．北京：国防工业出版社

李正军，2005．现场总线及其应用技术．北京：机械工业出版社

刘德忠，费仁元，Stefan Hesse，2003．装配自动化．北京：机械工业出版社

刘延林，陈心昭，2010．柔性制造自动化概论．2 版．武汉：华中科技大学出版社

马履中，周建忠，2007．机器人与柔性制造系统．北京：化学工业出版社

邱俊，2013．可编程控制技术与应用(西门子 S7-200)．北京：中国水利水电出版社

王越，王明红，2009．现代机械制造装备．北京：清华大学出版社

乌尔里希·森德勒，2014．工业 4.0：即将来袭的第四次工业革命．邓敏，李现民，译．北京：机械工业出版社

辛宗生，魏国丰，2012．自动化制造系统．北京：北京大学出版社

杨晋，张芙丽，张国强，2008．机械制造装备及其设计．北京：清华大学出版社

张根保，2005．自动化制造系统．3 版．北京：机械工业出版社

中华人民共和国国家质量监督检验检疫总局，2002．国民经济行业分类(GB/T 4754—2002)

周骥平，林岗，2009．机械制造自动化技术．2 版．北京：机械工业出版社

GROOVER M P，2011．自动化、生产系统与计算机集成制造．3 版．北京：清华大学出版社

http://www.e-works.net.cn，数字化企业网

http://wx.shenchuang.com/wxshow/Easy-machine.html，直观学机械微信号